安徽省高等学校"十三五"省级规划教材

工程训练及实习报告

（本书配有线上教学资源）

主　编　杨　琦　许家宝

副主编　邬宗鹏　王如高　张志刚

参　编　（排名不分先后）

　　　　郭满荣　黄宁辉　温从众

　　　　唐晓娟　徐丽霞　郭佳肆

　　　　龙珍珠　糜　娜　陈　田

　　　　郝　亚　鲁张祥　宋　歌

主　审　汪永明

合肥工业大学出版社

内容简介

本书为安徽省"十三五"省级规划教材(皖教秘高〔2018〕43 号)。本书根据工程训练模块化的内容属性将全书分为五部分:第一部分主要介绍工程训练必读知识,包括工程训练的教学内容和学习方法、工业安全知识、机械制造概论、中国制造 2025 与工匠精神等;第二部分主要介绍材料与其成形技术,包括工程材料与热处理、铸造、锻压、焊接等;第三部分主要介绍切削加工技术,包括切削加工基础知识、机械加工技术(车削、刨削、铣削、磨削等)、钳工加工技术等;第四部分主要介绍先进制造技术,包括计算机辅助设计与制造、数控加工、特种加工、3D 打印、激光加工和网络制造技术等;第五部分主要介绍综合设计与创新实践,包括创新创业基础、综合设计、工程训练综合能力竞赛等。本书内容体现了"传统与现代结合""理论和实践结合""训练与竞赛结合"的工程训练课程教学特色。另外,本书还以"纸媒+网媒"的形式来适应现代工程训练"线上认知、线下实践、虚实结合"的混合式教学模式。本书主要供高等学校机械类和近机械类相关专业学生使用,也可作为非机械类专业学生和广大创客学习机械制造基础知识、基本理论及掌握机械制造基本技能的参考用书。

图书在版编目(CIP)数据

工程训练及实习报告/杨琦,许家宝主编 . —合肥:合肥工业大学出版社,2020.7
ISBN 978 - 7 - 5650 - 4932 - 3

Ⅰ.①工… Ⅱ.①杨…②许… Ⅲ.①机械制造工艺—高等学校—教学参考资料 Ⅳ.①TH16

中国版本图书馆 CIP 数据核字(2020)第 118368 号

工程训练及实习报告
GONGCHENG XUNLIAN JI SHIXI BAOGAO

主编 杨 琦 许家宝		责任编辑 汤礼广	
出 版	合肥工业大学出版社	版 次	2020 年 7 月第 1 版
地 址	合肥市屯溪路 193 号	印 次	2020 年 8 月第 1 次印刷
邮 编	230009	开 本	787 毫米×1092 毫米 1/16
电 话	理工编辑部:0551 - 62903087	印 张	24.75
	市场营销部:0551 - 62903198	字 数	598 千字
网 址	www. hfutpress. com. cn	印 刷	安徽昶颉包装印务有限责任公司
E-mail	hfutpress@163. com	发 行	全国新华书店

ISBN 978 - 7 - 5650 - 4932 - 3 定价:52.00 元
如果有影响阅读的印装质量问题,请与出版社市场营销部联系调换。

前　言

党的十九大报告指出,要建设知识型、技能型、创新型劳动者大军,弘扬劳模精神和工匠精神,营造劳动光荣的社会风尚和精益求精的敬业风气。在高等学校中,工程训练是以工业生产中机械制造为主要教学内容的一门实践性的技术基础课程,是高等院校学生学习工艺知识、培养工程意识、提升创新实践能力的重要学习环节之一。随着高等教育实践教学改革的不断深化,特别是实施新工科建设以来,工程训练的教学条件得到了极大改善,工程训练课程的内容更加丰富,它不仅涵盖车、钳、刨、铣、铸、锻、焊等机械制造基础技术,还包括计算机辅助设计与制造、数控加工、3D打印、激光加工、网络制造等先进制造技术,同时融入工程训练综合能力竞赛等培养学生的实践创新能力。为了适应新的教学要求,编者以中共中央和国务院《关于全面加强新时代大中小学劳动教育的意见》、教育部颁发的《高等学校课程思政建设指导纲要》为指引,根据教育部工程训练教学指导委员会关于《工程材料与机械制造基础课程知识体系和能力要求》的报告精神,并结合编者所在学校工程训练中心的实践教学资源和长期实践教学经验编写本书。

本书为突出"传统与现代结合""理论和实践结合""训练与竞赛结合"的工程训练课程教学特色,对工程训练课程内容体系进行优化与创新,根据工程训练的内容属性和模块化教学特点将全书分为五个部分:第一部分(绪论、第1章)主要介绍工程训练必读知识,包括工程训练的教学内容和学习方法、工业安全知识、机械制造概论、中国制造2025与工匠精神等;第二部分(第2章至第5章)主要介绍材料与其成形技术,包括工程材料与热处理、铸造、锻压、焊接等;第三部分(第6章至第8章)主要介绍切削加工技术,包括切削加工基础知识、机械加工技术(车削、刨削、铣削、磨削等)、钳工加工技术等;第四部分(第9章至第13章)主要介绍先进制造技术,包括计算机辅助设计与制造、数控加工、特种加工、3D打印、激光加工和网络制造技术等;第五部分(第14章)主要介绍综合设计与创新实践,包括创新创业基础、综合设计、工程训练综合能力竞赛等。每章由必修知识要点、实习内容和实习报告组成三部分组成,将工程训练的预习、实习和总结相结合并与实习的过程相统一。本书在编写过程中,充分考虑了"线上认知、线下实践、虚实结合"的混合式教学模式和利用网络教学平台开展理论与仿真教学、运用实验室资源开展实践教学、运用智慧课程教学工具将线上线下有机结合的需要,以及采用行动导向、研讨式教学等翻转课堂的教学模式和教学方法,为现代工程训练的教育教学改革带来新的活力。

本书主要供高等学校机械类和近机械类相关专业(实习时间≥3周)工程训练的教学需要;非机械类专业(实习时间<3周)可根据专业特点选择若干模块组织教学。本书也可作为广大创客学习机械制造知识和技能的参考用书。

本书是安徽省高等学校省级质量工程项目(2017ghjc076、2019jyxm0151)和安徽工业大学课程思政项目(2020xkcsz119)、青年基金项目(QS201813)的直接成果,书中部分教学模块得到了教育部产学合作协同育人项目(201602032012、201702120071、201801278005)、安徽省质量工程项目(2016mooc067、2017zhkt073、2017zhkt074、2018mooc479)支持。

本书由杨琦、许家宝担任主编,邬宗鹏、王如高、张志刚担任副主编。具体分工如下:杨琦负责绪论、第1章、第9章、第10章、第11章、第12章、第13章、第14章的编写工作和全书的统稿工作,许家宝和王如高负责第2章、第3章、第4章、第5章的编写工作、邬宗鹏和张志刚负责第6章、第7章、第8章的编写工作和全书的校对工作。郭满荣、黄宁辉、温从众、唐晓娟、徐丽霞、郭佳肄、龙珍珠、糜娜、陈田、郝亚、鲁张祥、宋歌等同志也参与了本书部分章节的编写和审校工作。本书由安徽工业大学汪永明教授担任主审。在编写本书过程中,汪永明教授提出不少宝贵建议并认真审阅了全书,在此我们谨向其表示衷心感谢。

本书是在安徽省高等学校"十一五"省级规划教材《机械制造基础工程训练》、安徽省高等学校"十二五"省级规划教材《工程训练及实习报告(非机械类适用)》等教材基础上编写而成,因此本书也凝聚了李舒连、糜克仁、邱震明等老一辈金工人的心血,在此对他们的辛勤付出表示衷心的感谢;还要感谢安徽工业大学、安徽工程大学有关领导对本书编写工作的大力支持。本书在编写过程中,参考了大量的文献资料(如文字、表格、图形、模型等素材),其版权为原作者所有,虽尽可能地在本书参考文献中注明了其资料来源,但难免仍有遗漏之处,在此向所有提供参考资料的作者表示谢意。

尽管编者做了很大努力,但由于水平有限,书中的疏漏和不妥之处在所难免,敬请读者批评指正。

与本书配套的网络课程已初步建立,欢迎读者向作者索取与本书配套的教学资源(Email:80310279@qq.com)。

编　者
2020年7月

目　　录

绪　论

【实训目的与要求】

(1)了解工程训练的学习目的、主要内容和实习要求。

(2)了解工程训练涉及的安全常识。

(3)了解工程训练的具体安排、学习方法和考核办法。

【安全实习注意事项】

(1)按规定穿戴好劳保实习用品进入实习场所。

(2)实习开始前必须参加安全教育。

工程训练是以工业生产中机械制造为主要内容的一门实践性的技术基础课程,是高等院校学生学习工艺知识、培养工程意识、提升创新实践能力的重要实践环节之一。各专业学生均可以通过工程训练中各个环节的具体实践,体验产品的生产工艺和生产过程,从而理解机械制造的一般过程,对工业生产实际建立初步认识;在"学中做""做中学"的训练环境下完成规定的学习任务,充分调动学生的学习欲望、激发学生创新的激情,手脑并用,提升创新实践能力;在考勤、产品质量等多方面模拟企业环境,培养学生严谨、认真、踏实、勤奋的学习精神和工作作风。工程训练是工科专业学生学习工程材料、机械设计、机械制造等专业课程的基础。

工程训练是在原有金工实习的基础上发展而来,由于早期的机械加工主要以金属材料为加工对象,于是便有了"金属加工工艺"(简称"金工")的说法,并以此作为各种金属加工工作的总称。随着现代科学技术的不断发展,越来越多产品中的金属材料被非金属材料(如塑料、陶瓷等)和一些复合材料取代,机械加工不再是以金属材料为唯一的加工对象;另外,现代机械加工方法也日新月异,在铸、锻、焊、车、铣、刨、磨等传统机械加工工艺的基础上,扩展了包括电解加工、超声波加工、激光加工、3D打印等多种加工方法,因此传统的金工实习名称和内容都具有很大的局限性。根据教育部颁布的"机械制造实习课程教学基本要求"和"工程材料及机械制造基础课程教学基本要求",工程训练在原有的金工实习"学习工艺知识、培养动手能力"的基础上,增加了"学习新知识新工艺,增强工程意识和提高工程素养,注重创新能力培养"的要求,目前国内工科院校的工程训练中心(工程实践中心)纷纷投入相关经费引进新技术新装备,建设开放式的实验实训中心(基地),深化实习教学形式和内容改革。工程训练既包括了金属材料和非金属材料的加工,又包括了传统加工工艺方法和先进的加工制造工艺(如数控加工、特种加工等),同时融入现代管理知识,并从单机制造发展到网络制造,以适应未来制造业发展的需要。

工程训练不同于课堂教学的理论课程,也区别于以验证理论和原理为主的实验课程,它是学生在模拟机械加工企业的工程实践环境下,在工程技术人员(各工种实习指导老师)指导下,通过对设备的操作和零件的加工,提高动手能力、增强工程意识的实训课。学生进行工程训练时,通过教师示范讲解和自己的实际操作练习,获得各种加工工艺方法的感性认识,通过演示、录像、动画、讲座等教学环节,增强对机械加工工艺的理性认识,初步学会相关机床设备、工具、夹具、量具和刀具等的使用方法,学会分析机械产品从毛坯到成品的工艺过程。总之,工程训练是重要的实践类课程,是理工科学生的必修课,是对学生成为工程技术人员所具备的基本知识和技能等综合素质进行的培养和训练。

0.1　工程训练的主要内容和教学环节

0.1.1　主要内容

机械制造涉及的范围十分广泛,囊括了零件从原材料到毛坯再到成品的全过程,涉及多种加工方法和手段,如果仅凭借课本理论学习或参观了解,不亲自经历机械制造的基本过程,不进行设备的操作及零件加工,根本无法真正理解产品的加工工艺,只有通过工程训练的方式认真训练并归纳总结,才能理论联系实际取得更好的学习效果。

机械制造涉及的内容十分丰富,工程训练是在校内的工程实践中心进行的,受到环境、设备、师资等条件的制约,实习内容不可能做到面面俱到,需要我们在实习的基础上,通过书本、动画、录像等手段进一步加强对知识的理解。

本教材突破按章节内容依次编排的方法,根据工程训练的实习内容属性将全书分为5个部分:第一部分为工程训练必读知识,包括绪论和机械制造工程知识等;第二部分为材料及其成形技术,主要包括工程材料及热处理、锻压、铸造、焊接等;第三部分为切削加工技术,主要包括切削加工基础知识、机械加工技术、钳工加工技术等;第四部分为先进制造技术,包括计算机辅助设计与制造、数控加工、特种加工、3D打印和网络制造技术;第五部分为综合设计与创新实践。每章均由必修知识要点、实习内容和实习报告三部分组成,将工程训练的预习、实习和总结结合起来并与实习的过程相统一。

0.1.2　教学环节

实践教学必须有充足的设备、人员和时间来保障教学的效果,因此必须根据学校的整体教学计划来安排合理的实习计划,以保证学生安全有序地实习,同时学生应当在规定的时间和地点参加实习。根据各专业的教学计划,主要开设以下四类实习:工程训练A(4周、5周)供机械类相关专业学习,工程训练B(3周)供冶金、材料等相关专业学习,工程训练C(2周)供化工、环境等专业学习,工程训练D(1周)供电气、信息等相关专业学习,相应的教学要求和教学内容也有所侧重。

工程训练不同于理论课按书本的章节顺序组织教学,场地、设备等诸多因素也决定了工程训练不能完全按照产品的加工工艺流程组织实习,必须将不同的工种组成相应的模块展开训练教学。教学模块主要有热加工(热处理、铸造、锻造、焊接)、钳工、车削加工、计算机辅助设计与制造(CAD/CAM)、数控加工(数控车、数控铣床)、特种加工(线切割、3D打印)等,各模块既紧密联系又相对独立。实习时,各模块循环交替。每50~70名学生组成一个教学班,每个教学班按工种表的顺序依次实习,最终完成全部训练内容。设有大学生创新工作室的学校可在非教学时间段进行开放管理,实行预约制,提供加工制作服务。

工程训练通过参观、课堂示讲、现场示演、实际操作、作品考核、实习报告和上机考试等多种方式开展线上、线下混合式教学，主要包括以下几个方面：

(1)实习动员，安全教育。主要解决学生首次到工程训练中心来做什么、怎么做的问题，明确实习的目的、内容和安排，着重了解实习过程中需要注意的问题，特别注意在实习过程中的安全常识。

(2)各工种训练。学生通过课堂示讲获取相关理论知识，通过现场示演获得感性的认知，通过实际操作掌握各种加工工艺的基本操作技能、初步学会使用相关的设备和工具，通过作品的制作以检验学习效果，通过教材的学习和完成实习报告巩固所学知识以获得理性认识。

(3)综合训练。学生运用所学的知识和技能，分析和解决某一具体工艺问题，或设计出新的产品，并付诸实践的一种综合训练。

(4)线上学习与考试。通过资源共享课等多种形式拓展课外教学内容，扩大知识面；通过网络考场，检验工程训练的学习效果。

0.1.3　考核办法

工程训练是多工种集合的一门实践课程，应坚持客观、公正、全面的原则进行考核。考核成绩由各工种实习成绩(含职业素养和技能水平)的加权平均约占 70%，理论考核(上机)约占 30% 所构成。表 0-1 中所示为工程训练评分标准。

表 0-1　工程训练评分标准

序号	项　目	分值	考核细则	评分标准
1	安全操作	15	严格遵守安全操作规程，无事故隐患。	15 分。
			遵守安全操作规程，存在事故风险。	10 分。
			违反操作规程，未引起安全事故。	0 分。
			未遵守操作规程，不听劝阻。	取消本次实习资格。
2	实习任务完成情况	50	实习作业件质量符合图纸要求。	50 分。
			实习作业件质量基本符合图纸要求。	30~49 分。
			实习作业件质量不符合图纸要求。	1~29 分。
			未完成实习作业件。	0 分。
			弄虚作假的。	取消本次实习资格。
3	实践和创新能力	15	操作熟练，实践能力强，有创新做法。	15 分。
			操作基本熟练，工作能力较好。	10 分。
			操作基本熟练，工作能力一般。	5 分。
4	文明实习	10	设备保养得当。	完全符合要求得 10 分，否则得 0 分。
			工具、夹具、量具、刀具整理得当。	
			实习场地整洁。	

（续表）

序号	项　目	分值	考核细则	评分标准
5	实习态度	10	严格遵守工程训练规定。	10分。
			违反实习考勤制度。	0分。
			不服从指导教师管理、违反纪律要求，造成不良后果。	严肃处理。

0.2　工程训练安全知识

国家对工业安全十分重视，为了加强生产安全管理，防止和减少生产安全事故，保障人民群众生命和财产安全，促进经济社会持续健康发展，于2002年颁布了《中华人民共和国安全生产法》。2014年修订后的该法还明确提出"以人为本，坚持安全发展"的安全生产要求。违反工业安全规定的行为是违法行为；发生生产安全事故，要追究生产安全事故的责任人和生产经营单位的主要负责人的责任。大学生将来可能成为企事业单位的业务骨干、管理者或者负责人，一定要充分认识到安全生产的重要性。工程训练作为大学生接触生产实际的第一课，务必使学生树立牢固的安全生产意识，同时要达到两个基本要求：一是保证实习期间的人身和财产安全，二是获得工业安全的基本知识。因此组织工程训练教学时，必须采取各种安全措施，要制定周密的安全制度，严格执行安全规范和要求，加强监督，加强劳动保护，坚决消除不安全的因素。下面介绍的是工程训练中所涉及的有关工业安全的基本知识。

0.2.1　机械安全常识

人们在使用机械的过程中，由于机械设备的自身原因（如设计、制造、安装、维护存在缺陷），或者使用者的原因（如不熟悉性能、操作不当、安全防护措施不到位等）导致或者作业场所恶劣（如光线不足、场地狭小等），使人处于机械伤害的危险中，针对存在的问题，须采取适当的安全对策来防止机械伤害的发生。

机械危害的主要形式有：①静止的危险，主要指的是工具、工件、设备边缘的毛刺或飞边，切削刀具的刀刃，设备突出较长、容易引起坠落的部分等；②直线运动的危险，如加工时往复直线运动（如牛头刨床的滑枕等），导致人体的某个部位在机床运动部件的运动区域内受到撞击或挤压；③旋转运动的危险，如轴、齿轮、砂轮、铣刀、钻头、压辊等做旋转运动的零部件，都存在着将人卷入、对人撞击等危险；④被飞出物击中的危险，如飞出的切屑、未夹紧的刀片、未固定的工件等对人体存在着击伤的危险；⑤振动的危险。

机械事故产生的原因可以分为直接原因和间接原因两部分。直接原因主要是：①机械和作业场所的不安全状态，如设备设计不合理、结构不安全，维护保养不当、设备失灵，安全装置缺乏或有缺陷，作业场所照明不足、通风不畅、通道狭窄等；②人的不安全因素，如人体进入危险区域、人体与设备运动部件接触、违反操作规程、操作失误、超载运行，未按规定穿戴个人防护用品用具，工作时精神不集中、麻痹大意等。间接原因有：①技术原因，包括设备设计、制造、安装、维修错误；②教育原因，如缺乏安全教育与技术培训，缺乏生产安全知识和技能，缺乏安全生产观念；③管理原因，如安全生产制度、安全操作规程不健全，安全责任制不落实、监督不严格,生产作业无章可循或违章不究,劳动制度不合理等;④作业人员生理和心理方面的原因,如作业人员因视力、听力、体能、健康等生理状态和性格、情绪等心理因素与生产作业不适应而引起事故。因此有必要针对产生事故的可能性采取必要的预防对策。

机械设备的安全防护措施主要有:①密闭与隔离,如通过增加防护装置(如保护罩、安全网等)使人接触不到危险区域;②安全联锁,即当操作者动作错误时,设备的安全联锁装置可使设备不发生相应动作,确保操作人员安全;③紧急刹车,即为避免伤害的进一步扩大并排除危险而采取的紧急措施。

0.2.2　电气安全常识

用电方面常见的安全事故有触电、电气火灾及爆炸等。

触电分为电击和电伤两种。电击是电流通过人体,使心、肺、中枢神经系统等重要部位受到破坏而造成的伤害,电流对人体的危险性跟电流的大小、电流持续时间的长短、电流流经途径、人体电阻的影响等因素有关,它可以使肌肉抽搐、内部组织损伤,造成发热发麻、神经麻痹等,甚至引起昏迷、窒息、心脏停止跳动而死亡。人体触及带电的导线、漏电设备的外壳或其他带电体,以及由于雷击或电容放电,都可能导致电击。电伤是指电流的热效应、化学效应、机械效应作用对人体造成的局部伤害,包括电弧烧伤、烫伤、电烙印、皮肤金属化、电气机械性伤害、电光眼等不同形式的伤害。

电气设备的过热、电火花和电弧是导致电气火灾及爆炸的直接原因。电气设备过热多由短路、过载、接触不良、散热不够、长时间使用和严重漏电等引起,此外,还有静电火花和感应火花等。

安全用电的技术措施:①绝缘,如用绝缘材料把带电体封闭起来,橡胶、胶木、塑料等都是常用的绝缘材料,须注意的是很多绝缘材料受潮后会丧失绝缘性能或在强电场作用下会遭到破坏,丧失绝缘性能;②屏护,如采用遮拦、护罩、护盖、箱匣等把带电体同外界隔绝开来;③间距,即保证人体与带电体之间的安全距离,防止人体无意地接触低压带电体或靠近高压带电体;④接地和接零,即把电气设备不带电的金属外壳接地或接零,其中与大地连接的称为接地,与供电线路的中性点连接的称为接零;⑤使用漏电保护装置,该类装置主要用于因漏电而引起的触电事故和火灾事故,也用于监测或切除各种接地故障;⑥采用安全电压,国家标准《特低压(ELV)限值》(GB/T3805－2008)规定我国安全电压额定值的等级为42V、36V、24V、12V 和 6V,应根据作业场所、操作员条件、使用方式、供电方式、线路状况等因素选用,一般条件下以 36V 作为安全电压。

0.2.3　防火安全常识

火来源于燃烧,即可燃物与氧化剂作用发生的放热反应,通常伴有火焰、发光、发烟等现象。燃烧的必要条件是有可燃物、助燃物、点火源,三者缺一不可;充分条件是可燃物要有一定数量,助燃物要有一定浓度,点火源要有一定能量,链式反应未受抑制。

火灾时怎么办?切勿慌张,保持镇定,同时报警、灭火、逃生。如何报警?拨打火警电话119,如发现有人受伤或窒息,拨打急救电话120。如何灭火?灭火的基本方法有:①隔离法,即将正在发生燃烧的物质与其周围可燃物隔离或移开,燃烧就会因为缺少可燃物而停止,例如将靠近火源处的可燃物品搬走、拆除接近火源的易燃建筑、关闭可燃气体(液体)管道阀门、减少和阻止可燃物质进入燃烧区域等;②窒息法,即阻止空气流入燃烧区域,或用不燃烧的惰性气体冲淡空气,使燃烧物得不到足够的氧气而熄灭,例如用二氧化碳、氮气、水蒸气等惰性气体灌注容器设备,用石棉毯、湿麻袋、湿棉被、黄沙等不燃物或难燃物覆盖在燃烧物上,封闭起火的建筑或设备的门窗、孔洞等;③冷却法,将灭火剂(水、二氧化碳等)直接喷射到燃烧物上把燃烧物的温度降低到燃点以下使燃烧停止,或者将灭火剂喷洒在火源附近的可燃物上使其不受火焰辐射热的威胁避免形成新的着火点;④抑制法(化学法),将有抑制作用的灭火剂喷射到燃烧区,并参加到燃烧反应使燃烧反应过程中产生的游离基消失,形成稳定分子或低活性的游离基,使燃烧反应终止,目前使用的干粉灭火剂、1211等均属此类灭火剂。如何逃生? 火灾袭来时要迅速逃生,不要贪恋财物;受到火势威胁时,要当机立断披上浸湿的衣物、被褥等向安全出口方向冲出去,不可乘坐电梯;穿过浓烟逃生时,要尽量使身体贴近地面,并用湿毛巾捂住口鼻;所有逃生线路被大火封锁,立即退回室内,用打手电筒、挥舞衣物、呼叫等方式向窗外发送求救信号,等待救援;千万不要盲目跳楼,可利用疏散楼梯、阳台、排水管等逃生,或把床单、被套撕成条状连成绳索,紧拴在窗框、铁栏杆等固定物上,顺绳滑下,或下到未着火的楼层脱离险境。

0.2.4　安全标志

安全标志是向工作人员警示工作场所或周围环境的危险状况,指导人们采取合理行为的标志。安全标志能够提醒人们预防危险,避免事故发生;当危险发生时,能够指示人们尽快逃离,或者采取正确、有效、得力的措施,对危害加以遏制。安全标志的类型要与所警示的内容相吻合,设置位置也要正确合理,才能充分发挥其警示作用。根据《安全标志及其使用导则》(GB2894-2008)规定,安全标志是由安全色(红、蓝、黄、绿四种颜色)、几何图形和图形符号所构成,用以表达特定的安全信息,分为四大类:禁止标志、警告标志、指令标志和提示标志。

禁止标志是禁止人们不安全行为的图形标志。禁止标志的几何图形是红色带斜杠的圆环(其中圆环与斜杠相连),黑色图形符号,白色背景。图0-1所示的是常用的禁止标志(部分)。

图0-1　常用的禁止标志(部分)

警告标志是提醒人们周围环境引起注意,以避免可能发生的危险的图形标志。警告标志的几何图形是黑色的正三角形、黑色图形符号和黄色背景。图0-2所示的是常用的警告标志(部分)。

注意安全　　当心触电　　当心机械伤人　　当心激光　　当心电离辐射

当心叉车　　当心高温表面　　当心弧光　　当心烫伤　　当心挤压

图0-2　常用的警告标志(部分)

指令标志是强制人们必须做出某种动作或采用防范措施的图形标志。指令标志的几何图形是圆形,白色图形符号,蓝色背景。图0-3所示的是常用的指令标志(部分)。

必须戴安全帽　　必须戴防护眼镜　　必须系安全带　　必须戴防护帽　　必须戴防尘口罩

必须洗手　　必须穿防护服　　必须戴防护手套　　必须接地　　必须拔出插头

图0-3　常用的指令标志(部分)

提示标志是向人们提供某种信息(如安全措施或场所等)的图形标志。提示标志的几何图形是方形,白色图形符号及文字,绿色背景。图0-4所示的是常用的提示标志(部分)。

应急出口　　避险处　　击碎面板　　急救点　　应急电话

图0-4　常用的提示标志(部分)

0.3　学习方法与注意事项

0.3.1　学习方法

工程训练上课的场所在工程实践中心(工程训练中心)的实习车间而非教室,面对的是机床设备和工具而非课桌椅和黑板,实习教学有其自身的特点,掌握其学习方法将具有事半功倍的效果。

首先,遵守实习的各项规章制度,例如安全管理制度、设备管理制度、安全操作规程,牢记"安全生产,警钟长鸣"。由于实习场地复杂、设备种类多、危险因素众多,因此要特别注意墙上警示标识,时刻注意人身安全;操作设备前必须仔细阅读安全操作规程,不违章操作,不私自使用未经批准使用的各类设备;实习时精神饱满,切勿疲劳作业。

其次,工程训练实践性突出,以教师的现场示范为指导,学生动手操作为主,学到的是实实在在的知识和技能。实习前应当预习本书相关章节的内容;实习时用心观察,积极思考;实习后及时完成实习报告,巩固所学知识,将发现问题、分析问题和解决问题贯穿于实习的全过程,努力提高创新意识和创新能力。

再次,工作环境较差、实训强度较大,必须克服怕脏、怕苦、怕累的思想,增强劳动观念和纪律意识,认真完成各工种的训练内容。

0.3.2　实习注意事项

1. 安全文明实习注意事项

(1)专心听讲,认真观察指导教师的示范操作或演示,仔细领悟和正确掌握规范的操作要领,严格按操作规程正确操作机床,严禁违章操作。未经指导老师许可,不得私自操作机床和各类电器设备。

(2)实习时应按规定穿戴好劳动防护用品(包括工作服、劳保鞋和工作帽),长发要压入工作帽内。禁止穿无袖上衣、短裤、裙子、拖鞋、凉鞋、高跟鞋及其他不符合要求的服装。机械加工时禁止戴手套,焊接时须戴防护眼镜等。

(3)实习场所不得大声喧哗、打闹和嬉戏。实习时要集中注意力,不做与实习无关的事,不得接打电话、听音乐、看视频、上网。

(4)实习时如有事故发生或发现设备使用不正常,应立即切断电源,停止实习,保护现场,并立刻向指导教师报告,不得擅自处理。

(5)两人及两人以上共同操作实习项目的,要遵守要领,协同一致,相互配合,确保安全。

(6)自觉爱护公共财物、设备和工量器具,文明实习,实习前后均须认真保养维护实习设备。

(7)尊重教师,服从管理,规范操作,依次完成每个岗位的实习内容,不得串岗。

(8)实习中注重理论和实际相结合,培养工程实践能力和创新能力。

2. 严格遵守考勤和考核制度

(1)学生实习期间,应遵守工程实践中心的考勤制度,不得迟到、早退和旷课。学生一般不得请事假,除学校统一安排各类考试、召开运动会等必须参加的集体活动或遇其他特殊情况外。请病假时,须出具校级及校级以上医院的病假建议书。请假时还必须出具由辅导员或院(系)批准的请假条并将其交给实习指导教师。对请假期间耽误实习的课时必须补齐，否则按旷课论处。

（2）学生应服从教学安排，听从教师指导，独立完成全部实习内容。严禁请人代替实习，严禁使用他人作品冒充，一旦发现，视同考试违纪或作弊，将按有关规定严肃处理。

（3）工程训练中的总成绩不及格，或某单一工种不及格，均须按学校有关规定重修。

实习报告

1. 请将你的实习安排填入下表。

	第一单元	第二单元	第三单元	第四单元	第五单元	第六单元	第七单元	第八单元
实习工种								
工种教室								
实习场所								

2. 工程训练安全教育的目的是什么？需要达到什么要求？

3. 简述机械事故产生的原因。

4. 简述机械伤害的危险。

5. 用电安全的技术措施有哪些？

6. 简述安全标志的组成与分类。

7. 关于如何学好工程训练课程，谈谈你的想法。

第 1 章　机械制造基础与工匠精神

(1) 了解机械工业的产生与发展,熟悉中国制造 2025,树立机械工业文化自信。

(2) 了解机械产品的设计要求、生产组织、成本构成。

(3) 了解机械产品的一般加工工艺过程。

(4) 理解并践行工匠精神。

(1) 参加工程认知训练时必须按规定穿好训练服装,禁止穿高跟鞋、拖鞋、凉鞋、裙子、短裤等。

(2) 在实习期间必须认真听从指导教师的指导,未经许可不得擅自动用各种设备。

(3) 进入各认知车间,必须严格遵守其安全管理规定。

1.1　机械工业的产生与发展

1.1.1　机械工业的概念

机械工业亦称机械制造工业,是制造机械产品的工业部门,是其他经济部门的生产手段,是整个国民经济和国防现代化的物质技术基础,素有"工业的心脏"之称。机器制造工业及机器装备的自给水平是衡量一国经济发展水平与科学技术水平的真正标志。机械工业是一个国家工业发展的基础与核心,也是一个国家工业化水平和国际竞争力的重要体现。

从制造方式来看,铸、锻、焊在制造过程中重量基本不变,属于"等材制造",这种制造已有 3000 多年历史;随着电动机的发明,车床、铣床、刨床、磨床等机床出现后,通过对材料的切削和去除,达到设计形状,这种制造属于"减材制造",已有 300 多年历史;而以 3D 打印为代表的"增材制造",其发展历史仅 30 多年时间,极有发展前景。这些制造技术极大地促进了生产力的提高和经济的发展,有着坚实的技术基础,也积累了宝贵的经验,现在已成为拥有几十个独立生产部门的最庞大的工业体系,通常划分为一般机械、电子与电气机械、运输机械、精密机械和金属制品五大行业。一般机械包括动力机械、拖拉机和农业机械、工程机械、矿山机械、金属加工机械、工业设备、办公机械和服务机械等,是构成工业生产力的重要基础;电子与电气机械包括发电、输配电设备和工业用电设备、电器、电线电缆、照明设备、电信设备、电子元件、计算机、电视机、收音机等;运输机械包括汽车、铁路机车和车辆、船舶、飞机和航天设备等;精密机械包括科学仪器、计量仪器、光学器械、医疗器械及钟表等;金属制品包括金属结构、容器、铸件、锻件、冲压件、紧固件等。

1.1.2　我国机械工业的发展

中国的近代机械工业诞生于第一次鸦片战争以后,1845 年英国人柯柏在广州黄埔设立柯柏船舶厂,这是中国最早的外资机械厂;1861年曾国藩创办安庆军械所,这是中国人自办的第一家机械厂;1866年设立的上海发昌钢铁机器厂是中国民族资本家开办的第一家机械厂。在新中国成立之前,我国机械工业基础十分薄弱,机械厂数量少,而且始终没有摆脱以修配为主的状况,只能是依靠进口器件制造少量简易产品,没有发展成为独立的制造工业。世界强国的兴衰史和中华民族的奋斗史一再证明,没有强大的制造业,就没有国家和民族的强盛。打造具有国际竞争力的制造业,是我国提升综合国力、保障国家安全、建设世界强国的必由之路。

新中国成立以后,机械工业获得了快速发展,尤其是改革开放以来,我国制造业持续快速发展,建成了门类齐全、独立完整的产业体系,有力地推动了工业化和现代化进程,显著地增强综合国力,支撑我国成为世界大国的地位。天宫、蛟龙、天眼、悟空、墨子、大飞机、港珠澳大桥等一批大国重器的横空出世充分展示了中国智慧,火神山、雷神山建设更是展现了集中力量办大事的中国速度。与此同时,我们还要清醒地认识到,与世界先进水平相比,我国制造业还存在着许多薄弱环节,在自主创新能力、核心技术、知识产权、资源利用效率、产业结构水平、信息化程度、质量效益等方面还存在明显差距,许多大型成套设备、关键元器件和重要基础件依赖进口,有时还要受制于人;产业技术水平和附加值总体偏低,处于国际产业链中低端;高端装备制造能力有限等。转型升级和跨越发展的任务紧迫而艰巨。"芯痛"不如行动,中国核心技术必须崛起,只有通过自力更生掌握核心技术,才能把握未来。

1.1.3 "德国工业4.0"与"中国制造2025"

德国是世界上制造业最具竞争力的国家之一,在全球制造装备领域拥有领头羊的地位,这在很大程度上源于德国专注于工业产品的创新和开发,以及对复杂工业过程的管理。德国拥有强大的设备和车间制造工业,在世界信息技术领域拥有很高的能力水平,在嵌入式系统和自动化工程方面也有很专业的技术。工业4.0是德国政府提出的一个高科技战略计划,旨在提升制造业的智能化水平,建立具有适应性、资源效率及人因工程学的智慧工厂,在商业流程及价值流程中整合客户及商业伙伴。德国学术界和产业界认为,"工业4.0"概念即是以智能制造为主导的第四次工业革命,或革命性的生产方法,由集中式控制向分散式增强型控制的基本模式转变,目标是建立一个高度灵活的个性化和数字化的产品与服务的生产模式。"工业4.0"主要分为三大主题:一是"智能工厂",重点研究智能化生产系统及过程,以及网络化分布式生产设施的实现;二是"智能生产",主要涉及整个企业的生产物流管理、人机互动以及3D技术在工业生产过程中的应用等;三是"智能物流",主要通过互联网、物联网、物流网,整合物流资源,充分发挥现有物流资源供应方的效率,而需求方,则能够快速获得服务匹配,得到物流支持。工业4.0战略的实施,将使德国成为新一代工业生产技术(即信息物理系统)的供应国和主导市场,它是保障德国制造业健康发展的坚实后盾,更是降低社会生产成本、提升效率的真正利器,会使德国在继续保持国内制造业发展的前提下再次提升它的全球竞争力。

为了应对去工业化浪潮,计划将物联网和智能服务引入制造业的国家并不止德国一个,如美国的"先进制造业国家战略计划"、日本的"科技工业联盟"、英国的"工业2050战略"等。2014年11月李克强总理访问德国期间,中德双方共同宣布两国将开展工业4.0合作。2015年3月5日,李克强总理在十二届全国人大三次会议上所作的《政府工作报告》中首次提出了"中国制造2025"的宏伟计划。

"中国制造 2025"的精神是：坚持"创新驱动、质量为先、绿色发展、结构优化、人才为本"的基本方针，坚持"市场主导、政府引导，立足当前、着眼长远，整体推进、重点突破，自主发展、开放合作"的基本原则，通过"三步走"实现制造强国的战略目标。"三步走"的战略目标是：第一步，到 2025 年迈入制造强国行列；第二步，到 2035 年中国制造业整体达到世界制造强国阵营中等水平；第三步，到新中国成立一百年时，综合实力进入世界制造强国前列。"中国制造 2025"提出"一二三四五五十"的总体结构："一"就是从制造业大国向制造业强国转变，最终实现制造业强国的一个目标；"二"就是通过"两化"融合发展来实现这一目标，即党的十八大提出的让信息化和工业化深度融合来引领和带动整个制造业的发展，这也是我国制造业所要占据的一个制高点；"三"就是要通过"三步走"的战略，即大体上每一步为十年左右，来实现我国从制造业大国向制造业强国转变的目标；"四"就是确定了四项原则，即第一项原则是市场主导、政府引导，第二项原则是既立足当前、又着眼长远，第三项原则是全面推进、重点突破，第四项原则是自主发展和合作共赢；"五五"就是"五条方针""五大工程"，其中"五条方针"即创新驱动、质量为先、绿色发展、结构优化和人才为本，"五大工程"即制造业创新中心建设的工程、强化基础的工程、智能制造工程、绿色制造工程和高端装备创新工程；"十"就是重点发展十个领域，包括新一代信息技术产业、高档数控机床与机器人、航空航天装备、海洋工程装备与高技术船舶、先进轨道交通装备、节能与新能源汽车、电力装备、农机装备、新材料、生物医药与高性能医疗器械等领域。

推动中国制造由大变强，要紧紧依靠深化改革和创新驱动，加快实施"中国制造 2025"和"互联网＋"行动，努力克服创新能力弱、产品附加值不高、管理和销售服务落后、资源环境约束加剧等问题，突破发达国家先进技术和发展中国家低成本竞争的双重挤压，通过创业创新助推产业和技术变革，在转变发展方式中培育中国制造竞争新优势，促进经济中高速增长，迈向中高端水平。提高中国制造整体竞争力，关键要用"大众创业、万众创新"的思想激发亿万人的创造活力，深入推进简政放权、放管结合、优化服务改革，完善政府监管方式，营造破束缚、汇众智、促创新和维护公平的良好环境。要以众创、众包、众筹、众扶等推动企业包括大企业生产模式和组织方式变革，通过体制创新增强聚集各类创新资源的能力和内生创新活力，让有界的传统企业变成开放式、协同式创新平台，让广大热衷创新创造的创客和极客大展身手，使"双创"成为新动能，让更多有生命力的前沿技术和新兴产业集群蓬勃发展，共同铸就中国制造业新辉煌。

1.2　机械产品的生产过程

机械产品的生产过程是指把原材料（或半成品）转变为成品的各种相互关联的劳动过程的总和。它包括生产技术准备过程、基本生产过程、辅助生产过程、生产服务过程四个方面。生产技术准备过程是指产品生产前的市场调查与预测、新产品开发鉴定、产品设计标准化审查等；基本生产过程是指直接制造产品毛坯和零件的机械加工、热处理、检验、装配、调试、涂装等生产过程；辅助生产过程是为了保证基本生产过程的正常进行所必需的辅助生产活动，如工艺装备的制造、能源的供应、设备维修等；生产服务过程是指原材料的组织、运输、保管、供应及产品包装、销售等过程。

1.2.1　机械产品的设计

机械产品的设计是机械产品生产的第一步,是整个制造过程的依据,也是决定产品质量以及产品在制造过程中和投入使用后的经济效果的一个重要环节。现代工业产品设计是一种有特定目的的创造性行为,是根据市场的需求,运用工程技术方法,在社会、经济和时间等因素的约束范围内所进行的设计工作。一个好的设计应当是技术先进和经济合理相统一,最终使消费者与制造者都感到满意。

产品设计是一个作出决策的过程,是在明确设计任务与要求以后,从构思到确定产品的具体结构和使用性能的整个过程中所进行的一系列工作。在机械产品制作的全过程中产品设计阶段尤为关键,既要考虑使用方面的各种要求(如功能要求、可靠性、适应性、效率、经济性等),又要考虑制造、安装、维修的可能和需要;既要根据研究试验得到的资料来进行验证,又要根据理论计算加以综合分析,从而将各个阶段按照它们的内在联系统一起来。

对工业企业来讲,产品设计是企业经营的核心,产品的技术水平、质量水平、生产率水平以及成本水平等,基本上确定于产品设计阶段。

1.2.2　机械产品的制造

机械产品种类包罗万象,大的可以是重达上万吨的高炉、几百米长的轧机,小的可以是不足 1mm 的精密元件;产量可以是单件和小批量,也可以是年产几百至上千万件;材料和结构复杂程度不一,有的产品是有几个零件组合而成,有的产品可以由几百种材料、上万个零件组合而成。尽管这些产品形式、功能、产量等各有不同,但其共同之处是任何机器都是通过各种零件按一定规则装配起来而获得的,只有制造出合乎要求的零件才能装配出合格的机器设备。因此对于机械产品的制造,首先需要解决的是零件制造问题。

零件制造的基本要素是材料、设备和操作人员。材料是基础,其质量好坏决定着产品的先天基础和加工的难易。设备一般包括机床、刀具、夹具、模具、检测等装备。操作人员是生产中的主体,工人是机械制造企业中的宝贵财富。

一般情况下,机械产品的制造过程为:将原材料经毛坯加工(如铸造、锻压、焊接等方法)制成毛坯,然后由毛坯经机械加工(如车削、铣削、磨削、钳工等)制成零件,将产品进行装配调试,检验合格后出厂(如图 1-1 所示)。由于企业专业化协作的不断加强,机械产品许多零部件的生产不一定完全在一个企业内完成,也可以分散在多个企业进行生产协作完成,例如螺钉、轴承等标准件的加工常常由专业生产厂家完成。

图 1-1　机械产品的制造过程

机械产品的制造过程可分四个阶段,其顺序为生产准备—毛坯准备—零件加工—装配试车。工人在这四个阶段中利用设备对材料进行加工,前一阶段的产品在后一阶段中就成为材料(加工对象),因此前一阶段的产品的完成是后一阶段进行生产的前提。由于各阶段加工用时不同,要保证产品的正常有序的生产,各阶段设备、人员的调配是至关重要的。

1.2.3 机械产品生产的组织

工业企业作为社会生产活动的基本单位,它不仅要用自己所生产的产品来满足社会和市场的需要,还要通过生产经营活动取得更多的利润,并向社会提供更多的资金,为扩大再生产创造条件。科学有序地组织和管理生产过程,关系到企业能否有效地发挥其生产能力,能否为用户提供优质的产品和服务,能否取得良好的经济效益,因此要合理组织生产过程,充分利用和挖掘企业的人力、物力和财力,以最少的劳动消耗,取得最大的经济效益。

1. 企业组织

图 1-2 所示为机械制造企业组织示例,机械制造企业在总公司下面设立若干事业部门,并且设有若干进行实际的生产活动的工厂,它反映了以机械产品制造为中心,各个部门的活动是如何密切相关的。设置工厂的职能部门,是为了充分发挥生产部门的作用;而设置总公司的职能部门,可在更大范围内组织和协调生产。

图 1-2 机械制造企业组织示例

2. 生产过程的组织与管理

在公司职能机构给制造部门下达了生产数量、使用设备、人员等的总体制造计划之后,设计部门需要给制造部门提供以下资料:标明每个零件制造方法的零件图、标明装配方法的装配图、作业指示书等。生产技术部门据此制订产品的生产计划和工艺技术文件(如工艺图、工装图、工艺卡等)。制订生产计划时,应确定制造零件的件数和外购零件、外购部件等的数量,以及交货期限等。例如,轴承、密封件、螺栓、螺母等都是最常见的外购零件,而电动机、减速器、各种液压或气动装置等都是典型的外购部件。

按照生产技术部门下达的任务,由制造部门进行制造。首先将生产任务分配给各加工组织(如生产车间或班组等),确定毛坯制造方法、机械加工方法、热处理方法和加工顺序(也称加工路线),进而确定各加工组织的加工方法和要使用的设备,然后确定每部机床的加工内容、加工时间等,制订详细的加工日程。制造零件时,通常加工所花的时间较短,而准备(刀具的装卸、毛坯的装卸等)时间则较长。此外,制成一个零件所需的时间大部分不是花在加工上,而是花在各工序间的输送和等待上。因此缩短这些时间,提高生产率,缩短从制订生产计划到制成产品的过程,使生产计划具有柔性,是生产过程管理的主要任务。对加工完成的零件进行各种检查以后,要移交到下面的装配工序。装配完毕的机器通过性能检验合格后,即完成了制造任务。

随着机械制造系统自动化水平的不断提高,以及为适应生产类型从传统的少品种大批量生产向现代的多品种变批量生产的演进,人们正不断开发出一些全新的现代制造技术和生产系统,如柔性制造系统(FMS)、计算机集成制造系统(CIMS)、精良生产(LP)、并行工程(CE)、敏捷制造(AM)、智能制造(IM)和虚拟制造(VM)等。这些新技术和生产系统的不断推广和发展,使制造业的面貌发生了巨大的变化。

1.2.4　机械制造企业的成本构成

机械制造企业的成本一般由投资成本、生产成本、管理成本三部分构成。

投资成本主要是修建厂房和基础设施、购买设备的费用,这部分成本是以折旧的形式计入产品中。一方面,投资需要收回;另一方面,厂房、设备在使用中也会磨损、老化,在经过一个时期以后需要更新。

生产成本主要包括原材料、辅助材料、能源、水、工人工资等费用。原材料一般只用于某一种产品的生产,在一种产品生产完成后,为该产品生产购置但又没有全部使用因此剩余的原材料就失去了使用的价值。辅助材料、能源、水是生产必需的,这一部分成本往往以平摊的形式计入成本。工人劳动要有报酬,其费用以工时费的形式计入成本。此外,在生产中不可避免加工出废品,其成本也需计入生产成本,因此废品率高也会造成产品生产成本的增加。

管理成本包括企业的办公费用、市场营销费、职工福利等。随着企业规模的扩大,在企业中从事技术支持、日常管理、市场营销的人员数量也相应增加,这部分以管理费的形式摊入成本。

投资成本和管理成本是以分摊的形式计入产品成本,产品中这一部分成本的高低与该产品的产量有直接的关系,产量越高,分摊的成本越低。而生产成本是直接计入产品成本的,与产量无关,要想降低这一部分成本,必须通过技术创新来节约原材料、能源和劳动的消耗。

1.3　机械加工的工艺过程

机械产品的生产过程是指将原材料转变为成品(可以是一台机器、一个部件,也可以是某种零件)的所有劳动过程,其加工工艺路线包括:①原材料、半成品和成品的运输和保存;②生产和技术准备工作,如产品的开发和设计、工艺及工艺装备的设计与制造、各种生产资料的准备以及生产组织；③毛坯制造和处理；④零件的机械加工、热处理及其他表面处理；⑤部件或产品的装配、检验、调试、油漆和包装等。

1.3.1　机械加工一般工艺过程

机械加工工艺过程是指用机械加工的方法直接改变毛坯的形状、尺寸和表面质量，使之成为零件或部件的那部分生产过程，它包括机械加工工艺过程和机器装配工艺过程。在机械加工工艺过程中，针对零件的结构特点和技术要求，要选用不同的加工方法和装备，按照一定的顺序进行加工，才能完成由毛坯到零件的过程。组成机械加工工艺过程的基本单元是工序，工序又由安装、工位、工步和走刀等组成。

一个或一组工人，在一个工作地点对同一个或同时对几个工件进行加工所连续完成的那部分工艺过程，称之为工序。工序是工艺过程的基本组成部分，是生产计划的基本单元。划分工序的依据是工作地点是否变化和工作是否连续。

在加工前，应先使工件在机床上或夹具中占有正确的位置，这一过程称为定位；工件定位后，将其固定，使其在加工过程中保持定位位置不变的操作称为夹紧；将工件在机床或夹具中每定位、夹紧一次所完成的那一部分工序内容称为安装。一道工序中，工件可能被安装一次或多次，应尽量减少装夹次数，因为多一次装夹，就多一次误差，而且增加装卸工件的辅助时间。

为了完成一定的工序内容，一次安装工件后，工件与夹具或设备的可动部分一起相对刀具或设备的固定部分所占据的每一个位置称为工位。为了减少由于多次安装带来的误差和时间损失，加工中常采用回转工作台、回转夹具或移动夹具，使工件在一次安装中，先后处于几个不同的位置进行加工，称为多工位加工。采用多工位加工方法，既可以减少安装次数，提高加工精度，并减轻工人的劳动强度，又可以使各工位的加工与工件的装卸同时进行，提高劳动生产率。

工序又可分成若干工步。加工表面不变、切削刀具不变、切削用量中的进给量和切削速度基本保持不变的情况下所连续完成的那部分工序内容，称为工步。以上三个不变因素中只要有一个因素改变，即成为新的工步。一道工序包括一个或几个工步。

在一个工步中，若需切去的金属层很厚，则可分为几次切削，每进行一次切削就是一次走刀。一个工步可以包括一次或几次走刀。

1.3.2　生产纲领与生产类型

1. 生产纲领

生产纲领是指企业在计划期内应当生产的产品产量和进度计划。计划期通常为1年，所以生产纲领也称为年产量。对于零件而言，产品的产量除了制造机器所需要的数量之外，还要包括一定的备品和废品。

2. 生产类型

生产类型是指企业生产专业化程度的分类。人们按照产品的生产纲领、投入生产的批量，可将生产分为单件生产、批量生产和大量生产三种类型。

（1）单件生产：单个生产不同结构和尺寸的产品，很少重复甚至不重复，这种生产称为单件生产。如新产品试制、维修车间的配件制造和重型机械制造等都属此种生产类型。其特点是：生产的产品种类较多，而同一产品的产量很小，工作地点的加工对象经常改变。

（2）大量生产：同一产品的生产数量很大，大多数工作地点经常按一定节奏重复进行某一零件的某一工序的加工，这种生产称为大量生产。如自行车制造和一些链条厂、轴承厂等专业化生产即属此种生产类型。其特点是：同一产品的产量大，工作地点较少改变，加工过程重复。

（3）批量生产：一年中分批轮流制造几种不同的产品，每种产品均有一定的数量，工作地点的加工对象周期性地重复，这种生产称为成批生产。如一些通用机械厂、某些农业机械厂、陶瓷机械厂、造纸机械厂、烟草机械厂等的生产即属这种生产类型。其特点是：产品的种类较少，有一定的生产数量，加工对象周期性地改变，加工过程周期性地重复。

同一产品（或零件）每批投入生产的数量称为批量。根据批量的大小又可分为大批量生产、中批量生产和小批量生产。小批量生产的工艺特征接近单件生产，大批量生产的工艺特征接近大量生产。

根据零件生产纲领，参考表 1-1 即可确定生产类型。不同生产类型的制造工艺有不同特征，各种生产类型的工艺特征见表 1-2。

表 1-1　生产类型和生产纲领的关系

生产类型		生产纲领（件/年或台/年）		
		重型（30kg 以上）	中型（4～30kg）	轻型（4kg 以下）
单件生产		5 以下	10 以下	100 以下
批量生产	小批量生产	5～100	10～200	100～500
	中批量生产	100～300	200～500	500～5000
	大批量生产	300～1000	500～5000	5000～50000
大量生产		1000 以上	5000 以上	50000 以上

表 1-2　各种生产类型的工艺特点

工艺特点	单件生产	批量生产	大量生产
毛坯的制造方法	铸件用木模手工造型，锻件用自由锻。	铸件用金属模造型，部分锻件用模锻。	铸件广泛用金属模机器造型，锻件用模锻。
零件互换性	无需互换、互配零件可成对制造，广泛用修配法装配。	大部分零件有互换性，少数用修配法装配。	全部零件有互换性，某些要求精度高的配合，采用分组装配。
机床设备及其布置	采用通用机床；按机床类别和规格采用"机群式"排列。	部分采用通用机床，部分采用专用机床；按零件加工分"工段"排列。	广泛采用生产率高的专用机床和自动机床；按流水线形式排列。
夹具	很少用专用夹具，由画线和试切法达到设计要求。	广泛采用专用夹具，部分用划线法进行加工。	广泛用专用夹具，用调整法达到精度要求。
刀具和量具	采用通用刀具和万能量具。	较多采用专用刀具和专用量具。	广泛采用高生产率的刀具和量具。

工艺特点	单件生产	批量生产	大量生产
对技术工人要求	需要技术熟练的工人。	各工种需要一定熟练程度的技术工人。	对机床调整工人技术要求高，对机床操作工人技术要求低。
对工艺文件的要求	只有简单的工艺过程卡。	有详细的工艺过程卡或工艺卡，零件的关键工序有详细的工序卡。	有工艺过程卡、工艺卡和工序卡等详细的工艺文件。

1.3.3　加工设备与工艺装备

1. 加工设备

加工装备是机械制造装备的主体和核心，是采用机械制造方法制造机器零件或毛坯的机器设备，又称为机床或工作母机。机床的类型很多，除了金属切削机床之外，还有锻压机床、冲压机床、注塑机、快速成型机、焊接设备、铸造设备等。

2. 工艺装备

工艺装备是产品制造过程中所用各种工具的总称，包括刀具、夹具、模具、量具和辅具等。它们是贯彻工艺规程、保证产品质量和提高生产率等的重要技术手段。

刀具是指能从工件上切除多余材料或切断材料的带刃工具。刀具类型很多，每一种机床都有其代表性的一类刀具。标准刀具是按国家或有关部门制定的"标准"或"规范"制造的刀具，由专业化的工具厂集中大批大量生产，占所用刀具的绝大部分。非标准刀具是根据工件与具体加工的特殊要求设计制造的，也可将标准刀具加以改制而得到。

夹具是机床上用以装夹工件以及引导刀具的装置。该装置对于贯彻工艺规程、保证加工质量和提高生产率起着决定性的作用。

量具是以直接或间接方法测出被测对象量值的工具、仪器及仪表等，通用量具是标准化、系列化的量具，专用量具是专门用于特定零件的特定尺寸而设计的。

模具是用以限定生产对象的形状和尺寸的装置。按填充方法和填充材料的不同，可分为粉末冶金模具、塑料模具、压铸模具、冲压模具、锻压模具等。

1.3.4　机械零件的公差、配合与技术测量

1. 互换性

互换性是指机械产品在装配时，同一规格的零件或部件，不需经任何选择、调整或修配，就能装配到机器上，并能满足使用性能要求的一种特性。在日常生活中，经常看到这样的情况：自行车、手表的某个零件坏了，只要换一个相同规格的零件，就能照常使用；家用电器上的螺钉掉了，换一个相同规格的螺钉即可。这些现象都说明上面所说的零部件具有互换性。按照互换的程度，互换性可以分为完全互换和不完全互换两种。

2. 公差与配合

任何一台机器，无论结构复杂与简单，都是由最基本的若干个零件所构成的。这些具有一定尺寸、形状和相互位置关系的零件，装配在一起时，必须满足一定的尺寸关系和松紧程度，这在机械制造中称为"配合"。在加工零件过程中，无论设备的精度和操作工人的技术水平多么高，零件的加工都会产生误差。要将加工零件的尺寸、形状和位置做得绝对准确，不

但不可能，而且也没有必要。只要将零件加工后各几何参数（尺寸、形状和位置）所产生的误差控制在一定的范围内，就可以保证零件的使用功能，同时还能实现互换性。零件几何参数这种允许的变动量称为公差。它包括尺寸公差、形状公差和位置公差等。公差用来控制零件加工中的误差，以保证互换性的实现，而建立各种几何参数的公差标准是实现对零件误差的控制和保证互换性的基础。

3. 测量和检验

测量是指以确定被测对象量值为目的的全部操作。它实质上是将被测几何量与作为计量单位的标准量进行比较，从而确定被测几何量是计量单位的倍数还是分数的过程。一个完整的测量过程应包括被测对象、计量单位、测量方法和测量精度等四个方面。

测量对象：指几何量，即长度、角度、形状和位置误差以及表面粗糙度等。

计量单位：计量单位（简称单位）是以定量表示同种量的量值而约定采用的特定量。对计量单位的要求是：统一稳定，能够复现，便于应用。

测量方法：指测量时所采用的测量原理、测量器具和测量条件的总和。

测量精度：指测量结果与零件真值的接近程度。不考虑测量精度而得到的测量结果是没有任何意义的。由于测量会受到许多因素的影响，所以其过程总是不完善的，即任何测量都不可能没有误差。

检验是指确定被测几何量是否在规定的范围之内，从而判断产品是否合格（不一定得出具体的量值）的过程。通过测量分析零件的加工工艺，积极采取预防措施，可以避免废品的产生。

1.3.5　产品的质量控制

产品质量是指产品适合一定用途，满足社会和人们一定需要所必备的特性。它包括产品结构、性能、精度、纯度、物理性能和化学成分等内在的质量特性，也包括产品外观、形状、色泽、气味、包装等外在的质量特性。同时，还包括经济特性（如成本、价格、维修时间和费用等）、商业特性（如交货期、保修期等）以及其他方面的特性（如安全、环保、美观等）。

一般将产品质量特性应达到的要求规定在产品质量标准中。产品质量标准按其颁发单位和适用范围不同，又分国际标准、国家标准、行业标准、企业标准等。产品质量标准是进行产品生产和质量检验的依据。

产品质量控制是企业生产合格产品、提供顾客满意的服务和减少无效劳动的重要保证。在市场经济条件下，产品的质量控制则应达到两个基本要求：一是产品达到质量标准，二是以最低的成本生产出符合市场需求的产品质量标准的产品。

企业进行产品质量控制，必须掌握并坚持全面质量管理方法。全面质量管理的内容主要包括两个方面：一是全员参与质量管理，二是全过程质量管理。即企业内部的全体员工都参与到企业产品质量和工作质量过程中，把企业的经营管理理念、专业操作和开发技术、各种统计与会计手段方法等结合起来，在企业中普遍建立从研究开发、新产品设计、外购原材料、生产加工，到产品销售、售后服务等环节的贯穿企业生产经营活动全过程的质量管理体系。

全面质量管理体现了全新的质量控制观念。质量不仅是企业产品的性能，还包括企业的服务质量、企业的管理质量、企业的成本控制质量、企业内部不同部门之间相互服务和协作的质量等。

全面质量管理强调了动态的过程控制。质量管理的范围不能局限在某一个或者某几个环节和阶段，必须贯穿包括市场调查、研究开发、产品设计、加工制造、产品检验、仓储管理、途中运输、销售安装、维修调换等的整个过程。

1.4　工匠精神

党的十九大报告号召全社会都要"弘扬劳模精神和工匠精神，营造劳动光荣的社会风尚和精益求精的敬业风气"，李克强总理在国务院政府工作报告中曾多次提出要"弘扬工匠精神""培育中国工匠""打造中国品牌"，这些号召现已成为我国"知识型、技能型、创新型"人才培养的指导思想。

1.4.1　工匠精神的含义

《汉语大字典》中"工"是象形字，本意是木匠画弓用的工具（曲尺），引申为持工具的人，后引申为手工劳动（者），现泛指生产劳动。"匠"是会意字，本意是指木工，泛指以某种手艺为业的人，引申为在某领域卓有成就的人。自古以来，三百六十行，行行出状元，涌现出鲁班、庖丁、黄道婆等能工巧匠，也留下了气壮山河的万里长城、鬼斧神工的都江堰、举世闻名的四大发明等物质文化遗产。

"工匠"不是与生俱来的，而是经历了相似的成长过程：首先拜师学艺、到制造出第一个合格产品、再到提升技艺打造出精美产品、最终将自己的"匠心"体现到创造的产品上，这是一个"从无到有、从有到优，传承发展"的螺旋上升过程，凝结着工匠的工作态度和精神品质：爱岗敬业、精益求精、求实创新、尊师重道。爱岗是敬业的前提，只有热爱自己的本职工作，才能全心全意的做好工作，享受其乐趣、获得成就感，众多劳动者在自己的岗位上奉献，平凡而伟大的成就，不断推进社会的发展。精益求精是工匠精神的核心，产品符合国家标准、做事符合规范是工匠精神的最低要求，追求极致、严谨细致是工匠精神的标准。作品是匠人完成制造过程的最终产物，是工匠精神"求实"的体现，对现有技术的改进、对新产品的研发，凝聚着匠人们不断的探索与钻研，赋予工匠精神"创新"的时代特征，凝结着"匠心"。尊师重道是徒弟成长为工匠的必然过程，徒弟通过观察、模仿、实践等过程学习师傅的技艺、从而掌握技艺的基本规律，师傅的言传身教不仅传授技术要领，还包括为人处世的道理，以期达到德艺双馨的境界，是工匠精神传承和发展的行动指南。

1.4.2　工匠精神的历史传承

马克思主义的观点：劳动创造了人本身。在人类的创造性劳动不断推进科技的进步和推动社会的发展的过程中，工匠精神经历了三个阶段：产生与发展、断裂、回归。

原始社会的后期，出现了掌握某种技术并专门从事相关劳动的手艺人，制作手工产品是最基本的谋生手段，没有好的产品也就没有生计，这是工匠精神产生的基础。随着社会分工的日益细化，西周时期就设立了"百工制度"，对工匠的技术和修行都提出更高的要求，"德艺兼修"成为古代工匠精神的具体体现，这个阶段以"子承父业"的家族式技艺传承为主。封建社会以后，工匠的社会地位得到了认可，也形成了"良田百顷，不如薄艺在身"的工匠文化，以"艺徒制度"为核心的职业教育突破了原有家族式技艺传承的方式，在师徒共同的工作和生活中切磋技艺，使工匠精神在不断发展壮大，代代相传。

18 世纪 60 年代以来的近代工业革命,机械化生产大幅度提高了生产率,并带来了生产关系的大变革,手工业的竞争力下降,甚至成为落后生产力的代表,在全世界范围内工匠的基本生活得不到保障,随之技艺被埋没甚至失传,工匠精神也走下神坛、走向衰败。现代工业革命加剧了东西方的贫富差距,新中国成立以来,人民的生活得到基本保障,改革开放以来,为了高速发展经济,曾经过度追求经济效益,却忽视了产品的质量,丢掉了精益求精的工匠精神,甚至出现大量偷工减料、假冒伪劣等违背伦理道德的恶性事件,如豆腐渣工程、三聚氰胺事件,造成的结果就是到日本购买马桶盖、海外代购安全的奶粉等事情屡见不鲜。与此同时,经济效益高于一切思想大量蔓延,照抄别人的设计、照搬别人的模式,丢掉了思想丢掉了灵魂,工匠淡出人们的视野,手工劳作也被认为是费力又不讨好的事情,工匠精神被遗忘。

经济基础决定上层建筑,新时代的中国正处于经济高质量发展的重要阶段,无论是制造业还是服务业的转型升级都在呼唤着工匠精神的回归。2018 年上映的电影《厉害了,我的国》中展现了桥、路、车、港、网等多个超级工程展现了"中国智造"的魅力,更体现了国人开拓进取、精益求精的工匠精神。人工智能时代背景下工匠精神的回归并不是片面地恢复低效率的手工技术,而是注重创新的高品质制造,黄旭华扛起核潜艇事业迈步向前,南仁东的一生为"天眼"尽忠,宁允展打破高铁转向架生产瓶颈都是典型代表。

1.4.3　国外工匠精神的典范

工匠精神在不同国家有着各自特色的诠释,德国工匠的专注执着、日本工匠的精益求精、美国工匠的开拓创新,都为我们提供了学习的榜样。

现代社会德国产品以质量好、品质优闻名于世,出现了一批诸如西门子、奔驰、博世、阿迪达斯等著名品牌,但是在 19 世纪工业化初期德国落后于英美国家,"made in Germany"却是质量差、廉价的代表。德国在技术兴国、制造强国的道路上,工匠对技术工艺宗教般的狂热追求迢超过了对利益的角逐。德国工匠精神体现在三个方面:一是坚持,坚持稳健第一、速度第二,注重长期规划、立足时代传承;二是专注,企业秉持术业有专攻,善于抓住"缝隙市场",潜心深耕,成为行业翘楚,匠人兢兢业业,对产品止于至善的追求;三是严谨,建立完整的行业标准和质量认证体系,每件产品做到全程监控检验。

日本在制造方面的钻研精神和产品质量全球领先,日本的品牌也深入人心,如三菱重工、丰田、佳能等。日本工匠对职业非常尊重,达到用一生的时间只做好一件事的境界,并将个人的荣辱与产品质量直接挂钩,极力追求完美。日本工匠精神体现在三个方面:一是一生专注,如"寿司之神"小野二郎用超过 75 年的生命思考寿司,"煮饭仙人"村嶋孟用 50 年专注一碗米饭,冈野信雄 30 多年来只做修复旧书这件事;二是人无我有的生存法则,如冈野工业的无痛注射针头、哈德洛克的防松螺母、A—one 精密的弹簧夹头等能够嵌入到世界的众多产品中;三是坚持发展技术、质量无须检验,技术和品质保证了日本企业的长足发展,长寿企业世界第一,出现了 7 家千年企业,39 家 500 余年企业,2 万余家百年企业。

美式工匠精神来源于早期欧洲移民时代的冒险精神,从"创客"的创新产品中,产生了以"创新"为代表的工匠文化。美国工匠用纯粹的意志和拼搏的劲头,执着于新事物,做出改变世界的创新产品。从富兰克林、爱迪生、卡门,到比尔·盖茨、乔布斯他们共同的特征是对事物充满好奇、根据本人的兴趣,利用各种资源,创造性地解决问题,产生出新价值。美国企业非常重视创新,重金投入创新活动,同时建立了创新的文化氛围,将员工创造力纳入评价标准并常年开展培训,是美国在科技创新发展中保持优势的重要因素。

1.4.4　工匠精神的时代价值

在"中国制造2025"的新阶段,时代赋予了工匠精神的新内涵。要实现从"中国制造"到"中国智造"的跨越,需要成千上万的新工匠携手创造,大力弘扬和培育工匠精神,营造精益求精的社会氛围,推进制造强国和产业转型升级、形成社会主义道德新风尚、实现个人人生价值是当代的必然选择。

改革开放初期,我国凭借人力和资本的优势成为制造大国,但缺乏核心技术和工匠精神是制造企业大而不强的主要原因。新时代我们在高技术领域如天眼、超算、新四大发明等取得了一定的突破,但是当前制造业存在着发达国家高端制造业的回流、劳动密集型制造业向人力成本更低的发展中国家转移的两个发展趋势,唯有依靠爱岗敬业、精益求精、求实创新的工匠精神融入中国智造才能实现制造强国。原有制造业的"两高一低"的粗放式发展与人民对美好生活的消费需求不匹配,我国企业弘扬和培育"工匠精神"创造出性能好、质量优的产品满足消费需求,促进产业结构调整,是实现转型升级的有效途径。

新时代弘扬工匠精神,就是要传承历史优秀的匠人文化,借鉴国际先进的工业文化,弘扬乐于奉献的"铁人精神"、坚定信念的"天眼精神"、攻坚克难的"珠港澳大桥精神"、赶超一流的"高铁精神",同舟共济、守望相助的"抗疫精神",引领全面的工业文化,形成社会主义道德新风尚。

个人价值的体现从原来机械作业转向自我价值实现阶段,一方面,在"学中做、做中创"的环境下,个人专业知识和技术能力不断提升,快乐工作创造价值的职业追求,获得幸福感日益增强;另一方面,社会和企业的认可度不断提升,有助于形成"有业－敬业－乐业"的良性循环。

1.4.5　工匠精神的培育路径

工匠精神纳入人才培养的全过程,要从培养方案、课程设置、实践训练、营造氛围等多方面进行改革实践。

在制定人才培养目标中,纳入工匠精神的具体要求,指导学生在学习知识的同时,养成严谨、专注、精雕细琢、追求卓越的专业素养,锻炼不畏困难、敢于挑战的意志品质。落实本科生导师制,建立新型"师徒"关系,通过在学业计划、人生规划和职业态度等方面言传身教,推进学生工匠精神的培养。

将工匠精神融入思政课、专业课等教学环节,构建立体的课程体系,不断更新教学内容、改进教学方法,提升工匠意识。一是将思政教育与工匠精神相结合,从意识形态方面着手,以爱国主义教育为价值导向,培育大学生对工匠精神的基本认知;二是将专业课程与工匠精神相结合,以专业岗位为突破口,提升大学生对工匠精神的职业追求;三是多用案例式、问答式、讨论式的教学方法引导学生体验工匠精神,例如通过播放《大国工匠》视频,用鲜活的案例讲述大国工匠的感人故事,通过研讨分析安全事故产生的原因、强化安全生产意识等。

实践教学是工匠精神培养的重要环节,通过"学中做、做中学"引导学生感悟工匠精神。一方面校内将理论与实践相结合,改变以验证性为主的实验,转为以工程为背景的综合实践;另一方面与校外企业实行产教融合,利用真实的实践平台,形成教师、师傅共同指导的实践模式,真题真做。引导学生参加大学生创新创业大赛,通过以赛促学、以学促用的"双创"活动,提升学生的综合素质,营造出开拓创新的氛围。

　　校园文化是凝心聚力的重要载体,利用融媒体平台传播工匠精神,通过榜样的力量宣讲工匠精神,通过学生社团开展以弘扬工匠精神为主题的活动,将工匠精神内化于心、外化于行。

实习报告

1. 简述"中国制造 2025"的基本方针、基本原则和战略目标。

2. 机械产品的生产过程包括哪些方面?

3. 简述机械产品的一般制造过程。

4. 简述工序的概念及其组成。

5. 简述大量生产的概念及其特点。

6. 简述产品质量控制的基本含义。

7. 阐述你对工匠精神的理解。

8. 如何用中国智慧、中国速度解决"芯痛"问题? 谈谈你的见解。

第 2 章 工程材料及金属的热处理

【实训目的与要求】

(1)了解工程材料的概念及分类。

(2)了解金属材料的分类、特点及用途。

(3)了解常用金属热处理工艺的知识。

(4)了解常用热处理设备。

(5)了解非金属材料基本知识及其应用。

【安全实习注意事项】

(1)按照有关规定穿戴好防护用品。

(2)操作前,应熟悉零件的工艺要求及相关设备的使用方法,严格按照工艺规程操作。

(3)所用加热炉在使用时,一律不允许超过额定的使用范围,注意工件的进炉或出炉操作。

(4)不要触摸出炉后尚处于高温状态的热处理工件,以防烫伤。

(5)不要随意触摸或乱动车间内的化学药品、油类和处理液等。

2.1 工程材料概述

材料是人类文明生活的物质基础,是组成所有物体的基本要素。人类生活、生产的过程是使用材料和将材料加工成成品的过程。材料使用的能力和水平标志着人类的文明和进步程度。因此,材料对国民经济和社会发展有着重要而深远的影响。20 世纪 70 年代人们把信息、材料和能源誉为当代文明的三大支柱,80 年代以高技术为代表的新技术革命,又把新材料、信息技术和生物技术并列为新技术革命的重要标志。科学技术进步是材料工业发展的强大动力,推动着新材料的不断创新和发展。材料具有显著的多样性,分类方法也很多。例如按用途分类,可分为电子材料、航空航天材料、核材料、建筑材料、能源材料、生物材料。

工程材料是指用于机械、车辆、船舶、建筑化工、能源、仪器仪表、航空航天等工程领域的材料。工程材料按化学成分的不同又分为金属材料、无机非金属材料、高分子材料和复合材料四大类。

2.1.1 金属材料

金属材料因其特有的力学性能、物理性能、化学性能和工艺性能,并能采用比较简单和经济的方法将其制造成零件,因此成为现代工业、农业、国防及制造业等领域应用最广泛的材料。金属材料包括金属和以金属为基体的合金。

1. 金属材料的分类

工业上把金属及其合金分为黑色金属材料和有色金属材料两大部分。

（1）黑色金属材料

黑色金属材料包括铁和以铁为基体的合金材料（如钢、铸铁和铁合金材料）。

钢铁材料的资源充足、工程性能优越、价格较低、应用广泛；以铁为基体的合金材料占整个结构材料和工具材料的 90% 以上。按碳的质量分数（$w(C)$，俗称含碳量）的不同，可将常用的黑色金属材料分为钢和铸铁。

钢是指碳的质量分数小于 2.11% 的铁碳合金。钢的种类繁多：按化学成分分类，可分为碳素钢和合金钢两大类；按用途分类，可以分为结构钢、工具钢和特殊性能钢等；按品质分类，可分为普通钢、优质钢、高级优质钢等。

铸铁是指碳的质量分数大于 2.11% 的铁碳合金。铸铁根据铸铁中碳的存在形式不同，可分为灰口铸铁、可锻铸铁、球墨铸铁、蠕墨铸铁和特殊性能铸铁等。

表 2-1 为一些常用的黑色金属材料有关信息的举例说明。

表 2-1　常用黑色金属材料举例

类别	名　称	材料牌号编号说明		用　途
		牌号举例	主要特点及说明	
碳素钢	碳素结构钢	Q235—AF	屈服点为 235MPa、质量为 A 级的沸腾钢。	一般以型材制作的工程结构件、制造不太重要的机械零件、焊接件等。
	优质碳素结构钢	45	表示平均 $w(C)$ 为万分之四十五的优质碳素结构钢。	制造曲轴、传动轴、齿轮、连杆、联轴器等重要零件。
	碳素工具钢	T8 T8A	表示平均 $w(C)$ 为千分之八的碳素工具钢，A 为高级优质。	制造有较高硬度和耐磨性，又能承受一定冲击力的工具，如手锤、冲头等。
	铸造碳钢	ZG200—400	屈服强度为 200MPa、抗拉强度为 400MPa 的碳素铸钢。	机座、电气吸盘、变速箱体等受力不大，但具有一定韧性的零件。
合金钢	低合金高强度结构钢	Q390A	屈服点为 390MPa、质量为 A 级。	大量用于桥梁、船舶、车辆、高压容器、管道、建筑材料等。
	合金结构钢	60Si2Mn	表示平均 $w(C)$ 为 0.6%、平均 $w(Si)=2\%$、平均 $w(Mn)<1.5\%$（<1.5% 不标）的锰钢。	制造重要的机器零件，如齿轮、活塞、压力容器等。
	合金工具钢	W18Cr4V	表示平均 $w(C)\geq 1.0\%$、平均 $w(W)=18\%$、平均 $w(Cr)=4\%$、平均 $w(V)<1.5\%$ 的合金工具钢。	制造各种刃具、量具、模具等，如钻头、铰刀、量块和冲模等。

类别	名称	材料牌号编号说明		用途
		牌号举例	主要特点及说明	
铸铁	灰口铸铁	HT200	较高强度铸铁,强度、耐磨性、耐热性均较好,铸造性能好,需进行人工时效处理10mm厚度铸件,平均抗拉强度≥195MPa。	承受较大载荷和较重要的零件,如气缸、机座、齿轮、机床床身及床面等气缸体、气缸盖、活塞及活塞环;测量平面的检验工具,如划线平板、V型铁、水平仪框架等。
	可锻铸铁	KTZ450—06	韧性较低,强度大、硬度高、耐磨性好,切削性良好,平均抗拉强度≥450MPa,延伸率≥6%的可锻铸铁。	制造负荷较高的耐磨零件,如曲轴、连杆、齿轮、凸轮轴、万向接头、轴套。
	球墨铸铁	QT450—10	平均抗拉强度≥450MPa,延伸率≥10%的球墨铸铁。	制造承受冲击、振动的零件,如曲轴、蜗杆等。
	蠕墨铸铁	RuT340	强度和硬度较高,具有较高耐磨性和导热率,平均抗拉强度≥340MPa,延伸率≥1%的蠕墨铸铁。	带导轨面的重型机床件、大型龙门铣横梁以及大型齿轮箱体、盖、座、刹车鼓等。

(2)有色金属材料

有色金属材料是指黑色金属以外的金属及其合金材料。虽然有色金属的产量和使用量总的来说不及黑色金属多,但由于它们具有某些独特的性能和优点,而成为现代工业技术中不可缺少的材料。

有色金属按金属性能分类,可分为有色轻金属(密度小于等于 $4.5g/cm^3$ 的金属,如铝、镁、钛、钾、钠、钙等)、有色重金属(密度大于等于 $4.5g/cm^3$ 的金属,如铜、锌、镍、锡、钴等)、重金属(金、银和铂族元素)、稀有金属、半金属(硅、硼、硒等)等。常见的有铝及其合金、铜及其合金、锌及其合金、镁及其合金、钛及其合金等。表2-2为一些常用有色金属材料的举例说明。

表2-2　常用有色金属材料举例

类别	名称	材料代号说明		用途
		代号举例	主要特点	
铜和铜合金	纯铜	T2	高的导电、导热、耐蚀和加工性能,含降低导电导热性的杂质较少,不能在高温还原气氛中应用。	制成各种板材、带、管、条、箔材,用作导电、导热、耐蚀器材。

（续表）

类别	名称	材料代号说明		用途
		代号举例	主要特点	
铜和铜合金	黄铜	H96	塑性好，易于冷热加工，易焊接、锻接和镀锡，在大气和海水中优良的耐蚀性，无应力破坏倾向。	导管、冷凝管、散热管、散热片及导电零件。
	青铜	QAl5 QAl7	高的强度、弹性和耐磨性，在大气、海水和淡水中耐腐蚀，可焊接和钎焊。	弹簧和弹性元件，齿轮、摩擦轮。
铝和铝合金	纯铝	1060	高的导电性和导热性，耐腐蚀，塑性好，强度低，切削性能不好，各种压力加工较容易。	电容器、电子管元件、导电体、电缆和铝箔。
	防锈铝	5A02	以镁为主要合金元素，退火后塑性好，不能进行热处理强化，疲劳强度高，耐蚀，退火状态下切削性能好。	油箱、汽油和润滑油导管、中载荷零件和焊接件、低压容器、铆钉和焊条。
	硬铝	2A11	以铜为主要合金元素，塑性尚可，能热处理强化，点焊性能好，耐蚀性不好。	中等强度的构件，骨架螺旋桨叶片、螺栓、铆钉等。
铝和铝合金	超硬铝	7A04	以锌为主要合金元素，强度高，淬火塑性尚好，可以热处理强化，点焊性能好，气焊不良，切削性能尚好。	主要受力结构件，飞机大梁、加强框、蒙皮、起落架等。
	铸造铝合金	ZL102	铝硅合金，耐蚀性和铸造工艺性能良好，易气焊，强度低，不能热处理强化，在铸件厚壁处易出现气孔。	形状复杂的砂型、金属型和压力铸造零件，如仪器壳体等零件。

2. 金属材料的性能

机械零件在使用过程中，要受到拉伸、压缩、弯曲、扭转、剪切、摩擦、冲击以及环境、温度和化学介质的作用，并且还要传递力和能量等。作为构成零件的金属材料必须具备良好的工艺性能保证零件的加工制造，具有良好的物理、化学性能及力学性能保证零件的使用寿命。

(1)力学性能

金属的力学性能是指在力的作用下，材料所表现出来的一系列力学性能指标，反映了金属材料在各种形式外力作用下抵抗变形或破坏的某些能力。它是设计零件选择材料和产品验收、鉴定的重要依据。力学性能常用指标有强度、硬度、塑性、冲击韧度、疲劳强度以及刚度、弹性等。

① 强度是指材料抵抗永久性变形和断裂的能力,常用的强度指标有屈服强度和抗拉强度,还有抗压强度、抗弯强度和抗剪强度等。

② 塑性是指在外力作用下,材料产生永久性变形而不发生破坏的能力。工程上常将延伸率大于等于 5% 的材料称为塑性材料,如常温静载下的低碳钢、铝、铜等;而把延伸率小于等于 5% 的材料称为脆性材料,如常温静载下的铸铁、玻璃、陶瓷等。

③ 硬度是指材料抵抗局部变形,特别是塑性变形、压痕、划痕的能力,即金属软硬的判别指标。常用的硬度测定方法有布氏硬度(HBW)、洛氏硬度(HR)和维氏硬度(HV)等。

④ 冲击韧度是评定材料抵抗大能量冲击载荷能力的指标,常用一次摆锤冲击弯曲试验来测定金属材料的冲击韧度。

⑤ 疲劳强度是指材料在承受重复或交变载荷时,不被破坏的最大应力,是设计时较重要的指标。

(2)物理、化学性能

金属的物理、化学性能包括密度、熔点、导电性、导热性、磁性、热膨胀性、耐热性、耐腐蚀性等。零件的用途不同,对材料的物理、化学性能要求不同,对制造工艺也有较大影响。如对导热性差的材料进行切削,刀具易发热,使用寿命降低;钢和铝合金的熔点不同、氧化速度不同,其熔炼工艺有很大差别。

(3)工艺性能

金属材料对于某种加工制造工艺所表现的适应性称为金属的工艺性能。金属材料制造机器零件主要采用铸造、压力加工、切削、焊接、特种加工等制造工艺,其相应的金属材料工艺性能则有铸造性能、锻压性能、焊接加工性能、切削性能、电加工性能、热处理和表面处理性能等。在零件设计、选材和选择工艺方法时,必须考虑金属材料的工艺性能。例如,灰铸铁的铸造性能优良,这是其广泛用来制造铸件的重要原因,但其可锻性很差,不能进行锻造,其焊接性能也较差。

2.1.2 无机非金属材料

无机非金属材料是以某些元素的氧化物、碳化物、氮化物、卤素化合物、硼化物以及硅酸盐、铝酸盐、磷酸盐、硼酸盐等物质组成的材料。通常把它们分为普通的(传统的)和先进的(新型的)无机非金属材料两大类。传统的无机非金属材料是工业和基本建设所必需的基础材料,其特点是耐压强度高、硬度大、耐高温、抗腐蚀。此外,水泥在胶凝性能上,玻璃在光学性能上,陶瓷在耐蚀、介电性能上,耐火材料在防热隔热性能上都有其优异的特性,为金属材料和高分子材料所不及。新型无机非金属材料是 20 世纪中期以后发展起来的,具有特殊性能和用途的材料,主要有先进陶瓷非晶态材料、人工晶体、无机涂层、无机纤维等。新型无机非金属材料除具有传统无机非金属材料的优点外,还具有强度高以及具有电学、光学特性和生物功能等特征。

2.1.3 有机高分子材料

高分子材料也称为聚合物材料,是以高分子化合物为基体,再配有其他添加剂所构成的材料。高分子化合物是由一种或几种结构单元多次重复连接起来的化合物,它们的组成元素不多,主要是碳、氢、氧、氮等,但是相对分子质量很大,一般在 10000 以上,甚至可高达几百万。高分子化合物的基本结构特征,使它们具有跟低分子化合物不同的许多宝贵性能,例如机械强度大、弹性高、可塑性强、硬度大、耐磨、耐腐蚀、耐溶剂、电绝缘性强、气密性好等,缺点是易老化、强度和硬度比金属低、导热和耐热性较差。有机高分子材料具有非常广泛的用途。塑料和橡胶是最为重要两种有机高分子材料。

塑料由合成树脂再加入适量的添加剂而制成,品种很多。按使用性能可分为通用塑料和工程塑料;按受热时的性能分,可分为热塑性塑料和热固性塑料。常用工程塑料及其性能和用途如表 2-3 所示。

橡胶也是常用的高分子聚合物,它在很宽的温度范围内具有高弹性,并具有良好的耐磨性和绝缘性,但容易老化,常用来制造轮胎、传送带、密封圈及绝缘体等。橡胶按原料来源可分为天然橡胶和合成橡胶;按用途可分为通用橡胶和特种橡胶。

表 2-3　常用工程塑料及其性能和用途

名　称	代　号	性能简述	用　途
聚乙烯	PE	耐腐朽性、电绝缘性优良;低压 PE 熔点、刚性、硬度和强度较高,吸水性小,有突出的电气性能和良好的耐辐射性;高压 PE 柔软性、伸长率、冲击强度和透明性较好;超高分子量 PE 冲击强度高,耐疲劳、耐磨。	软制品作为高频电绝缘材料使用,硬制品用作电线、电缆、吹塑薄膜、防油纸、涂覆纸。
聚丙烯	PP	比重小,强度、刚度、耐热性均优于低压 PE,可在 100℃ 左右使用,具有优良的耐腐性、良好的高频绝缘性,不受湿度影响,表面硬度和耐热性较好,但成型收缩率大,低温易变脆,不耐磨,易老化。	机械零件、耐腐朽零件、绝缘零件。
聚氯乙烯	PVC	硬聚氯乙烯机械强度颇高,坚韧,电气性能优良,耐酸碱力极强,化学性能稳定,但成型比较困难,耐热性不高;软聚氯乙烯除伸长率较高外,其他各性能均低于硬聚氯乙烯。	硬质:棒、管、板、各种型材;软质:压延薄膜、吹塑制品、电线、电缆。
丙烯腈-丁二烯-苯乙烯	ABS	综合性能较好,冲击韧性,机械强度较高,尺寸稳定,耐化学性、电性能良好,易于成型和机械加工,其弯曲强度和压缩强度及表面强度较差,耐热耐低温。	常用来制造齿轮、泵叶轮、轴承、管道、电机外壳、仪表盘、加热器、盖板、水箱、冰箱衬里等。
聚乳酸(聚丙交酯)	PLA	使用可再生的植物资源(如玉米)所提出的淀粉原料制成,具有良好的生物可降解性,生物相容性、光泽度、透明性、手感和耐热性好。	在挤出、注塑、拉膜、纺丝等多领域应用,如服装(内衣、外衣)、产业(建筑、农业、林业、造纸)和医疗卫生等。
聚甲基丙烯酸甲酯(有机玻璃)	PMMA	透明性极好,机械强度较高,耐腐蚀、绝缘性良好,综合性能较好,但质脆,易溶于有机溶剂,缺口冲击强度低,易产生应力开裂。	软制品:制造铭牌、度盘、油标、油杯;硬制品:适应于要求透明且有一定强度的防爆、防震的零部件。

（续表）

名　称	代　号	性　能　简　述	用　途
聚甲醛	POM	有优异的机械性能,尤其是弹性模量、刚性和表面硬度都很高,是其他塑料所不能比拟的;冲击强度及耐疲劳强度都十分突出,为所有塑料之冠;具有卓越的耐磨性和自润滑性,仅次于尼龙;耐有机溶剂;但收缩率大,热稳定性差,易分解老化。	减摩零件、传动零件、管件、骨架、仪器仪表外壳。
聚酰胺（尼龙）	PA	坚硬、耐磨、耐疲劳、耐油、耐水、结晶性能很高,具有优良的力学性能,刚度逊于金属,冲击强度良好,但热稳定性差,制品一般只能在100℃下使用。	软制品:电仪器、骨架线圈、支架轴承、齿轮;硬制品:机械零件、减摩耐磨零件、传动零件、化工电器仪表等零件。
聚碳酸酯	PC	突出的冲击强度,较高的弹性模量和尺寸稳定性;无色透明,着色性好,耐热性比尼龙、聚甲醛高,抗蠕变和电绝缘性较好,耐蚀性,但耐磨性欠佳,自润性差,不耐碱、酮、胺,耐疲劳强度低,较易产生应力开裂,其制品可在−100℃～130℃内使用。	齿轮、齿条、机、螺杆、插件、线圈架、端子、传动件、机壳安全帽、防护罩、挡风玻璃。
聚苯乙烯	PS	它是目前最理想的高频绝缘材料,透光率仅次于有机玻璃,着色性、耐水性、化学稳定性良好,机械强度一般,但性脆,易产生应力脆裂,不耐有机溶剂,耐热性不高,耐磨性较差。	软制品:高频插座、骨架、电容器、微波元件、包装用的泡沫塑料等;硬制品:透明绝缘件、装饰件、化学仪器、光学仪器。
聚四氟乙烯（塑料王、特氟隆）	F−4（PTFE）	可长期在−200℃～260℃使用,卓越的耐化学腐蚀性能,摩擦系数最低,绝缘性能不受温度影响,呈透明或半透明状。	用于制作耐腐蚀、减摩耐磨件、绝缘件和医疗器械零件。如阀门、泵、垫圈、阀座、轴承、活塞环等。
酚醛塑料	PF	强度高、坚韧耐磨,尺寸稳定性好,耐腐蚀,电绝缘性优异,成形性较好。	用来制作机械结构件,电器、仪表的绝缘机构件,如日常生活的电木制品。
环氧塑料	EP	优良的力学性能,良好的电绝缘性,优良的耐碱性、耐溶剂性及耐霉菌性,对金属、塑料、玻璃、陶瓷能进行良好地黏结。	适于制作塑料模具、精密量具、抗震护衬和电工、电子元件及线圈的灌封与固定。
有机硅塑料	IS	热稳定性高,耐热性好,在高温下电绝缘性优良,耐稀酸、稀碱和耐有机溶剂。	用于制作电工电子元件及线圈的封灌与固定。

2.1.4　复合材料

复合材料是由两种或两种以上物理和化学性质不同的物质组合而成的一种多相固体材料。复合材料的各组分材料虽然保持其相对独立性,但在性能上互相取长补短,产生协同效应,使复合材料的综合性能优于原组成材料而满足各种不同的要求。在复合材料中,通常有一相为连续相,称为基体;另一相为分散相,称为增强体。

按基体材料类型分类：①聚合物基复合材料，即以有机聚合物(主要为热固性树脂、热塑性树脂及橡胶)为基体制成的复合材料；②金属基复合材料，即以金属为基体制成的复合材料，如铝基复合材料、铁基复合材料等；③无机非金属基复合材料，即以陶瓷材料(也包括玻璃和水泥)为基体制成的复合材料。

按增强材料种类分类：①玻璃纤维复合材料；②碳纤维复合材料；③有机纤维(芳香族聚酰胺纤维、芳香族聚酯纤维、高强度聚烯烃纤维等)复合材料；④金属纤维(如钨丝、不锈钢丝等)复合材料；⑤陶瓷纤维(如氧化铝纤维、碳化硅纤维等)复合材料。若用两种或两种以上的纤维增强同一基体制成的复合材料称为"混杂复合材料"，可以看成对两种或多种单一纤维复合材料的相互复合，即"复合材料的复合材料"。

现代高科技的发展离不开复合材料，复合材料的主要应用领域有：①航空航天领域。由于复合材料热稳定性好，比强度、比刚度高，可用于制造飞机机翼和前机身、卫星天线及其支撑结构、太阳能电池翼和外壳、大型运载火箭的壳体、发动机壳体、航天飞机结构件等。②汽车工业。由于复合材料具有特殊的振动阻尼特性，可减振和降低噪声、抗疲劳性能好，损伤后易修理，便于整体成形，故可用于制造汽车车身、受力构件、传动轴、发动机架及其内部构件。③化工、纺织和机械制造领域。有良好耐蚀性的碳纤维与树脂基体复合而成的材料，可用于制造化工设备、纺织机、造纸机、复印机、高速机床、精密仪器等。④医学领域。碳纤维复合材料具有优异的力学性能和不吸收 X 射线特性，可用于制造医用 X 光机和矫形支架等。碳纤维复合材料还具有生物组织相容性和血液相容性，生物环境下稳定性好，也用作生物医学材料。此外，复合材料还用于制造体育运动器件和用作建筑材料等。

2.1.5 新型工程材料的发展趋势

随着社会的发展和科学的进步，新的工程材料的研制和应用不断涌现。工程材料目前朝着高比强度(单位密度的强度)、高比模量(单位密度的模量)、耐高温、耐腐蚀的方向发展。新型工程材料在以下几个方面获得较快的发展：

(1)先进复合材料由新的基体材料(高分子材料、金属或陶瓷)和新的增强材料(纤维、晶须、颗粒)复合而成的具有优异性能的新型材料。

(2)光电子信息材料是指包括量子材料、生物光电子材料、非线性光电子材料等。

(3)低维材料是指超微粒子(零维)、纤维(一维)、薄膜(二维)材料，这是近年来发展较快的领域。

(4)新型金属材料如镍基高温合金、非晶态合金、Al—Li 合金等金属间化合物。

(5)形状记忆材料和智能材料。形状记忆合金主要有镍基，铜基和铁基合金。目前已获得应用，如制造月面天线，这种月面天线是用处于马氏体状态的 Ti—Ni 丝焊接成半环状天线，然后压缩成小团，用阿波罗火箭送上月球。在月面上，小团被太阳光晒热后又恢复原状，即可用于通信。对于体积大而难以运输的物体亦可用这种材料及方法制造。由于此类材料具有自我感知和驱动智能，可以模仿生物体的自增值性、自修复性、自诊断性、自学习性和环境适应性，因此通常被列为智能材料。

(6)纳米材料是 20 世纪 80 年代发展起来的新材料。纳米材料又称为超细微材料，其粒子粒径为 $1\sim10$nm(1nm$=10^{-9}$m)。研究发现，随着物质的超微化，其表面电子结构和晶体结构发生很大变化，产生宏观物体没有的表面效应和物理、化学性质。超微粒材料具有一系列优异的电、磁、光、力学、化学等宏观特性，从而特性使其在电子、冶金、航天、化工、生物和医学领域展现出广阔的应用前景。

2.2 金属的热处理

2.2.1 金属热处理的基本概念

通过生产实践和科学研究发现,将金属材料在固态下加热到适当的温度,保温一段时间后,以一定的冷却速度将其冷至室温,就可以使其内部的组织结构和性能发生变化。如果改变加热和冷却的条件,则金属材料的性能也可以随之发生改变。利用这种加热、保温和冷却的方法来使金属材料获得所需性能的工艺过程,就是金属的热处理。热处理是机械产品制造中的重要工艺,许多的机器零件和工具、模具在制造过程中,往往需要经过多次热处理。例如,车床尾座上的顶尖必须具有高的硬度和耐磨性,才能保证其顺利工作和具有较高的使用寿命,但是在加工制作顶尖零件时,其材料的硬度却应该低一些,以便具有较好的加工性能,这也必须通过适当的热处理来实现。

金属热处理是机械制造中的重要工艺之一。与其他加工工艺相比,热处理一般不改变工件的形状和整体的化学成分,而是通过改变工件内部显微组织或工件表面的化学性能,从而改善工件的内在质量和力学性能。例如,齿轮采用正确的热处理工艺,使用寿命可以比不经热处理的齿轮明显提高;普通碳钢通过渗入某些合金元素就具有某些合金钢性能,可以代替某些耐热钢、不锈钢等;工模具则几乎全部需要经过热处理后方可使用。

热处理的工艺方法很多,按照国家标准,可以将它们分为三大类:①整体热处理,如退火、正火、淬火、回火等;②表面热处理,如表面淬火、表面气相沉积等;③化学热处理,如渗碳、渗氮、氮碳共渗等。

2.2.2 金属热处理的一般工艺过程

热处理工艺一般包括加热、保温、冷却三个过程,特殊的只有加热和冷却两个过程。这些过程互相衔接,连续而不可间断,如图 2-1 所示。

图 2-1 金属热处理过程示意图

金属加热时,由于工件暴露在空气中,常常发生氧化、脱碳现象(即钢铁零件表面碳含量降低),这对于热处理后零件的表面性能有不利影响。因而,金属通常应在可控气氛或保护气氛中、熔融盐中和真空中加热,也可用涂料或包装方法进行保护加热。

加热温度是热处理工艺的重要参数之一,正确选择和控制加热温度,是保证热处理质量的关键。加热温度随被处理的金属材料和热处理的目的不同而异,但一般都是加热到相变温度以上,以获得高温组织。另外,金相组织转变需要一定的时间。当金属工件表面达到要求的加热温度时,还须在此温度保持一定时间,以使工件内外温度趋于一致,使显微组织转变完全,这段时间称为保温时间。采用高能密度加热和表面热处理时,加热速度很快,一般就没有保温时间,而化学热处理的保温时间往往较长。

冷却也是热处理工艺过程中十分重要的步骤。冷却方法因工艺不同而异,主要是控制冷却速度。一般退火的冷却速度最慢,正火的冷却速度较快,淬火的冷却速度更快。

2.2.3　钢的热处理工艺

1. 钢的整体热处理

整体热处理是指通过加热使工件在达到加热温度时里外透热,经冷却后实现改善工件整体组织和性能的目的。常用的钢的整体热处理包括退火、正火、淬火和回火等。

2. 钢的表面热处理和化学热处理

表面热处理是指仅对工件的表层进行热处理,以改变其组织和性能。化学热处理是将工件置于含有待渗元素的介质中加热和保温,使这种或这些元素的活性原子渗入工件表层,从而改变其表面的化学成分、组织与性能的热处理方法。

表面热处理和化学热处理都是仅对工件表层进行的热处理,其作用主要是强化零件的表面。按照表面处理的用途,可将其分为三类,即表面强化处理、表面防护处理和表面装饰加工。

表 2 - 4 为钢的常用热处理的方法和目的。

表 2 - 4　钢的常用热处理方法和目的

热处理方法		热处理过程简述	目　　的
名　称	代　号		
退火	Th	将钢件加热到 A_{C_1} 或 A_{C_3} 以上(45 钢为 800℃～840℃),保温一段时间,再慢慢冷却(一般为炉冷);退火有完全退火、等温退火、球化退火等。	①低硬度,提高塑性;②改善切削加工和压力加工性能,消除铸、锻、焊、轧和冷加工产生的内应力;③改善内部组织、细化晶粒,为淬火做准备。
正火	Z	将钢件加热到 A_{C_1} 或 A_{C_3} 以上(45 钢为 840℃～870℃),保温一段时间,然后在空气中冷却,冷却速度比退火稍快。	①得到细密的结构组织;②改善加工性能(低碳钢);③提高硬度、强度等机械性能。
淬火	C	将钢件加热到相变温度以上(45 钢为 820℃～860℃),保温一段时间,然后在水、盐水、油中急冷下来,得到高硬度的马氏体和(或)贝氏体组织。	①提高硬度和强度;②增强耐磨性;③淬火再回火可获得良好的综合机械性能。
回火	Hh	将淬硬的钢件加热到 A_{C_1}(45 钢为 724℃)以下某一温度,保温一段时间,然后冷却至室温。	①降低脆性,消除内应力,减少变形和开裂;②调整硬度,提高塑性和韧性;③获得机械性能,稳定金相组织、工件尺寸。

热处理方法		热处理过程简述	目　　的
名　称	代　号		
表面淬火	Y	将钢件的表面淬硬到一定深度,而心部还保持未淬火的状态的局部淬火方法。	①使零件表面获得高的硬度和耐磨性;②提高动载荷下和摩擦条件下工作的零件(如齿轮、曲轴、凸轮等)的机械性能;③高频淬火速度快,零件不易氧化、脱碳和变形。
高频表面淬火	G	将钢件放入感应器(线圈)中,利用高频感应电流,使工件表面快速加热的淬火温度后,立即喷水冷却,而获得细针状马氏体组织。	
调质	T	淬火后再高温回火的复合热处理工艺,称为调质。	①在塑性、韧性和强度方面获得较好的综合机械性能;②获得细致均匀的组织。
渗碳	S	把钢件置于含碳的介质中加热保温,使钢表面渗入碳原子。	①渗碳可以提高钢件表面层的硬度和耐磨性,且心部原有强度、韧性不变;②氮化后不再进行热处理,用于含铬、钼、铝等特种钢,提高表面热硬性和耐蚀性;③氰化渗层具有高硬度、抗蚀性、耐磨性和疲劳强度,常用来处理齿轮、蜗杆和轴以及模具、量具、高速钢工具。
氮化	D	向钢件表面渗入氮原子的过程,常用气体氮化法,即用氨加热分解,使活性氮原子被钢件表面吸收。	
氰化	Q	向钢件表面同时渗入碳、氮原子的过程。	
时效	RS	合金经固溶热处理或冷塑性变形后,在室温或稍高于室温下保持较长时间,其性能随时间而变化的现象。	①使铸件或淬火后的钢件慢慢消除内力,稳定其形状和尺寸;②对于特殊钢或有色金属,可以提高硬度、强度。
发蓝（发黑）		钢件表面形成氧化膜;常在沸腾的浓碱溶液(亚硝酸钠和硝酸钠)中处理,温度为 $130℃\sim152℃$,生成 $1.5\mu m$ 的 Fe_3O_4 薄膜,钢种不同其颜色不同。	①提高钢件表面抗腐蚀能力;②使零件外形美观。

2.2.4　常用热处理设备

常用的热处理设备主要包括热处理加热设备、冷却设备、辅助设备和质量检测设备。

1. 热处理的加热设备

加热炉是热处理的主要设备,按工作温度分为高温炉($>1000℃$)、中温炉($650℃\sim1000℃$)、低温炉($<650℃$);按形状结构分为箱式炉、井式炉等。常用的热处理加热炉有电阻炉和盐浴炉。

（1）箱式电阻炉:箱式电阻炉是由耐火砖砌成的炉膛及侧面和底面布置的电热元件组成。通电后,电能转化为热能,通过热传导、热对流、热辐射等方式对工件加热。中温箱式电阻炉应用最为广泛,常用于碳素钢、合金钢零件的退火、正火、淬火及渗碳等。图 2 - 2 所示为中温箱式电阻炉的结构示意图。

图 2 - 2　中温箱式电阻炉

　　(2)井式电阻炉:井式电阻炉的特点是炉身如井状置于地面以下。炉口向上,特别适宜于长轴类零件的垂直悬挂加热,可以减少弯曲变形。另外,井式炉可用吊车装卸工件,故应用较为广泛。图 2 - 3 所示为井式电阻炉结构示意图。

　　(3)盐浴炉:盐浴炉是用液态的熔盐作为加热介质对工件进行加热,特点是加热速度快而均匀,工件氧化、脱碳少,适宜于细长工件悬挂加热或局部加热,可以减少变形。图 2 - 4 所示为插入式电极盐浴炉结构示意图。

图 2 - 3　井式电阻炉图

图 2 - 4　插入式电极盐浴炉

2. 冷却设备

退火时的工件是随炉冷却,正火和回火的工件一般都是在空气中冷却,所以热处理冷却设备主要是指用于淬火的水槽和油槽等。其结构一般为上口敞开的箱形或圆筒形槽体,内盛水或油等淬火冷却介质,常附有冷却系统或搅拌装置,以保持槽内淬火冷却介质温度的稳定和均匀。

3. 辅助设备

热处理辅助设备主要包括：用于清除工件表面氧化皮的清理设备，如清理滚筒、喷砂机、酸洗槽等；用于清洗工件表面黏附的盐、油等污物的清洗设备，如清洗槽、精洗机等；用于校正热处理工件变形的校正设备，如手动压力机、液压校正机等；用于搬运工件的起重运输设备等。

4. 质量检验设备

热处理质量检验设备通常有检验硬度的硬度试验机、检验裂纹的磁粉无损检测机、检验材料内部组织的金相检验设备等。

实习报告

一、判断题

1. 金属材料的性能是指金属材料在外力作用下抵抗变形和断裂的能力。(　　　)

2. 材料的塑性是指在外力作用下材料产生塑性变形而不破坏的能力。(　　　)

3. 可锻铸铁就是可以用来锻造的铸铁。(　　　)

4. 凡是金属材料零件都必须经过热处理后才能使用。(　　　)

5. 正火处理就是将钢加热到较高温度并保温一定时间后随炉温冷却的热处理方法。(　　　)

6. 工件在淬火以后得到的组织不稳定，存在较大应力，容易造成裂纹和变形，因此，应进行回火处理。(　　　)

7. 正火后钢的强度和硬度比退火后钢的强度和硬度要高。(　　　)

8. 调质处理是淬火和中温回火相结合的热处理方法。(　　　)

9. 同一钢材在相同加热条件下水淬比油淬的淬透性好。(　　　)

10. 淬火钢回火后的性能主要取决于回火后的冷却速度。(　　　)

二、填空题

1. 在优质碳素结构钢中，低碳钢含碳量为＿＿＿＿＿＿＿％，中碳钢含碳量为＿＿＿＿＿＿＿％，高碳钢含碳量为＿＿＿＿＿＿＿％。

2. 复合材料一般由＿＿＿＿＿＿＿和＿＿＿＿＿＿＿两部分组成，增强材料均匀地分布在基体材料中。

三、单项选择题

1. 金属材料在载荷作用下抵抗变形和破坏的能力叫(　　　)。

A. 硬度　　　　　　　　B. 强度　　　　　　　　C. 塑性　　　　　　　　D. 弹性

2. 区分钢和铁的主要标志是(　　　)。

A. 含碳量的多少　　　　　　　　　　　　B. 硬度的高低

C. 抗冲击能力的大小　　　　　　　　　　D. 金相组织的粗细

3. 高合金钢中的合金元素总量为(　　　)。

A. $<5\%$　　　　　　　B. $=5\%$　　　　　　　C. $=10\%$　　　　　　　D. $>10\%$

4. 碳素结构钢如 Q235，表示(　　　)。

A. 含碳量为 0.235％　　　　　　　　　　B. 屈服点为 235MPa

C. 抗拉强度为 235MPa　　　　　　　　　D. 抗冲击强度为 235MPa

5. 一般用于工程建筑结构材料是(　　　)。

A. 高速工具钢　　　　B. 碳素工具钢　　　　C. 合金结构　　　　D. 碳素结构钢

6. 锉刀使用的材料是(　　)。

A. 高速工具钢　　　　　　B. 碳素工具钢　　　　　　C. 合金结构　　　　　　D. 碳素结构钢

7. T12 钢可用来制造(　　)。

A. 弹簧　　　　　　　　　B. 刀具　　　　　　　　　C. 齿轮　　　　　　　　D. 容器

8. "16Mn"是(　　)。

A. 渗碳钢　　　　　　　　B. 调质钢　　　　　　　　C. 工具钢　　　　　　　D. 结构钢

9. 下列牌号中,属于高速钢材料的是(　　)。

A. Q235　　　　　　　　B. T12　　　　　　　　　C. 45　　　　　　　　　D. W18Cr4V

10. 正火是将钢加热到一定温度,保温一定时间,然后采用的冷却方式是(　　)。

A. 随炉冷却　　　　　　　B. 在空气中冷却　　　　　C. 在油中冷却　　　　　D. 在水中冷却

11. 从灰口铁的牌号可看出它的指标性质是(　　)。

A. 硬度　　　　　　　　　B. 韧性　　　　　　　　　C. 塑性　　　　　　　　D. 强度

12. 调质处理是指(　　)。

A. 淬火+低温回火　　　　　　　　　　　　　　B. 淬火+中温回火

C. 淬火+高温回火　　　　　　　　　　　　　　D. 表面淬火+回火

13. 下列牌号属于高速钢的是(　　)。

A. W6Mo5　　　　　　　B. Cr4V2　　　　　　　C. Cr12MoV　　　　　D. 3Cr2W8V

14. 制造锉刀应选用(　　)。

A. T12 钢淬火+低温回火　　　　　　　　　　　B. Cr12Mo 钢淬火+低温回火

C. 65 钢淬火+低温回火　　　　　　　　　　　　D. T8 钢淬火+低温回火

15. 下列属于中碳钢材料牌号的是(　　)。

A. Q235　　　　　　　　B. 45　　　　　　　　　C. 65Mn　　　　　　　D. T12

16. 制造农用机械中的犁铧应选用(　　)。

A. 灰口铸铁　　　　　　　B. 可锻铸铁　　　　　　　C. 球墨铸铁　　　　　　D. 白口铸铁

17. 铸铁 HT200 的石墨形态为(　　)。

A. 球状　　　　　　　　　B. 片状　　　　　　　　　C. 团絮状　　　　　　　D. 蠕虫状

18. 一般用于工程建筑结构材料是(　　)。

A. 高速工具钢　　　　　　B. 碳素工具钢　　　　　　C. 合金结构　　　　　　D. 碳素结构钢

19. 回火是淬火后必须进行的一种热处理工艺,调质处理是其中一种,即(　　)。

A. 淬火+高温回火　　　　B. 淬火+中温回火　　　　C. 淬火+低温回火　　　D. 表面处理

20. T8 钢的最终热处理是(　　)。

A. 球化退火　　　　　　　B. 淬火加低温回火　　　　C. 调质　　　　　　　　D. 渗碳

21. 在钢的热处理中,钢的淬透性是指(　　)。

A. 钢淬火后的最高硬度　　　　　　　　　　　　B. 钢淬火后的马氏体硬度

C. 钢淬火后的淬硬层深度　　　　　　　　　　　D. 钢淬火后的残余奥氏体量

22. 引起锻件晶粒粗大的主要原因之一是(　　)。

A. 过热　　　　　　　　　B. 过烧　　　　　　　　　C. 变形抗力大　　　　　D. 塑性差

23. 为了适当提高低碳钢的硬度,改善钢的切削性能,常采用预备热处理的方法是(　　)。

A. 完全退火　　　　　　　B. 球化退火　　　　　　　C. 等温退火　　　　　　D. 正火

24. 在制造 45 钢类零件的工艺路线中,调质处理应安排在(　　)。

A. 粗加工之前　　　　　　B. 精加工之后　　　　　　C. 精加工之前　　　　　D. 半精加工之前

25. 碳钢的淬火工艺是将其加热到一定温度,保温一定时间,然后采用的冷却方式是(　　)。

A. 随炉冷却　　　　　　　B. 在风中冷却　　　　　　C. 在空气中冷却　　　　D. 在水中冷却

四、连线题

请将下来材料名称与牌号进行正确连线。

① 碳素结构钢　　　　　　　　　　　　　A. HT200

② 合金结构钢　　　　　　　　　　　　　B. W18Cr4V

③ 高速工具钢　　　　　　　　　　　　　C. 45

④ 铸铁　　　　　　　　　　　　　　　　D. 20CrMnTi

⑤ 优质碳素结构钢　　　　　　　　　　　E. Q235

五、简答题

1. 工程材料按化学成分不同可分为哪几类？金属材料又包括哪两种？

2. 金属热处理工艺一般包括哪几个过程？

第 3 章　铸造成形技术

（1）了解铸造生产的工艺过程及其特点和应用范围。

（2）了解常用砂型铸造工艺、设备和工具。

（3）掌握手工两箱造型（整模、分模、挖砂造型等）的操作技能。

（4）了解特种铸造方法。

（5）了解铸造熔炼和浇注工艺过程及铸造缺陷分析。

（1）必须穿戴好工作服、帽、鞋等防护用品。

（2）造型时，不要用嘴吹型（芯）砂；造型工具应正确使用，用完后不要乱放；翻转和搬动砂箱时要小心，防止压伤手脚；砂箱垒放要整齐、牢固，避免倾倒伤人。

（3）浇注前，浇注工具须烘干；浇注时，浇包内的金属液不可过满，搬运浇包和浇注过程中要保持平稳，严防发生倾翻和飞溅事故；操作者与金属液保持一定的距离，且不能位于熔液易飞溅的方向，不操作浇注者应远离浇包；多余的金属液应妥善处理，严禁乱倒乱放。

（4）铸件在铸型中应保持足够的冷却时间，静止触碰未冷却的铸件。

（5）清理铸件时，应注意周围环境，正确使用清理工具，合理掌握用力大小和方向，防止飞出的清理物伤人。

3.1　概　述

铸造是指熔炼金属，制造铸型，并将熔融金属浇入铸型，使熔融金属在重力、压力、离心力或其他外力作用下充满铸型，凝固后获得具有一定形状、尺寸和性能金属零件毛坯的成形方法。用铸造的方法得到一定形状和性能的金属工件称为铸件。大多数铸件还需经过机械加工后才能使用，故铸件一般为机械零件的毛坯。它是金属材料液态成形的一种重要方法。铸造是人类掌握比较早的一种金属热加工工艺，已有约 6000 年的历史，出土文物中大量的古代生产工具和生活用品就是用铸造方法制成的。铸造毛坯因近乎成形，达到减免机械加工的目的，减少了制造周期，节约了生产成本，是制造工业的基础工艺之一。铸造广泛应用于工业生产的很多领域，特别是机械工业，以及日常生活用品、公用设施、工艺品等的制造和生产中。

铸造生产具有以下特点：

（1）铸造可以生产出外形尺寸从几毫米到几十米、质量从几克到几百吨、结构从简单到复杂的各种铸件，尤其是可以成形具有复杂形状内腔的铸件。

（2）铸造基本不受生产批量的限制，可以用于单件生产，也可用于成批生产；生产方式比较灵活,生产准备过程较简单。

(3)铸造使用的材料来源广泛,可大量利用废旧材料和再生资源,铸件的尺寸、形状与零件相近,后续加工余量小,节省了大量的材料和加工费用,经济性好。

(4)铸造生产工艺过程复杂,有些工序难以控制,铸件易产生气孔、缩孔、砂眼、裂纹等缺陷,铸件力学性能较差。

随着现代铸造技术的发展以及新材料、新技术、新工艺的应用,铸造的加工精度越来越高,表面粗糙度值也随之降低,有些铸造方法实现了少切削甚至无切削;铸件材料的性能有较大改善;铸造生产自动化程度越来越高,生产效率显著提高,铸件质量更容易控制,劳动强度大大降低,劳动环境大为改善。

铸造主要有砂型铸造和特种铸造两大类。砂型铸造,利用砂作为铸模材料,好处是成本较低,缺点是铸模制作耗时,铸模本身不能被重复使用。特种铸造,按造型材料又可分为以天然矿产砂石为主要造型材料的特种铸造(如熔模铸造、泥型铸造、壳型铸造、负压铸造、实型铸造、陶瓷型铸造等)和以金属为主要铸型材料的特种铸造(如金属型铸造、压力铸造、连续铸造、低压铸造、离心铸造等)两类。

3.2 砂型铸造

砂型铸造即在砂型中生产铸件的方法,将铸造模样放进砂箱,用造型砂紧实后再取出模样形成型腔,将融化的金属液浇注填满型腔,冷却后凝固成形,从而获得与模样一致的零件。铸型是指按铸件形状和性能要求预先制备,用以注入熔融金属,冷却后形成铸件的工艺装备。图3-1所示为组成两箱砂型铸型的各部分。铸型由上砂型、下砂型、型芯、型腔、浇注系统和上下砂箱等部分组成,上砂型和下砂型的结合面成为分型面。

图3-1 铸型的组成
1—上砂型;2—通气孔;3—浇注系统;
4—型腔;5—型芯;6—下砂型;7—分型面

3.2.1 砂型铸造的工艺流程

砂型铸造的主要工序有制造模样和芯盒、制备型砂和芯砂、合型、融化金属、浇注、落砂、清砂等,如图3-2a所示。砂型铸造的工艺流程图,如图3-2b所示。

a)砂型铸造工序

b)砂型铸造工艺流程

图 3-2　砂型铸造工艺

3.2.2　型(芯)砂、模样、芯盒

1. 型砂与芯砂

砂型铸造的造型材料由原砂、黏结剂、附加物等按一定比例和制备工艺混合而成,如图3-3所示。制造铸型的造型材料称为型砂,制造型芯的造型材料称为芯砂。型砂和芯砂性能的优劣直接关系到铸件质量的好坏和成本的高低。

(1)型砂和芯砂的组成

① 原砂。符合一定技术要求的天然矿砂才能作为铸造用砂,这种天然矿砂称为原砂。天然硅砂是铸造生产中应用最广的原砂,资源丰富,价格便宜。原砂的粒度一般为 50~140 目。

② 黏结剂。在铸造生产过程中用黏结剂将松散的砂粒黏结在一起形成一定形状的砂型或型芯。铸造用黏结剂种类较多,按照其组成可分

图 3-3　黏土砂结构示意图
1—砂粒;2—空隙;3—附加物;4—黏结剂

为有机黏结剂(如植物油类、合脂类、合成树脂类黏结剂等)和无机黏结剂(如黏土、水玻璃、水泥等)两大类。由于黏结剂的不同因而形成不同的型(芯)砂,例如用黏土作为黏结剂的型(芯)砂称为黏土砂,还有水玻璃砂、油砂、合脂砂和树脂砂等。黏土砂适应性很强,铸铁、铸钢及铝、铜合金等铸件均适宜,且不受铸件的大小、重量、形状和批量的限制,是目前铸造生产中应用最广泛的砂种。

③ 涂料。对于干砂型和型芯,常把一些防粘砂材料制成悬浊液,涂刷在型腔或型芯的表面上,对于湿型砂,可直接把涂料粉(如石墨粉)喷撒在砂型或型芯表面上,以提高铸件表面质量。

铸型所用材料除了原砂、黏结剂、涂料外,还加入某些附加物,如煤粉、重油、锯木屑等,以增加砂型或型芯的透气性和提高铸件的表面质量。

(2)型砂和芯砂的性能要求

① 强度。型(芯)砂抵抗外力破坏的能力称为强度。型(芯)砂的强度不够,则在生产过程中铸型(芯)易损坏,会使铸件产生砂眼、冲砂、夹砂等缺陷。型(芯)砂的强度过高,则会使型(芯)砂的透气性和退让性降低。型砂中黏土的含量越高强度就越高,含水量过多或过少均使强度降低。

② 透气性。型(芯)砂使气体通过或顺利逸出的能力称为透气性。型砂透气性不好,则

易在铸件内形成气孔,甚至出现浇不足现象。黏土含量的增加,型砂的透气性通常会降低;型砂紧实度增大,砂粒间孔隙就减少,型砂透气性降低;含水量适当时,型砂的透气性才能达到最佳。

③ 耐火性。型砂在高温作用下具有不熔化、不烧结、保持原有性能的耐高温性能。耐热性差的型砂易被高温熔化而破坏,产生粘砂等缺陷。由于型芯多置于铸型型腔内部,浇注后周围被熔融金属所包围,因此对芯砂的耐火性比型砂更高。

④ 可塑性。可塑性是在外力作用下变形,外力去除后仍保持这种变形的能力。可塑性好,便于制作形状复杂的砂型,容易起模,铸件表面质量高。

⑤ 退让性。冷却收缩时型砂能不阻碍铸件收缩的性能称为型砂的退让性。型砂的退让性差,易使铸件产生内应力、变形或裂纹等缺陷。

型(芯)砂还应具有较好的流动性、耐用性等。芯砂在浇注后处于金属液的包围中,工作条件差,还必须有较低的吸湿性、良好的落砂性等。

2. 模样、芯盒和砂箱

砂型铸造中造型时用到的主要工艺装备是模样、芯盒与砂箱。

(1)模样

模样是与铸件外形相似,在造型时形成铸型型腔的工艺装备。模样的尺寸和形状由零件图和铸造工艺参数得出,如图3-4所示。设计模样时一定要考虑的铸造工艺参数有收缩率、加工余量、起模斜度、铸造圆角等。铸件有内孔时还要设计芯座,用以安放砂芯。

a)零件图   b)铸件   c)模样

图3-4 零件图、铸件和模样外形及尺寸对比

根据制造模样材料的不同,模样可分为用木材制作的木模、用金属制作的金属模、用塑料制作的塑料膜、用石膏制作的石膏模等。

(2)芯盒

芯盒是制芯的模具,制芯的目的是利用制造的型芯形成铸件的内部形状。在铸型中,型芯按照规定的空间位置安放在砂型的型腔中,浇注时型芯被金属液体包围,凝固后去掉型芯形成铸件的内腔。型芯的结构主要有芯体、芯头、芯骨、通气孔等部分组成。一般单件、小批量生产中,广泛采用木材来制造芯盒;大量生产中,常用铸造铝合金、塑料来制造芯盒。

(3)砂箱

砂箱是铸造生产常用的工装,造型时用来容纳和支承砂型,浇注时对砂型起固定作用。合理选用砂箱可以提高铸件质量和劳动生产率,减轻劳动强度。

3.2.3 造型方法

用造型材料和模样等工艺装备制造铸型的过程称为造型。造型是砂型铸造的最主要工

序之一,造型的方法主要有手工造型和机器造型两类。

1. 手工造型

使用手工工具进行造型的方法统称为手工造型。手工造型的工艺装备简单,操作灵活方便,但生产效率低,劳动强度大,铸件精度和表面质量不高。铸件质量受操作者技能水平影响大,多用于单件、小批量生产。手工造型的常用工具如图3-5所示。常用的造型方法有整模造型、分模造型、挖砂造型、活块造型、刮板造型等。

图3-5 手工造型的常用工具

(1)整模造型

整模造型即用整体模样制作的砂型,它所用的模样是一个整体且型腔全部位于一个砂型中,适用于最大截面在端面且沿此端部平面的垂线方向上所有横截面依次减小的零件。整模造型分型面为模样最大截面所在的端面,该方法操作最简便,不会发生错型,形状和尺寸精度较好,其造型过程如图3-6所示。

图3-6 整模造型的基本过程

(2)分模造型

当铸件的最大截面不在铸件的端面,可采用分模造型,即将模样沿最大截面处分成两部分或多部分进行造型。造型时,通常将分模面与分型面置于同一平面内,各分模依靠销钉等定位,先后在各砂箱完成舂砂紧实操作,然后从分型面将各分模分别起模,最后合箱形成完整的铸型空腔。图3-7所示为铸件分模造型的基本过程。

图 3-7　分模造型的基本过程

　　分模造型方法操作简便,但要求合型时定位准确,否则会发生错型。分模造型应用广泛,适用最大截面不在端部而且易于分开制模的铸件造型。

　　(3)活块造型

　　所谓活块就是当铸件中包含有碍起模的凹凸部位时,在模样上制成可拆卸或者能活动的部件。起模时,先取出模样主体,再取出活块,图 3-8 所示的是活块造型的基本过程。

图 3-8　活块造型的基本过程

　　(4)挖砂造型

　　有些铸件的最大截面是较复杂的曲面或模样不宜分模,为了制造模样的方便,常把模样做成整体,造型时挖掉妨碍起模的砂子,使模样顺利取出,这种方法称为挖砂造型。图 3-9 所示的是挖砂造型的基本过程。每次造型后都要挖掉妨碍起模的砂子,一般情况下都是手工操作,生产效率低,并且对操作者操作技术水平要求较高。

　　(5)刮板造型

　　在制造旋转体或等截面形状的铸

图 3-9　挖砂造型基本过程

件时,采用与铸件截面相适应的刮板在型砂上刮出所要求的型腔,这种方法称为刮板造型。刮板造型的基本过程如图 3-10 所示。

　　2.机器造型

　　机器造型就是用机器代替手工完成造型的过程,主要是在紧砂和起模两个方面实现机

图 3-10 刮板造型的基本过程

械操作,部分生产线实现了全过程造型的自动化。机器造型案例如图 3-11 所示。机器造型不但生产效率高、质量稳定,而且劳动强度低,是成批生产铸件的首选。

图 3-11 震压造型机的工作原理

（1）紧砂。造型的填砂紧实过程是劳动强度最大的工序，用机器紧砂可大大改善劳动条件、提高生产率和砂型紧实质量。

（2）起模。进行机器造型生产的造型机大多具备起模机构，常见的机器起模方法有：顶箱起模、落模起模、翻台起模及漏模起模等。

3.2.4　铸造工艺设计

（1）分型面

分型面是指砂型与砂型之间的分界面，是为了造型时能顺利从砂型中取出模样而设置的，应设在模样的最大截面处。砂型铸造时，一般情况下至少有上下两个砂型，两箱造型有一个分型面，三箱造型有两个分型面。分型面的选择应根据铸件的结构特点来确定，并尽量满足浇注位置的要求，同时还要考虑便于造型和起模、合理设置浇注系统和冒口、正确安装型芯、提高劳动生产率和保证铸件质量等各方面的因素。

（2）浇注位置

铸件的浇注位置是指浇注时铸件在砂型中的空间位置，合理选择浇注位置与分型面可大幅提高铸件质量和生产率。铸件浇注位置的选择，应保证造型工艺和浇注工艺的合理性，确保铸件质量符合规定要求，减少铸件清理的工作量，其主要内容包括：铸件上的重要表面和较大的平面应放置于型腔的下方，以保证其性能和表面质量；应保证金属液能顺利进入型腔并且能充满型腔，避免产生浇不足、冷隔等现象；应保证型腔中的金属液凝固顺序为自下而上，以便于补缩。例如，车床中，床身的导轨面是关键部分，要求组织致密且不允许有任何铸造缺陷，因此床身浇筑时通常采用导轨面朝下的浇注位置。

（3）工艺参数的选择

铸造工艺参数通常指铸造工艺设计时需要确定的某些数据，合理的工艺参数选择是保证合格铸件产生的先决条件。铸件主要工艺参数有机械加工余量、最小铸出孔槽、拔模斜度、铸造圆角、收缩率和型芯固定等。例如，机械加工余量过大，浪费金属和加工工时，增加成本；加工余量过小，降低刀具寿命，不能完全去除铸件表面缺陷，达不到设计要求。准确恰当选择工艺参数，是保证铸件尺寸精度、方便造型操作的工艺措施，也是制造模样和芯盒的尺寸依据。

3.2.5　浇注系统、冒口与冷铁

1．浇注系统

为保证铸件质量，金属液须按一定的通道进入型腔，金属液流入型腔的通道称为浇注系统。典型的砂型铸造浇注系统包括浇口杯、直浇道、横浇道、内浇道等，如图 3-12 所示。

图 3-12　浇注系统示意图
1—浇口杯；2—铸件；3—冒口；4—直浇道；
5—横浇道；6—内浇道

（1）外浇口。外浇口是与直浇道顶端连接，用以承接和导入液态金属的装置，其主要作用是便于浇注，缓和来自浇包的金属液压力，使之平稳地流入直浇道。

（2）直浇道。直浇道是浇注系统中的垂直于水平面的通道，其主要作用是对型腔中的金

属液产生一定的压力,使金属液更容易充满型腔。

(3)横浇道。横浇道是浇注系统中连接直浇道和内浇道的水平部分,一般开挖在上型的分型面之处,截面呈梯形,其主要作用是把直浇道流过来的金属液送到内浇道,并且起挡渣和减缓金属液流动的作用。

(4)内浇道。内浇道是浇注系统中引导金属液直接进入型腔的通道部分,其截面一般呈扁梯形或三角形,其主要作用是控制液态金属流入型腔的速度和方向。

因浇注系统设置不当而造成的废品高达铸造产品总量的30%。好的浇注系统应能将金属液平稳地导入型腔,以获得轮廓清晰完整的铸件;能隔渣,阻止金属液中的杂质和熔渣进入型腔;能有效控制金属液流入型腔的速度和方向;能调节铸件的凝固顺序。

2. 冒口

液态金属在冷凝过程中,体积会产生收缩,在最后凝固的地方很容易产生缩孔和缩松。为了避免铸件出现这类缺陷,一般增设若干个铸型空腔,用于容纳一部分多余金属,在凝固时补充收缩的金属量,这个铸型空腔称为冒口。冒口的主要作用是防止缩孔、缩松,还具有排气、集渣和观察型腔的作用。在铸件形成后,冒口和浇注系统等多余金属部分将一同除去。

3. 冷铁

冷铁是为了增加铸件局部冷却速度,在铸型型腔或型芯中的相应部位安放用金属制成的激冷物。它可以加快铸件厚壁处的冷却速度,调节铸件的冷却顺序;可以与冒口相配合,扩大冒口的有效补缩距离,减少冒口数量和尺寸;可以提高铸件局部的硬度和耐磨性。冷铁分为内冷铁和外冷铁两大类。冷铁常用的材料有铸铁、钢、铝合金、铜合金等。

3.2.6　手工造型的基本操作

1. 造型材料和工具的准备

按要求制备型砂和芯砂。准备好底板、砂箱、模样、芯盒和必要的造型工具(如舂砂锤、馒刀、压勺、刮板、半圆刀、砂钩、通气针、起模针等)。

2. 手工造型的基本过程(两箱分模造型)

(1)模样、底板、砂箱按一定空间位置放置好后,填入型砂并舂紧。注意:①用手把模样周围的型砂压紧;②每加入一次砂,这层砂都应舂紧,然后才能再次加砂,依此类推,直至把砂箱填满紧实;③舂砂用力大小应适当,因为用力过大,砂型太紧,型腔内气体出不来;用力过小,砂粒之间黏结不紧,砂型太松易塌箱。此外,应注意同一砂型各处紧实度是不同的,靠近砂箱内壁应舂紧,以防塌箱;靠近型腔部分型砂应较紧,使其具有一定强度;其余部分砂层不宜过紧,以利于透气。

(2)下型造好后,连同底板一起小心翻转180°放到预先清理好的平整场地,慢慢去掉底板,并撒上干燥的分型砂。

(3)在翻转后的下型上安放上型砂箱,放好上型模样,插上定位销,填砂舂紧型砂。注意要同时在适当位置放上浇口、冒口棒,设置合适的浇冒口。

(4)上型造好后,必须插上砂箱定位销,在上下砂箱分型处做上标记,保证下次合型时不会错位。在上型顶面扎适量透气孔,慢慢取出浇冒口棒,并开好浇口杯,撒上分型砂,去掉定位销,将上型砂箱也翻转180°,放在清理过的平整场地。

(5)起模、修整型腔,起模前用毛笔蘸些水,刷在模样周围以增强强度。使用起模针,小心取出上下箱中的模样,可先轻轻敲击模样使其略松动。模样取出后在上箱分型面的直浇口与型腔之间开设横浇道。最后用工具清理掉在上下型腔中的砂子,再撒上些分型砂。起模后,型腔如有损坏,可用工具修复。

(6)合型,将上箱翻转与下箱合起来,对齐定位销和做好的标记,防止错型。至此,砂型制作完成,经过适当处理后等待浇注。

图 3-13 所示的是两箱分模造型的主要过程。

a)造下型   b)造上型   c)开横(内)浇   d)合型、扎气孔
                                      口、起模、修模

图 3-13   两箱分模造型的主要过程

3.3   特种铸造

随着科学技术的发展,人们对铸造提出了更高的要求,即要生产出更加精确、性能更好、成本更低的铸件。人们通过改变造型材料或方法,以及改变浇注方法和凝固条件等,发明了许多区别于砂型铸造的新方法,这些方法统称为特种铸造。常用的特种铸造方法有熔模精密铸造、石膏型精密铸造、陶瓷型精密铸造、消失模铸造、金属型铸造、压力铸造、低压铸造、真空吸铸、挤压铸造、离心铸造、连续铸造、半连续铸造、壳型铸造、石墨型铸造、电渣熔铸等。

3.3.1   熔模铸造

熔模铸造是指在易熔材料制成模样表面包覆若干层耐火材料,待其干燥后制成型壳,加热型壳将模样熔化排出型壳,从而获得无分型面的铸型,经高温焙烧形成耐火的型壳,用以浇注为铸件的方法。由于模样广泛采用蜡质材料,故常将熔模铸造称为"失蜡铸造"。熔模铸造工艺过程如图 3-14 所示。

a)母模 b)压型   c)熔蜡   d)铸造蜡模 e)单独蜡模   f)组合蜡模

g)熔出蜡模   h)浇注

图 3-14   熔模铸造工艺过程

熔模铸造的优点是铸造出的铸件有很高的尺寸精度和表面质量,机械加工余量小,可以铸造各种复杂的合金铸件,特别是可以铸造高温合金铸件。熔模铸造的缺点是工艺复杂、铸件不宜太大、铸件成本较高等。熔模铸造主要用在使用高熔点合金精密铸件的批量生产以及形状复杂、难切削加工的小零件(如汽轮机叶片、切削刀具、车刀柄、风动工具、枪支零件以及工艺品等产品)生产中广泛应用于航空、汽车、纺织机械、机床、仪表、电信等工业部门。

3.3.2　金属型铸造

将金属液浇注到金属材料制成的铸型中而获得铸件的方法,称为金属型铸造。由于金属铸型能重复使用成百上千次,甚至上万次,故又称其为永久型铸造。金属铸型一旦做好,则铸造的工艺过程实际上就是浇注、冷却、取出和清理铸件,从而大大地提高了生产率,也不占用太多的生产场地,并且易于实现机械化和自动化生产。

制作金属铸型的材料一般为铸铁和钢。与砂型铸件相比,金属型铸件尺寸精确、表面光洁、加工余量小且组织细密,提高了铸件的强度和硬度。金属铸型在浇注前先要预热,还须在型腔和浇道中喷刷涂料,以有效保护金属型铸件表面,因而铸件表面质量高。由于金属铸型导热速度快且无退让性,因此容易产生浇不足、裂纹等缺陷。金属型铸造适用于大批量生产非铁合金铸件,有时也用于铸铁和铸钢件,如活塞、缸体、液压泵壳体、轴瓦和轴套等,一般不用于大型、薄壁和较复杂铸件的生产。

3.3.3　压力铸造

压力铸造是在高压作用下,将液态或半液态金属快速注入铸模型腔,并在压力下快速凝固的铸造方法,简称压铸。压铸工艺则是将压铸机、压铸合金和压铸型三大要素加以综合运用的过程,使各种工艺参数满足铸型的需要。

压力铸造的铸件尺寸精度高,表面质量好,加工余量小,可铸出薄壁、带有小孔的复杂铸件,铸件组织细密,强度较高。高压高速浇注,铸件冷却快,具有更高的生产率,主要用于各类非铁合金中、小型铸件的大批量生产,如电表骨架、车门、喇叭、减压阀、飞机零件等,在汽车、仪表、电器、无线电、航空以及日用品制造中获得广泛的应用。

3.3.4　离心铸造

离心铸造是将金属液浇入旋转的铸型中,在离心力的作用下使金属熔液填充铸型并凝固成形的一种铸造方法。根据旋转轴在空间的位置,离心铸造可分为卧式离心铸造和立式离心铸造两种,其工作原理图如图 3-15 所示。

a)卧式离心铸造　　　　　b)立式离心铸造

图 3-15　离心铸造机工作原理图

由于离心力作用使金属液体凝固时仍保持较高压力,所以组织致密,极少有气孔、夹渣、缩孔等缺陷。离心铸造可以生产流动性较低的合金铸件、双金属层铸件和薄壁铸件等,尤其是各种管类、套类铸件等均普遍使用离心铸造进行生产。

3.3.5　消失模铸造

消失模铸造是将与铸件尺寸形状相似的石蜡或泡沫模型黏结组合成模型簇,刷涂耐火涂料并烘干后,埋在干石英砂中振动造型,在负压下浇注,使模型气化,液体金属占据模型位置,凝固冷却后形成铸件的铸造方法。消失模铸造不需起模,不用型芯,不必合型,大大简化了造型工艺,并避免了因下芯、起模、合型等引起的铸件尺寸误差和缺陷;由于采用干砂造型,节省了大量黏结剂,型砂回用方便,铸件极易落砂,劳动条件得到改善;由于不分型,铸件无飞边、飞翅,使清理打磨的工作量得以减轻。

消失模铸造可用于各类铸造合金,适合于生产结构复杂、难以起模以及活块和外型芯较多的铸件,如模具、气缸头、管件、曲轴、叶轮、壳体、艺术品、床身、机座等。

3.3.6　连续铸造

连续铸造是将金属液体连续通过水冷式金属型(结晶器),不断凝固成金属型材的浇注方法。结晶器内腔的形状决定金属型材断面的形状。连续铸造生产效率很高,铸件组织致密、力学性能好,铸件不用设浇冒口,故铸锭轧制时不必斩头去尾,金属利用率高。连续铸造一般只能铸造等截面的长形铸件,因此被广泛应用于连续铸锭和连续铸管。图 3-16 为卧式连续铸造机工作原理示意图。

图 3-16　卧式连续铸造机工作原理示意图
1—金属液;2—铸锭;3—保温炉;4—结晶器;5—冷却水进;
6—冷却水出;7—切断砂轮;8—剪床;9—输送导轮

3.4　金属的熔炼与浇注

3.4.1　熔炼

金属的熔炼是为了获得符合要求的金属溶液。熔炼是一个比较复杂的物理化学过程,熔炼时,既要控制金属液体的温度,又要控制其化学成分;还要在保证质量的前提下,尽量减少能源和原材料的消耗,减轻劳动强度,降低环境污染。不同类型的金属,应采用不同的熔炼方法和设备。

熔炼铸铁的主要设备是电炉(感应电炉、电弧炉等)和冲天炉。使用冲天炉来熔炼铁水,具有制造成本低、操作和维护简单方便、可连续熔炼及生产效率高等特点,但随着生产环保的要求日益提高,已有更多的企业采用感应电炉作为铸铁的熔炼装置。感应电炉熔炼基本操作过程:烘炉→加炉料→通电熔化→炉前质量检查→铁液出炉。冲天炉操作的基本操作过程:炉料准备→烘干→加底焦→加料(溶剂、金属料、层焦)→送风熔化→出渣和出铁→停风打炉。

熔炼铸钢的主要设备是利用电极与金属料之间的放电发热来熔化金属的电弧炉,优点是熔化速度快、钢液温度高、易控制,且有良好的脱磷、脱硫条件。

熔炼有色金属主要是铸造铜合金和铝合金,常用的设备是坩埚炉、反射炉、感应电炉等,图 3-17 是电阻坩埚炉示意图。

图 3-17　电阻坩埚炉示意图
1—坩埚;2—隔热材料;3—电阻丝托板;4—电阻丝;5—炉壳;6—耐火砖

3.4.2　浇注

将熔化的金属液体浇入铸型的过程称为浇注,浇注工艺不当会引起浇不到、冷隔、跑火、夹渣和缩孔等缺陷。

(1)浇注前的准备工作包括:准备浇包、清理通道、烘干用具。浇包是在浇注过程中盛装金属液体的工具,浇包的容量大小不一,常用的有手提浇包、抬包和吊包。浇注时行走的通道不能有杂物阻挡,更不能有积水。工具潮湿可能引起金属液体飞溅。

(2)浇注时要控制浇注温度和浇注速度。

① 浇注温度一般根据铸造工艺综合考虑来选择。浇注温度过低,金属液体的流动性差,易产生浇不到、冷隔、气孔等缺陷;浇注温度过高,金属液体的收缩量增加,易产生缩孔、裂纹及粘砂等缺陷。浇注温度主要由铸件的材质和温度决定,一般来说,HT200 的壁厚为 8～15mm 的铸铁浇注温度控制在 1360℃～1440℃,铝合金的浇注温度控制在 720℃～760℃。

② 浇注速度可通过控制浇包和布置浇注系统等进行控制。浇得太慢,金属液体降温过多,易产生浇不到、冷隔、夹渣等缺陷;浇得太快,型腔中的气体排不出来,产生气孔缺陷;动力和压力过大易造成冲砂、抬箱、跑火等缺陷。

3.4.3　落砂和清理

浇注及冷却后的铸件必须经过落砂和清理,才能进行机械加工或使用。

1. 落砂

砂型浇注后用手工或机械使铸件、型砂和砂箱分开的工序叫落砂。落砂时应注意开型时的温度。温度过高,铸件未凝固,会发生烫伤事故。即使铸件已凝固,急冷也会使铸件产生表面硬皮,增加机械加工的困难,或使铸件产生变形和裂纹等缺陷。落砂过晚,又影响生产效率。在保证铸件质量的前提下应尽早落砂,一般铸铁件的落砂温度在 400℃～500℃;形状复杂、易裂的铸铁件应在 200℃以下落砂。铸件在砂型中保留的时间与铸件的形状、大小和壁厚等有关,一般 10kg 以下的铸铁件,在车间地面冷却 1h 左右就可落砂;50～100kg 的铸铁件冷却 1.5～4h 就可落砂。

人工落砂通常在浇注场地进行,用大锤、铁钩、钢纤等工具敲击砂箱或捅落型砂,但不能直接敲击铸件本身以免发生损坏。人工落砂工具简单、适应性广,但生产率低、作业环境恶劣、劳动条件很差,适用于单件生产。机械落砂是利用落砂机使铸件从砂型中分离出来,其生产率高,劳动强度低,适用于大量生产。

2. 清理

铸件清理包括:切除浇冒口、清除型芯、清除内外表面粘砂、铲除铸件表面毛刺与飞边、表面精整等。

(1)切除浇冒口

切除浇冒口的方法,不仅受铸件材质的限制,而且还受着浇冒口的位置及其与铸件连接处的尺寸大小的影响。应根据生产的具体情况,选用不同的切割方法,主要有敲击法、锯割、气割、等离子弧切割等。

(2)清除型芯

铸件内腔的型芯及芯骨一般用手工清除,也可用震动的清砂机或水力清砂装置清除,但后者多用于中大型铸件的批量生产。

(3)清除内外表面黏砂

铸件内外表面往往黏结一层被烧结的砂子,需要清除干净。可用钢丝刷、锉刀、手持砂轮机等工具进行清理,也常采用滚筒、喷砂及抛丸机清理。

(4)铲除毛刺和飞边

铸件上的毛刺、飞边和浇冒口残迹要铲除干净,使铸件外形轮廓清晰,以提高表面质量。铲除时,可用錾子、风铲、砂轮等工具进行。

许多重要铸件在清理后还需进行消除内应力的退火,以提高铸件形状和尺寸的稳定性。有的铸件表面还需精整,以提高铸件表面质量。

3.4.4 铸件缺陷及原因分析

铸造工艺复杂,容易产生各种缺陷,从而降低了铸件的质量和成品率。为了防止和减少缺陷,首先应确定缺陷的种类,分析其产生的原因,然后找出解决问题的最佳方案。表 3-1 列举了常见的铸造缺陷及其产生的原因。

表 3-1　常见铸造缺陷特征和产生原因

缺陷名称	图　例	缺陷特征及产生原因
缩孔		由于金属液凝固时没有得到足够的金属液补偿所产生的孔洞。其孔壁粗糙,形状不规则,常出现在铸件最后凝固的厚大部位。

（续表）

缺陷名称	图　例	缺陷特征及产生原因
气孔		由于金属液冷却凝固时,侵入或析出铸型内的气体来不及逸出所形成的孔洞。气孔壁光滑,呈圆形或梨形,出现在铸件表面或砂芯、冷铁及浇冒口附近。
错型		铸件在分型面处相互错开而造成的形状和尺寸的不合格。主要是由于造型时上下模错动或合型时上下型错位引起。
浇不到		浇注过程中由于金属液未完全充满型腔,铸件产生局部边角圆滑光亮的部位。浇注温度过低、速度过慢或内浇道截面过小等易产生这类现象。
冷隔		铸型中金属流交汇处,由于熔合不好而产生的接缝。其边缘圆滑,多数出现在远离浇道的宽大的上表面或薄壁上。原因与"浇不到"相同。
粘砂		铸件表面黏附着难以清除的砂粒,多发生在铸件厚壁处或浇冒口附近。型腔表面不紧实或浇注温度过高是产生该缺陷的主要原因。
夹砂结疤		铸件表面一种凸起的金属疤片,表面粗糙,边缘锐利并与铸件本体夹有砂层。在铸件大平面上或浇注时因液流大造成局部过热,型腔表面易鼓胀开裂而形成夹砂结疤。
热裂		铸件在较高温度(常在凝固末期)时产生的裂纹。裂缝曲折、不规则,断口呈暗蓝色。产生原因是铸型退让性差及金属液中含硫量过高。
冷裂		铸件在较低温度下(钢和铸铁在620℃～650℃及以下)产生的裂纹。裂口呈直线状,断口表面无氧化或有轻微氧化色。产生原因是铸型退让性差及金属液中含磷量过高。

实习报告

一、判断题

1. 铸造模样的外形和尺寸与零件的外形和尺寸是不一样的。(   )
2. 冒口一般开设在铸件的最高部位,也可开设在铸件最后冷却的部位。(   )
3. 分型面是为了造型时便于起模,一般应以起模方向的最大投影截面作为分型面。(   )
4. 铸造用涂料的主要作用是防止粘砂和加固砂型(芯)。(   )
5. 铸件的浇注位置就是指它的内浇口位置。(   )

二、填空题

1. 冒口的主要作用是_____和_____。
2. 型砂和芯砂应具备的主要性能有耐火性、强度、_____、_____。
3. 浇注系统一般由浇口杯、外浇道、直浇道、模浇道和_____组成。
4. 浇注系统中横浇口的主要作用是_____。

三、单项选择题

1. 液体金属在冷却和凝固过程中,体积要(   )。
A. 膨胀   B. 收缩   C. 不变   D. 不确定
2. 铸件设置冒口的主要作用是(   )。
A. 排气   B. 集渣   C. 补缩   D. 调节温度
3. 为方便起模,分型面一般设在铸件的(   )。
A. 最大截面   B. 最小截面   C. 最厚截面   D. 最薄截面
4. 铸件上重要的加工面、受力面和基准面,在造型和浇铸时应尽量设置(   )。
A. 朝上   B. 朝下   C. 侧面   D. ABC 均可
5. 不属于浇注系统组成部分的是(   )。
A. 浇口杯   B. 内浇口   C. 冒口   D. 横浇道
6. 单件小批量生产中,铸件上局部不高的凸出部分阻碍起模时常用的造型方法是(   )。
A. 整模造型   B. 挖砂造型   C. 刮板造型   D. 活快造型
7. 最适合制造内腔形状复杂零件的方法是(   )。
A. 锻造   B. 铸造   C. 焊接   D. ABC 均可
8. 金属的铸造性能主要有(   )。
A. 流动性和收缩性   B. 流动性和导热性
C. 热膨胀性和收缩性   D. 导热性和热膨胀性
9. 铸造用湿型砂中加入煤粉的主要作用是(   )
A. 增加型砂透气性   B. 防止铸件粘砂
C. 提高型砂强度   D. 防止型砂粘模
10. 铸件变形和裂纹的主要原理是(   )。
A. 凝固   B. 收缩
C. 凝固和收缩   D. 铸造应力
11. 在浇注过程中对铸件形状和尺寸精度影响最大的阶段是(   )。
A. 固态收缩阶段   B. 液态收缩阶段
C. 凝固收缩阶段   D. 线收缩阶段
12. 浇注系统的顺序是(   )。
A. 直浇道—内浇道—横浇道   B. 直浇道—横浇道—内浇道

C. 外浇道—内浇道—横浇道　　　　　　　D. 横浇道—直浇道—内浇道

13. 在铸造中,模样、型腔、铸件和零件之间的正确关系是(　　)。

A. 型腔≈模样＞零件＞铸件　　　　　　　B. 模样≈型腔＞铸件＞零件

C. 铸件＞模样＞型腔＞零件　　　　　　　D. 铸件＞型腔＞型腔＞零件

14. 当铸件的壁厚不均匀时,在厚壁处容易产生(　　)。

A. 裂纹　　　　　　B. 缩松　　　　　　C. 冷隔　　　　　　D. 夹渣

四、多项选择题

1. 对主要型砂的性能要求是(　　)。

A. 强度　　　　　　B. 水分　　　　　　C. 透气性　　　　　　D. 紧实率

2. 模样的尺寸与零件相比,除外形相似外,还应有(　　)。

A. 起模斜度　　　　B. 收缩量　　　　　C. 加工余量　　　　　D. 尺寸公差

3. 树脂覆膜砂强度应根据铸件的(　　)来选择。

A. 金属种类　　　　B. 铸件结构　　　　C. 型芯大小　　　　　D. 催化剂种类

4. 砂型中放置冷铁的作用是(　　)。

A. 消除铸件的缩孔和裂纹　　　　　　　　B. 提高铸件的表面硬度和耐磨性

C. 加快铸件厚壁处的凝固速度　　　　　　D. 消除铸件内应力

5. 砂型的透气性取决于(　　)。

A. 砂子的粒度　　　　　　　　　　　　　B. 砂子的形状

C. 砂子的成分　　　　　　　　　　　　　D. 砂型的紧实度

6. 涂料是用来涂敷铸型表面的涂层,其作用是(　　)。

A. 提高表面质量　　　　　　　　　　　　B. 防止化学粘砂

C. 加固砂型(芯)　　　　　　　　　　　　D. 增加表面硬度

7. 型芯的主要作用是(　　)。

A. 形成铸件内腔或外形　　　　　　　　　B. 减少加工余量

C. 加强铸型强度　　　　　　　　　　　　D. 降低成本

8. 液体金属的充型能力取决于(　　)。

A. 金属液体本身的流动能力　　　　　　　B. 铸型性质

C. 浇注条件　　　　　　　　　　　　　　D. 铸件结构

五、简答题

1. 什么是铸造成形技术?

2. 下列零件毛坯适用于哪种手工造型方法?

a)_____　　　　　b)_____　　　　　c)_____

d)_____　　　　　e)_____　　　　　f)_____

3. 填写下列铸型装配图的名称。

① ＿＿＿＿＿＿＿＿＿　② ＿＿＿＿＿＿＿＿＿

③ ＿＿＿＿＿＿＿＿＿　④ 型腔(铸件)

⑤ 型芯　　　　　　　⑥ 下芯头

⑦ 型砂　　　　　　　⑧ 下砂箱

⑨ 分型面　　　　　　⑩ 型砂

⑪ 上砂箱　　　　　　⑫ ＿＿＿＿＿＿＿＿＿

⑬ ＿＿＿＿＿＿＿＿＿　⑭ 型芯通气孔

⑮ ＿＿＿＿＿＿＿＿＿

第4章　锻压成形技术

【实训目的与要求】

（1）了解锻压成形技术在机械制造中的应用范围。

（2）了解锻造与冲压生产的加工原理和工艺过程。

（3）了解锻造与冲压生产常用的设备。

（4）掌握手工自由锻基本工序，能对简单锻件进行工艺分析和实践操作。

（5）了解坯料加热和冷却的方法。

【安全实习注意事项】

（1）穿戴好工作服等防护用品。

（2）检查所用的工具是否安全、可靠，特别是注意检查锤头是否有松动。

（3）钳口形状必须与坯料断面形状、尺寸相符，并在下砧铁中央放平、放正、放稳坯料，先轻打后重打。

（4）手钳等工具的柄部应靠近身体的侧旁，不许将手指放在钳柄之间，以免伤害身体。

（5）踩踏杆时，脚跟不许悬空，以便稳定地操纵踏杆，保证操作安全。

（6）锤头应做到"三不打"，即工模具或锻坯未放稳不打，过烧或已冷的锻坯不打，砧上没有锻坯不打。

（7）锻锤工作时，严禁将手伸入锤头行程中。砧座上的氧化皮必须及时清除干净。

（8）不要在锻造时易飞出飞边、料头、火星、铁渣的危险区停留，不要直接用手触摸锻件和钳口。

（9）两人或多人配合操作时，应分工明确，要听从掌钳者的统一指挥。

4.1　压力加工概述

压力加工是指对毛坯材料施加外力，使其产生塑性变形，改变形状、尺寸和力学性能，以制造机械零件、工件或使毛坯成形的加工方法。压力加工的主要类型有轧制、锻造、挤压、拉拔、冲压、旋压等。轧制主要用以生产板材、型材和无缝管材等；挤压主要用于生产低碳钢、非铁金属及其合金的型材或零件；拉拔主要用于生产低碳钢、非铁金属及其合金的细线材、薄壁管或特殊截面形状的型材等；锻造主要用来制作力学性能要求较高的各种机器零件的毛坯或成品；冲压则主要用来制取各类薄板结构零件。图4-1所示的是常用压力加工的方法。压力加工中作用在金属坯料上的外力主要有两种性质：冲击力和压力。锤类设备产生冲击力使金属变形。轧机与压力机对金属坯料施加静压力使之变形。

锻压是锻造和冲压的总称，它是金属压力加工的主要方式，也是机械制造中毛坯和零件

图 4-1   常用的压力加工方法

生产的主要方法。用于锻压的材料必须具有良好的塑性,以免加工时破裂。各种钢材和大多数非铁金属及其合金都具有一定的塑性,可以用于锻压,如低碳钢、铜和铝及其合金;而铸铁等脆性材料,不能锻压。

4.2   锻   造

锻造是在加压设备及工模具的作用下,使金属坯料或铸锭产生局部或全部的塑性变形,以获得一定形状、尺寸和质量的锻件的加工方法。锻造一般是将圆钢、方钢(中小锻件)或钢锭(大锻件)加热到一定高温度后进行锻打加工。锻造能改善铸态组织、锻合铸造缺陷(缩孔、气孔等),使锻件组织紧密、晶粒细化、成分均匀,从而显著提高锻件的力学性能。因此,锻造主要用于制造承受重载、冲击载荷和交变载荷的重要机械零件或毛坯,如各类机床的主轴和齿轮、汽车发动机的曲轴和连杆、起重机吊钩及各种刀具、模具等。一般锻件的生产工艺过程:下料→加热→锻造→冷却→热处理→清理→检验。锻造的基本方法有自由锻和模锻,以及二者结合派生的胎模锻。

4.2.1   坯料的加热和锻件的冷却

1. 坯料的加热

将金属加热,降低其变形抗力,提高其塑性,并能使内部组织均匀,以达到用较小的锻造力来获得较大的塑性变形而不被破坏的目的。除少数塑性优良的金属可以在常温下锻造外,大多数金属都是在加热后锻造成形。

金属锻造时,允许加热的最高温度称为始锻温度,随着锻造过程的进行,锻件温度逐步下降,锻造性能也逐渐降低,当温度下降到一定程度时,就不能再进行锻造,需要再加热,这时的温度称为终锻温度。表 4-1 给出了常用金属材料的锻造温度范围。在保证不出现加热缺陷的前提下,始锻温度应取得高一些,以便获得更多的锻造成形时间,减少加热次数。

在保证坯料还有足够塑性的前提下,终锻温度应取得低一些,以便获得内部组织细密、力学性能较好的锻件,同时也可延长锻造时间,减少加热次数。锻件加热的温度可用相关仪表来测量,在实际生产中,一般根据经验,通过观察被加热锻件的火色进行判断,表 4 - 2 所示的是碳钢火色与加热温度的对应关系。

表 4 - 1　常用金属材料的锻造温度范围

材料种类	牌号举例	始锻温度/℃	终锻温度/℃
低碳钢	20,Q235A	1200～1250	800
中碳钢	35,45	1150～1200	800
高速工具钢	T8,T10A	1100～1150	900
合金结构钢	30Mn2,40Cr	1200	850
铝合金	2A12	450～500	350～380
铜合金	HPb59－1	800～900	650

表 4 - 2　碳钢加热温度与其火色的对应关系

火色	黄白	淡黄	黄	淡红	樱红	暗红	赤褐
温度/℃	1300	1200	1100	900	800	700	600

锻造的加热设备根据热源的不同,可分为火焰加热设备和电加热设备两类。火焰加热是采用烟煤、重油或煤气作为燃料,在燃烧时产生的高温火焰直接加热金属,常用的有明火炉、反射炉、室式炉等,图 4 - 2a 是明火炉的结构示意图。电加热炉是利用电能转化为热能加热金属,常用的设备是电阻炉,图 4 - 2b 是箱式电阻炉的示意图,这种电阻炉的结构简单,操作方便,炉内有热电偶用以精确控制加热温度,广泛用于各类金属毛坯材料的加热。

碳钢加热时可能出现的缺陷有氧化、脱碳、过热、过烧和内部裂纹等,其产生的原因、危害和防止(减小)措施如表 4 - 3 所示。

a)明火炉结构示意图　　　　　　　　　　　b)箱式电阻炉结构示意图

1—排烟筒;2—坯料;3—炉膛;4—炉箅;5—风门;6—风管　　1—踏杆;2—炉身;3—炉门;4—电阻丝;5—炉膛;6—坯料

图 4 - 2　锻造加热设备

表4-3　碳钢加热时常见的缺陷

名称	原　因	危　害	防止(减少)措施
氧化	坯料表面铁元素氧化。	烧损材料;降低锻件精度和表面质量;减少模具寿命。	在高温区减少加热时间;控制炉气成分中的氧化性气体;在钢材表面涂保护层。
脱碳	坯料表层被烧损使含碳量减少。	降低锻件表面硬度,使锻件变脆,严重时锻件边角处会产生裂纹。	
过热	加热温度过高,停留时间长造成晶粒粗大。	锻件力学性能降低,须再经过锻造或热处理才能改善。	过热的坯料通过多次锻打或锻后正火处理消除。
过烧	加热温度接近材料熔化温度,造成晶粒界面杂质氧化。	坯料一锻即碎,只得报废。	正确地控制加热温度和保温的时间。
裂纹	坯料内外温差太大,组织变化不匀造成材料内应力过大。	坯料产生内部裂纹,并进一步扩展,导致报废。	某些高碳或大型坯料,开始加热时应缓慢升温。

2. 锻件的冷却

热态锻件的冷却是保证锻件质量的重要环节。通常,锻件中的碳及合金元素含量越多,锻件体积越大,形状越复杂,冷却速度越缓慢,否则会造成表面过硬不易切削加工、变形甚至开裂等缺陷。常用的冷却方法有空冷、坑冷、炉冷三种,其特点和适用场合如表4-4所示。

表4-4　锻件常用的冷却方式

方式	特　点	适用场合
空冷	锻后置空气中散放,冷速快,晶粒细化。	低碳、低合金钢小件或锻后不直接切削加工件。
坑冷	锻后置干沙坑内或箱内堆在一起,冷速稍慢。	一般锻件,锻后可直接进行切削加工。
炉冷	锻后置原加热炉中,随炉冷却,冷速很慢。	含碳或含合金成分较高的中、大型锻件,锻后可进行切削加工。

4.2.2　自由锻

只用简单、通用的工具,在锻造设备的上下砧铁间使坯料产生塑性变形而获得锻件的方法称为自由锻。自由锻使用工具简单,操作灵活,但锻件精度较低,生产率不高,劳动强度较大,适合于单件小批量生产以及大型锻件的生产。自由锻又可分为手工自由锻和机器自由锻。

1. 自由锻设备与工具

(1)自由锻设备

自由锻设备分为两类:一类是以冲击力使金属材料产生塑性变形的锻锤,如空气锤、蒸气-空气自由锻锤等;另一类是以静压力使金属材料产生塑性变形的液压机,如水压机、油压机等。

空气锤是生产小型锻件的通用设备,其外形和工作原理如图 4-3 所示。主要原理是:由电机驱动,带动连杆和活塞上下运动,压缩气缸的活塞将空气压入工作缸的上部,使工作活塞带动锤头和上砧铁下落,击打坯料使其变形,压缩活塞下降时,又把空气压入工作活塞的下部,使工作活塞上升复位,始复往返,完成锻造。空气锤是以落下部分(包括工作活塞、锤杆和上砧铁等部分)的总质量来表示其规格的大小。例如型号 C41-65 的空气锤,落下部分的质量为 65kg,能锻工件尺寸为方截面 65mm、圆截面 φ85mm,能锻工件的质量最大为 2kg,平均 0.5kg,电机功率为 7kW;型号 C41-750 的空气锤,落下部分的质量为 750kg,能锻工件尺寸为方截面 270mm、圆截面 φ300mm,能锻工件的质量最大为 40kg,平均 12kg,电机功率为 55kW。锻锤产生的冲击力(N)与落下部分质量(kg)在数值上的比值可达 10000 倍。

a)外形图　　　　　　　　　　　　　　　　　　b)工作原理图

图 4-3　空气锤的结构和工作原理

1—工作缸;2—旋阀;3—压缩缸;4—手柄;5—锤身;6—减速机构;7—电动机;8—脚踏杆;9—砧座;10—砧垫;
11—下砧铁;12—上砧铁;13—锤杆;14—工作活塞;15—压缩活塞;16—连杆;17—上旋阀;18—下旋阀

操作空气锤前,应检查锤杆、砧铁、砧垫等有无损伤、裂纹或松动。锻造过程中,锻件、冲子等工具必须放平放正,以防飞出伤人。空气锤的基本操作是,接通电源后,通过脚踏杆 8 或手柄 4 操纵上、下旋阀,可使空气锤实现空转、锤头上悬、锤头下压、连续打击和单次打击五种动作,适应不同生产需要:①空转,操纵手柄 4,使锤头靠自重停在下砧铁上,此时电动机及传动部分空转,锻锤不工作;②锤头上悬,改变手柄 4 位置,使锤头保持在上悬位置,这时可做辅助性工作,如放置锻件、检查锻件尺寸、清除氧化皮等;③锤头下压,操纵手柄 4,使锤头向下压紧锻件,这时可进行弯曲或扭转等操作;④连续打击,先使手柄 4 处于锤头上悬位置,踏下脚踏杆 8,使锤头做上下往复运动,进行连续锻打;⑤单次打击,操纵脚踏杆 8,使锤头由上悬位置进到连续打击位置,再迅速退回到上悬位置,使锤头打击后又迅速回到上悬位置,形成单次打击。连续打击力和单次打击力的大小,是通过脚踏杆转角大小来控制的。

(2)自由锻工具

自由锻常用的工具按其用途可分为支持工具(如砧铁)、打击工具(大锤、手锤)、成形工具(冲子、平锤、摔锤等)、夹持工具(手钳等)、割切工具(錾子、切刀)和勘测工具(钢直尺、里外卡钳)等。图 4-4 所示是常用打击工具,图 4-5 所示是常用夹持工具。

图 4-4 打击工具   图 4-5 夹持工具

（3）手工自由锻的基本操作

手工自由锻是靠人力和手工工具使金属变形,常用于零星的小件生产。这种锻造方法虽然很落后,但由于它所需的工具和设备简单,工作场地灵活机动;所以作为机器锻造的一种辅助操作或在某些小批量生产中仍占有一定的地位。

手工锻由掌钳工和打锤工配合完成。掌钳工左手握钳,夹持、移动、翻转工件;右手用小锤子指挥打锤工操作。掌钳工在变形量小时也可用小锤直接锻打工件。

打锤工站在铁砧外侧,按指挥用大锤,打击工件。打锤工的位置不能正对工件的轴线,以免工件、工具等意外飞出受伤。

掌钳工与打锤工必须密切配合,掌钳工夹牢放稳工件后提起小锤,表示要打锤工做好准备;掌钳工要求大锤在工件某部位轻打或重打,就用小锤在工件某部位轻打(或重打);掌钳工不要打锤工锻打,就将小锤平放在砧面,这时打锤工应立即停止打锤。

2. 自由锻的工序

自由锻的工序包括基本工序、辅助工序和修整工序。自由锻的基本工序是指锻造过程中直接改变坯料形状和尺寸的工艺过程,可分为镦粗、拔长、弯曲、冲孔、扭转、错移、切割(下料)等,其中最常用的是镦粗、拔长和冲孔;辅助工序是为基本工序操作方便而进行的预先变形,如压钳把、倒棱、压肩(压痕)等;修整工序是用以精整锻件外形尺寸、减小或消除外观缺陷的工序,如滚圆、平整等。

（1）镦粗

镦粗是使坯料整体或一部分高度减少、横截面增大的工序。镦粗的种类分为完全镦粗、局部镦粗和垫环镦粗等,如图 4-6 所示。镦粗适合制造高度小、截面较大的盘类工件,如齿轮、圆盘等,作为冲孔前的准备工序,以减小冲孔深度。

镦粗操作要点主要有:坯料的高径比 $h/d \leqslant 2.5$,以免镦弯;镦粗部分要加热均匀,以免产生畸形;坯料两端面要平整且垂直于轴线,以免墩歪;打击力要重而正,经常绕自身轴线旋转,以使变形均匀,并及时纠正镦偏。

（2）拔长

拔长是减小坯料截面积、增加其长度的工序。拔长的基本规则:$L < a, L = (0.4-0.8)b; a/h \leqslant 2.5$,反复翻转拔长(注:$L$ 为送进坯料长度,a 为坯料宽度,h 为坯料高度,b 为平砧

的宽度）。拔长主要用于锻造轴类和杆类锻件，如轴、拉杆、曲轴、套筒以及大直径的圆环等。

　　拔长的操作要点：圆坯拔长时，应先锻成方坯，当拔长其方形边长接近工件要求的直径时，将方形锻成八角形，最后倒棱滚打成圆形，如图4-8所示。

a）完全镦粗　　b）局部镦粗　　c）垫环镦粗	
图4-6　镦粗	图4-7　圆坯拔长时截面形状的变化

　　（3）冲孔

　　冲孔是在实心坯料上冲出通孔或盲孔的工序。常用的冲孔方法有单面冲孔和双面冲孔，前者主要用于薄形板料冲孔，双面冲孔常用于较厚板料的冲孔，如图4-8所示。

　　（4）弯曲

　　弯曲是指采用一定方法将坯料弯成所规定的外形的锻造工序。弯曲时，只需加热坯料的待弯部分。在空气锤上进行弯曲时，用锤的上砧铁将工件压在锤的下砧铁上，将欲弯的部分露出，然后由人工用手锤将工件打弯，如图4-9所示。

a）单面冲孔　　　　　　b）双面冲孔

图4-8　冲孔示意图　　　　　　　　图4-9　弯曲示意图

　　（5）扭转

　　使坯料一部分对另一部分绕着轴线旋转一定角度的锻造工序称为扭转。

　　（6）错移

　　将坯料的一部分相对另一部分错开，但两部分轴线仍保持平行的锻造工序。

　　（7）切割

　　将坯料切断或劈开的锻造工序称为切割。

4.2.3　模锻

　　模锻是指在专用模锻设备上利用模具使毛坯成型而获得锻件的锻造方法。模锻工艺生产效率高、劳动强度低、尺寸精确、加工余量小，并可锻制形状复杂的锻件，适用于批量生产，但模具成本高，需有专用的模锻设备，不适合于单件或小批量生产。生产中常用的模锻设备有模锻锤、热模锻压力机、摩擦压力机、平锻机等。

　　形状复杂的锻件,往往需要经过多个模膛逐步变形,才能获得锻件的最终形状。根据模膛的用途不同可分为制坯模膛和模锻模膛。制坯模膛有拔长模膛、滚压模膛、弯曲模膛等,模锻模膛有预锻模膛和终锻模膛。实际生产中常在一副锻模上开设几个模膛,坯料在几个模膛内依次变形,最后在终锻模膛中得到最终尺寸和形状的锻件。图 4-10 是弯曲连杆多模膛工艺示意图。坯料经拔长、滚压、弯曲三个制坯模膛的变形后,已初步接近锻件的形状,然后再经过预锻和终锻模膛制成带有飞边的锻件,最后在压力机上用切边模切除飞边,从而获得弯曲连杆的锻件。

图 4-10　弯曲连杆多模膛工艺示意图

4.2.4　胎模锻

　　胎模锻是介于自由锻和模锻之间的一种锻造方法,是在自由锻设备上使用可移动的简单模具生产锻件的一种锻造方法。胎模不固定在锤头或砧座上,而是根据加工的需要,可以随时放在下砧铁上进行锻造。胎模按其结构可以分为摔模、扣模、套模、合模、弯模等。

　　与自由锻比较,胎模锻生产效率高,锻件加工余量小、精度高;与模锻相比,胎模制造简单,使用方便,成本较低。胎模锻曾广泛用于中小型锻件的中小批量生产。但胎模锻劳动强度大,辅助操作多,模具寿命低,在现代工业中已逐渐被模锻所代替。图 4-11 所示为锻造轴套的胎模锻的典型工艺过程。

图 4-11　轴套的胎模锻造过程

4.3 板料成形加工

板料成形加工是利用金属塑性成形的特点,通过模具或其他辅助手段对板料施加一定的作用力,使其在可控的范围内产生相应的塑性变形,从而获得所需成形形状和性能零件的一种制造工艺。板料成形加工工艺主要包括冲裁、剪切、弯曲、翻边、卷边等,广泛应用于汽车、钢铁、电器、船舶、航空航天等各个领域,在金属塑性加工生产中占有十分重要的地位。

4.3.1 板料加工常用设备

冲压是利用安装在压力机上的模具对板料施加压力,使其产生塑性变形或分离的工艺。在常温下进行的,称为冷冲压;当金属板料厚度较大需要对板料加热的,称为热冲压。冲床是冲压工艺的主要设备,如图 4-12a 所示。

剪扳机(剪床)是用于剪切下料的设备,也用于将板料剪成一定宽度的条料,如图 4-12b 所示。

卷板机是利用旋转轴辊的作用,使板料产生弯曲的设备,可以将板料卷成圆管、圆柱面等单曲率制品,也可以弯曲半径较大的双曲面或多曲面,如图 4-12c 所示。

折弯机是完成板料折弯的通用设备,通过简单模具就可以将板料弯制成一定的几何形状,如图 4-12d 所示。

a)冲床　　　　　　　　　　　　　　　　　b)剪扳机

c)卷板机　　　　　　　　　　　　　　　　d)折弯机

图 4-12 板料加工常用设备

4.3.2　冲压的分类与特性

板料冲压通常是在室温下进行,习惯称为冷冲压,简称冲压。当金属板料厚度大于8～10mm时,要对板料加热,此时称为热冲压。

用于冲压的材料必须具有良好的塑性。常用的有低碳钢、高塑性合金钢、铝及铝合金、铜及铜合金等金属材料以及皮革、塑料、胶木等非金属材料。冲压的优点是生产设备较简单、操作容易、生产效率高、成本低;可生产形状较复杂产品,产品尺寸准确、表面质量好;产品结构刚性好、重量轻;无需切削加工等。

4.3.2　冲压的基本工序

板料冲压的基本工序可分为分离工序和成形工序两大类。前者包括剪切、冲裁和修整等;后者有拉深、弯曲和成形等。表4-5给出了冲压的基本工序及其应用。

表4-5　冲压的基本工序及其应用范围

名称	定义	示意图	应用范围
冲孔或落料	将板料在冲模刃口作用下沿封闭轮廓分离的工序称为冲孔或落料。冲孔是在工件上冲出所需孔形;落料则是从坯料上冲出所需的板形。		制作各种具有一定平面形状的产品或为后续工序准备毛坯。
弯曲	将板料、型材或管材在弯矩作用下弯成具有一定曲率和角度制品的成形方法。		制成各种形状的弯曲件。
拉深	拉深是利用模具将平板毛坯变成杯形、盒形等开口空心制件(厚度基本不变)的方法。		制造各种形状的中空制品。
翻边	在毛坯的平面或曲面部分的边缘,沿一定曲线,翻起竖立直边的成形方法。		制造带凸缘或有翻边的制品,以增加产品的刚度或美观。

（续表）

名 称	定 义	示意图	应用范围
胀形	利用局部变形使半成品部分内径胀大的冲压成形工艺。		可以采用橡皮胀形、机械胀形、气体胀形或液压胀形。
起伏	利用局部变形使坯料压制出各种形状的凸起或凹陷的冲压工艺。		薄板零件上制出筋条、文字、花纹等。

实习报告

一、判断题

1. 自由锻适合于单件、小批量和大型、重型锻件的生产。（　　）

2. 空气锤的规格是以落下部分的重量来表示的。（　　）

3. 冲压通常在常温下进行，以低碳钢薄板为原材料，其他有色金属（铜、铝）及非金属材（如塑料板）也适用于冲压加工。（　　）

4. 金属在 0℃ 以下的塑性变形称为冷变形。（　　）

二、填空题

1. 锻件加热在高温下容易产生的主要缺陷是氧化、_____、_____过烧等。

2. 自由锻造的主要工序有_____、_____、冲孔和弯曲等。

3. 为了不使锻件冷却时产生硬化、变形和裂纹，常用的冷却方法有_____、_____。

三、单项选择题

1. 钢料在高温下长时间与氧化性炉气接触容易造成表层中碳元素的烧损，使性能下降，这种现象称为（　　）。

  A. 脱碳 　　　　　　 B. 氧化 　　　　　　 C. 过热 　　　　　　 D. 过烧

2. 实习中，实际使用的加热炉的加热方式是（　　）。

  A. 反射加热 　　　　 B. 感应加热 　　　　 C. 电阻加热 　　　　 D. 接触加热

3. 碳素结构钢（如 45 钢）的始锻温度和终锻温度分别是（　　）。

  A. 1100℃、750℃ 　 B. 1150℃、750℃ 　 C. 1200℃、800℃ 　 D. 1200℃、850℃

4. 实习中空气锤的规格 K150 表示（　　）。

  A. 空气锤的最大打击力 　　　　　　　　　 B. 落下部分的质量

C. 锤打150kg的毛坯　　　　　　　　　　　D. 空气锤杆的最大行程长度

5. 在锻造中使坯料高度减小、横截面增大的工序是(　　　)。

A. 镦粗　　　　　　B. 拔长　　　　　　C. 错移　　　　　　D. 扭转

6. 金属在接近始锻温度下保温过久,内部晶粒会变得粗大,使塑性下降,这种现象称为(　　　)。

A. 过烧　　　　　　B. 过热　　　　　　C. 脱碳　　　　　　D. 氧化

7. 钳工制作中使用的小锤毛坯(批量生产),一般采用(　　　)。

A. 自由锻　　　　　B. 胎模锻　　　　　C. 模锻　　　　　　D. 冲压

8. 下列冲压基本工序中,属于变形工序的是(　　　)。

A. 拉深　　　　　　B. 落料　　　　　　C. 冲孔　　　　　　D. 切口

9. 下列钢中锻造性能较好的是(　　　)。

A. 低碳钢　　　　　B. 中碳钢　　　　　C. 高碳钢　　　　　D. 合金钢

10. 自由锻控制其高径比(h/d)为1.5～2.5的工序是(　　　)。

A. 拔长　　　　　　B. 镦粗　　　　　　C. 冲孔　　　　　　D. 弯曲

12. 用于锻造轴类、杆类工件时常用工序是(　　　)。

A. 镦粗　　　　　　B. 拔长　　　　　　C. 错移　　　　　　D. 扭转

13. 在小批量生产中,为了提高锻件的质量和生产率,最经济的锻造方法是(　　　)。

A. 自由锻　　　　　B. 模锻　　　　　　C. 胎模锻　　　　　D. 辊锻

14. 以下几个冲压工序中属于冲裁工序的是(　　　)。

A. 落料　　　　　　B. 拉深　　　　　　C. 冲挤　　　　　　D. 弯曲

四、多项选择题

1. 金属的锻压性能与下列因素有关是(　　　)。

A. 化学成分　　　　B. 组织结构　　　　C. 温度状态　　　　D. 变形速度

2. 碳钢常见的加热缺陷有(　　　)。

A. 过烧　　　　　　B. 过热　　　　　　C. 脱碳　　　　　　D. 氧化

3. 锻件的冷却方式有(　　　)。

A. 空冷　　　　　　B. 坑冷　　　　　　C. 炉冷　　　　　　D. 水冷

4. 机器自由锻的主要工序有(　　　)。

A. 镦粗　　　　　　B. 拔长　　　　　　C. 冲孔　　　　　　D. 翻边

5. 板料冲压中的变形工序主要有(　　　)。

A. 裁剪　　　　　　B. 弯曲　　　　　　C. 拉深　　　　　　D. 翻边

五、简答题

1. 锻造前为什么要给坯料加热?加热温度是不是越高越好?为什么?

2. 简述自由锻的基本工序。

第5章 焊接成形技术

【实训目的与要求】

(1)了解焊接的工艺过程、特点与应用。

(2)了解弧焊电源的性能、工作原理和主要技术参数及其对焊接质量的影响。

(3)熟悉焊条电弧焊焊接工艺,掌握焊条电弧焊方法并独立完成焊接操作。

(4)了解其他常用焊接与切割方法的特点和应用。

(5)了解典型焊接结构的生产工艺和常规的焊接缺陷及检测与控制措施。

(6)了解焊接生产的新技术和新工艺。

(7)掌握常规焊接与切割的安全防护知识。

【安全实习注意事项】

(1)焊接是一门特种作业,焊接时需要注意特殊防护。焊接、切割工作中的有害因素主要有七大类,如弧光、焊接烟尘、有毒气体、射线、噪声、高频电磁场和热辐射等。这些有害因素往往与材料的化学成分、焊接方法、焊接工艺规范等有关。

(2)防止触电,防止弧光伤害和烫伤。操作前应检查焊机是否接地,焊钳、电缆和绝缘鞋是否绝缘良好,不得用手接触导电部分等;必须戴好手套、面罩、护脚套等防护用品。焊接时,不得用眼直接观察电弧。焊件完成后,应用手钳夹持,不准直接用手拿。清除焊渣时,应防止烫伤。

(3)保证设备安全。焊钳严禁放在工作台上,以免短路烧坏焊机。发现焊机或线路发热烫手时,应立即停止工作,并及时报告。焊接现场不得堆放易燃易爆物品。

5.1 焊接概述

焊接是通过加热、加压(或两者并用)且用或不用填充材料,使焊件形成原子间结合的一种加工方法。焊接的连接属于不可拆卸的连接,与铆接等其他连接方法相比,具有设备简单、操作方便、节省材料、生产效率高、适应范围广、连接性能良好、易于机械化和自动化等优点。与铸造、锻压成形相比,焊接可以以小拼大、以简拼繁,尤其适合制造大型或结构复杂的构件。现代焊接加工与金属切削加工、热切割加工、压力加工、铸造、热处理等其他加工方法一起构成现代材料加工工业。焊接技术是车船、桥梁、航天、机电设备、电子器件、家电制作等各种产品制造和钢铁、能源、化工、基础建设等几乎所有工业部门的基本加工方法,而其中又以各种电弧焊方法在焊接生产中所占比例最大,应用最为广泛。据统计,一些工业发达的国家,电弧焊在焊接生产总量中所占比例大都在六成以上。

焊接的种类很多,按照焊接过程的工艺特点和母材金属所处的表面状态,通常把焊接方法分为熔焊、压焊、钎焊三大类,如图5-1所示。

图 5-1　焊接方法的分类

(1)熔焊:通过一个集中的热源,产生足够高的温度,将焊件接合面局部加热到熔化状态,凝固冷却后形成焊缝而完成焊接的方法,包括气焊、电弧焊(焊条电弧焊、埋弧焊、气体保护焊)、电渣焊、等离子弧焊、电子束焊、激光焊等。

(2)压焊:焊接过程中不论对焊件加热与否,都必须通过对焊件施加一定的压力,使两个接合面紧密接触,促进原子间产生结合作用,以获得两个焊件牢固连接的焊接方法,包括电阻焊(点焊、缝焊、对焊)、摩擦焊、扩散焊、超声波焊、爆炸焊等。

(3)钎焊:采用比焊件熔点低的金属材料作钎料,将焊件和钎料加热到高于钎料熔点,且低于焊件熔点的温度,利用液态钎料润湿母材,填充接头间隙,并与母材相互扩散,实现连接焊件的方法,包括烙铁钎焊、火焰钎焊、电阻钎焊、感应钎焊、真空钎焊等。

5.2　电弧焊

电弧焊是利用电弧产生的热量使焊件接合处的金属熔化,互相融合,冷凝后结合在一起的焊接方法,包括焊条电弧焊、埋弧焊和气体保护焊。它所需设备简单,操作灵活,是生产中使用最广泛的焊接方法之一。

5.2.1　电弧焊原理与焊接过程

1. 电弧焊原理

焊接电弧是在具有一定电压的两电极间，在局部气体介质中产生强烈而持久的放电现象。产生电弧的电极可以是焊丝、焊条、钨棒、焊件等。焊接电弧由阴极区、弧柱区、阳极区组成，如图 5-2 所示。电弧中阳极区和阴极区的温度因电极材料性能不同而有所不同，例如用钢焊条焊接钢材时，阴极区是电子发射区，产生的热量较少，约占整个电弧的 36%，平均温度为

图 5-2　焊接电弧的构造
1—电焊机；2—焊条；3—阴极区
4—弧柱；5—阳极区；6—焊接件

2400K；阳极区表面受高速电子撞击，产生较大能量，占电弧柱热量的 43%，平均温度 2600K；电弧中带电粒子相互摩擦产生的电弧热量占 21% 左右，弧中心的温度可高达 6000K～8000K。引燃电弧后，弧柱中就充满了高温电离气体，产生强烈的光，放出大量的热能。电弧的热量与焊接电流和电弧电压的乘积成正比，焊接电流越大，电弧产生的总热量就越大。焊条电弧焊 65%～85% 的热量用于加热和熔化金属，其余的热量则散失在电弧周围和飞溅的金属液滴中。

2. 电弧的引燃和电弧焊过程

焊条与焊件之间具有电压差，当电源短接时，短路电流很大，产生了大量热能，使金属熔化、气化。电压差引起强烈的电子发射和气体电离，将焊条与焊件之间拉开一点距离（3～4mm），形成很强的电场，促使产生电子发射，加速气体的电离，使带电粒子在电场作用下，向两极定向运动，电弧即被引燃。电弧焊电源不断地供给电能，新的带电粒子不断得到补充，形成连续燃烧的电弧，维持了焊接过程的稳定。电弧热使工件和焊芯发生熔化形成熔池，为了防止或减轻周围的有害气体或介质对熔池金属的侵害，必须对熔池进行保护。在焊条电弧焊中是通过焊条药皮的作用来实现的，在埋弧焊和气体保护焊中是采用焊剂和保护气体等来对熔池进行保护的。

焊条电弧焊的焊接过程如图 5-3 所示。用电源线分别将焊钳和焊件接到电源两极，焊钳夹持焊条。焊接时，在焊条 7 和焊件 1 间引燃电弧，电弧高温使焊条下端和焊件待焊处局部熔化形成熔池 10。手工操作焊条，使电弧沿 V_1 方向移动，同时调整 V_2，保持电弧的长度，使新的熔池不断形成，原来的熔池则不断冷却凝固，构成连续的焊缝。焊条上的药皮熔化时会产生气体 5 和液态熔渣 4，产生的气体能隔绝空气，液态熔渣浮在液态金属表面保护金属。此外，熔渣凝固的温度低于液态金属的结晶温度，焊接过程产生的杂质和气体能从熔池金属中不断排

图 5-3　焊条电弧焊的焊接过程
1—母材；2—渣壳；3—焊缝；4—液态熔渣；
5—保护气；6—药皮；7—焊心；8—熔滴；
9—电弧；10—熔池；11—焊钳

到熔渣和大气中,熔渣凝固后均匀覆盖在焊缝上面。

5.2.2 焊接位置与焊接接头

1. 焊接位置

在实际实施焊接生产中,焊缝可以在空间不同位置,按照焊缝在空间所处的位置不同,可以分为平焊、立焊、横焊和仰焊,如图 5-4 所示。平焊操作方便,劳动条件好,效率高、焊缝质量易保证,是最合适位置;立焊和横焊位置次之;仰焊位置最差。

2. 焊接接头形式

焊接接头的基本形式有对接接头、搭接接头、角接接头、T 形接头等,如图 5-5 所示。

3. 坡口形式

焊件较厚时,为使焊件焊透、连接牢固,焊接前需要把待焊处加工成一定的几何形状,这类几何形状接口被称为坡口。对接焊接头常见的坡口形式有 I 形坡口、V 形坡口、X 形坡口、U 形坡口等,如图 5-6 所示。加工坡口时,常在厚度方向留有直边,也称铣边,以防烧穿。

图 5-4　焊接位置　　　　图 5-5　焊接接头基本形式　　　　图 5-6　常见坡口形式

5.2.3 焊条电弧焊

焊条电弧焊是用手工操作焊条进行焊接的电弧焊方法。由于焊条电弧焊设备简单,维修容易,焊钳小,使用灵活,可以在室内外及高空进行各种位置的焊接,对于一些形状复杂、尺寸小、焊缝短或弯曲的焊件,采用自动焊也不合适,因此,它是焊接生产中应用最广泛的方法。

1. 焊条电弧焊设备与工具

(1)弧焊电源的要求

焊条电弧焊的设备所用的焊接电源,必须具备特殊的电气性能:合适的外特性,即电源输出电压和电流之间的关系;适当的空载电压;良好的动特性,即焊接电流与电压随着电弧的长短变化而变化;可以灵活调节焊接参数,输出电流可以在较宽范围内调节,且调节简单方便,图 5-7 所示是电焊机组成及使用方法示意图。

(2)弧焊电源分类

弧焊电源分交流和直流两大类。

① 交流弧焊电源,是一种特殊的降压变压器,具有以下特性:引弧后,随着电流的增加,电压急剧下降;而当焊条与工件短路时,短路电流不会过大(一般不大于工作电流的 1.5 倍);它能提供很大的焊接电流,并可根据需要进行调节;空载时弧焊机的电压为 60～70V,

图 5-7　电焊机组成及使用方法示意图

电弧稳定,正常的工作电压范围为 20～30V。弧焊变压器具有结构简单、制造和维修方便、噪声小、价格低等优点,应用相当普遍,但缺点是电弧不够稳定。弧焊变压器有各种型号,如 BX1—160、BX3—500 等,其中 B 表示交流,X 表示降特性,1 和 3 分别表示动铁心式和动圈式,160 和 500 分别表示弧焊机额定电流为 160A 和 500A。

　　② 直流弧焊电源,主要包括弧焊发电机、弧焊整流器、弧焊逆变器等三种。

　　a. 弧焊发电机实际上就是一种直流发电机,即在电动机或柴油机的驱动下,直接发出焊接所需的直流电。弧焊发电机结构复杂、效率低、能耗高、噪声大,目前已逐渐淘汰。

　　b. 弧焊整流器是将交流电经过降压、整流、滤波后输出的直流弧焊电源。弧焊整流器具有结构简单、坚固耐用、工作可靠、噪声小、维修方便和效率高等优点,已被大量应用。常用的弧焊整流器的型号有 ZX3—160、ZX5—250 等,其中 Z 表示直流,X 表示降特性,3 和 5 分别表示动圈式和晶闸管式,160 和 250 表示额定电流分别为 160A 和 250A。

　　c. 弧焊逆变器是一种新型、高效、节能的直流焊接电源。它将交流电整流后,又将直流电变成中频交流电,再经整流后,输出所需的焊接电流和电压。它具有电流波动小、电弧稳定、重量轻、体积小、能耗低等优点,得到了越来越广泛的应用。弧焊逆变器不仅可用于焊条电弧焊,还可用于各种气体保护焊、等离子弧焊、埋弧焊等。弧焊逆变器型号有 ZX7—400 等,其中 Z 表示直流,X 表示降特性,7 表示逆变式,400 表示额定电流为 400A。

　　由于电弧中各区域温度不同,因此,用直流电源施焊时有正反接法之分,如图 5-8 所示。工件接电焊机的正极,焊条接电焊机的负极的接法,称为正接法;反之,则为反接法。焊接薄件时,反接可有效防止烧穿。正常焊接时,为获得较大熔深,则采用正接法。在使用某些碱性焊条时只能反接。使用交流电源焊接时,由于电源周期性地改变极性,因此无正接或反接的区分,且焊条和工件上的温度及热量分布趋于一致。

图 5-8　直流电焊机的正接与反接

1—焊条;2—焊件

焊接电弧开始引燃时的电压称为引弧电压(电焊机空载电压),一般为 50～90V,电弧稳定燃烧时的电压称为电弧电压(工作电压),一般为 15～35V。

(3)焊条电弧焊工具

焊条电弧焊工具主要有焊钳、面罩、护目眼镜等。焊钳用来夹紧焊条和传导电流;面罩用来保护眼睛和面部,避免强光及有害紫外线的损害;护目镜用来防止飞溅物质及焊渣伤眼。辅助工具有焊条保温桶、渣锤、钢丝刷等。

2. 焊条

焊条由焊芯和药皮两部分构成,如图 5-9 所示。

图 5-9　焊条结构
1-药皮;2-焊芯;3-夹持和导电部分

(1)焊芯

焊芯是一根具有一定长度和直径的金属棒,由特殊冶炼的焊条钢拉拔制成,与普通钢材的主要区别在于控制了硫、磷等杂质的含量和严格限制了含碳量。它既作为焊接电极,又作为填充焊缝的金属。它的化学成分和非金属夹杂物的含量将直接影响焊缝的质量。焊芯的直径即称为焊条直径,最小为 1.6mm,最大为 8mm,常用焊条的直径和长度规格见表 5-1。

表 5-1　常用焊条的直径和长度规格

焊条直径(mm)	1.6	2.0～2.5	3.2～5.0	5.6～8
焊条长度(mm)	200～250	250～350	350～400	450～700

(2)药皮

药皮是压涂在焊芯周围的涂料层,由矿物质、有机物和铁合金等粉末和黏合剂按一定比例配置而成的,其主要功能是便于引弧和稳定电弧、隔离空气保护熔池内金属不被氧化、改善焊缝的力学性能和工艺性能等。

(3)焊条种类

根据被焊金属的不同,电焊条可分为碳钢焊条、不锈钢焊条、铸铁焊条、铜及铜合金焊条、铝及铝合金焊条等。按药皮的类型划分,焊条可分为酸性焊条和碱性焊条两大类。酸性焊条的药皮以酸性氧化物(SiO_2、TiO_2、Fe_2O_3)为主要成分,常用的酸性焊条包括钛钙型焊条等。酸性焊条电弧较稳定,适应性强,适用于交、直流焊机,但是焊缝的力学性能一般,抗裂性较差。碱性焊条的药皮以碱性氧化物(CaO、FeO、MnO、Na_2O)为主要成分,常用的碱性焊条是以碳酸盐和氟石为主的低氢型焊条。碱性焊条电弧不够稳定,适应性较差,仅适用于直流焊机,焊缝的力学性能和抗裂性能较好,适用于较重要或力学性能要求较高的工件的焊接。

(4)焊条的型号和牌号

根据 GB/T5117—2012 的规定,非合金钢焊条的型号由五位组成,如型号 E4303,E5015。其中第一部分用字母"E"表示焊条;第二部分为"E"后紧邻的两位数字,表示熔敷金属的最小抗拉强度代号，E4303 和 E5015 的抗拉强度最小值分别为 43kgf/mm²(420MPa)和 50kgf/mm²(490MPa)；第三部分为字母"E"后的第三位和第四位数字，表示药皮类型、焊接位置和电流类型(例如，第三位数字"0"和"1"表示可以全位置焊接、"2"表示适用于平焊；第四位数字"3"表示钛型药皮，交流、直流两用，"5"表示碱性药皮，直流反接)。

焊条牌号将焊条分为十大类，第一类为结构钢焊条，如牌号 J422、J507。牌号中"J"表示结构钢焊条；前两位数字"42"、"50"分别表示焊缝金属抗拉强度不低于 420MPa 和 500MP；第三位数字药皮类型和焊接电源的种类，如"2"为钛钙型药皮，用于交流或直流，"7"为低氢钠型药皮，采用直流反接。可见，J422 符合 E4303，J507 符合 E5015。

3. 焊接工艺

为了获得质量优良的焊接接头，必须选择合理的焊接参数，主要包括焊条直径、焊接电流、焊接速度、电弧长度等，表 5-2 所示的是手工电弧焊工艺参考数据。

表 5-2　手工电弧焊工艺参考数据

焊条直径(mm)	推荐焊接电流(A)	推荐焊接电压(V)
1.0	20～60	20～23
1.6	44～84	22～24
2.0	60～100	22～24
2.5	80～120	23～25
3.2	108～148	24～25
4.0	140～180	25～27
5.0	180～220	27～29
6.0	220～260	29～31

(1)焊条直径主要取决于焊件的厚度，还取决于接头形式、焊接位置和焊接层数等因素。

(2)焊接电流应根据焊条的直径来选择，有经验公式：$I=(25～55)d$(式中 I 为焊接电流，单位为 A；d 为焊条直径，单位为 mm)。根据工件厚度、焊条种类、焊接位置等因素来调整焊接电流的大小，选择的原则是：在保证焊接质量的前提下，尽量采用较大的焊接电流，并配以较大的焊接速度，以提高生产率。焊接电流初步确定后，要经过试焊，检查焊缝质量和缺陷，才能最终确定。

(3)焊接速度是单位时间内完成的焊缝长度称为焊接速度。焊接时，焊接速度应该均匀适当，既要保证焊透，又不能烧穿，同时还要让焊缝尺寸符合图纸设计要求。

(4)电弧长度是指焊芯端部与熔池之间的距离，一般要求电弧长度不超过焊条直径。电弧过长时，燃烧不稳定，熔深减小，并且容易产生缺陷。

4. 焊条电弧焊的操作

平焊一般采用蹲式操作，焊工蹲下之后两膝盖与两腋下靠近，两脚离焊道的距离应使两眼对焊道俯视时基本能够正对平焊的焊道，如图 5-10 所示。

(1)引弧

焊接电弧的建立称引弧，焊条电弧焊有两种引弧方式：划擦法和直击法，如图 5-11 所示。直击法是在焊机开启后,先将焊条末端对准焊缝,然后稍点一下手腕,使焊条轻轻撞击焊件,随即提起 2mm~4mm,就能使电弧引燃,开始焊接,这种方法不损坏焊件表面,但引弧的成功率较低;划擦法操作是在焊机电源开启后,将焊条末端对准焊缝,并保持两者的距离在 15mm 以内,依靠手腕的转动,使焊条在焊件表面轻划一下,并立即提起 2mm~4mm,电弧引燃,然后开始正常焊接,这种方法摩擦法操作方便,引弧成功率高,但易损坏焊件表面。引弧前要将焊条端部的焊药皮敲去,引弧时若发生焊条与焊件粘在一起,可以左右摇动将焊条拉开。

图 5-10　平焊操作姿势　　　　　　　　图 5-11　引弧方法

(2)焊条的运动操作

　　焊条电弧焊是依靠人手工操作焊条运动实现焊接的,此种操作也称运条。运条包括控制焊条角度、焊条送进、焊条摆动和焊条前移,如图 5-12 所示。运条时,焊条有如图 5-12 所示的依次 2、4、1 三个动作,即向下送进、沿焊接方向移动、横向摆动,这三个动作,不能机械地分开,而应相互协调,才能焊出满意的焊缝。运条技术的具体运用根据零件材质、接头型式、焊接位置、焊件厚度等因素决定,常见的焊条电弧焊运条方法如图 5-13 所示,直线形运条方法适用于板厚 3mm~5mm 的不开坡口对接平焊;锯齿形运条法多用于厚板的焊接;月牙形运条法对熔池加热时间长,容易使熔池中的气体和熔渣浮出,有利于得到高质量焊缝;

图 5-12　焊条运动和角度控制　　　　　图 5-13　常见焊条电弧焊运条方法

1—横向摆动;2—送进;

3—焊条与焊件夹角为 70°~80°;4—前移

正三角形运条法适合于不开坡口的对接接头和 T 字接头的立焊;正圆圈形运条法适合于焊接较厚零件的平焊缝。

（3）焊缝接头

焊接过程中,由于受焊条长度的限制或操作姿势的变换,焊缝接头不可避免。焊缝接头的好坏不仅影响焊缝成型,也影响着焊缝的质量。焊缝接头一般有中间接头(图 5 - 14a)、相背接头(图 5 - 14b)、相向接头(图 5 - 14c)及分段退焊接头(图 5 - 14d)四种方式。

图 5 - 14　焊道的连接方式

1—先焊的焊道;2—后焊的焊道

接头的质量与接头处的温度有直接关系,温度越高,接头质量越好。因此,中间接头要求电弧中断时间越短越好;多层焊接时,层间接头要错开,可以提高焊缝的致密性。

（4）焊缝收尾

焊缝收尾时,焊缝末尾的弧坑应当填满。通常是将焊条压近弧坑,在弧坑上方停留片刻,弧坑填满后,逐渐抬高电弧,使熔池逐渐缩小,最后拉断电弧,常见的焊缝收尾方法如图 5 - 15 所示。画圈收尾法是,手腕做圆周运动,直到弧坑填满断弧;反复断弧法是,在弧坑处反复熄弧和引弧,直到填满弧坑;回焊收尾法是,焊条移到收尾处,即停止移动,但不熄弧,仅适当改变角度,待弧坑填满后断弧。

a）画圈收尾法　　　b）反复断弧收尾法　　　c）回焊收尾法

图 5 - 15　焊缝收尾的方法

5.3　其他焊接方法

5.3.1　气焊

气焊是利用可燃气体与助燃气体混合后燃烧产生的火焰作为热源,将接头部位的母材和填充金属熔化,达到连接的目的,是一种将化学能转变为热能的熔化焊方法,气焊的可燃气体常选择乙炔(C_2H_2)、液化石油气等,助燃气体主要指氧气。气焊所用设备主要有乙炔瓶、氧气瓶、减压器、回火防止器和焊炬等,其工作原理如图 5 - 16 所示。氧气与乙炔在焊炬中混合,点燃后产生高温火焰,熔化焊件连接处的金属和焊丝形成熔池,经过冷却凝固后形成焊缝,从而将焊件连接在一起。气焊时焊丝只作填充金属和熔化的母材一起组成焊缝,燃烧过程中产生的一氧化碳和二氧化碳等气体笼罩熔池,起保护作用。减压器是将氧气瓶和乙炔瓶内的高压气体变成低压气体的装置,用压力表来检测其压力。回火防止器的作用就是当焊嘴发生堵塞时,截住回火气体,防止乙炔瓶爆炸。

  与电弧焊相比,气焊火焰温度易于控制,操作简便,灵活性强,不需要电能,但气焊热源的温度较低,热量分散,焊接热影响区较宽,焊接变形严重,接头质量不高,生产率低。随着焊接新技术的发展,时至今日,气焊只是在薄板和有色金属的焊接和钎焊中,以及在维修行业中有限地被采用,重要的结构件几乎都不用气焊。但利用气体火焰的气割和烘烤等工艺则不然,在钢材的下料、烘烤、矫正及钢件的局部热处理等方面均需要利用气焊的基本方法。

图 5-16 气焊原理及设备连接示意图

1—焊丝;2—焊嘴;3—焊炬;4—回火防止器;5—减压器;6—氧气瓶;7—乙炔瓶;8—焊缝;9—熔池;10—焊件

5.3.2 二氧化碳气体保护焊

  二氧化碳气体保护焊是以廉价的 CO_2 作为保护气体,焊丝作为电极和填充金属的焊接方法,既可以降低焊接成本,又能充分利用气体保护焊的优势。主要有焊接电源、焊枪、供气系统、控制系统、送丝机构、焊丝等组成,其基本工作原理如图 5-17 所示。

图 5-17 二氧化碳气体保护焊基本原理

1—焊件;2—二氧化碳气体;3—电弧;4—焊枪喷嘴;5—焊丝;6—送丝滚轮;7—送丝卷轴;8—二氧化碳气瓶;9—焊机电源

CO$_2$气体保护焊是用连续送进的焊丝为电极,按焊丝直径不同可分为细丝和粗丝两种,前者适用于0.8～4mm薄板,后者适用于焊接5～30mm的中厚板。目前应用较多的是半自动CO$_2$保护气体焊。CO$_2$保护气体焊接成本低、焊接质量好、生产率高、容易操作、易于自动化、可全位置焊接。CO$_2$保护气体焊,具有一定的氧化作用,不适用焊接有色金属和高合金钢。另外CO$_2$对电弧有冷却作用,为保证电弧稳定,采用直流反接。CO$_2$保护气体焊主要适用于焊接低碳钢和强度级别不高的普通低合金结构钢焊件,焊接厚度可达50mm(对接形式)。

5.3.3　氩弧焊

氩弧焊是在普通电弧焊的原理的基础上,利用氩气对金属焊材进行保护,通过高电流使焊材在被焊基材上熔化形成熔池,使被焊金属和焊材达到冶金结合的一种焊接技术。氩弧焊按照电极的不同分为熔化极氩弧焊和非熔化极氩弧焊两种,如图5-18所示。

a)非溶化极氩弧焊　　　　　　b)溶化极氩弧焊

图5-18　氩弧焊示意图

1—电极或焊丝;2—导电嘴;3—碰嘴;4—进气管;5—压气流;6—电弧;7—工件;8—填充焊丝;9—送丝辊轮

非熔化极氩弧焊一般用高熔点的铈钨棒做电极,焊接时,钨极不熔化,只起导电和产生电弧的作用,故称钨极氩弧焊。焊接过程中需要加填充焊丝。钨极氩弧焊的电源用直流正接法,使钨极处于温度较低的阴极以减少其熔化和烧损。当焊接铝镁及其合金时,则多用交流电源,工件处于负极的半周时,阴极(工件)受正离子撞击,使熔池表面的氧化膜破碎,即阴极破碎作用,以利于焊合。为防止钨极熔化,钨极氩弧焊焊接电流不能太大,一般适用于焊接小于4mm的薄板件和管子。

熔化极氩弧焊。用焊丝作电极并兼作填充金属。焊接电流较大,母材熔深大,生产率高,适用于焊中厚板。焊接过程可以手工操作,也可以自动化或半自动化操作。

氩弧焊主要优点:①氩气保护可隔绝空气中氧气、氮气、氢气等对电弧和熔池产生的不良影响,减少合金元素的烧损,可以得到致密、无飞溅、质量高的焊接接头;②氩弧焊的电弧燃烧稳定,热量集中,弧柱温度高,焊接生产效率高,热影响区窄,所焊的焊件应力、变形、裂纹倾向小;③氩弧焊为明弧施焊,操作及观察方便;④电极损耗小,弧长容易保持,焊接时无熔剂、涂药层,所以容易实现机械化和自动化;⑤氩弧焊几乎能焊接所有金属,特别是一些难熔、易氧化金属,如镁、钛、钼、锆、铝等及其合金;⑥不受焊件位置限制,可进行全位置焊接。主要缺点是:①氩弧焊因为热影响区域大,工件在修补后常常会造成变形、硬度降低、砂眼、局部退火、开裂、针孔、磨损、划伤、咬边或者结合力不够及内应力损伤等；②氩弧焊与焊条电弧焊相比对人身体的伤害程度要高一些，电弧产生的紫外线辐射，约为普通焊条电弧焊的5～30倍，焊接时产生的臭氧含量较高；③对于低熔点和易蒸发的金属（如铅、锡、锌），焊接较困难；④氩气价格较贵，焊接设备也较复杂，生产成本高。

综上所述，氩弧焊主要适用于焊接易氧化的有色金属和合金钢（主要用于铝、镁、钛及其合金和不锈钢的焊接）；适用于单面焊双面成形，如打底焊和管子焊接；钨极氩弧焊还适用于薄板焊接。

5.3.4　埋弧焊

埋弧焊是一种电弧在焊剂层下燃烧进行焊接的方法。焊接过程如图5-19所示，引弧后，电弧热使周围的焊剂熔化局部蒸发，产生的气体将电弧周围的熔渣排开，形成一个封闭的气室，气室被熔渣包围，有效地隔离了空气，使电弧更集中、弧光不再辐射出来。随着焊丝沿焊缝前行，熔池凝固成焊缝，比重轻的熔渣结成渣壳。没有熔化的大部分焊剂回收后可重新使用。

埋弧焊具有焊接质量稳定、焊接生产率高、无弧光辐射及烟尘很少等优点，可焊接的钢种包括碳素结构钢、不锈钢、耐热钢及其复合钢材等，是压力容器、管段制造、箱型梁柱等重要钢结构制作中的主要焊接方法。埋弧焊适应性较差，一般只适用于平焊位置的焊接、长焊缝的焊接；难以焊接铝、钛等氧化性强的金属及其合金；电弧稳定性不好，不适宜厚度为1mm以下薄板的焊接。

5.3.5　电渣焊

电渣焊是利用电流通过熔渣所产生的电阻热作为热源，将填充金属和母材熔化，凝固后形成金属原子间牢固连接的焊接方法。电渣焊主要有熔嘴电渣焊、非熔嘴电渣焊、丝极电渣焊、板极电渣焊等。图5-20所示是电渣焊过程示意图，焊前须将工件垂直放好，在两工件间留20～40mm的间隙，在工件下端装有起焊槽，上端装引出板，并在工件两侧面装有强迫焊缝成形的水冷成形装置；焊接时，使焊丝与起焊槽起弧，不断加入少量固态焊剂并熔化，形成液态熔渣，待渣池达到一定深度，再增加焊丝进给速度、降低焊接电压，使焊丝插入渣池、电弧熄灭，开始电渣焊接过程。

图5-19　埋弧焊的焊接过程　　　　　　　图5-20　电渣焊示意图

1—衬垫；2—坡口；3—焊剂挡板；4—给焊剂管；5—接送丝机；　　　1—冷却水管；2—焊丝；3—冷却滑块；

6—焊丝；7—电极电缆；8—颗粒状焊剂；9—已熔焊剂；10—渣壳；　　4—渣池；5—熔池；6—焊缝；7—焊件

11—焊缝面；12—母材；13—焊缝金属；14—电极电缆；

15—熔融焊缝金属；16—焊接方向

电渣焊不易产生气孔、夹渣和淬火裂缝等现象,一般适于焊接 30mm 以上的钢材和铁基金属,焊后要进行正火或回火处理。它的缺点是输入的热量大,接头在高温下停留时间长、焊缝附近容易过热,焊缝金属呈粗大结晶的铸态组织,冲击韧性低,焊件在焊后一般需要进行正火和回火热处理。

5.3.6　电阻焊

电阻焊是利用强电流通过焊接接头的接触面及邻近区域的电阻热把焊件加热到塑性状态或局部熔化状态,再在压力作用下形成牢固接头的一种压焊方法。这种焊接方法中电阻热起着最主要的作用,根据焊接接头的形式不同可分为点焊、缝焊、凸焊和对焊四种,如图 5 -21 所示。

图 5 - 21　电阻焊的基本形式

(1)点焊是利用两个柱状电极对焊件的搭接处加压并通电,在接触处因电阻热的作用形成一个熔核,结晶后即形成一个焊点,由多个焊点将焊件连接在一起。点焊主要用于厚度为 0.05～6mm 的薄板、冲压结构及线材的焊接。目前,点焊已广泛用于制造汽车、飞机、车厢等薄壁结构以及罩壳和轻工、生活用品等。

(2)缝焊是用一对滚轮电极代替定位焊的柱状电极,当它与焊件做相对运动时,经通电、加压,在接缝处形成一个个相互重叠的熔核,结晶冷却后,即成为密封的连续焊缝。缝焊适用于焊接 3mm 以下,要求密封性的容器或管道,如油箱、小型容器等。

(3)凸焊是点焊的一种变形形式,在一个工件上有预制的凸点,凸焊时,一次可在接头处形成一个或多个熔核。凸焊可以焊接厚度相差较大的工件。

(4)对焊是将两个焊件的端面相互接触,经通电和加压后,使其整个接触面焊合在一起。对焊主要用于刀具、管子、钢筋、锚链等杆状和管状零件。

5.3.7　摩擦焊

摩擦焊是使焊件连接表面之间或焊件连接表面与工具之间相互压紧并发生相对运动,利用其所产生的摩擦热作为热源将焊件连接表面加热到塑性状态,并施加一定的压力,使之形成焊接接头的一种压焊方法。传统的摩擦焊主要分为旋转式摩擦焊和轨道式摩擦焊两种。摩擦焊适合焊接圆形截面的对接焊件,焊接质量稳定、生产率高、成本低,可焊异种金属,易实现机械化、自动化。

5.3.8　爆炸焊

爆炸焊是以炸药为能源进行金属间焊接的一种方法。焊接时利用炸药的爆轰,使被焊金属面发生高速倾斜碰撞,在接触面上形成一薄层金属的塑性变形,并在短暂的过程中形成冶金结合。

爆炸焊常用的装置有平行法和角度法两种,如图 5-22 所示。引爆后,炸药释放出巨大的能量作用于复材,复材首先受冲击的部位立即产生弯曲,由静止穿过间隙加速运动,同基板倾斜碰撞,随着爆轰波以每秒几千米的速度向前传播,两金属碰撞点便以同样的速度向前推进,直至焊接完成。

平行法　　　　　　　　　　　　角度法

图 5-22　爆炸焊典型装置
1—炸药;2—复材;3—基材;4—支撑块

爆炸焊应用范围广,工艺简单易控,不需要厂房、大型设备和大额投资。爆炸焊的能源为混合炸药,它们价廉、易得、安全且使用方便。

5.3.9　钎焊

钎焊是采用比母材熔点低的金属材料作钎料,将焊件和钎料加热到高于钎料熔点,低于母材熔化温度,利用液态钎料润湿母材,填充接头间隙并与母材相互扩散实现连接焊件的方法。根据焊接加热温度的不同,钎焊可以分为软钎焊和硬钎焊两大类。

软钎焊加热温度低于 450℃,常用锡为基的钎料,焊接头强度较低,主要用于接头受力不大、工作强度较低的焊接,多用于电子和食品工业中导电、气密和水密器件的焊接。

硬钎焊加热温度高于 450℃ 称为硬钎焊,常用铝、银、铜、锰和镍为基的钎料,焊接头强度高(大于 200MPa),主要用于接头受力较大、工作温度较高的焊件,如零件的连接、刀具的焊接等。

钎焊与一般熔焊相比,加热温度低,接头金属组织性能变化小、变形小、尺寸易保证,接头光整、气密性好;生产率高,易实现机械化自动化;可以焊接异种金属甚至连接金属与非金属;还可以焊接一些形状复杂的接头。但钎焊接头强度低、耐热性差、焊前准备麻烦。目前,钎焊主要用于焊接电子元件、精密仪器、仪表、精密机械等。

5.4　切　割

切割是使固体材料分离的一种方法。切割往往是焊接的前道工序,一些切割原料和工具又与焊接相似,工程材料切割的方法很多,大致可分为冷切割和热切割两类。冷切割是在常温下进行,如剪切、锯切、铣切、水切割等,热切割是利用热能使材料分离,常见的有气割、等离子弧切割、激光切割等。

5.4.1　气割

气割是利用气体火焰(如氧炔焰)的热能将工件待割处预热到一定温度后,喷出高速切割气流,使其燃烧并释放出热量实现切割的方法,如图 5-23 所示。气割过程实际上是被切割金属在氧气中的燃烧,燃烧熔融态的生成物被高压氧气吹走的过程。气割和气焊设备基本相同,用割炬代替焊炬,割炬比焊炬多一根切割氧气管和阀,如图 5-24 所示。割嘴与焊嘴的不同在于,气割用的氧气是通过割嘴的中心通道喷出,而氧乙炔的混合气体则通过割嘴的环形通道喷出。

图 5-23　气割示意图　　　　　　　图 5-24　气割割炬

1—氧气、乙炔;2—氧气流;3—割嘴;4—预热火焰;
5—气割氧气;6—工件;7—预热区;8—熔渣

常用材料中,低碳钢、中碳钢及低合金高强度结构钢都符合气割的条件,而高碳钢、铸铁、不锈钢和铜、铝等有色金属及其合金则不宜进行气割。

5.4.2　等离子弧切割

等离子弧切割是一种利用高速、高温和高能的等离子气流来加热和熔化被切割材料,借助内外部的高速气流(或水流)排开熔化金属,最终形成切口的切割方法。等离子弧切割原理如图 5-25 所示,借助冷喷嘴对电弧的约束,弧柱截面减少,电流密度大增,弧内电离度剧增,形成等离子弧,其弧柱的温度可达 10000℃～30000℃,通过熔化金属或非金属材料来实现切割。等离子弧切割可以切割各种金属材料和花岗岩、碳化硅、耐火砖、混凝土等材

图 5-25　等离子弧切割示意图
1—冷却水;2—等离子气;3—电极;
4—喷嘴;5—等离子弧;6—工件

料,并具有切口窄、切割面质量好、切割速度快、切割厚度大的优点,可获得良好的经济效益。

数控等离子切割机如图 5-26a 所示,可以实现任意图形切割下料,割口表面粗糙度 R_a 值可达 25,操作简单、使用方便,其一般操作流程为:①用 AutoCAD 等制图软件绘制切割图形并转换为 DXF 格式,如图 56-26b 所示;②使用 Type3 软件导入 DXF 格式的图形文件进行套料、转换生成加工程序,如图 5-26c 所示,使用 U 盘将程序输入控制装置;③在切割机上根据材料及厚度,设置合理的工艺参数;④调整好割枪在板材上的位置,启动程序开始切割;⑤切割结束后,下料、清渣。

a）等离子切割机

b）切割图形的绘制

c）切割程序的制作

图 5-26　数控等离子切割机的使用

5.5　焊接的质量控制

5.5.1　焊接质量

焊接质量一般包括焊缝的外形和尺寸、焊缝的连续性、接头性能等三个方面。

（1）焊缝外形和尺寸的一般要求：焊缝与母材之间金属平滑过渡；没有烧穿、未焊透等缺陷；焊缝的宽度和余高等尺寸符合国家标准或图样的技术要求。

（2）焊缝的连续性是指焊缝中是否有裂纹、气孔与缩孔、夹渣、未熔合与未焊透等缺陷。

（3）接头性能是指焊接接头的力学性能及其他性能（如耐蚀性等）是否符合图纸的技术要求等。

5.5.2　常见缺陷成因及预防

焊接缺陷主要有裂纹、气孔、夹渣、咬边、未焊透和焊漏和烧穿等，表 5-3 为常见焊接缺陷的产生原因简介。

表 5-3 常见焊接缺陷产生的原因

缺陷名称	简　图	说　明
裂纹	裂纹	按产生的温度和时间的不同可分为热裂纹和冷裂纹两大类。按其产生的部位又可分为纵向、横向、融合线、根部、弧坑及热影响区裂纹。裂纹必须限制在允许范围内，否则要重焊。

（续表）

缺陷名称	简　图	说　　明
气孔	气孔	焊缝中最常见的一种缺陷。根据气孔产生的部位不同可分为表面气孔和内部气孔；根据分布情况不同有可分为疏散气孔和密集气孔。气孔的形状和大小又有不同，有球孔、椭圆形和毛裂纹、虫状等。
夹渣	夹渣	产生夹渣的根本原因是熔池中熔化金属的凝固速度大于熔渣的上浮逸出速度。夹渣是焊缝的常见缺陷之一。
咬边	咬边　咬边	焊接时焊缝的边缘被电弧熔化后没有得到熔化金属的补充而留下的缺口。
未焊透与未焊合	未焊透	未焊透是接头根部未完全焊透；未焊合是指焊缝与母材、焊层间未熔化结合。这些缺陷减少焊缝金属的有效面积，形成应力集中，易引起裂缝，导致结构破坏。操作不当，焊接电流过小，焊接速度过快都会引起未焊透。
焊漏和烧穿	烧穿	液态金属从焊缝反面漏出拧成疙瘩或焊缝上形成穿孔。焊漏危害与焊瘤同，而烧穿根本不允许存在。

5.5.3　焊接变形成因及预防

1. 焊接变形的原因

焊接时焊缝被加热，发生区域膨胀。但焊缝周围的金属未被加热、膨胀，该部分制约了焊缝受热区的自由膨胀，焊缝产生塑性形变并缩短。焊缝冷却收缩后，焊缝区比周围区域短，最终产生工件的变形。焊接变形的基本形式如图 5-27 所示。

纵向和横向收缩变形　　角变形　　弯曲变形　　扭曲变形　　波浪变形

图 5-27　焊接变形的基本形式

2. 减少焊接变形的方法

（1）反变形。根据焊接后变形的规律，在焊接前对焊件预先进行人为的反向变形，焊接后，焊接变形和预先做出的变形相抵消。

（2）刚性固定。刚度大的结构，焊接变形小。在焊接前将工件固定在刚度强的夹具上，能减少焊接变形。不过，这样会加大焊接后的残余应力。

（3）选择合适的装配和焊接顺序。结构件装配好后再进行焊接，能增加结构的刚度，减少焊接变形。确定最佳焊接顺序方案,可以使焊接时焊接变形相互抵消。

3. 焊接应力与变形的消除和矫正

应力的存在影响焊后机械加工精度,降低结构承载能力,引起焊接裂纹。变形会使焊件形状和尺寸发生变化,需要进行矫正。若变形过大,会因无法矫正而使焊件报废。因此,在设计和制造焊接结构时,对焊接应力和变形必须给予足够重视。

(1)消除焊接应力。最常用的方法有焊后热处理法和振动消除法。热处理法即在炉中进行去应力退火。振动消除应力法也称振动时效,是将激振器固定在焊件某部位上,以一定的激振力、振动频率对焊件进行振动,以达到消除应力。

(2)焊接变形的矫正有手工矫正、机械矫正和火焰矫正等方法。

4.6.3　焊接质量检验

焊接质量检验是焊接生产中保证焊接产品质量和工程质量的环节。焊接质量的检验方法有很多,可分为破坏性检验和无损检验两大类。

破坏检验是从焊件或试件上切取试样,或以产品(或模拟体)的整体破坏做试验,测定焊接接头、焊缝及熔敷金属的强度、塑性和冲击吸收功等力学性能及耐腐蚀性能等。包括力学试验、化学分析、腐蚀试验、金相检验、焊接性试验等。

无损检验是指在不损坏被检验材料或成品的性能、完整性的条件下进行检测缺陷的方法。常用的方法有外观检验、强度试验(水压或气压试验)、致密性检验(气密性试验、氨渗漏试验或真空试漏法等)及无损探伤(射线探伤、超声波探伤、磁力探伤、渗透探伤)。

外观检验也称为目视检查是用肉眼借助样板、焊接检验尺或用低倍(约10倍)放大镜及量具观察焊件,检查焊缝的外形尺寸是否符合要求以及有无焊缝外气孔、咬边、满溢以及焊接裂纹等表面缺陷的方法。

实习报告

一、判断题

1. 焊接时,被连接的焊件材料可以是同种金属或异种金属。(　　)

2. 电阻焊在焊接过程中必须对焊件施加压力(加热或不加热)。(　　)

3. 焊缝两侧的母材受焊接热的影响而引起金属内部组织和力学性能变化的区域,称为焊接热影响区。(　　)

4. 手弧焊机的空载电压为380V。(　　)

5. 焊件开坡口的主要作用是了保证焊透。(　　)

6. 酸性焊条可以在交直流焊机上使用,而碱性焊条只能用于直流焊机。(　　)

7. J422牌号焊条是一种碱性焊条(　　)。

8. 焊条直径的选择主要取决于焊件板材的厚度。(　　)

9. 用交流弧焊机焊接时,工件接电源的负极的方法称为反接法。(　　)

10. J427表示焊缝金属抗拉强度等级为420MPa的结构钢焊条,用于交流弧焊机焊接。(　　)

二、填空题

1. 手工电焊焊引弧一般有两种方法,即_____和_____。

2. 焊条按药皮性质可分为_____和_____两类。

3. 焊接电弧由＿＿＿＿＿＿、＿＿＿＿＿＿和＿＿＿＿＿＿三部分组成。

4. 手工电弧焊的焊条由＿＿＿＿＿＿和＿＿＿＿＿＿两部分组成。

三、单项选择题

1. 直流弧焊机和交流焊机相比,主要特点是(　　　　)。

A. 结构简单,电弧稳定性好　　　　　　　　　B. 结构简单,电弧稳定性差

C. 结构复杂,电弧稳定性好　　　　　　　　　D. 结构复杂,电弧稳定性差

2. 使用酸性焊条时,应采用(　　　　)。

A. 直流正接　　　　　　　　　　　　　　　　B. 直流反接

C. 直流正接或反接　　　　　　　　　　　　　D. 交流或直流(正接、反接均可)

3. 焊条药皮的主要作用是(　　　　)。

A. 保护熔池,填充焊缝　　　　　　　　　　　B. 传导电流,提高稳弧性

C. 保护熔池,提高稳弧性　　　　　　　　　　D. 填充焊缝,提高稳弧性

4. 直径为 $\phi 3.2$ 焊条,应选用的焊接电流大致是(　　　　)。

A. $44 \sim 84A$ 　　　　　　　　　　　　　　 B. $60 \sim 100A$

C. $108 \sim 148A$ 　　　　　　　　　　　　　 D. $180 \sim 220A$

5. 焊机型号 BX1－330 中的"330"表示(　　　　)。

A. 焊机的最大焊接电流为 330A　　　　　　　B. 焊机的额定焊接电流为 330A

C. 焊机的工作电压为 330V　　　　　　　　　D. 焊机输出端空载电压为 330V

6. 在焊接电弧中,那个区域温度最高(　　　　)。

A. 阴极区　　　　　　　　　　　　　　　　　B. 阳极区

C. 弧柱区　　　　　　　　　　　　　　　　　D. 三个区域一样高

7. 焊接薄板工作件时,常采用(　　　　)。

A. 正接法　　　　　　　　　　　　　　　　　B. 反接法

C. 正接或反接均可　　　　　　　　　　　　　D. 不接

8. 下列材料中,焊接性最好的是(　　　　)。

A. HT200　　　　　　　　　　　　　　　　　B. 20

C. 45　　　　　　　　　　　　　　　　　　　D. 9SiCr

9. 用电弧热作热源的焊接方法是(　　　　)。

A. 手工电弧焊　　　　　　　　　　　　　　　B. 爆炸焊

C. 钎焊　　　　　　　　　　　　　　　　　　D. 电渣焊

10. 在手工电弧焊时操作最方便、焊缝质量容易保证、生产率有高的焊缝空间位置是(　　　　)。

A. 立焊　　　　　　　　　　　　　　　　　　B. 横焊

C. 仰焊　　　　　　　　　　　　　　　　　　D. 平焊

11. 下列各项因素中,焊条金属芯所起的作用是(　　　　)。

A. 改善焊条工艺性　　　　　　　　　　　　　B. 防止空气对熔池的侵入

C. 参与渗合金等冶金反应　　　　　　　　　　D. 填充金属

12. 手工电弧焊属于(　　　　)。

A. 电阻焊　　　　　　　　　　　　　　　　　B. 摩擦焊

C. 钎焊　　　　　　　　　　　　　　　　　　D. 熔焊

13. 焊接件在焊接前是否需要开坡口主要取决于(　　　　)。

A. 焊接件的厚薄　　　　　　　　　　　　　　B. 焊接电流的大小

C. 焊接接头的形式　　　　　　　　　　　　　D. 焊缝的位置

14. 焊接电流应具有下降外特性,它保证(   )。

A. 空载电压为零   B. 焊接电压稳定不变

C. 短路电流不致过大   D. 焊接电流稳定不变

15. 埋弧自动焊与手工电弧焊相比,其不足是(   )。

A. 生产率低   B. 焊缝质量不好

C. 灵活性差   D. 劳动条件差

四、简答题

1. 焊接时,焊条接触面不能起弧的主要原因是什么?

2. 手工电弧焊平面位置焊接的主要操作要领是什么?

3. 指出下列焊接接头形式。

a)   b)   c)   d)

第6章 切削加工技术基础

【实训目的与要求】

(1)理解切削运动与切削用量。

(2)熟悉常用金属切削机床的分类与编号。

(3)了解刀具材料应具备的性能。

(4)熟悉切削过程与控制的基本知识。

(5)理解零件加工质量的基本概念。

(6)掌握零件测量的基本方法和量具的使用。

【安全实习注意事项】

(1)不得擅自开启机床设备。

(2)工具、夹具、量具、刀具的正确使用和维护。

(3)劳保防护用品的正确穿戴。

切削加工是利用切削工具(包括刀具、磨具和磨料)将工件(毛坯)上多余的材料层切去,使工件获得符合图样要求的几何形状、尺寸和表面质量的加工方法。切削加工包括钳工加工和机械加工两大类,钳工加工是一般在钳工台上以手工工具为主对工件进行加工的方法,如锯削、锉削、刮研、攻螺纹和套螺纹等;机械加工是通过人工操作机床设备完成切削加工的方法,如车削、铣削、刨削、磨削等。

6.1 切削运动与切削用量

6.1.1 切削运动

切削运动是指切削过程中刀具相对于工件的运动,根据切削运动在切削中所起的作用不同,可分为主运动和进给运动。

主运动是使工件与刀具产生相对运动以进行切削的主要运动,其速度和方向是切削刃选定点相对于工件主运动的瞬时速度和方向,其一般特征是速度较高,消耗的功率最大。车削时工件的旋转、钻削时钻头的旋转、铣削时铣刀的旋转、刨削时刨刀的直线往复移动等均为主运动。

进给运动是工件与刀具之间附加的相对运动,使工件切削层不断投入切削,其速度和方向是切削刃选定点相对于工件进给运动的瞬时速度和方向,其一般特征是速度较低,功率消耗也较少。车削时车刀的移动、钻削时钻头的轴向移动、铣削时工件随工作台的移动、刨削时工件的间歇移动等均为进给运动。

切削运动实际上是主运动和进给运动的合成运动,其速度是切削刃选定点相对于工件的合成切削运动的瞬时速度和方向。根据不同的加工类型,主运动和进给运动的形式也有所不同,既可以是旋转运动,也可以是直线运动;可由刀具和工件分别完成,也可由刀具和工件共同完成。主运动一般只有一个,进给运动可以是一个或多个,可以是连续进行的,也可以是间歇的。

在切削过程中,工件上的加工余量不断地被刀具切削,因而表面先后共有三种形态:①待加工表面,即工件上待切除的表面;②过渡表面,工件上由刀具切削刃正在切削的表面;③已加工表面,工件上经刀具切削后产生的表面。

典型加工方法的加工表面与切削运动如图 6-1 所示。

a) 车削

b) 刨削

c) 铣削

d) 孔加工　　　　　e) 拉削

f）磨削

图 6-1 典型切削加工的加工表面和切削运动

6.1.2 切削用量

切削用量是指切削速度、进给量和背吃刀量的总称，常称为切削用量三要素。在切削加工中，根据不同的工件材料、刀具材料和其他技术、经济要求来选择适宜的切削用量。

1. 切削速度 v_c

切削速度是刀具切削刃上的选定点相对于待加工表面在主运动方向上的瞬时速度。对于回转运动的切削速度的计算公式为：

$$v_c = \frac{\pi \cdot d \cdot n}{1000}(\text{m/min})$$

式中：d——切削部位工件加工表面或刀具切削处最大直径（mm）；

n——工件或刀具的转度（r/min）。

2. 进给量 f

进给量是指工件或刀具每转或往复一次或每转过一齿时，刀具沿进给方向上相对工件的位移量。车削时进给量为工件每转一周车刀沿进给方向移动的距离（mm/r）；铣削时常用的进给量为工件每分钟沿进给方向移动的距离（mm/min）；刨削时进给运动为刨刀每往复一次，工件或刨刀沿进给方向间歇移动的距离（mm/str）。

3. 背吃刀量 a_p

背吃刀量又称切削深度，是指待加工工件表面与已加工工件表面之间的垂直距离，单位为 mm。车削外圆时由下式计算：

$$a_p = \frac{d_w - d_m}{2}$$

式中：d_w——待加工工件表面的直径（mm）；

d_m——已加工工件表面的直径（mm）

切削三要素直接影响到切削加工质量、刀具损耗、加工效率和机床动力消耗等。选择切削用量就是要选择切削用量三要素的最佳组合，其基本要求是：在满足零件加工质量要求的前提下，并在工艺系统强度和刚度允许条件下，充分利用机床功率和发挥刀具切削性能，以达到最优的切削加工效果。切削加工的一般过程是：首先根据工件加工精度要求，选择尽可能大的背吃刀量；其次根据工件表面粗糙度的要求，选择一个较大的进给量，并在刀具耐用度允许条件下选择一个合适的切削速度。在实际的生产中，根据被加工工件的材料、切削加工的条件、加工质量的要求，参考有关机械加工工艺手册，并结合所积累的经验，选择合适的切削用量。粗加工时，为提高生产率，尽快切除大部分加工余量，一般选择较大的背吃刀量和进给量，兼顾刀具耐用度和机床功率限制，切削速度不宜太高；精加工时，为保证工件的加工质量，一般选用较小的背吃刀量和进给量，较高的切削速度。

6.2 常用金属切削机床的分类与编号

6.2.1 机床型号的表示方法

金属切削机床按照不同的加工类型分为 11 大类，即车床、钻床、镗床、磨床、齿轮加工机床、螺纹加工机床、铣床、刨插床、拉床、锯床和其他机床。在每一类机床中按工艺范围、布局形式和结构等分为若干组，每一组又细分为若干系列。按照机床的精度等级标准，机床分为普通机床、精密机床和高精度机床三种。按照机床的加工对象，机床分为通用机床、专门化机床和专用机床。通用机床是指可加工多种工件，完成多种工序、使用范围较广的机床；专门化机床是指用于加工形状相似而尺寸不同的工件上特定工序的机床；专用机床是指用于加工特定工件的特定工序的机床。

为了方便使用和管理，按照《金属切削机床型号编制方法》(GB/T15375—2008)为每一种机床编制机床型号，其表示方法如图 6-2 所示。

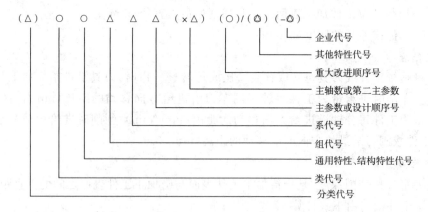

图 6-2 金属切削机床型号的编制方法

以上符号中"○"为大写汉语拼音字母，"△"为阿拉伯数字，"◎"为大写的汉语拼音字母或阿拉伯数字，或两者兼之。有括号的代号或数字若有内容时，标注时应该不带括号，若无内容则不表示。

6.2.2 机床的类别及其代号

机床的类代号表示机床的类别，用大写的汉语拼音字母表示。分类代号用阿拉伯数字表示，位于类代号前。表 6-1 列出了机床的类代号与分类代号。对具有两类特性的机床编制类别时，主要特性应放置在后面，次要特性应放在前面，例如铣镗床是以镗为主、铣为辅。

表 6-1　机床的类别和分类代号

类别	车床	钻床	镗床	磨床			齿轮加工机床	螺纹加工机床	铣床	刨插床	拉床	锯床	其他机床
代号	C	Z	T	M	2M	3M	Y	S	X	B	L	G	Q
读音	车	钻	镗	磨	二磨	三磨	牙	丝	铣	刨	拉	割	其

6.2.3　机床的通用特性代号、结构特性代号

机床的通用特性代号、结构特性代号,用大写的汉语拼音字母表示,位于类代号之后。当某类型机床,除有普通型外,还有下列某种通用特性时,则在类代号之后加通用特性代号予以区分,通用特性代号有统一的规定含义,它在各类机床的型号中,表示的意义相同,机床的通用特性代号如表 6-2 所示。

对主参数值相同而结构、性能不同的机床,在型号中加结构特性代号予以区分,它在型号中没有统一的含义,对某些结构特性代号,可以赋予一定含义。当型号中有通用特性代号时,结构特性代号应排在通用特性代号之后。

表 6-2　机床的通用特性代号

通用特性	高精度	精密	自动	半自动	数控	加工中心(自动换刀)	仿形	轻型	加重型	柔性加工单元	数显	高速
代号	G	M	Z	B	K	H	F	Q	C	R	X	S
读音	高	密	自	半	控	换	仿	轻	重	柔	显	速

6.2.4　机床的组别和系别

将每类机床划分为十个组,每个组又划分为十个系(系列),其划分原则是:在同一类机床,主要布局或使用范围基本相同的机床,即为同一组;在同一组机床中,其主参数相同、主要结构及布局型式相同的机床,即为同一系。机床的组,用一位阿拉伯数字表示,位于类代号或通用特性代号、结构特性代号之后。机床的系,用一位阿拉伯数字表示,位于组代号之后。例如 CA6140 型卧式车床型号中的"61",说明它属于车床类 6 组、1 系。

6.2.5　机床主参数代号或设计顺序号

机床主参数代表机床的规格。主参数代号以其主要参数的折算值(主参数乘折算系数)表示,在机床型号中排列在组、系代号之后。各种型号的机床,其主参数的折算系数可以不同。一般来说,以最大棒料直径为主参数的自动车床和以最大钻孔直径为主参数的钻床,其折算系数为 1;以床身上最大工件回转直径为主参数的车床、以最大工件直径为主参数的绝大多数齿轮加工机床、以工作台工作宽度为主参数的立式和卧式铣床以及绝大多数控床和磨床,其主参数的折算系数为 1/10;大型的立式车床、龙门铣床、龙门刨床等的主参数折算系数为 1/100。

某些通用机床,当无法用一个主参数表示时,则在型号中用设计顺序号表示。设计顺序号由 1 起始,当设计顺序号小于 10 时,由"01"开始编号。

6.2.6 主轴数或第二主参数

对于多轴车床、多轴钻床、排式钻床等机床,其主轴数应以实际数值列入型号,置于主参数之后,用"×"分开,读作"乘"。单轴,可省略,不予表示。

第二主参数(多轴机床的主轴数除外),一般不予表示,如有特殊情况,须在型号中表示。在型号中表示的第二主参数,一般折算成两位数为宜,最多不超过三位数。以长度、深度等表示的,其折算系数为 1/100;以直径、宽度表示的,其折算系数为 1/10;以厚度、最大模数等表示的,其折算系数为 1。当折算值大于 1 时,则取整数;当折算值小于 1 时,则取小数点后第一位数,并在前面加"0"。

6.2.7 机床重大改进代号

当机床的结构、性能有更高的要求,并需按新产品重新设计、试制和鉴定时,才按改进的先后顺序选用 A、B、C 等汉语拼音字母,加在型号基本部分的尾部,以区别原机床型号。重大改进设计不同于完全的新设计,它是在原有机床的基础上进行改进设计,因此,重大改进后的产品与原型号的产品,是一种取代关系。凡属局部的小改进,或增减某些附件、测量装置及改变装夹工件的方法等,因对原机床的结构、性能没有作重大的改变,故不属重大改进。其型号不变。例如 M1432A 表示第一次重大改进后的万能外圆磨床,最大磨削直径为 320mm。

6.2.8 其他特性代号

其他特性代号,置于辅助部分之首。其中同一型号机床的变型代号,一般应放在其他特性代号之首位。

其他特性代号主要用以反映各类机床的特性。如:对于数控机床,可用来反映不同的控制系统等;对于加工中心,可用以反映控制系统、联动轴数、自动交换主轴头、自动交换工作台等;对于柔性加工单元,可用以反映自动交换主轴箱;对于一机多能机床,可用以补充表示某些功能;对于一般机床,可以反映同一型号机床的变型等。

6.2.9 通用机床型号示例

示例 1:工作台最大宽度为 500mm 的精密卧式加工中心,其型号为 THM6350。

示例 2:工作台最大宽度为 400mm 的 5 轴联动卧式加工中心,其型号为 TH6340/5L。

示例 3:最大磨削直径为 400mm 的高精度数控外圆磨床,其型号为 MKG1340。

示例 4:经过第一次重大改进,其最大钻孔直径为 25mm 的四轴立式排钻床,其型号为 Z5625X4A。

示例 5:最大钻孔直径为 40mm,最大跨距为 1600mm 的摇臂钻床,其型号为 Z3040X16。

示例 6:最大车削直径为 1250mm,经过第一次重大改进的数显单柱立式车床,其型号为 CX5112A。

示例 7:光球板直径为 800mm 的立式钢球光球机,其型号为 3M7480。

示例 8:最大回转直径为 400mm 的半自动曲轴磨床,其型号为 MB8240。根据加工的需求,在此型号机床的基础上交换的第一种型式的半自动曲轴磨床,其型号为 MB8240/1,变换的第二种型式的型号则为 MB8240/2,依次类推。

示例 9:最大磨削直径为 320mm 的半自动万能外圆磨床,结构不同时,其型号为 MBE1432。

示例 10：最大棒料直径为 16mm 的数控精密单轴纵切自动车床,其型号为 CKM1116。

示例 11：配置 MTC-2M 型数控系统的数控床身铣床,其型号为 XK714/C。

示例 12：试制的第五种仪表磨床为立式双轮轴颈抛光机,这种磨床无法用一个主参数表示,故其型号为 M0405。后来,又设计了第六种为轴颈抛光机,其型号为 M0406。

6.3　刀具材料

6.3.1　刀具材料应具备的性能

刀具在工作中要承受很大的压力和冲击力,由于切削时产生的工件材料塑性变形以及在刀具、切屑、工件产生的强烈摩擦,使刀具的切削刃上产生很高的温度和受到很大的应力。要使刀具能正常工作而不至于很快的损坏或变钝,刀具材料应具备如下性能要求:①高的硬度,刀具材料必须高于被加工材料的硬度,一般刀具材料的常温硬度都在 62HRC 以上;②高的耐磨性,刀具的抗磨损能力强,是刀具材料力学性能、组织结构和化学性能的综合反映;③足够的强度和韧性,因刀具要承受很大的压力、冲击和振动;④高的耐热性,刀具材料在高温下保持一定硬度、耐磨性、强度和韧性的性能;⑤良好的工艺性,主要指锻造性能、热处理性能、高温塑变性能和磨削加工性能等;⑥经济性和绿色性。

6.3.2　刀具材料的种类及性能

刀具的材料种类众多,其主要分类如下。

1. 碳素工具钢

碳素工具钢是含碳量为 0.65%～1.35% 优质高碳钢,常用牌号有 T8A、T10A、T12A 等。碳素工具钢由于耐热性能很差(200℃～250℃),允许的切削速度很低,只适宜制造手动工具,如锉刀、锯条等。

2. 合金工具钢

合金工具钢是指含铬、钨、硅、锰等合金元素的低合金钢种,常用的牌号是 9SiCr、CrWMn 等。合金工具钢有较高的耐热性(300℃～400℃),允许在较高的切削速度下工作;耐磨性较好,因此可用于截面面积较大、要求热处理变形小、对耐磨性及韧性有一定要求的低速切削刀具,例如铰刀、丝锥、板牙、铰刀等。

3. 高速钢

高速钢是加入了较多的钨、钼、铬、钒等合金元素的高合金含量的工具钢,常用的牌号有 W18Cr4V 和 W6Mo5Cr4V2。高速工具钢具有优良的工具性能,其耐热性较好(600℃～650℃),淬火后硬度较高(63～70HRC),常用于制造形状复杂的刀具,如钻头、丝锥、成形刀具、拉刀和齿轮刀具等,是普遍使用的刀具材料。

按用途不同高速钢可分为通用型高速钢和高性能高速钢。其中高性能是在通用性高速钢成分中再增加含碳量、含钒量,有时添加钴、铝等合金元素以提高耐热性和耐磨性的钢种,其热稳定性高,具有更好的力学性能,寿命为通用型高速钢的 1.5～3 倍。

4. 硬质合金

硬质合金是难熔金属碳化物(WC、TiC)与金属黏结剂(如 Co)的粉末在高温下烧结而成的。和高速钢相比较,硬质合金硬度高(89～94HRA)、耐热性好(850℃～1000℃)、热导率好、抗黏结磨损能力强、化学稳定性好,抗弯强度差、韧性差。近年来,新牌号的硬质合金得到了快速发展,成为广泛使用的一种刀具材料。

我国常用硬质合金有以下几类:

钨钴类硬质合金,代号 YG,常用牌号有 YG3、YG6、YG8 等,牌号中的数字表示含 Co 量的百分比。YG 类硬质合金主要适用于加工铸铁、有色金属等材料。

钨钴钛类硬质合金,代号 YT,常用的牌号有 YT5、YT15、YT30 等,牌号中的数字表示含 TiC 量的百分比。YT 类硬质合金主要适用于碳钢、合金钢等材料。

钨钛钽(铌)钴类硬质合金,代号为 YW,常用的牌号有 YW1、YW2 等,在硬质合金成分中加入一定含量的碳化钽或碳化铌,适用于耐热钢、高锰钢、不锈钢等难加工材料的精加工。

5. 陶瓷

刀具用的陶瓷一般是以氧化铝为基本成分的陶瓷在高温下烧结而成的,与硬质合金相比较,有很高的硬度(91~95HRC)和耐磨性,高温性能好(1200℃以上仍能切削),抗黏结性能、化学稳定性好,摩擦因数较低。但是陶瓷刀具脆性大,抗弯强度和冲击韧性差,耐热冲击性差,容易产生裂纹。

6. 超硬材料

超硬材料包括金刚石和立方氮化硼两大类。

金刚石是自然界已发现的物质中最硬的材料,具有极高的硬度(其显微硬度达到 10000HV)和耐磨性,具有很好的切削性能和使用寿命;具有很低的摩擦因数,加工表面质量高;具有较低的热膨胀系数和很高的导热性,刀具热变形小。金刚石耐热性低,当切削温度超过 700℃~800℃时将产生同素异变为石墨而失去硬度,化学稳定性差,金刚石与铁具有很强的化学亲和力,高温时二者极易发生化学反应。金刚石可以用来加工硬质合金、陶瓷、高硅铝合金等高硬度、高耐磨材料,在加工黄铜、铝、金等时,具有良好的镜面切削性能。

立方氮化硼是利用超高压高温技术合成的无机超硬材料,具有很高的硬度(其显微硬度为 8000~9000HV)和耐磨性,具有很好的切削性能和使用寿命;热稳定性好,耐热性可达 1400℃;化学稳定性好;良好的导热性,其导热率介于金刚石与硬质合金之间;有较低的摩擦因数。立方氮化硼虽然硬度上略低于金刚石,但其热稳定性好、化学稳定性优,两者作为超硬材料相互补充。立方氮化硼不仅是制造磨具的好材料,由于其容易修磨,可用于制造车刀、镗刀、端铣刀、铰刀、齿轮刀具等,主要用于各种淬硬钢、铸铁、高温合金、硬质合金及表面喷涂材料等的加工。

6.3.3 刀具材料的改性

刀具材料的改性是采用化学或物理的方法,对刀具表面进行处理,使刀具材料的表面性能有所改变,从而提高刀具的切削性能和使用寿命等。

刀具表面化学处理是将刀具置于化学介质中加热和保温,以改变表层化学成分和组织,从而改变表层性能的热处理工艺,可分为渗碳、渗氮、碳氮共渗、多元共渗等。

刀具表面涂层是指在硬质合金(或高速钢)基体上涂覆一薄层耐磨性高的难熔金属(或非金属)化合物,提高材料耐磨性而不降低其韧性,主要有化学气相沉积法(CVD)及物理气相沉积法(PVD),涂层的物质主要有碳化物、氧化物、氮化物、碳氮化物、硼化物、硅化物和多层复合涂层等八大类。涂层刀具的出现,使刀具的切削性能产生了重大突破,应用领域不断扩大。目前国内外的可转位刀片的涂层比例达到 70%以上,可用于车刀、立铣刀、钻头、插齿刀等刀具,用于各种钢、铸铁、耐热合金和有色金属等材料的加工。

6.4　切削过程与控制

6.4.1　切屑及控制

金属的切削过程实际上可以看作是切屑的形成过程,即在前刀面的推挤、摩擦作用下,使变形金属内部发生剪切滑移的过程。金属的被切削层在切削刃附近与工件本体分离,此处的应力集中而复杂,大部分变成切屑,很小一部分留在已加工表面上。

1. 切屑的种类

由于工件材料不同,切削过程中的切屑变形程度也不同,因而产生的切屑种类也就多种多样。根据切屑的形状不同,一般可将切屑分为带状切屑、节状切屑、粒状切屑和崩碎切屑四类,如图 6-3 所示。

　　a）带状切屑　　　　b）节状切屑　　　　c）粒状切屑　　　　d）崩碎切屑

图 6-3　切屑的种类

(1)带状切屑:切屑的形状都是沿前刀面连续流出的带状切屑,其特点是靠近前刀面的一面表面比较光滑,其他表面显得粗糙,如图 6-3a 所示。通常在加工塑性金属材料切削时,切削厚度较小、切削速度较高、刀具前角较大的情况下获得,这类切削过程具有切削力波动较小、加工表面平滑、已加工表面粗糙度低等优点。

(2)节状切屑(挤裂切屑):外形和带状切屑不同之处在于外表面呈锯齿形,内表面有时有裂纹,但切屑内部还是互相连接着并未断开,如图 6-3b 所示。通常在加工中等塑性金属材料时,在切削速度较低、切削厚度较大、刀具前角较小的情况下产生。这类切削过程切削力波动较大,已加工表面粗糙度较高。

(3)粒状切屑(单元切屑):切削时由于整个剪切面上剪应力超过了材料的破裂强度,切屑单元从被切材料上脱落形成的梯形粒状切屑,如图 6-3c 所示。通常在加工塑性较小的金属材料时出现。

(4)崩碎切屑:切削层金属在刀具前刀面的作用下,未经明显的塑性变形就在拉应力作用下脆断,形成形状不规则的崩碎切屑,如图 6-3d 所示。切削脆性金属材料时,由于材料塑性小,抗拉强度低,容易产生这种切屑,这类切削过程不连续,切削力波动大,影响表面质量,易损坏刀具。

2. 切屑控制

在生产实践中,我们会看到不同的排屑情况:有的切屑打成螺卷状,到一定长度时自行折断;有的切屑折断成"C"形、"6"字形;有的呈发条状卷屑;有的碎成针状或小片,四处飞溅,影响安全;有的带状切屑缠绕在刀具和工件上,易造成事故。不良的排屑状态会影响生产的正常进行,或划伤工件的已加工表面,或划伤机床,或卡在机床运动副之间,或造成刀具的早期破损等,有时甚至影响操作者的安全。如不能进行有效的切屑控制,轻则限制了机床性能的发挥,重则无法正常进行生产,在自动化生产线上加工时尤为重要。

切屑控制是指在切削加工中采取适当的措施来控制切屑的卷曲、流出与折断,使之形成"可接受"的屑形。主要方法有两类:一类是采用断屑槽;另一类是改善切削条件,主要包括改变切削用量、刀具角度和降低工件塑性。

(1)采用断屑槽。通过设置断屑槽对流动中的切屑施加一定的约束力,使切屑应变增大,切屑卷曲半径减小。断屑槽的尺寸参数应与切削用量的大小相适应,否则会影响断屑效果。常用的断屑槽截面形状有直线圆弧形、折线形和全圆弧形,如图 6-4 所示。

a)直线圆弧形　　　　　　　b)折线形　　　　　　　c)全圆弧形

图 6-4　断屑槽的类型

(2)改善切削条件。①改变切削用量。增大进给量可增加切削厚度,降低切削速度也可使切屑变形增大,两者均可使切屑容易折断,但同时带来增大加工表面粗糙度、降低材料切除效率等副作用,需要根据实际条件适当选择合理的切削用量。②改变刀具角度。加大主偏角可增加切削厚度,减小前角可使切屑变形增大,可使切屑容易折断。调整刃倾角的角度,使切屑与工件或刀具相碰,促使切屑折断。③降低工件塑性。工件材料塑性越好越不容易断屑,可以采用适当的热处理工艺来降低工件材料塑性。

6.4.2　切削力

切削力是指在切削过程中产生的,作用在工件和刀具上的,大小相等、方向相反的力。刀具上所有参与切削的各切削部分所产生的切削力的合力称为总切削力,其来源主要有三个方面:其一为克服工件材料对弹性变形的抗力;其二为克服工件材料对塑性变形的抗力;其三为克服切屑与前面摩擦力,后面与已加工表面及过渡表面的摩擦力,如图 6-5 所示。

为了便于设计和工艺分析,通常将总切削力 F 分解成三个互相垂直的分力,例如在外圆车削时的总切削力可以分解为切削力 F_c、进给力 F_f、背向力 F_p,如图 6-6 所示。切削力

图 6-5　切削力的来源

图 6-6　切削力

F_c 是总切削力在主运动方向上的分力,约占 F 的 $80\%\sim90\%$,是计算机床所需功率、强度、刚度的基本数据。进给力 F_f 是总切削力在进给运动方向上的分力,是设计和校验工艺系统刚度及精度的必需数据。背向力 F_p 是总切削力在加工表面法线方向上并垂直于进给方向的分力,是设计和校验机床走刀机构的必需数据。

6.4.3　刀具的失效与使用寿命

1. 刀具的失效形式

刀具在切削过程中,要承受很大的压力、很高的温度、剧烈的摩擦,在使用一段时间后切削性能大幅度下降或完全丧失切削能力而失效。刀具失效后,使工件加工精度降低,表面粗糙度增大,并导致切削力增大、切削温度升高,甚至产生振动,不能继续正常切削,只有重新刃磨切削刃或更换新的刀具才能进行切削。刀具的失效形式有正常磨损和非正常磨损(破损)两类,通常说的磨损一般是指刀具的正常磨损。

刀具的正常磨损是连续的逐渐磨损,随着切削时间的增加磨损逐渐扩大,主要的形态有前刀面磨损、后刀面磨损和边界磨损等。不同的刀具材料在不同使用条件下造成的磨损的主要原因是不同的,刀具磨损的主要原因有磨粒磨损(机械磨损、硬质点磨损)、黏结磨损、扩散磨损、化学磨损及其他磨损。刀具的磨损过程分为初期磨损阶段、正常磨损阶段、急剧磨损阶段。刀具的合理使用是应当在刀具产生急剧磨损前重磨或更换,一般采用后刀面的磨损量大小来制定磨钝标准。

刀具的破损是一种非正常的磨损,在生产中突然发生崩刃、卷刃或刀片碎裂等,使刀具提前失去切削能力,主要的形式分脆性破损和塑性破损两种。

2. 刀具使用寿命

刀具耐用度是指刃磨后的刀具自开始切削直到磨损量达到磨钝标准为止的切削时间。刀具总使用寿命表示一把新刀用到报废之前的总切削时间,等于刀具耐用度乘以重磨次数。影响刀具使用寿命的因素主要有切削用量的选择、工件材料的影响、刀具材料的影响和刀具几何参数等,其中工件材料、刀具材料的性能对刀具使用寿命影响最大,在切削用量中影响刀具使用寿命最主要的因素是切削速度,其次是进给量和切削深度。

6.4.4　切削热与切削液

1. 切削热

在刀具的作用下被切削材料发生弹性和塑性变形时所做的功,以及切削与前刀面之间、工件与后刀面之间的摩擦力所做的功,除了 $1\%\sim2\%$ 用以形成新的表面和以晶格扭曲形式形成潜藏能外,$98\%\sim99\%$ 转换为热能,使切削区温度升高。切削所产生的热量分别被切屑、工件、刀具和周围介质传导出去,在干切削条件下,通常大部分切削热由切屑带走,其次是工件和刀具。

2. 切削液

切削液是改善切削加工过程、减少刀具磨损、提高加工质量和效率的有效途径。在切削过程中起到冷却、润滑、防锈和洗涤作用。切削液主要有水基切削液和油基切削液两种,前者冷却能力强,后者润滑性能突出。切削液的使用方法主要有低压浇注法、高压冷却法、喷雾冷却法和手工供液法等。

6.5　零件的加工质量

零件的加工质量包括加工精度和表面质量两个方面。加工精度主要包括尺寸精度、形状精度和位置精度。加工精度是在正常的生产条件下(设备完好、工夹量刀具适应、工人技术水平相当、工时定额合理等)能达到的加工精度范围。表面质量是指零件表面粗糙度、加工硬化层、表面残余应力等状况。

6.5.1　加工精度

1. 尺寸精度

尺寸精度是指零件的实际尺寸相对于理想尺寸的准确程度,是由尺寸公差控制的。尺寸公差是在满足零件使用要求的前提下,所允许的加工误差范围。国家标准《产品几何技术规范(GPS)　极限与配合》(GB/T1800.1−2009)规定:尺寸公差分为 20 级,即 IT01、IT0、IT1 直至 IT18。IT 表示标准公差,后面的数字表示公差等级,等级依次降低。在基本尺寸相同的条件下,公差越小,尺寸精度越高;反之,精度越低。一般 IT01~IT12 用于配合尺寸,IT13~IT18 用于非配合尺寸。

同一精度等级,不同基本尺寸,其公差值不同;基本尺寸越大,其公差值也越大。如精度等级为 IT12,当基本尺寸为 100mm 时,其公差值为 0.3mm;当基本尺寸为 200mm 时,其公差值为 0.46mm。

相同基本尺寸,不同精度等级,其公差值也不同。例如车削某零件,外径尺寸为 $\phi50$,若公差值对称分布,当 IT12 级时的公差值为 0.3mm,则最大极限尺寸为 $50+0.15=50.15$(mm),最小极限尺寸为 $50-0.15=49.85$(mm);当 IT7 级时其公差值为 0.03mm,则最大极限尺寸为 $50+0.015=50.015$(mm),最小极限尺寸为 $50-0.015=49.985$(mm)。

2. 形状精度和位置精度

形状精度是指零件上线、面要素的实际形状相对于理想形状的准确程度,是由形状公差控制的。位置精度是指零件上的点、线、面等几何要素之间的实际位置与理想位置的准确程度,是由位置公差控制的。国家标准《产品几何技术规范(GPS)　几何公差形状、方向、位置和跳动公差的标注》(GB/T1182−2008)规定了控制零件几何公差的项目,如表 6-3 所示。

表 6-3　形位公差的项目及其符号

分　类	项　目	符　号	分　类		项　目	符　号
形状公差	直线度	—	位置公差	定向	平行度	//
	平面度	▱			垂直度	⊥
	圆度	○			倾斜度	∠
	圆柱度	⌀		定位	同轴度(同心度)	◎
	线轮廓度	⌒			对称度	≡
	面轮廓度	⌓			位置度	⊕
				跳动	圆跳动	↗
					全跳动	↗↗

6.5.2　表面粗糙度

在切削加工中,由于振动、刀痕、刀具与工件之间摩擦等原因,在已加工表面上会不可避免地产生一些微小的峰谷,将表面这些微小的峰谷的高低程度称为表面粗糙度。国家标准《产品几何技术规范(GPS)　表面结构　轮廓法　表面粗糙度参数及其数值》(GB/T1031—2009)规定了表面粗糙度的评定参数和评定参数允许值数系,其中最常用的就是轮廓算术平均偏差 R_a,单位为 μm,图 6-7 所示是 R_a 测定示意图。

图 6-7　轮廓算术平均偏差的测定示意图

表 6-4 所示是 R_a 值中优先选用的数值,即在取样长度 l 内,轮廓偏差绝对值的算术平均值,$R_a = \dfrac{1}{l}\displaystyle\int_0^l |Y(x)|\,\mathrm{d}x$。

表 6-4　轮廓的算术平均偏差 R_a 的数值

$R_a(\mu m)$	0.012	0.025	0.05	0.1	0.2	0.4	0.8	1.6
	3.2	6.3	12.5	25	50	100		

表面粗糙度对零件的尺寸精度和零件配合性质、零件的接触刚度、耐蚀性、耐磨性及密封性等均有很大影响。设计零件时须根据具体条件选择合理的 R_a 允许值,R_a 值越小表面质量越高,加工越困难,加工成本越高。表 6-5 为表面粗糙度 R_a 允许值及其对应的表面特征。

表 6-5　不同表面特征的表面粗糙度

表面要求	表面特征	$R_a(\mu m)$	加工方法
粗加工	明显可见刀痕	50	钻孔、粗车、粗铣、粗刨、粗镗等。
	可见刀痕	25	
	微见刀痕	12.5	
半精加工	可见加工痕迹	6.3	半精车、精车、精铣、粗磨、铰孔等。
	微见加工痕迹	3.2	
	不见加工痕迹	1.6	
精加工	可见加工痕迹的方向	0.8	精磨、精拉、刮削、精铰等。
	微见加工痕迹的方向	0.4	
	不辨加工痕迹的方向	0.2	

（续表）

表面要求	表面特征	$R_a(\mu m)$	加工方法
精密加工 或光整加工	暗光泽面	0.1	研磨、抛光、镜面磨削等。
	亮光泽面	0.05	
	镜面光泽面	0.025	
	雾状光泽面	0.012	
	镜面	<0.012	

　　表面粗糙度的检测方法主要有两种：一种是比较法，例如，样块比较法、显微镜比较法、电动轮廓仪比较法；一种是测量法，例如，光切显微镜测量法、干涉显微镜测量法，检测方法及适用范围如表 6 - 6 所示。

表 6 - 6　检测表面粗糙度的常用方法

序号	检验方法	适用参数(μm)	说　明
1	样块比较法	直接目测：$R_a>2.5$； 用放大镜： R_a:0.32～0.5	以表面粗糙度比较样块工作面上的粗糙度为标准，用视觉法或触觉法与被测表面进行比较，以判定被测表面是否符合规定。用样块进行比较检验时，样块和被测表面的材质、加工方法应尽可能一致；样块比较法简单易行，适合在生产现场使用。
2	显微镜比较法	$R_a<0.32$	将被测表面与表面粗糙度比较样块靠近在一起，用比较显微镜观察两者被放大的表面，以样块工作面上的粗糙度为标准，观察比较被测表面是否达到相应样块的表面粗糙度，从而判定被测表面粗糙度是否符合规定。此方法不能测出粗糙度参数值。
3	电动轮廓仪 比较法	R_a:0.025～6.3	电动轮廓仪系触针式仪器，测量时仪器触针尖端在被测表面上垂直于加工纹理方向的截面上，做水平移动测量，从指示仪表直接得出一个测量行程 R_a 值。适用于计量室，便携式电动轮廓仪可在生产现场使用。
4	光切显微镜 测量法	R_z:0.8～100	光切显微镜是利用光切原理测量表面粗糙度的方法。从目镜观察表面粗糙度轮廓图像，用测微装置测量 R_z 值和 R_y 值，也可通过测量描绘出轮廓图像，再计算 R_a 值，因其方法较繁而不常用。必要时可将粗糙度轮廓图像拍照下来评定。光切显微镜适合在计量室使用。

（续表）

序号	检验方法	适用参数(μm)	说　　明
5	干涉显微镜测量法	R_z:0.032~0.8	干涉显微镜是利用光波干涉原理，以光波波长为基准来测量表面粗糙度的。被测表面有一定的粗糙度就会呈现出凸凹不平的峰谷状干涉条纹，通过目镜观察、利用测微装置测量这些干涉条纹的数目和峰谷的弯曲程度，即可计算出表面粗糙度的 R_a 值。必要时还可将干涉条纹的峰谷拍照下来评定。干涉法适用于精密加工的表面粗糙度测量，适合在计量室使用。

6.6　常用量具

为了保证零件的加工质量，在零件加工过程中和加工完毕后，均须对零件进行测量，测量所用的工具称为量具。生产中使用的量具根据不同的检测任务要求来选择，常用的有以下几种。

6.6.1　钢直尺

钢直尺是最简单常用的量具，一般由淬硬的薄弹簧钢制成，常用于测量零件长度、台阶长度等，规格有 150mm、200mm、500mm、1000mm 等，如图 6-8 所示。钢直尺精度不高，主要用于未注公差的尺寸和其他精度低的尺寸测量。钢直尺的刻度有公制和英制两种，公制尺较常使用，通常其刻度值为 1mm，即测量精度为 1mm，有些小规格钢直尺的测量精度为 0.5mm。

图 6-8　钢直尺

6.6.2　游标卡尺

游标卡尺是一种比较精密的量具，在测量中广泛使用，可以直接测量零件的外径、内径、长度、厚度、深度，它由主尺、副尺、固定卡爪、活动卡爪、紧固螺钉等部分组成，如图 6-9a 所示。游标卡尺按测量读数精度可分为 0.1mm、0.05mm、0.02mm 等规格，按测量范围可分为 0~150mm、0~200mm、0~300mm 等多种规格。为方便游标卡尺的读数，提高测量效率，常用带表游标卡尺（如图 6-9b 所示）和数显游标卡尺（如图 6-9c 所示）。

1. 刻线原理

当固定卡爪与活动卡爪贴合时，副尺上的零线对准主尺的零线，主尺每一小格为 1mm，副尺是把主尺刻度 49mm 的长度分为 50 等分，副尺每格长度＝49/50mm＝0.98mm，主尺、副尺每格之差＝1－0.98＝0.02（mm）即为卡尺的刻度值，即该游标卡尺的精度为 0.02mm，如图 6-10 所示。

a)游标卡尺的结构

1—固定卡爪;2—活动卡爪;3—止动螺钉;4—副尺;5—主尺

b)带表游标卡尺   c)数显游标卡尺

图 6-9   游标卡尺

2. 读数方法

(1)先在主尺上读出副尺零线以左的刻度,读出尺寸的整数部分,图 6-11 所示的是 23mm。

(2)副尺零线以右与主尺的刻线对齐的刻线数乘以卡尺精度,读出尺寸的小数部分,图 6-11 所示的是 $12 \times 0.02mm = 0.24mm$。

(3)将上面整数和小数两部分尺寸加起来就是总尺寸,图 6-11 所示的是 23.24mm。

图 6-10   游标卡尺刻线原理   图 6-11   游标卡尺的读数(精度 0.02mm)

$23 + 12 \times 0.02 = 23.24$(mm)

3. 使用方法

(1)测量前应把卡尺擦拭干净,检查卡尺的两个测量面和测量刃口是否平直无损,把两个量爪紧密贴合时,应无明显的间隙,同时副尺和主尺的零位刻线要相互对准,若未对齐,应根据原始误差修正测量读数。

(2)移动游标卡尺的副尺时要活动自如,不能过松或过紧,更不能有晃动现象。用固定螺钉固定副尺时,卡尺的读数不应有所改变,在移动副尺时,要松开锁紧螺钉。

(3)卡尺两测量面的连线应垂直于被测量表面,不能歪斜应使卡爪逐渐与工件表面靠近,最后达到轻微接触,不得用力加紧工件,以免卡爪变形或磨损,降低测量精度。测量时应先把卡尺的活动量爪张开(或缩小),使量爪能自由地卡进工件外圆或内孔,把零件贴在固定量爪上,然后移动副尺,用轻微的压力使活动量爪接触零件,测量时可以轻轻摇动卡尺以找到正确位置进行测量和读数。

(4)测量外形尺寸时,应当用量爪的平面测量刃进行测量;而对于圆弧形沟槽尺寸,则应当用刀口形量爪进行测量,以减少测量误差,如图 6-12 所示。

(5)用游标卡尺测量零件时,不能过分地施加压力,所用压力应使两个量爪刚好接触零件表面。如果测量压力过大,不但会使量爪弯曲或磨损,且量爪在压力作用下产生弹性变形会使测量尺寸不准确。

(6)在游标卡尺上读数时,应保持卡尺水平并朝着亮光的方向,使人的视线尽可能和卡尺的刻线表面垂直,以免由于视线的歪斜造成读数误差。

(7)为了获得正确的测量结果,可以多测量几次。即在零件的同一截面上的不同方向进行测量。对于较长零件,则应当在全长的各个部位进行测量,以获得一个比较正确的测量结果。

a)外形尺寸的正确测量方式　　b)测量外形尺寸时下量爪的错误位置

c)内孔尺寸的正确测量方式　d)测量内孔时上量爪的准确位置　e)测量内孔时上量爪的错误位置

f)测量沟槽时下量爪的准确位置　　g)测量沟槽时下量爪的错误位置

图 6-12　游标卡尺测量位置示例

6.6.3　深度游标卡尺

深度游标卡尺,如图 6-13 所示,用于测量零件的深度尺寸或台阶高低和槽的深度。它的结构特点是尺框的两个量爪连成一起成为一个带游标测量基座,基座的端面和尺身的端面就是它的两个测量面。测量时,先把测量基座轻轻压在工件的基准上,两个端面必须接触工件的基准面。

测量内孔深度时应把基座的端面紧靠在被测孔的端面上,使尺身与被测孔的中心线平行,伸入尺身,则尺身端面至基座端面之间的距离,就是被测零件的深度尺寸,如图 6-14a

a) 深度游标卡尺　　　　　　　　　　　b) 数显深度游标卡尺

图 6-13　深度游标卡尺

1—测量面;2—基准面;3—紧固螺钉;4—尺框(游标);5—电池盖;6—尺身

所示。测量轴类等台阶时,测量基座的端面一定要压紧在基准面,再移动尺身,直到尺身的端面接触到工件的测量面(台阶面)上,然后用紧固螺钉固定尺框,提起卡尺,读出深度尺寸,如图 6-14b 所示。多台阶小直径的内孔深度测量,要注意尺身的端面是否在要测量的台阶上,如图 6-14c 所示。当基准面是曲线时,如图 6-14d 所示,测量基座的端面必须放在曲线的最高点上,测量出的深度尺寸才是工件的实际尺寸,否则会出现测量误差。

a)　　　　　　　b)　　　　　　　c)　　　　　　　d)

图 6-14　深度游标卡尺的使用方法

6.6.4　高度游标卡尺

高度游标卡尺用于测量零件的高度和精密划线,如图 6-15 所示。测量高度时,量爪测量面的高度,就是被测量零件的高度尺寸,它的具体数值,与游标卡尺一样可在主尺(整数部

a) 高度游标卡尺　　　　　　　b) 数显高度游标卡尺　　　　　　　c) 双柱式高度游标卡尺

图 6-15　高度游标卡尺

分)和游标(小数部分)上读出。它的结构特点是用质量较大的底座代替固定量爪,游标尺通过横臂装有测量高度和划线用的量爪,量爪的测量面上焊有硬质合金,提高量爪使用寿命。当量爪的测量面与基座的底平面位于同一平面时,主尺与游标的零线相互对准,划线时,调好划线高度,用紧固螺钉锁紧后,再进行划线。图 6 - 16 所示的是高度游标尺在划线中的应用。

　　a)划偏心线　　　　　　　　　　b)划箱体　　　　　　　　　c)划拨叉轴

图 6 - 16　高度游标卡尺的应用

6.6.5　千分尺

　　千分尺是比游标卡尺更为精确的量具,其测量准确度为 0.01mm。千分尺按结构及用途分为外径千分尺、内径千分尺、深度千分尺和螺纹千分尺等。最常用的是外径千分尺,按其测量范围有 0~25mm、25~50mm、50~75mm、75~100mm 等多种规格。外径千分尺基本结构如图 6 - 17 所示,其刻线原理和读数方法如下。

　　a)外径千分尺　　　　　　　　　　　　　　b)数显外径千分尺

图 6 - 17　外径千分尺基本结构

　　1. 刻线原理

　　外径千分尺主要由固定套筒和微分筒组成。固定套筒在轴线方向上有一条中线,中线的上、下方各刻一排刻线,刻线每小格为 1mm,上、下两排刻线相互错开 0.5mm;在微分筒左端圆周上有 50 等分的刻度线,测微螺杆的螺距为 0.5mm,当微分筒每转一周,测微螺杆即轴向移动 1 个螺距,故微分筒上每一小格的读数值为 0.5mm/50=0.01mm。

　　2. 读数方法

　　(1)读出距边线最近的轴向刻度线数(应为 0.5mm 的整数倍),图 6 - 18a 所示的是 12mm,图 6 - 18b 所示的是 32.5mm。

（2）读出与轴向刻度中线重合的圆周刻度数乘以 0.01，图 6 - 18a 所示的是 0.04mm，图 6 - 18b 所示的是 0.35mm。

（3）将上述两部分读数加起来，即为总尺寸，图 6 - 18a 所示的是 12.04mm，图 6 - 18b 所示的是 32.85mm。

图 6 - 18　刻线原理和读数方法

3. 注意事项

（1）测量前校对零点，千分尺的砧座与测微螺杆左端表面接触时，微分筒左端的边线与轴向刻度线的零点重合，同时圆周上的零线应与中线对准。若零点未对齐，应根据原始误差修正测量读数。

（2）工件测量表面应当擦干净，并准确放在千分尺的测量面间，不得偏斜。

（3）当测微螺杆快接触工件时，必须使用端部棘轮（严禁使用微分筒，以防用力过大引起测微螺杆或工件变形，致使测量表面不准确），当棘轮发出"嘎嘎"打滑声时，表示压力合适，应停止转动，此时读数。

（4）读数时提防漏读 0.5mm。

6.6.6　螺纹千分尺与螺纹样板

螺纹千分尺主要用于测量普通螺纹的中径，如图 6 - 19 所示螺纹千分尺的结构与外径百分尺相似，所不同的是它有两个成对使用的并可调换的量头，其角度与螺纹牙形角相同。螺纹千分尺的测量头，测量范围与测量螺距的范围如表 6 - 6 所示。

螺纹样板是螺纹标准对类同的螺纹进行测量的标准件，带有确定的螺距及牙形，一般常用公制螺纹角度为 60°，如图 6 - 20 所示。测量螺纹螺距时，将螺纹样板组中齿形钢片作为样板，卡在被测螺纹工件上，如果不密合，就另换一片，直到密合为止，这时该螺纹样板上标记的尺寸即为被测螺纹工件的螺距。

b）量头

a）基本结构

c）测量方法

图 6 - 19　螺纹千分尺

图 6 - 20　螺纹样板

表 6 - 6　普通螺纹中径测量范围

测量范围(mm)	测头数量(副)	螺纹样板测量螺距的范围(mm)
0～25	5	0.4～0.5;0.6～0.8;1～1.25;1.5～2;2.5～3.5
25～50	5	0.6～0.8;1～1.25;1.5～2;2.5～3.5;4～6
50～75 75～100	4	1～1.25;1.5～2;2.5～3.5;4～6
100～125	3	1.5～2;2.5～3.5;4～6

6.6.7　量规

对于大批量的零件要保证配合良好,尺寸必须仅在一个可允许的极限尺寸范围内波动。检查零件尺寸是否符合这个尺寸范围,车间里最常使用的是量规。量规不能指示具体量值,只能根据与被测件的配合间隙、透光程度或者能否通过被测件等来判断被测零件是否合格的测量工具。量规是一种间接的量具,在成批及大量生产中应用广泛。量规的种类众多,有标准的量规,也可以根据工作的需要自行制作,常用量规主要有塞规、卡规、塞尺、半径规等。

塞规是用来检测孔径或槽宽的,塞规有两个测量端,即"通端"和"止端"。通端用来控制孔的最小极限尺寸,止端用来控制孔的最大极限尺寸。测量时,通端能插入孔中,止端不能插入孔中,即表明该孔的实际尺寸在公差范围以内,是合格品,否则就是不合格品,图 6 - 21 所示的是用于配合尺寸 25H7 的塞规,其测量孔的最小尺寸为 25.000mm,最大尺寸为 25.021mm。

卡规是用来检测轴径和厚度的,卡规与塞规相似,也有"通端"和"止端",使用方法与塞规相同,但尺寸上下线规定与塞规相反,图 6 - 22 所示的是用于配合尺寸 30j7 的卡规,其测量轴的最大尺寸为 30.013mm,最小尺寸为 29.992mm。

图 6 - 21　用于配合尺寸 25H7 的塞规　　　　　图 6 - 22　用于配合尺寸 30j7 的卡规

　　塞尺是一组厚度不等的薄钢片,每片上印有厚度标记。塞尺用于检验两贴合面之间的缝隙,测量精度不高,图6-23是塞尺的示意图。

6.6.8　直角尺

　　直角尺用来检查工件表面间的垂直度,它的两个边成90°角,如图6-24所示。将一条边(宽边)与工件的基准面贴合,测量另一条边(窄边)与工件被测平面之间的间隙情况,精度虽不太高,但简单方便。当有间隙时,可根据间隙判断工件的误差情况,也可用塞尺配合测量间隙的大小,从而判断工件的垂直度误差情况。

图6-23　塞尺

图6-24　直角尺

6.6.9　百分表

　　指示式量具是以指针指示出测量结果的量具。工厂常用的指示式量具有百(千)分表、杠杆百(千)表和内径百(千)分表等。百分表是一种精度较高的比较量具,只能测量相对数值、不能测量绝对数值,主要用于校正零件的安装位置,检验零件的形状精度和相互位置精度等。百分表和千分表的结构原理相同,只是千分表的读数精度为0.001mm,而百分表的读数精度为0.01mm,如图6-25所示。

a) 百分表　　　b) 数显千分表

图6-25　百(千)分表

　　使用百分表时,必须注意以下几点:

　　(1)使用前,应检查测量杆活动的灵活性,即轻轻推动测量杆时,测量杆在套筒内的移动要灵活,没有任何轧卡现象,且每次放松后,指针能回到原来的刻度位置。

　　(2)使用百分表或千分表时,必须把它固定在可靠的夹持架上,如图6-26所示,夹持架要安放平稳,免使测量结果不准确或摔坏百分表。用夹持百分表的套筒来固定百分表时,夹紧力不要过大,以免因套筒变形而使测量杆活动不灵活。

　　(3)用百分表或千分表测量零件时,测量杆必须垂直于被测量表面,使测量杆的轴线与被测量尺寸的方向一致,否则将使测量杆活动不灵活或使测量结果不准确。

　　(4)测量时,不要使测量杆的行程超过它的测量范围;不要使测量头突然撞在零件上;不要使百分表和千分表受到剧烈的振动和撞击,亦不要把零件强迫推入测量头下,免得损坏百分表和千分表的机件而失去精度。不能用百分表测量表面粗糙或有显著凹凸不平的零件。

（5）百分表不使用时，应使测量杆处于自由状态，以免表内的弹簧失效。

a）磁性表座   b）万能表架

图 6 - 26 百分表的安装

6.6.10 万能角度尺

万能角度尺是用来测量精密零件内外角度或进行角度划线的角度量具，它包括游标量角器、万能角度尺等。

万能角度尺的结构，如图 6 - 27 所示，主要是由刻有基本角度刻线的主尺和固定在扇形板上的游标组成，其基本原理与游标卡尺相似。

图 6 - 27 万能角度尺

万能角度尺尺座上的刻度线每格 1°。由于游标上刻有 30 格，所占的总角度为 29°，因此，两者每格刻线的度数差是 $(30° - 29°)/30 = 1°/30 = 2'$，即万能角度尺的精度为 $2'$。

万能角度尺的读数方法，和游标卡尺相同，先读出游标零线前的角度是几度，再从游标上读出角度"分"的数值，两者相加就是被测零件的角度数值。

使用万能角度尺可以测量 0°～320° 的任何角度，如图 6 - 28 所示。角尺和直尺全装上时，可测量 0°～50° 的外角；仅装上直尺时，可测量 50°～140° 的外角；仅装上角尺时，可测量 140°～230° 的外角和 130°～220° 的内角；把角尺和直尺全拆下时，可测量 230°～320° 的外角和 40°～130° 的内角。

用万能角度尺测量零件角度时,应使基尺与零件角度的母线方向一致,且零件应与量角尺的两个测量面的全长上接触良好,以免产生测量误差。

α=0°~50°   α=50°~140°

α=140°~230°   α=230°~320°

图 6-28　万能量角尺的应用

6.6.11　量具的维护和保养

正确地使用精密量具是保证产品质量的重要条件之一。要保持量具的精度和它工作的可靠性,要按照合理的使用方法进行操作,也必须做好量具的维护和保养工作。

(1)在机床上测量零件时,要等零件完全停稳后进行,否则不但使量具的测量面过早磨损而失去精度,而且会造成事故。

(2)测量前应把量具的测量面和零件的被测量表面都要擦干净,以免因有脏物存在而影响测量精度。用精密量具如百分尺、百分表等,去测量锻铸件毛坯,或带有研磨剂(如金刚砂等)的表面是错误的,这样易使测量面很快磨损而失去精度。

(3)量具在使用过程中,不要和工具、刀具如锉刀、榔头、车刀和钻头等堆放在一起,免碰伤量具。也不要随便放在机床上,以免因机床振动而使量具掉下来损坏。

(4)量具是测量工具,绝对不能作为其他工具的代用品,更不能把量具当玩具任意挥动或摇转,都是易使量具失去精度的。

(5)不要把精密量具放在热源(如电炉,热交换器等)附近,以免使量具受热变形而失去精度。一般可在室温下进行测量,但必须使工件与量具的温度一致,否则,由于金属材料的热胀冷缩的特性,使测量结果不准确。

(6)不要把精密量具放在磁场附近,例如磨床的磁性工作台上,以免使量具感磁。

(7)发现精密量具有不正常现象时,如量具表面不平、有毛刺、有锈斑以及刻度不准、尺身弯曲变形、活动不灵活等,使用者不应当自行拆修,更不允许自行用榔头敲、锉刀锉、砂布打光等粗糙办法修理,以免反而增大量具误差。发现上述情况,使用者应当主动送计量站检修,并经检定量具精度后再继续使用。

(8)量具使用后,应及时擦干净,除不锈钢量具或有保护镀层者外,金属表面应涂上一层防锈油,放在专用的盒子里,保存在干燥的地方,以免生锈。

(9)精密量具应实行定期检定和保养,长期使用的精密量具,要定期送计量站进行保养和检定精度,以免因量具的示值误差超差而造成产品质量事故。

实习报告

一、判断题

1. 在机械加工中,主运动只有一个,而进给运动则可能是一个或几个。(　　)

2. 公差等级代号数字越大,表示工件的尺寸精度要求越高。(　　)

3. 高速钢刀具具有良好的淬透性、较高的强度、韧性和耐磨性。(　　)

4. 在基本尺寸相同情况下,尺寸公差越小,则尺寸精度越高。(　　)

5. 形状精度是指零件上的线、面要素的实际形状的准确程度。(　　)

6. 零件表面粗糙度 R_a 值愈小,其加工精度愈高。(　　)

7. 游标卡尺是一种中等精度的量具,可直接测量工件的内径、外径、深度等。(　　)

8. 选用的量具的精密度越高,其测量准确度就越高。(　　)

9. 测量基本尺寸为 52mm 的尺寸,应选用 25～50mm 千分尺。(　　)

11. 百分表是一种指示式量仪,主要用来测量工件的尺寸和形状位置误差。(　　)

12. 在机床低速运动时,可用卡尺等量具去测量工件。(　　)

13. 量具应定期送计量部门进行检定。(　　)

14. 温度对测量的结果影响很大,精密测量一定要在20℃左右进行。(　　)

15. 百分表使用感觉不灵活时,用手敲打。(　　)

二、选择题

1. 下列刀具材料中,红硬温度最高的是(　　)。

A. T10A　　　　　　　B. W18Cr4V　　　　　　C. YG6　　　　　　　D. CrWMn

2. 与高速钢刀具的耐热性相比,硬质合金刀具的耐热性(　　)。

A. 较低　　　　　　　B. 较高　　　　　　　C. 相等　　　　　　　D. 不确定

3. YG 类硬质合金刀具主要用于加工(　　)。

A. 陶瓷　　　　　　　B. 铸铁　　　　　　　C. 金刚石　　　　　　　D. 钢

4. 切削用量中,对刀具磨损的影响最小的因素是(　　)。

A、切削速度　　　　　B、进给量　　　　　　C、进给速度　　　　　D、背吃刀量

5. 以下材料中,耐热性最好的是(　　)。

A. 碳素工具钢　　　　B. 合金工具钢　　　　C. 硬质合金　　　　　D. 高速钢

6. 在切削加工中,下列对表面粗糙度没有影响的因素是(　　)。

A. 刀具几何形状　　　B. 切削用量　　　　　C. 工件材料　　　　　D. 检测方法

7. 下图外径千分尺的读数是(　　)。

A. 2.136mm　　　　　B. 2.636mm　　　　　C. 2.164mm　　　　　D. 21.36mm

8. 下图游标卡尺的读数是(   )。

A. 2.94mm   B. 29.4mm

9. 下图是一把(   )。

A. 深度游标卡尺   B. 高度游标卡尺   C. 内径千分尺   D. 壁厚千分尺

10. 用Ⅰ型2′万能角度尺对一角度进行测量,游标上第8根刻度线与基尺上面的20对齐,那这个角度的大小可能是(   )。

A. 20°   B. 12°16′   C. 20°16′

11. 右图百分表的读数是_____。

A. 0.81mm   B. 8.1mm

C. 1.81mm   D. 81mm

12. 1/50mm游标卡尺,当它们的两个零刻线重合时,游标上第50根刻度线与尺身上(   )mm对齐。

A. 49   B. 39   C. 19

13. 发现精密量具有不正常现象时,应(   )。

A. 报废

B. 及时送交计量检修单位检修

C. 继续使用

14. 用量具测量读数时,目光应(   )量具的刻度。

A. 垂直于   B. 倾斜于   C. 平行于   D. 任意

15. 测量内孔尺寸时,应使卡尺量爪间距略小于被测工件尺寸,将量爪沿着孔的中心线放入,使固定量爪与孔边接触,然后使活动量爪在被测工件孔内表面稍微游动一下,找出(   )尺寸。

A. 最大   B. 合适   C. 最小   D. 平均

三、多项选择题

1. 刀具切削部分的材料应具备的基本性能是(   )。

A. 高硬度和耐磨性   B. 足够的硬度和韧性

C. 不易被加工   D. 较高的耐热性

2. 一个零件外圆的尺寸公差等级如下,其中可以用车削作为终加工的是(   )。

A. IT5   B. IT9   C. IT7   D. IT8

3. 有若干已加工孔,其粗糙度 R_a 值分别如下,其中可以用镗削作为终加工的是(   )。

A. $R_a = 0.4\mu m$　　　　B. $R_a = 1.6\mu m$　　　　C. $R_a = 12.5\mu m$　　　　D. $R_a = 6.3\mu m$

4. 在机械加工过程中,工件上形成三个表面是指(　　)。

A. 已加工面　　　　B. 待加工面　　　　C. 过度表面　　　　D. 安装表面

5. 切削用量三要素是指(　　)。

A. 切削速度　　　　B. 主轴转速　　　　C. 进给量　　　　D. 切削深度

6. 零件的加工精度包括(　　)。

A. 表面粗糙度　　　　B. 尺寸精度　　　　C. 形状精度　　　　D. 位置精度

7. 切削速度的选择与下列因素有关的是(　　)。

A. 切削深度　　　　B. 进给量　　　　C. 刀具材料　　　　D. 工件材料

8. 在切削加工中,冷却液的主要作用是(　　)。

A. 冷却　　　　B. 润滑　　　　C. 清洗　　　　D. 防锈

四、简答题

1. 在使用量具前为什么要检查它的零点、零线或基准?

2. 提高零件表面粗糙度的主要措施有哪些?

3. 参考下图,写出游标卡尺的读数方法及结构名称。

4. 简述外径千分尺的读数方法。

五、连线题

1. 试正确连线选择测量下列尺寸的量具。

① 未加工外圆 $\phi 50$　　　　A. 百分尺

② 已加工内孔 $\phi 30 \pm 0.01$　　　　B. 钢板尺

③ 已加工外圆 $\phi 25 \pm 0.2$　　　　C. 游标卡尺

④ 已加工外圆 $\phi 22 \pm 0.01$　　　　D. 百分表

2. 试正确连接下列刀具材料的种类与牌号。

① 碳素工具钢　　　　A. W18Cr4V

② 合金工具钢　　　　B. T10A

③ 高速钢　　　　C. CrWMn

④ 硬质合金　　　　D. YG8

3. 试正确连线下列机床名称与型号。

① 普通车床　　　　A. X52

② 数控车床　　　　B. CK5025

③ 立式铣床　　　　C. CK0630

④ 数控铣床　　　　D. C6136

4. 试正确连线下列机床名称与型号。

① 磨床　　　　A. B6065

② 刨床　　　　B. M1432

③ 镗床　　　　C. Z25

④ 钻床　　　　D. T618

第 7 章　机械加工技术

（1）了解金属切削机床的基本原理和加工精度的概念。

（2）熟悉普通机床的加工范围、基本方法及使用的工夹量刀具。

（3）掌握普通车削加工、刨削加工、铣削加工等基本操作技能。

（4）熟悉常用车刀材料、性能、几何角度组成及其功用。

（5）了解磨床、齿轮加工的基本方法。

（1）开机前，按指定加油孔注油进行机床润滑，检查各手柄位置是否正确，检查机床周围有无障碍物并将刀架调整到合适位置。

（2）工件和刀具必须装夹牢固，否则极易造成事故。工件夹紧后，卡盘、扳手等工具必须取下并放入安全装置内，以免伤人。

（3）工作时，操作者的头、手和身体部位不能离旋转机件太近。

（4）机床开动后，必须精力集中，不许离开机床，不准用手去触摸和测量工件，不准用手拉切屑。若在工作中出现异常情况应立即停车，关闭电源。

（5）变速必须停车，以防损坏机床。

7.1　车削加工

车削是在车床上用车刀对工件进行切削加工的方法，工件的旋转运动为主运动，车刀的移动为进给运动。车削加工是机械加工中最基本、最常用的加工方法，一般车削可达到的尺寸精度为 IT9～IT7，表面粗糙度 R_a 值为 $6.3～1.6\mu m$。

7.1.1　车削加工范围

车削加工最适合于加工各种轴类、套筒类和盘类零件等回转体零件，主要用于加工内外圆柱面、圆锥面、端面、台阶面、钻孔、扩孔、铰孔、滚花、螺纹加工和车成型面等，如图 7-1 所示。

7.1.2　车削加工机床

车床的种类很多，根据其结构和用途的不同，主要有卧式车床、立式车床、转塔车床、多刀车床、仿形车床等，如图 7-2 所示。

卧式车床是使用最广泛的车床。在型号 C6136 中，C 是"车床"汉语拼音的第一个字母（大写）表示车床，61 表示卧式车床，36 表示该车床最大工件回转直径的 1/10，即 360mm。

a）钻中心孔　　　b）钻孔　　　c）铰孔　　　d）攻螺孔

e）车外圆　　　f）镗孔　　　g）车端面　　　h）切槽

f）车成形面　　　j）车锥面　　　k）滚花　　　l）车螺纹

图 7-1　车削的加工范围

a）卧式车床

b）立式车床

c）转塔车床

d）多刀车床　　　　　　　　　　　　　e）仿形车床

图 7-2　常见车床种类

1. 卧式车床的结构

卧式车床主要由床身、主轴箱、进给箱、溜板箱、光杠、丝杠、刀架、尾架等部分组成。

（1）床身由床腿支承并固定在地基上，用于支承和连接车床的各个主要部件，并保证各部件间有正确的相对位置。床身上的导轨，用以引导刀架和尾座相对于主轴作正确移动。

（2）变速箱内有变速齿轮，并通过皮带传动至主轴箱，通过改变变速箱上的变速手柄的位置来改变主轴的转速。变速箱远离主轴输入端可减少由变速箱的振动和发热对主轴产生的影响。

（3）主轴箱用于支承主轴并通过变速齿轮使之做多种速度的旋转运动。主轴是由前后轴承精密支承着的空心结构，以便穿入长棒料并进行安装，主轴端面安装卡盘等附件。

（4）挂轮箱用于将主轴的转动传给进给箱。通过置换箱内的齿轮和其与进给箱之间的配合，可以车削各种不同螺距的螺纹。

（5）进给箱内安装有进给运动的变速齿轮，用以传递进给运动、调整进给量和螺距。进给箱的运动通过光杠或丝杠传给溜板箱，光杠使车刀车出圆柱、圆锥、端面等表面，丝杠使车刀车出螺纹。

（6）溜板箱与床鞍相连，可将光杠传来的旋转运动转化为车刀的纵向或横向移动用以车削表面，通过开合螺母可将丝杠传来的旋转运动转化为车刀的纵向移动用以车削螺纹。溜板箱内设有互锁机构，使光杠和丝杠不能同时使用。

（7）刀架用来装夹车刀并可作纵向、横向和斜向运动，由方刀架、转盘、小滑板、中滑板和大滑板组成，如图 7-3 所示。其中：①方刀架安装在小滑板上，有四个可以装夹车刀的位置，故称方刀架；②小滑板安装在转盘上，转盘可以扳转，从而使小滑板的导轨转过相应的角度，转动小滑板手柄时，就可以使小滑板沿其导轨方向作短距离移动；③转盘用螺栓固定在中滑板上，松开锁紧螺钉，转盘可以在水平面内扳转任意角度；④中滑板安装在大滑板上，可带动车刀沿大滑板上的燕尾导轨作横向移动；⑤大滑板下面有导轨滑槽与床身导轨配合，带动车刀纵向移动。

（8）尾座安装在车床导轨上并可沿导轨移动，可以通过人工调节其位置，转动尾架手轮，可使尾架套筒作伸缩移动。

图 7 - 3　溜板箱和刀架结构示意图

　　除以上主要构件外,车床上还有电机、润滑油和切削液循环系统、各种开关和操作手柄,以及照明灯等附件。

　　2. 车床的传动系统

　　车床的传动系统由主运动传动链和进给运动传动链组成,C6136 传动路线如图 7 - 4 所示。

　　主运动传动链:通过带轮将电动机旋转运动产生的动力传递给主轴,通过卡盘使工件做旋转运动。通过改变车床各个主轴变速手柄的位置,实现主轴转速的有级变速控制,满足车床主轴变速和换向的要求,具体的转速值在机床上有明确的标识。

　　进给运动传动链:由主轴变速箱通过交换齿轮箱传动至进给箱,再由光杠或丝杠传至溜板箱。改变车床进给箱各个变速手柄的位置,可得到不同的转速,由光杠传动时获得不同的纵向或横向进给量,由丝杠传动时获得不同螺距的螺纹。

图 7 - 4　普通卧式车床传动路线示意图

7.1.3　车刀

1. 车刀的种类和结构

　　车刀通常采用高速钢或硬质合金材料制造而成。车刀种类众多,如图 7 - 5 所示。根据工件和被加工表面的不同,合理地选用不同种类的车刀不仅能保证加工质量,提高生产效率,降低生产成本,还能延长刀具使用寿命。

图 7-5 车刀的种类
1—45°外圆车刀;2—90°外圆车刀;3—外螺纹车刀;4—75°外圆车刀;5—成形车刀;
6—左偏刀;7—切槽、切断刀;8—内槽刀;9—内螺纹刀;10—90°镗孔刀;11—75°镗孔刀

　　车刀的结构形式,对车刀的切削性能、切削加工的效率和经济性有着重要的影响。车刀的结构形式通常有焊接式、整体式、机夹式和可转位式车刀等四种,如图 7-6 所示,其特点及用途如表 7-1 所示。

表 7-1 车刀结构类型特点及用途

名　称	特　　点	适用场合
整体式	刀杆和切削部分为同一种材料的车刀。多用高速钢制造,刀头的切削部分角度靠刃磨磨得较锋利。整体式车刀浪费刀材,切削性能亦不理想,主要用于成形加工。	小型车床或加工有色金属。
焊接式	将硬质合金刀片焊接在刀杆上,再经刃磨而成的车刀。焊接式车刀结构简单,节省刀具材料,能方便地刃磨出所需几何角度,使用灵活。	各类车刀特别是小刀具。
机夹式	将硬质合金刀片机械夹固在标准刀杆上的一种车刀,刀杆利用率高,刀片磨损后可方便更换,使用灵活方便,同时避免了焊接式车刀焊接时产生的应力、裂纹等缺陷。	外圆、端面、车孔、切断、螺纹车刀等。
可转位式	机夹可转位车刀的刀杆和刀片均为系列化标准件,切削刃磨钝后刀片可快速转位。刀片是由专用设备制造的,避免了人工磨削时带来的不稳定性和焊接时产生的缺陷,切削性能稳定,显著提高了刀具的耐用度和使用寿命,生产效率和质量均大大提高。	大中型车床加工外圆、端面、车孔,特别适用于自动化生产线、数控机床。

a）整体式

b）焊接式　　　　　　　c）机夹式　　　　　　　d）可转位式

图 7-6　车刀的结构类型

2. 车刀的组成

车刀由刀头和刀体两部分组成,刀体用来将车刀固定在车床刀架上,刀头用于切削。车刀的刀头一般由三个切削表面、两个切削刃和一个刀尖组成,简称"三面两刃一尖",如图 7-7 所示。

前面:刀具上切屑切离工件时所流经的表面,也就是车刀的上面。

主后面:刀具上同前面相交形成主切削刃的后面,切削时与工件过渡表面相对。

副后面:刀具上同前面相交形成副切削刃的后面,切削时与工件已加工表面相对。

主切削刃:前刀面与主后面的交线。切削时起主要切削作用。

副切削刃:前刀面与副后面的交线。切削时起辅助切削作用。

图 7-7　车刀的组成
1—刀体;2—刀头;3—刀尖
Ⅰ—前面;Ⅱ—主切削刃;Ⅲ—主后面;
Ⅳ—副后面;Ⅴ—副切削刃

刀尖:主切削刃和副切削刃的连接处相当少的一部分切削刃。为了增加刀尖的强度,通常磨成一小段过渡圆弧。

车刀一般都由上述几部分构成,但数目不完全相同,例如切断刀就有两个副切削刃和两个刀尖。切削刃可以是直线的,也可以是曲线的,如车成形面的样板刀,其切削刃就可能是曲线的。

3. 车刀的装夹

在加工前必须正确安装车刀,否则会导致产品质量的不合格,且极易发生安全事故。刀具安装在刀架上,刀架最上方的手柄用于松开(逆时针)或锁紧(顺时针)刀架。刀架在加工、装刀和卸刀时必须锁紧,在进行选刀或改变刀具角度时处于松开状态。

安装车刀的注意事项:

(1)车刀刀尖高度与主轴中心线或尾座顶尖的高度一致(图 7-8a),如果刀尖低于轴线

（图 7-8b），刀尖强度减小，容易崩刀；刀尖高于工件轴线（图 7-8c），切削刃强度减弱，刀具寿命下降。

　　（2）一般通过 1~3 垫片来调整刀尖高度，注意垫片在放置时应叠放整齐，如图 7-8d、图 7-8e 所示。

　　（3）调整刀头的伸出长度小于刀杆厚度的 1~1.5 倍，如图 7-8f 所示，保证刀架上至少有两个压紧螺钉压紧刀体，用刀架扳手交替旋转压紧螺钉以压紧刀具。

　　（4）锁紧刀架后，仔细检查刀具是否会与机床的其他附件（特别是主轴和尾座，小滑板与三爪卡盘）发生干涉现象，或超出加工极限位置等现象。

a）刀尖高度合适　　　　　　　b）刀尖高度过低　　　　　　　c）刀尖高度过高

d）垫片不整齐　　　　　　　e）垫片合适　　　　　　　f）车刀伸出长度合适

图 7-8　车刀的装夹

7.1.4　车床夹具及使用

　　车床主要用于加工回转表面，装夹工件时，应使要加工表面回转中心和车床主轴的中心线重合、定位准确、夹紧可靠，保证切削时定位不变和安全，同时考虑装夹方便，以保证加工质量和生产效率。车床上常用的装夹附件有：自定心卡盘、单动卡盘、顶尖、中心架、跟刀架、心轴、花盘等。根据工件的具体要求，选择一种或者几种夹具组合来装夹。

　　1. 卡盘装夹工件

　　（1）自定心卡盘装夹工件

　　三爪自定心卡盘是车床上最基本的夹具，主要是由三个卡爪、三个小锥齿轮、一个大锥齿轮和卡盘体四部分组成，如图 7-9 所示。将方头扳手插入卡盘三个方孔中的任意一个转动时，小锥齿轮带动大锥齿轮转动，它背面的平面螺纹使三个卡爪同时向心或离心移动，从而卡紧或松开工件。自定心卡盘的特点是能自动定心、对中性好、装夹方便，主要用来装夹截面为圆形、正六边形的中小型轴类、盘套类工件。当工件直径较大、用正卡爪不便装夹时，可换用反卡爪进行装夹。

　　自定心卡盘夹紧力不大，一般只适于装夹质量较轻的工件，当工件较重时，宜用单动卡盘或其他专用夹具。工件用自定心卡盘装夹时必须装正夹牢,夹持长度一般不小于 10mm。在车床开动时,工件不能有明显的摇摆、跳动,否则要重新装夹或找正。

图 7-9　三爪卡盘及装夹工件

（2）单动卡盘装夹工件

单动卡盘结构如图 7-10a 所示,它有四个互不相关的卡爪通过 4 个螺杆独立移动,从而夹紧或松开工件,不具备自定心功能。四爪卡盘可用于装夹截面为圆形、方形、椭圆形或其他不规则形状工件,适用范围广,而且夹紧力大。由于其装夹不能自动定心,所以装夹效率较低,装夹时须用划针盘或百分表找正,使工件回转中心与车床主轴中心对齐,如图 7-10b 所示。四爪卡盘也有正爪和反爪,反爪用来装夹尺寸较大的工件。

图 7-10　单动卡盘及装夹工件

2. 顶尖、中心架和跟刀架装夹工件

对于加工细长轴的工件,由于零件本身的刚性不足,在刀具切削力的作用下会使零件发生变形,因此在加工时需用顶尖、中心架或跟刀架等作辅助支撑以保证同轴度。三种附件可根据情况单独使用或组合使用。

（1）顶尖装夹

加工较长的或细长的零件常采用顶尖来装夹工件,装夹的方式主要有一夹一顶（左端用三爪卡盘装夹,右端用顶尖支撑）或两顶尖（左右两端均用顶尖支撑）,如图 7-11 所示。

顶尖有多种形式,常用的有活顶尖和固定顶尖,如图 7-12 所示。固定顶尖的定位精度高,但它不跟随工件一起旋转,适合低速加工,如图 7-12a;为降低固定顶尖的磨损量,固定

a）一夹一顶装夹方式   b）两顶尖装夹方式

图 7-11 用顶尖装夹

顶尖的头部镶嵌硬质合金等材料,如图 7-12b;当工件轴端直径很小不便钻中心孔时,可将工件轴端车成 60°圆锥,顶在反顶尖的中心孔中,如图 7-12c 所示;活动顶尖可跟随工件一起旋转,适合高速加工,其结构较固定顶尖复杂,定位精度较低,如图 7-12d 所示。

a）固定顶尖

b）硬质合金顶尖

c）反顶尖

d）活顶尖

图 7-12 顶尖

利用顶尖装夹工件前,一般先要在工件的端面,使用中心钻钻出中心孔,如图 7-13 所示。

(2)中心架与跟刀架装夹工件

对于重量更重、长径比更大或用两顶尖加工仍然不能保证加工质量的零件,就应选择用中心架或跟刀架作为辅助支撑,以提高加工刚度,消除加工时的振动和工件的弯曲变形。

中心架适合于加工细长台阶轴、需要调头加工的细长轴、对细长轴端面进行钻孔或镗孔和零件直径不能通过主轴锥孔的大直径长轴车端面等零件,如图 7-14 所示。

A型   B型

图 7-13 中心孔

a）普通中心架结构　　　　　b）滚动轴承中心架　　　　　c）普通中心架实物图

d）中心架和过渡套配合使用支撑工件　　　　　e）卡箍（鸡心夹头）

图 7 - 14　中心架及其使用

　　跟刀架适合精车或半精车不宜调头加工的细长光轴类零件，如丝杆或光杆等。跟刀架有二爪和三爪两种形式，如图 7 - 15 所示。由于三爪的支撑位置比二爪多限制了零件的一个自由度，因此其加工过程更加平稳，不易产生振动。

a）二爪跟刀架　　　　　　　　　b）二爪跟刀架实物图

c）三爪跟刀架　　　　　　　　　d）跟刀架的使用

图 7 - 15　跟刀架及其使用

使用中心架和跟刀架时，被支撑处要经常加油润滑，工件转速不能高，以防工件和支撑爪之间摩擦过热损坏工件。

3. 心轴装夹工件

对于盘套类零件的外圆和端面，对内孔的形位精度要求较高（如同轴度、垂直度和平行度要求），若相关表面无法在自定心卡盘的一次装夹中与孔同时精加工，这时可利用已精加工过的孔把工件装在心轴上，再把心轴安装在前后顶尖之间来加工外圆和端面。心轴的种类很多，常用的有锥度心轴、圆柱心轴和胀力心轴。

(1) 当工件长度小于孔径时，应采用带螺母压紧的圆柱心轴，如图 7-16a 所示。工件左端紧靠心轴的台阶，由螺母及垫圈将工件压紧在心轴上。减少孔与心轴之间的配合间隙可提高加工精度。圆柱心轴可一次装夹多个工件，实现多件加工。

(2) 当工件长度大于其孔径时，可采用稍带有锥度（1:1000~1:5000）的心轴，工件压入后靠摩擦力与心轴固紧。这种心轴装卸方便，对中准确，但不能承受较大的切削力，多用于精加工盘套类零件，如图 7-16b 所示。

(3) 胀力心轴是一种通过调整锥形螺杆使心轴一端作微量的径向扩张，将零件孔胀紧的一种快速装拆夹具，适合加工中小型零件，如图 7-16c 所示。

a) 圆柱心轴　　　　　　　　b) 锥度心轴

c) 胀力心轴

图 7-16　心轴种类

4. 花盘装夹工件

花盘是安装在车床主轴上的一个大直径铸铁圆盘，端面上有许多长槽用于穿入压紧螺栓，花盘端面平整并与其轴线垂直，如图 7-17 所示。花盘适合装夹待加工平面与装夹面平行、待加工孔的轴线与装夹面垂直或平行的工件，以及不能用于自定心卡盘和单动卡盘的装夹或形状不规则的大型工件等。

采用花盘、弯板装夹工件时，需要仔细找正，为减少质心偏移引起的振动，应加配重块。

a）花盘实物图

b）用花盘直接装夹零件

c）用花盘和角铁装夹零件

图 7 - 17　花盘

7.1.5　车床操作要点

1. 主轴变速操作

主轴转速的调整是靠变换床头箱上变速手柄的位置来实现的,根据实际的加工需要选择近似的转速,根据转速与手柄位置的对应关系,扳动手柄位置。操作时注意:①必须停车变速;②手柄要扳到位;③手柄难以扳到位时,可边用手转动主轴边扳动手柄,直到手柄扳动到位。

2. 进给箱手柄的操作

进给箱内的齿轮变速机构可改变光杠或丝杠的转速,根据实际的加工需要选择近似的进给量,根据进给量与手柄位置的对应关系,扳动手柄位置。手柄的操作应在低速或停车的状态下进行,其他与主轴变速手柄操作要求类似。

3. 溜板箱手柄的操作

溜板箱上有纵向、横向自动进给手柄、开合螺母手柄和大拖板移动手轮。

合上纵向自动进给手柄,可接通光杠的运动。在光杠带动下,可使车刀沿纵向(平行于导轨方向)往左或往右自动走刀。合上横向自动走刀手柄,可使车刀沿横向(垂直于导轨方向)自动向前或向后走刀。走刀方向由光杠的转动方向决定。

扳动手柄闭合开合螺母,车刀就在丝杠带动下,进行螺纹车削运动。开合螺母手柄与自动走刀手柄是互锁的,两者不能同时闭合。

4. 刻度盘和刻度盘手柄的操作

车削工件时,切削深度是由中滑板和小滑板上的刻度盘所控制,必须要准确、熟练地掌握其操作。

中滑板刻度盘安装在横向进给丝杠轴的端部,当刻度盘转一周,中滑板移动一个螺距,刻度盘每转一格中滑板移动的距离等于丝杠螺距与刻度盘格数之比。C6136 车床的横向进给丝杠的螺距为 4mm,刻度盘一周的格数为 200 格,即刻度盘转 1 格,中滑板带着车刀移动 0.02mm,工件半径方向上切下的厚度为 0.02mm,其工件直径减小 0.04mm。

小滑板刻度盘每格对应的车刀移动量与中滑板的相同,与中滑板不同的是,小滑板手柄转过的刻度值,即为轴向实际改变的尺寸大小。C6136 车床的横向进给丝杠的螺距为 4mm,刻度盘一周的格数为 200 格,即刻度盘转 1 格,小滑板带着车刀移动 0.02mm,工件轴向上切下 0.02mm。

溜板箱手轮上的刻度盘表示溜板箱移动的距离。摇动溜板箱手轮可使溜板箱纵向移动,通常刻度每转过一小格,溜板箱移动 0.02mm。

使用刻度盘控制切削深度时应注意:由于丝杠和螺母之间存在间隙,因此会产生空行程。使用时,必须准确地把刻度盘转到所需要的位置上,若不慎多转了几格,必须向相反方向退回半周左右,消除丝杠螺母间隙,再转到所需要的位置,如图 7-18 所示。

a)要求手柄转至 30,　　　　b)错误:直接退至 30　　　　c)正确:反转约大半圈后,
但摇过头成 40　　　　　　　　　　　　　　　　　再调至所需位置 30

图 7-18　手柄摇过头后的纠正方法

5. 车削用量的选择

工件的加工余量需要经过几次进给才能切除,为了提高生产率,保证加工质量,常将车削分为粗车、半精车和精车等不同的加工阶段,根据不同的加工要求合理选择切削用量,要保证与车床的强度、刚度和功率相适应。粗车和精车的加工特点及切削用量的选择,如表 7-2 所示。

表 7-2　粗车和精车的加工特点及切削用量的选择

	粗　车	精　车
目的	尽快去除大部分加工余量,使之接近最终的形状和尺寸,提高生产率。	切去粗车后的精车余量,保证零件的加工精度和表面粗糙度。
加工质量	尺寸精度低,IT14～IT11;表面粗糙度值偏大,$R_a = 12.5 \sim 6.3 \mu m$。	尺寸精度较高,IT8～IT6;表面粗糙度值较小,$R_a = 3.2 \sim 1.6 \mu m$。
背吃刀量	较大,1～3mm。	较小,0.3～0.5mm。
进给量	较大,0.3～1.5mm/r。	较小,0.1～0.3mm/r。
切削速度	中等或偏低的速度。	一般取高速。
刀具要求	切削部分有较高的强度。	切削刃锋利、光洁。

6. 车削加工基本步骤

（1）调整车床。根据零件的加工要求和选定的切削用量，调整主轴转速和进给量。车床的调整或变速必须在停车时进行。

（2）选择和装夹车刀。根据工件的加工表面和材料的具体情况，选择合适的车刀并正确地装夹到刀架上。

（3）装夹工件。根据零件类型合理地选择工件的装夹方法，稳固夹紧工件。

（4）开车对刀与退刀。开启车床后，使刀尖慢慢接近工件并轻划到工件表面，作为调整切削深度的起点，完成后沿进给反方向直接退出车刀或记住刻度数移出车刀，停车。

（5）进刀与走刀。根据零件的加工要求，合理确定切削深度进刀，并尽可能使用自动走刀方式进行进给切削。

重复上述部分步骤，直至达到零件图纸的车削加工技术要求。

由于刻度盘和横向进给丝杠都有误差，往往不能满足较高进刀精度的要求。为了准确定出切削深度，保证工件加工的尺寸精度，单靠刻度盘进刀是不行的，一般采用试切法，如图 7 - 19 所示。

a）开车对刀，使车刀和
工件表面轻微接触

b）向右退出

c）按要求横向进给 a_{p1}

d）试切 1~3mm

e）向右退出，
停车，测量

f）调整背吃刀量到 a_{p2} 后，
自动进给车外圆

图 7 - 19　车外圆试切方法与步骤

7.1.6　各种表面的车削加工

1. 端面车削方法

端面车削即对工件端面进行车削的方法。车削加工时，一般首先车削端面，将其作为轴向定位和测量的基准。根据刀具的类型和加工零件的情况，通常使用 45°、75°、90°车刀等，主要的车削方法如图 7 - 20 所示。

2. 外圆车削和台阶车削方法

外圆车削是将工件车削成圆柱形表面的方法。常用的外圆车削方法及刀具，如表 7 - 3 所示。

图 7 - 20　常用端面车削方法

表 7 - 3　常用的外圆车削方法及刀具

名称	45°弯头车刀	60°~75°外圆车刀	90°偏刀
图示	45°	60°~75°	90°
主偏角	$\kappa_r = 45°$	$\kappa_r = 60°~75°$	$\kappa_r = 90°$
特点	切削时背向力 F_p 较大,车削细长工件时,工件容易被顶弯而引起振动。	刀尖强度较高,散热条件较好、主偏角 κ_r 的增大使切削时背向力 F 得以减小。	主偏角很大,切削时背向力 F_p 较小,不易引起工作的弯曲和振动,但刀尖强度较低,散热条件差,容易磨损。
用途	多用途车刀,可以车外圆、平面和倒角、常用来车削刚性较好的工件。	车削刚性稍差的工件,主要适用于粗、精车外圆。	车外圆、端面和台阶。

　　台阶车削实际上是外圆车削与端面车削的组合,车削台阶时需要兼顾外圆的尺寸和台阶长度要求。车削高度小于 5mm 的低台阶,可选用 90°偏刀在车外圆时直接车出;车削高度大于 5mm 的高台阶,一般选用 93°偏刀分层纵向切削,在外圆直径车到位后,用车刀沿横向由内到外将台阶面精车一次,如图 7 - 21 所示。

　　3. 车槽与切断

　　车槽即用车削的方法加工工件的沟槽。根据沟槽在工件的位置不同可分为车外槽、车内槽和车端面槽等,如图 7 - 22 所示。根据槽宽的不同采用不同的车削方法,车窄槽(槽宽≤5mm)可以采用刀头宽度等于槽宽的车槽刀一次车削完成,即直进法车削;车宽槽(槽宽>5mm)一般先分段、多次直进法粗车,再根据槽深和槽宽的要求精车,如图 7 - 23 所示。

a）偏刀主切削刃和工件轴线　　　　　　b）在末次纵向进给后，车刀
约成95°，分多次纵向进　　　　　　　横向退出，车平台阶端面
给车削

图 7 - 21　高台阶的车削方法

a）车外槽　　　　　　b）车内槽　　　　　　c）车端面槽

图 7 - 22　车槽的种类

a）车窄槽　　　　　　　　　　b）车宽槽

图 7 - 23　车槽的方法

　　切断即在车床上将多余的工件材料分离的方法，如图 7 - 24 所示。切断时，切断部位要尽可能地接近卡盘，以避免产生较大的振动；选择合适的刀宽，过窄易折断，过宽增大材料损耗；切断实心工件（如图 7 - 24a 所示）时主切削刃必须严格对准工件的回转中心，切断空心工件（如图 7 - 24b 所示）时主切削刃应稍低于工件的回转中心。

　　4. 孔加工

　　车孔即用车削方法扩大工件的孔或加工空心工件的内表面。在车床上使用一次装夹完成孔的加工，可有效地保证工件内孔与外圆的同轴度、孔的轴线与端面的垂直度，主要

适用于加工中小型轴类、盘套类零件中心位置的孔。在车床上加工孔的方法主要有钻孔、扩孔、铰孔和镗孔，一般钻孔、扩孔用于粗加工，铰孔用于精加工，镗孔用于半精加工与精加工。

a) 切断实心工件   b) 切断空心工件

图 7-24　工件的切断

(1)钻孔、扩孔与铰孔

钻孔即用钻头在实体材料上加工出孔的操作。在车床上钻孔的基本操作,如图 7-25a 所示:工件装夹在卡盘上,钻头安装在尾架套筒锥孔内;钻孔前先车平端面,用中心钻钻中心孔作为引导;钻孔时摇动尾架手轮使钻头缓慢进给,钻削一段距离后,需要钻头退出一小段距离进行排屑,如此反复,直到钻削完成,必要时应加冷却液。钻孔的精度一般为 IT13~ IT11,表面粗糙度 R_a 可达 $12.5\mu m$。

扩孔即用扩孔钻将孔再扩大到规定尺寸的加工方法(如图 7-25b 所示)。扩孔的精度一般为 IT10~IT9,表面粗糙度 R_a 可达 $3.2\mu m$。

铰孔即用机用铰刀在扩孔后或半精加工后加工孔的方法(如图 7-25c 所示)。铰孔的精度一般为 IT8~IT7,表面粗糙度 R_a 可达 $1.6\mu m$。

a) 钻孔的基本操作

b) 扩孔   c) 铰孔

图 7-25　在车床上钻孔、扩孔、铰孔

（2）镗孔

镗孔是指用镗孔刀对锻出、铸出或钻出的孔进一步加工的方法。镗孔可以加工通孔、盲孔、台阶孔等。镗孔可扩大孔径，提高精度，减小表面粗糙度，还可以较好地纠正原来孔轴线的偏斜。镗孔的精度一般可达 IT8～IT7，表面粗糙度 R_a 值为 $3.2～1.6\mu m$，图 7-26 为镗孔示意图。

a）镗通孔　　　　　　　b）镗台阶孔　　　　　　　c）镗盲孔

图 7-26　镗孔

5. 锥面车削

锥面车削是指将工件车成锥体的方法。常用方法有四种：宽刀法、小刀架转位法、靠模法和尾架偏移法（如图 7-27 所示）。

（1）宽刀法

宽刀法车锥面是指利用主切削刃横向进给直接车出圆锥面的方法，如图 7-27a 所示。切削刃的长度略大于圆锥母线的长度并且切削刃与工件中心线成半锥角，这种加工方法操作简单，加工效率高，适合批量生产中、短长度的内、外锥面。

（2）小刀架转位法

小刀架转位法车锥面是转动小滑板（松开固定小滑板的螺母，使小滑板随转盘转动半锥角，然后紧固螺母）车圆锥体的方法，如图 7-27b 所示。车削时，转动小滑板手柄，使刀沿锥面母线移动，即可加工所需锥面。这种方法操作简单，不受锥度大小的限制，但由于受到小滑板行程的限制而不能加工较长的圆锥，主要用于单件、小批量生产中加工较短的锥面。

（3）靠模法

靠模法车锥面是利用靠模装置控制车刀进给方向，进而车出所需锥面的方法，如图 7-27c 所示。靠模法主要用于生产圆锥角度小、精度要求高、尺寸相同和数量较多的圆锥体。

（4）尾架偏移法

尾架偏移法车锥面是将工件装夹在前、后顶尖上，将尾架横向移动一个距离 A，使工件轴线与主轴轴线夹角等于半锥角（$\alpha/2$），进而车出所需锥面的方法，如图 7-27d 所示。尾架偏移法量 $A=L\sin\alpha$。与前三者不同的是，尾架偏移法是通过改变工件的角度来获取锥面的。主要适用于车削较长且锥度较小的外锥体零件。

6. 螺纹车削

螺纹车削是指将工件表面车削成螺纹的方法。螺纹种类众多，按用途分为连接螺纹、紧固螺纹和传动螺纹等；按牙型可分为三角形、梯形和锯齿形螺纹等；按照标准不同分为普通（标准螺纹）和非标准螺纹。普通螺纹具有较高的通用性和互换性，普通螺纹的名称和要素如图 7-28 所示。

a）宽刀法车锥面   b）小刀架转位法车锥面

c）靠模法车锥面   d）尾架偏移法车锥面

图 7 - 27　锥面的车削方法

a）螺纹名称

b）螺纹要素

图 7 - 28　普通螺纹名称符号及要素

　　根据螺纹车削要求选择螺纹车刀(车刀的刀尖角等于螺纹牙型角)并准确安装到刀架上(刀尖角的角平分线与工件的轴线相垂直),根据工件的螺距 P,查机床上的标牌,调整进给箱上手柄位置。车螺纹时,必须用丝杠带动刀架进给,对于单头螺纹,工件每转一周,刀具移动的距离等于工件螺距。图 7-29 所示的是螺纹车削的操作过程。

a)开车,使车刀与工件轻微接触,记下刻度盘读数,向右退出车刀

b)合上对开螺母,在工件表面上车出一条螺旋,横向退出车刀,停车

c)开反车使车刀退到工件右端,停车,用钢尺检查螺距是否正确

d)利用刻度盘调整切深,开车切削

e)车刀将至行程终了时,应做好退刀停车准备,先快速退出车刀,然后停车,开反车退回刀架

f)再次横向进切深,继续切削,其切削过程的路线如图所示

图 7-29　螺纹车削的操作过程

7. 滚花

　　用滚花刀将工件表面滚压出花纹的方法称为滚花,如图 7-30 所示。工件经过滚花之后,可增加美感,便于把持,常用于各种工具和机器零件的手握部分,如外径千分尺的套管,铰杠扳手以及螺纹量规等。

图 7-30　滚花加工

　　滚花是用滚花刀来挤压工件,使其表面产生塑性变形而形成花纹的,滚花花纹主要有直纹、斜纹和网纹三种,如图 7-31 所示。由于滚花时径向挤压力很大,加工时工件的转速要低,充分供给切削液,以免损坏滚花刀。

a)直纹

b)斜纹

c)网纹

图 7-31　滚花花纹种类

8. 成形面车削

表面轴向剖面呈现曲线形特征的零件称为成形面。成形面车削就是在车床上完成这种曲面的回转体零件的加工。车削成形面的方法有双手控制法、成形车刀法、靠模法等，如图7-32所示。

双手控制法车成形面即双手同时摇动小滑板手柄和中滑板手柄，并通过双手协调的动作，使刀尖走过的轨迹与所要求的成形面曲线相仿的加工方法。这种操作技术灵活、方便，不需要其他辅助工具，但需要较高的技术水平。

成形车刀法就是用切削刃形状与工件表面一致的车刀进行成形面加工的方法。这种方法生产效率高，但刀具刃磨较困难，适用于形状简单的成形面。

靠模法车成形面与靠模法车锥面原理类似，这种方法操作简单，生产率较高，但需制造专用靠模，故只用于大批量生产中车削长度较大、形状较为简单的成形面。

a）双手控制法   b）成形车刀法   c）靠模法

图7-32　成形面车削方法

7.1.7　车削加工实习作业件

图7-33所示的是一个车工实习零件——鸭嘴小锤锤柄，该零件的材料为45钢，长度为200mm，最大直径为14mm，选用215mm×ϕ16mm的圆钢毛坯。该工件属于细长轴类零件，因此须利用顶尖装夹。零件的精度和表面粗糙度要求均不高，可用车削独立完成此件。其车削工艺见表7-3。

表7-3　锤柄加工工艺

序号	工 序 内 容	工具、刀具
1	将工件伸出卡爪215mm并夹紧，在距端面201mm处切断。	切刀
2	将工件伸出卡爪30mm并夹紧，将端面车平。	90°外圆刀
3	以车平端面为基准划线长18mm，并将其车至$\phi11.6\pm0.1$mm。	90°外圆刀
4	按图切出退刀槽$4\times\phi9^{+0.5}_{0}$。	切刀
5	调头将工件伸出约30mm，加工另一端面并保证总长200 ± 0.2mm。	90°外圆刀
6	打A4中心孔。	A4中心钻

（续表）

序号	工 序 内 容	工具、刀具
7	将工件夹紧在 $\phi11.6\pm0.1$ mm 处且伸出约 10mm,同时将工件的另一头用尾架顶尖顶上,调整尾架套筒伸出长度约 70mm,锁紧尾架,顶住工件,锁紧套筒。	活动顶尖
8	以 18mm 长端面为基准划出 30mm 长度线。	尖头刀
9	车 $\phi14\pm0.1$ mm 至尺寸到划线处。	尖头刀
10	以 18mm 为基准划 70mm,车至 $\phi40$ mm 长。	尖头刀
11	按图加工出两锥面(前端逆转 3°,后端顺转 2°)。注意:车锥面必须用手动小拖板,不能用自动进给。	尖头刀
12	将 $\phi14\pm0.1$ mm 外圆滚花。	滚花刀
13	在靠顶尖处倒圆角 $SR7$。	尖头刀
14	检验各部尺寸。	游标卡尺
15	加工 M12 螺纹。	M12 板牙

图 7-33　鸭嘴小锤锤柄

7.2　铣 削 加 工

　　铣削是在铣床上用铣刀对工件进行切削加工的方法。铣削加工时,由铣床主轴带动铣刀旋转对工件进行切削。铣刀的旋转运动为主运动,工作台带动工件做直线或曲线运动为进给运动。铣削加工是多刃切削,生产效率较高,刀具损耗较慢,能缩短加工时间;铣刀周期性的切入切出,由于切削厚度不断变化,使切削力不断变化,故易产生冲击和振动。铣削的加工精度一般可达 IT9~IT7 级,表面粗糙度 R_a 值可达 6.3~1.6μm。

7.2.1　铣削的加工范围

　　铣削利用各种铣刀和铣床,可用来加工各种平面、沟槽和成型面等,常见的铣削加工如图 7-34 所示。

a）圆柱铣刀铣平面　　　　　b）套式面铣刀铣台阶面　　　　c）三面刃铣刀铣直角槽

d）面铣刀铣平面　　　　　　e）立铣刀铣凹平面　　　　　　f）锯片铣刀切断

g）凸半圆弧铣刀铣凹圆弧面　h）凹半圆弧铣刀铣凸圆弧面　i）齿轮铣刀铣齿轮

j）角度铣刀铣V形槽　　　　　k）燕尾槽铣刀铣燕尾槽　　　　l）T形槽铣刀铣T形槽

m）键槽铣刀铣键槽　　　　n）半圆键槽铣刀铣半圆键槽　　o）角度铣刀铣螺旋槽

图 7 - 34　铣削加工举例

7.2.2　铣床

　　铣床的种类众多,为不同零件的加工提供了各种可靠的加工方法,主要有卧式铣床、立式铣床、工具铣床、龙门铣床、仿形铣床等,如图 7 - 35 所示。

a）卧式铣床

b）立式铣床

c）工具铣床

d）龙门铣床

e）万能回转头铣头

f）仿形铣床

图 7-35　常用铣床

　　1. 卧式铣床

　　卧式铣床(如图 7 - 35a 所示)的特点是主轴轴线与工作台平面平行,呈水平位置。工作台可沿纵、横、垂直三个方向移动,万能卧式铣床可在水平面内转动一定的角度,以适应铣削工件的需要。X6132 型万能卧式铣床的型号中,X 为铣床类代号,61 为卧式万能升降台铣床组系代号,32 为主参数工作台面宽度的 1/10,即工作台面宽为 320mm。

　　2. 立式铣床

　　立式铣床(如图 7 - 35b 所示)与卧式铣床的主要区别是立式铣床的主轴与工作台面相垂直。立式铣床可用面铣刀高速切削,生产效率高,应用广泛。X5032 型万能卧式铣床的型号中,X 为铣床类代号,50 为立式升降台铣床组系代号,32 为主参数工作台面宽度的 1/10,即工作台面宽为 320mm。

7.2.3　铣刀及其安装

　　1. 铣刀

　　铣刀即为具有圆柱体外形,并在圆周及底部带有切削刃,使其进行旋转运动来切削加工工件的切削刀具。铣刀种类很多,根据装夹方式方法的不同,可分为带孔铣刀和带柄铣刀两大类:采用孔装夹的铣刀称为带孔铣刀,一般多用于卧式铣床;采用柄部装夹的铣刀称为带柄铣刀,有锥柄和直柄两种形式,一般多用于立式铣床。常用铣刀的类型及其适用范围如表 7 - 5 所示。

表 7 - 5　常用铣刀的类型及其适用范围

铣刀类型及其说明	适用类型
圆柱形铣刀　　套式端铣刀　　硬质合金刀片　　可转位端铣刀 　　铣削平面主要有圆柱形铣刀和端铣刀。圆柱形铣刀主要分为粗齿和细齿两种,用于粗铣和半精铣平面;端铣刀有整体式、镶嵌式和机械夹紧式三种。	铣削平面
立铣刀　　三面刃铣刀　　键槽铣刀　　　　锯片铣刀 　　立铣刀的用途较为广泛,可以用来铣削各种形状的沟槽和孔、台阶平面和侧面、各种盘形凸轮与圆柱凸轮、内外曲面;三面刃铣刀分直齿、错齿,结构上又分为整体式、焊接式和镶齿式等几种,用于铣削各种槽、台阶平面、工件的侧面及凸台平面;键槽铣刀主要用于铣削键槽;锯片铣刀用于铣削各种窄槽,以及对板料或型材的切断。	铣削直角沟槽

（续表）

铣刀类型及其说明	适用类型
T形槽铣刀　　　燕尾槽铣刀　　　单角铣刀　　　双角铣刀 　　铣削特形沟槽用铣刀主要有 T 形槽铣刀、燕尾槽铣刀和角度铣刀,角度铣刀又分为单角铣刀、对称双角铣刀和不对称双角铣刀三种。	铣削特形沟槽
凸半圆铣刀　　　凹半圆铣刀　　　齿轮铣刀　　　专用特形面铣刀	铣削特形面

2. 铣刀的装夹

在卧式铣床上多使用刀杆安装刀具,如图 7 - 36 所示。刀杆的一端为锥体,装入机床主轴前端的锥孔中,并用拉杆螺钉穿过机床主轴将刀杆拉紧。主轴的动力通过锥面和端面键来带动刀杆旋转。铣刀尽量装在刀杆上靠近主轴的前端,以减少刀杆的变形。

图 7 - 36　带孔铣刀的装夹

在立式铣床上多使用刀柄安装刀具,如图 7 - 37 所示,可分为锥柄和直柄。对于直径为 12~50mm 的锥柄铣刀,根据铣刀锥柄尺寸,选择合适的过渡套筒,将各配合面擦净,装入机床主轴孔中,用拉杆拉紧,如图 7 - 37a 所示。对于直径为 3~20mm 的直柄立铣刀,可用弹簧夹头装夹。铣刀的直柄插入弹簧套内,旋紧螺母,压紧弹簧套的端面,使弹簧套的外锥面受压,缩小孔径,从而夹紧直柄铣刀,如图 7 - 37b 所示。

7.2.4　铣床附件及装夹方法

1. 铣床附件

在铣床上使用的附件较多,其主要作用是:减少划线和夹紧工件的辅助时间;便于装夹各种类型的零件,提高铣削效率;便于一次安装加工各种类型的零件,提高加工精度,减轻劳动强度,扩大铣床的使用范围。

　　铣床的主要附件包括用于安装工作的机用平口钳、回转工作台、分度头和用于安装刀具的万能铣头等,如图 7 - 38 所示。

拉杆
变锥套
夹头体
螺母
弹簧套

a)　　　　　　　　　b)

图 7 - 37　带柄铣刀的安装

a) 机用平口钳　　　　　　　　　　　　b) 回转工作台

c) 万能分度头(带卡盘)　　　　　　　　d) 万能角度铣头

图 7 - 38　常用铣床附件

2. 装夹方法

(1)平口钳

平口钳是机床上的通用夹具,适用于尺寸较小和形状简单的支架、盘套、板块、轴类零件。它有固定钳口和活动钳口,通过丝杠、螺母传动调整钳口间距离,以安装不同宽度的零件,如图 7-39a 所示。铣削时,应当使铣削力方向朝向固定钳口方向,如图 7-39b 所示。

图 7-39　用平口钳装夹工件

(2)压板螺栓

对于尺寸较大或形状特殊的零件,可以用压板、螺栓、垫铁和挡铁等装夹工具将零件固定在工作台上。根据零件形状和位置的不同,选择合适的装夹方法,如图 7-40 所示。

a)用压板螺钉和挡铁安装零件　　　　b)在工作台侧面用压板螺钉安装零件

c)用V形铁安装轴类零件　　　　d)用角铁和C形夹安装零件

图 7-40　用压板螺栓装夹工件

(3)回转工作台

回转工作台是利用转台进行圆弧面和圆弧槽等铣削工作,如图 7-41 所示,有手动和机动两种结构形式。将工件放在转台上面,利用转台中间的圆孔定位后,使用 T 形螺栓、螺母和压板将工件夹紧进行铣削。一般用于较大零件的分度工作和非整圆弧面的加工,分度时,在回转工作台上配上三爪自定心卡盘,可以铣削四方、六方等零件。

图 7 - 41　回转工作台

（4）分度头

分度头主要用来安装需要进行分度的零件（每铣过一个面或一个槽之后，转过一个角度，再铣削下一个面或下一个槽等的加工），利用分度头可铣削多边形、齿轮、花键、刻线、螺旋面及球面等。分度头的种类很多，有简单分度头、万能分度头、光学分度头、自动分度头等，其中用得最多的是万能分度头。分度头主要作用是：①能对工件在水平、垂直和倾斜位置进行分度，分别如图 7 - 42a、图 7 - 42b、图 7 - 42c 所示；②铣削螺旋槽或凸轮时，能配合工作台的移动使工件连续旋转，图 7 - 42d 所示为利用分度头铣削螺旋槽（图中 ω 为螺旋角）。

图 7 - 42　用分度头的装夹工件

（5）万能铣头

为了扩大卧式铣床的工作范围，可在其上安装一个万能立铣头，如图 7 - 43 所示。铣头的主轴可以在相互垂直的两个平面内旋转，不仅能完成立铣和卧铣的工作，还可以在工件的一次装夹中，进行任意角度的铣削。

（6）专用夹具

专用夹具是根据某一零件的某一工序的具体加工要求而专门设计和制造的夹具。专用夹具一般有专门的定位和夹紧装置，零件无须进行找正即可迅速、准确地安装，既提高了生产率，又可保证加工精度。但设计和制造专用夹具的费用较高，故其主要用于成批和大量的生产。

图 7 - 43　万能铣头的装夹

7.2.5　铣削方式

铣削方式对铣刀的耐用度、工件表面质量、铣削平稳性和生产效率都有很大的影响。铣削时应根据它们的各自特点、采用合适的铣削方式。

1. 端铣与周铣

用圆柱铣刀的圆周上的切削刃进行铣削称为周铣,如图 7 - 44a 所示;用端铣刀的端面上的切削刃进行铣削称为端铣,如图 7 - 44b 所示。端铣的加工质量好,周铣的应用范围广,周铣和端铣的比较如表 7 - 6 所示。

a）周铣　　　　　　　　　　　b）端铣

图 7 - 44　周铣和端铣

表 7 - 6　周铣和端铣的比较

比 较 内 容	周 铣	端 铣
修光刃/工件表面质量	无/一般	有/好
刀杆刚度/切削振动	小/大	大/小
同时参加切削的刀齿/切削平稳性	少/差	多/好
易否镶嵌硬质合金刀片/刀具耐用度	难/低	易/高
生产率/加工范围	低/广	高/较小

2. 顺铣和逆铣

用圆柱铣刀铣削时,根据铣刀的旋转方向和切削进给方向之间的关系,可分为顺铣和逆铣两种,如图 7 - 45 所示。当铣刀的旋转方向和工件进给方向相同时称为顺铣,相反称为逆铣。顺铣和逆铣的比较如表 7 - 7 所示。

图 7-45 顺铣和逆铣

表 7-7 顺铣和逆铣的比较

比 较 内 容	顺 铣	逆 铣
切削过程稳定性	好	差
刀具磨损	小	大
工作台丝杠和螺母有无间隙	有	无
由工作台窜动引起的质量事故	多	少
加工对象	精加工	粗加工

3. 对称铣和不对称铣

用端铣刀加工平面时,按工件对铣刀的位置是否对称,分为对称铣和不对称铣,如图 7-46 所示。采用不对称铣削,可以调节切入和切出时的切削厚度,采用不对称逆铣,切削平稳;采用不对称顺铣,减少黏刀,提高铣刀耐用度。

图 7-46 对称铣和不对称铣

7.3 刨 削 加 工

刨削加工是用刨刀对工件做水平相对直线往复运动的切削加工方法。刨削是一种间歇性的切削加工方式,切削中会产生冲击和振动,而且返回行程刨刀不进行切削,所以生产率较低。由于刨削机床及刀具的结构简单、操作方便、价格低廉,故常用于单件、小批量生产及维修中。刨削加工的精度一般能达到 IT10~IT8 级,表面粗糙度 R_a 值一般为 $6.3\mu m$。

7.3.1 刨削的加工范围

刨削主要用来加工具有平面(水平面、垂直面、斜面)、沟槽(直槽、T 型槽、V 形槽、燕尾槽等)及成形面等类零件,如图 7-47 所示。

a）刨平面　　　b）刨垂直面　　　c）刨台阶　　　d）刨直角沟槽

e）刨斜面　　　f）刨燕尾形工件　　　g）刨T形槽　　　h）刨V形槽

i）刨曲面　　　j）孔内加工　　　k）刨齿条　　　l）刨复合表面

图 7 - 47　刨削的加工范围

7.3.2　刨床

刨床可分为两大类：牛头刨床和龙门刨床。牛头刨床主要加工不超过 1000mm 的中小型工件，龙门刨床主要加工较大的箱体、支架、床身等。

牛头刨床主要由床身、滑枕、刀架、工作台、横梁、底座等组成，如图 7 - 48 所示。刨削加工时，刨刀的直线往复运动为主运动，而工作台带动工件间歇移动为进给运动。刨床结构简

图 7 - 48　牛头刨床

单,而且操作调整方便。牛头刨床的典型型号 B6065 中,B 表示刨床,60 表示牛头刨床的组、系别代号,65 表示最大刨削长度的 1/10,即最大刨削长度为 650mm。

龙门刨床因有一个"龙门"式的框架而得名,如图 7-49 所示;按其结构特点可分为单柱式和双柱式两种。龙门刨床的主运动是工作台(工件)的往复运动,进给运动是刀架(刀具)横向或垂直间歇移动。龙门刨床的典型型号 B2010A 中,B 表示刨床,20 表示龙门刨床的组、系别代号,10 表示最大刨削宽度的 1/100,即最大刨削宽度为 1000mm,A 表示第一次重大改进。

图 7-49 龙门刨床

7.3.3 刨刀及其装夹

1. 刨刀的结构特点

刨刀的结构、几何形状与车刀相似,但由于刨削属于断续切削,刨刀切入时,受到较大的冲击力,刀具容易损坏,所以一般刨刀刀体的横截面比车刀大 1.25～1.5 倍。刨刀的前角比车刀稍小,刃倾角取较大的负值($-20°$～$-10°$),以增强刀具强度。

刨刀一般做成弯头,这是刨刀的一个显著特点,图 7-50 所示为弯头刨刀和直头刨刀的比

a)弯头刨刀   b)直头刨刀

图 7-50 弯头刨刀和直头刨刀比较

较。刨削时,当弯头刨刀碰到工件表面上的硬点时,刀杆可绕 O 点向后上方产生弹性弯曲变形,不致啃入工件的已加工表面,而直头刨刀受力后产生弯曲变形会啃入工件的已加工面,将会损坏切削刃及已加工面。

2. 刨刀的种类及用途

刨刀的种类很多,按加工用途和加工方式的不同,使用不同种类的刨刀,常见的刨刀及其用途如表 7-8 所示。

表 7-8 刨刀的种类及其应用

刨削名称	刨平面	刨垂直面	刨斜面	刨燕尾槽
刨刀名称	平面刨刀	偏 刀	偏 刀	角度偏刀
加工简图				
刨削名称	刨 T 形槽	刨直槽	刨斜槽	刨成形面
刨刀名称	弯切刀	切刀	切刀	成形刀
加工简图				

3. 刨刀的装夹

刨刀装夹的正确与否直接影响工件加工质量,如图 7-51 所示,刨削水平面时,在装夹刨刀前先松开转盘螺钉,调整转盘对准零线,以便准确地控制加工深度;转动刀架进给手柄,使刀架下端与转盘底部基本对齐,以增加刀架的刚度,减少刨削中的冲击振动;最后将刨刀插入刀夹内,刀头伸出长度一般为刀杆厚度 H 的 $1.5 \sim 2$ 倍,拧紧刀夹螺钉将刨刀固定。刨削斜面时,需调整刀座偏转一定角度,调整时,松开刀座螺钉,转动刀座。

图 7-51 刨刀的装夹
1—工件;2—刀夹;3、4—刀座螺钉;5—刀架进给手柄;6—转盘对准零线;7—转盘螺钉

7.3.4 工件的装夹方法

在刨床上零件的安装方法视零件的形状和尺寸而定,常用的有平口虎钳安装、工作台安

装和专用夹具安装等,装夹零件方法与铣削基本相同,可参考见本书7.2.4节中铣床的附件及装夹方法。

7.3.5 牛头刨床基本操作

1. 刨水平面

刨水平面时,刀架和刀座均在中间的垂直位置上,如图7-52所示。刨削步骤如下:

(1)正确安装刀具和工件。

(2)调整工作台的高度,刨刀离开工件待加工3~5mm。

图7-52　刨水平面

(3)调整滑枕的行程长度和起始位置。如图7-53所示,根据工件的长度来相应调整滑枕的行程,一般刨刀刀尖的起始位置应离开工件端点5~10mm,终点位置应使刨刀超出工件5~10mm,调整好后应将滑枕顶部压紧手柄固紧。

图7-53　滑枕的行程

(4)根据零件材料、形状、尺寸等要求,合理选择切削用量。一般为:切削速度0.2~0.5m/s;进给量0.1~0.6mm/str;背吃刀量0.1~4mm。粗刨时,背吃刀量、进给量取大值,切削速度取小值;精刨时,进给量、背吃刀量取小值,切削速度取大值。

(5)刨平面。调整各手柄位置,手动进给移动工作台使工件一侧靠近刀具,使刀尖接近工件;开动机床,使滑枕带动刨刀做直线往复运动,进给0.5~1mm后停车,测量尺寸;根据测量结果,调整背吃刀量,再使工作台带动工件做水平自动进给进行正式刨削平面。当零件表面粗糙度 R_a 值低于6.3μm时,应先粗刨,再精刨。

(6)检验。零件刨削完工后,停车检验,尺寸和加工精度合格后即可卸下。

2. 刨垂直面

刨垂直面常用刀架垂直进给加工方法,图7-54所示,主要用于加工狭长工件的两端面或其他不能在水平位置加工的平面。刨垂直面要采用偏刀,并使刀具的伸出长度大于整个刨削面的高度;刀架转盘应对准零线,以使刨刀沿垂直方向移动;刀座必须偏转10°~15°,以使刨刀在返回行程时离开零件表面,减少刀具的磨损,避免零件已加工表面被划伤。刨垂直面和斜面的加工方法一般在不

图7-54　刨垂直面

能或不便于进行水平面刨削时才使用。

3. 刨斜面

刨斜面与刨垂直面基本相同,只是刀架转盘必须按零件所需加工的斜面扳转一定角度,以使刨刀沿斜面方向移动。如图 7 - 55 所示,采用偏刀或样板刀,转动刀架手柄进行进给,可以刨削左侧或右侧斜面。

a)用偏刀刨左侧斜面   b)用偏刀刨右侧斜面   c)用样板刀刨斜面

图 7 - 55 刨斜面

4. 刨矩形工件

矩形零件要求两个对面互相平行,两个相邻平面互相垂直。当工件采用平口钳装夹时,无论是刨削还是铣削,加工前 4 个面均要按照 1、2、3、4 的顺序进行,如图 7 - 56 所示,具体步骤如下:

(1)一般是先刨出面 1,作为基准面,如图 7 - 56a 所示。

(2)将已加工的面 1 作为基准面紧贴固定钳口,在活动钳口与工件之间的中部垫一圆棒后夹紧,然后加工相邻的面 2,如图 7 - 56b 所示。面 2 对面 1 的垂直度取决于固定钳口与水平进给方向的垂直度。垫圆棒是为了使夹紧力集中在钳口中部,使面 1 与固定钳口可靠地贴紧。

(3)将加工过的面 2 朝下,按步骤 2 同样方法使基面 1 紧贴固定钳口。加紧时,用锤子轻敲工件,使面 2 紧贴平口钳底面(或垫铁),夹紧时后即可加工面 4,如图 7 - 56c 所示。

(4)把面 1 放在平行垫铁上,工件直接夹在两个钳口之间。夹紧时要求用手锤轻敲工件,使面 1 平口钳底面(或垫铁),夹紧时后即可加工面 3,如图 7 - 56d 所示。

a)   b)   c)   d)

图 7 - 56 矩形体工件刨削加工步骤

5. 刨 V 形槽

先按刨平面的方法把 V 形槽粗刨出大致形状,如图 7-57a 所示;然后用切刀刨 V 形槽底的直角槽如图 7-57b 所示;再按刨斜面的方法用偏刀刨 V 形槽的两斜面,如图 7-57c 所示;最后用样板刀精刨至图样要求的尺寸精度和表面粗糙度,如图 7-57d 所示。

a) 刨平面   b) 侧直角槽   c) 刨斜面   d) 样板刀精刨

图 7-57 刨 V 形槽

7.3.6 插削与拉削

在插床上用插刀加工工件的方法叫作插削。插床实际上是一种立式的刨床,其外形和组成部分如图 7-58 所示。B5020 型号中,B 表示刨床类机床、50 表示立式插床的组系代号、20 表示最大插削长度为 200mm。插削时,滑枕带动插刀在垂直方向上做上下直线往复运动(即主运动)。工作台由下滑板、上滑板及圆形工作台等三部分组成,下滑板作横向进给运动,上滑板做纵向进给运动,圆形工作台可带动工件回转。插床主要用于加工工件的内表面,如方孔、长方孔、各种多边形孔和孔内键槽等。插床与牛头刨床一样生产效率低,多用于单件小批量生产。

图 7-58 插床
1—滑枕;2—刀架;3—工作台;4—床身;5—底座

在拉床(如图 7-59 所示)上用拉刀(如图 7-60 所示)加工工件的方法叫作拉削。拉削时,拉刀的直线移动为主运动,加工余量是借助于拉刀上一组刀齿分层切除的,尺寸精度一般为 IT9~IT7,表面粗糙度 R_a 值为 1.6~$0.4\mu m$。工件可由一次拉削加工完毕,加工生产率高,质量好,但一把拉刀只能加工一种尺寸的表面,且拉刀较贵,故拉削加工主要用于大批量生产。

图 7-59　卧式拉床示意图

1—压力表;2—液压部件;3—活塞拉杆;4—随动支架;5—刀架;6—拉刀;7—工件;8—随动刀架

图 7-60　圆孔拉刀

7.4　磨削加工

在磨床上用砂轮作为切削工具对工件表面进行加工的方法称为磨削。磨削加工是零件精加工的主要方法之一,与车、钻、刨、铣等加工方法相比有以下特点:

(1)由于磨削速度很快,在磨削过程中,产生大量切削热,磨削温度可达 1000℃以上,为保证工件表面质量,磨削时必须使用大量的切削液。

(2)磨削可以加工硬度很高、用金属刀具很难加工甚至不能加工的材料,如淬火钢、硬质合金等。

(3)磨削加工尺寸公差等级为 IT6~IT5,表面粗糙度 R_a 值为 0.8~$0.1\mu m$。高精度磨削时,尺寸公差等级可超过 IT5,表面粗糙度 R_a 值小于 $0.05\mu m$。

(4)磨削加工的切削深度较小,故要求零件在磨削之前先进行半精加工。

7.4.1 磨削的加工范围

磨削加工的用途很广,它可以利用不同类型的磨床分别磨削外圆、内圆、平面、沟槽、成形面(齿形、螺纹等)以及刃磨各种刀具,如图 7-61 所示。

a) 外圆磨削   b) 内圆磨削   c) 平面磨削

d) 无心磨削   e) 螺纹磨削   f) 齿轮磨削

图 7-61　磨床加工范围

7.4.2 磨床

磨床可分为万能外圆磨床、普通外圆磨床、内圆磨床、平面磨床、无心磨床、工具磨床、齿轮磨床和螺纹磨床等多种类型。

1. 平面磨床

平面磨床用于磨削平面,有卧轴和立轴两种类型,常用的是卧轴矩台平面磨床M7120A,如图 7-62 所示。在型号 M7120A 中,M 为磨床代号;7 为平面及端面磨床的组别代号;1 表示卧轴矩台平面磨床系别代号;20 表示工作台宽度的 1/10,即工作台宽度为200mm;A 表示在性能和结构上做过一次重大改进。M7120A 平面磨床由床身、工作台、立柱、磨头及砂轮修整器等部件组成。

矩形工作台装在床身导轨上,由液压驱动做往复运动,也可以转动手轮操纵,以进行必要的调整。工作台上装有电磁吸盘或其他夹具,用来装夹工件。砂轮架沿着磨头拖板的水平导轨可以做横向进给运动,这可由液压驱动或手轮操纵。拖板可沿立柱的导轨垂直移动,这一运动也可由液压驱动或手动操纵。砂轮由装在磨头内的电机直接驱动旋转。

2. 外圆磨床

外圆磨床分为万能外圆磨床和普通外圆磨床。万能外圆磨床与普通外圆磨床的主要区别是万能外圆磨床增设了内圆磨头,且砂轮架和工件头架的下面均装有转盘,能围绕自身的铅垂轴线扳转一定角度。万能外圆磨床除了能磨削外圆和锥度较小的外锥面外,还可磨削

图 7-62　平面磨床

内圆和任意锥度的内外锥面。常用的是 M1432A 万能外圆磨床,其中 M 为磨床代号;1 为外圆磨床的组别代号;4 为万能外圆磨床的系别代号;32 为最大磨削直径的 1/10,即最大磨削直径为 320mm;A 表明在性能和结构上做过一次重大改进。

　　M1432A 万能外圆磨床由床身、工作台、头架、尾架和砂轮架等部件组成,如图 7-63 所示。

图 7-63　万能外圆磨床

3. 工具磨床

工具磨床是专门用于工具制造和刀具刃磨的机床,如图 7-64 所示,特别适用于刃磨各种中小型工具,如铰刀、丝锥、麻花钻、扩孔钻、各种铣刀、铣刀头、插齿刀,配合其他附件,还可以磨外圆、内圆和平面,以及磨制样板、模具等。工具磨床精度高、刚性好、经济实用。

图 7-64　工具磨床

7.4.3　砂轮

1. 砂轮的构成要素、参数及其选择

砂轮是由磨料和结合剂以适当的比例混合,经压缩再烧结而成,其结构如图 7-65 所示。砂轮由磨粒、结合剂和空隙三个要素组成,磨粒相当于切削刃,起切削作用;结合剂使各磨粒位置固定,起支持磨粒的作用;空隙则有利于排屑。砂轮的性能由磨料、粒度、结合剂、硬度及组织等五个参数决定,如表 7-9 所示。

图 7-65　砂轮的结构与原理

表7-9　砂轮的三个要素和五个参数

砂轮 — 磨料 — 磨粒

系别	名称	代号	颜色	性能	适用范围
氧化物	棕刚玉	A	棕褐色	硬度较低、韧性较好	磨削碳素钢、合金钢、可锻铸铁与青铜
氧化物	白刚玉	WA	白色	较A硬度高，磨粒锋利，韧性差	磨削淬硬的高碳钢、合金钢、高速钢、磨削薄壁零件、成形磨削
氧化物	铬刚玉	PA	玫瑰红色	韧性比WA好	磨削高速钢、不锈钢、成形磨削、刃磨刀具、高表面质量磨削
碳化物	黑碳化硅	C	黑色带光泽	比刚玉类硬度高，导热性好，但韧性差	磨削铸铁、黄铜、耐火材料及其他非金属材料
碳化物	绿碳化硅	GC	绿色带光泽	较C硬度高，导热性好，韧性较差	磨削硬质合金、宝石、光学玻璃
碳化物	碳化硼	BC	黑色	比刚玉、C、GC都硬，耐磨，高温易氧化	磨削硬质合金
高硬磨料	人造金刚石	MBD	白、淡绿、黑色	硬度最高，耐磨性较差	磨削硬质合金、光学玻璃、大理石、宝石
高硬磨料	立方氮化硼	CBN	棕黑色	硬度仅次于MBD，韧性较MBD好	磨削高性能高速钢、不锈钢、耐热钢及其他难加工材料

砂轮 — 磨料 — 粒度

粒度标记	适用范围
F4~F14	荒磨
F14~F30	荒磨
F30~F100	一般磨削，加工表面粗糙度 R_a 值为0.8μm
F100~F240	半精磨、精磨和成形磨削，加工表面粗糙度 R_a 值为0.8~0.16μm
F150~F400	精磨、精密磨、超精磨、珩磨
F360及更细	超精密磨、镜面磨、精研，加工表面粗糙度 R_a 值为0.05~0.012μm

砂轮 — 结合剂 — 种类

名称	代号	特性	适用范围
陶瓷	V	耐热、耐油和耐酸碱的侵蚀，强度较高、较脆	除薄片砂轮外，还能制成各种砂轮
树脂	B	强度高，富有弹性，具有一定抛光作用，耐热性差，不耐酸碱	荒磨砂轮、磨窄槽、切断用砂轮、高速砂轮、镜面磨砂轮
橡胶	R	强度更高，弹性更好，抛光作用好，不耐油和酸，易堵塞	磨削轴承沟道砂轮、无心磨导轮、切割薄片砂轮、抛光砂轮

砂轮 — 结合剂 — 硬度

等级	超软	软	中软	中	中硬	硬	超硬
代号	D　E　F	G　H　J	K　L	M　N	P　Q　R	S　T	Y

选择：磨未淬火钢选用L~N，磨淬火合金钢选用H~K，磨削淬火钢时选用K~L，高表面质量磨削时选用H~J，刃磨硬质合金刀具选用H~J

砂轮 — 空隙 — 组织

组织号	0	1	2	3	4	5	6	7	8	9	10	11	12	13	14
磨粒率(%)	62	60	58	56	54	52	50	48	46	44	42	40	38	36	34
用途	成形磨削，精密磨削				磨削淬火钢、刃磨刀具				磨削韧性大而硬度不高的材料				磨削热敏性高的材料		

2. 砂轮的形状与代号

砂轮具有多种类型与规格。选用砂轮时,应根据工件的加工要求、形状、材料及和磨床条件等各种因素综合考虑。常用砂轮的形状、代号及用途如表 7 - 10 所示。

表 7 - 10 常用砂轮的形状、代号及用途

砂轮名称	型 号	断面简图	基本用途
平形砂轮	1		根据不同尺寸,分别用在外圆磨、内圆磨、平面磨、无心磨、工具磨、螺纹磨和砂轮机上。
双斜边砂轮	4		主要用于磨齿轮齿面和磨单线螺纹。
双面凹一号砂轮	7		主要用于外圆磨削和刃磨工具,还用作无心磨的磨轮和导轮。
平行切割砂轮	41		主要用于切断和开槽等。
黏结或夹紧用筒形砂轮	2		用于立式平面磨床上。
杯形砂轮	6		主要用其端面刃磨刀具,也可用其圆周磨平面和内孔。
碗形砂轮	11		通常用于刃磨刀具,磨机床导轨。
碟形砂轮	12a		适于磨铣刀、铰刀、拉刀等,大尺寸的一般用于磨齿轮的齿面。

砂轮的特性代号一般标注在砂轮端面上,用以表示砂轮的型号、形状、尺寸、磨料、粒度、硬度、结合剂、组织及允许最高线速度。如 1-300×32×80-WAF60K5V-30m/s,表示砂轮的形状为平行砂轮(1),尺寸外径为 300mm,厚度为 32mm,内径 80mm,磨料为白刚玉(WA),粒度为 F60,硬度为中软(K),组织号为 5,结合剂为陶瓷(V),最高工作速度 30m/s。

3. 砂轮的安装、平衡和修整

砂轮因在高速下工作,若使用不当砂轮破裂后会飞出伤人。砂轮在安装前首先观察砂轮外观是否有裂纹,并用橡皮锤轻敲砂轮侧面,音响应当清脆。如果有裂纹或声音嘶哑禁用。首次安装的砂轮进行静平衡,以保证砂轮能够平稳工作。砂轮工作一段时间后,表面的磨粒会变钝,工作表面空隙堵塞,需用金刚石进行修整,使钝化的磨粒脱落,露出新的磨粒,即可恢复砂轮的切削性能和形状精度。

7.5 齿形加工

齿轮是机械传动中传递力和运动的重要零件,在各种机械和仪器中应用非常普遍。

产品的工作性能、承载能力、使用寿命及工作精度等都与齿轮本身的质量有着密切的关系。

　　齿轮的结构形式多样,如图 7-66 所示,常见齿轮传动中直齿齿轮传动、斜齿齿轮传动和人字齿轮传动用于平行轴之间;螺旋齿轮传动和蜗轮与蜗杆的传动常用于两交错轴之间;内齿轮传动可实现平行轴之间的同向转动;齿轮与齿条传动可实现旋转运动和直线运动的转换;直齿锥齿轮传动用于相交轴之间的传动。

外啮合直齿齿轮传动　　　内啮合直齿齿轮传　　　齿轮齿条传动　　　人字齿轮传动

圆锥齿轮传动　　　平行轴斜齿轮传动　　　交错轴斜齿轮传动　　　蜗杆传动

图 7-66　常见齿轮传动机构类型

　　为了保证齿轮传动运动精确、工作平稳可靠,必须选择合适的齿形轮廓曲线。目前齿轮齿形轮廓曲线有渐开线、摆线和圆弧线型等,其中因渐开线型齿形的圆柱齿轮装方便、强度高、传动平稳等优点,所以应用最广。国家标准《圆柱齿轮 精度制》(GB/T 10095.1—2008)规定,齿轮及齿轮副分位 13 个精度等级,由高至低依次为 0、1、2、……、12 级。其中 0～2 级为远景级,属有待发展的精度等级;3～5 级属于高精度等级;6～8 级属于中等精度等级,其中普遍应用 7 级精度;9～12 级为低精度等级。

7.5.1　齿轮加工的基本原理

　　齿轮加工一般分为齿坯加工和齿形加工两个阶段。齿坯加工主要是孔、外圆和端面的加工,是齿形加工时的基准,所以要有一定的精度和表面质量。齿形加工是齿轮加工的核心和关键。目前制造齿轮主要是用切削加工,也可以用铸造、精锻、辗压(热轧、冷轧)和粉末冶金等方法。用切削加工的方法加工齿轮齿形,按加工原理可分为两类:

　　(1)成形法加工。成形法加工是用与被切齿轮的齿槽形状相符的成形刀具切出齿形的方法,如铣齿、成形法磨齿等。

　　(2)展成法(范成法)加工。展成法加工是利用齿轮的啮合原理加工齿轮的方法,如滚齿、插齿、剃齿和展成法磨齿等。

　　齿轮齿形加工方法的选择,主要取决于齿轮精度、齿面粗糙度的要求以及齿轮的结构、形状、尺寸和热处理状态等。表 7-11 所列出的 4～9 级精度圆柱齿轮常用的最终加工方法,可作为选择齿形加工方法的依据和参考。

表 7-11   圆柱齿轮常用的加工方法

精度等级	齿面粗糙度 $R_a/\mu m$	齿面最终加工方法
4	≤0.2	精密磨齿,对于大齿轮,精密滚齿后研齿或剃齿
5	≤0.2	精密磨齿,对于大齿轮,精密滚齿后研齿或剃齿
6	≤0.4	磨齿,精密剃齿,精密滚齿、插齿
7	1.6～0.8	滚齿、剃齿或插齿,对于淬硬齿面,磨齿、珩齿或研齿
8	3.2～1.6	滚齿、插齿
9	6.3～3.2	铣齿、粗滚齿

7.5.2   铣齿

铣齿属于成形法加工,是用成形齿轮铣刀在万能铣床上进行齿轮齿形加工,如图 7-67 所示。铣齿时,当模数 $m \leqslant 10mm$ 时,用盘状铣刀;当模数 $m > 10mm$ 时,用指状铣刀,如图 7-68 所示。铣齿的工艺设备简单,成本低,生产效率不高,加工精度较低。铣齿的加工精度一般为 IT9 级,表面粗糙度 R_a 值为 6.3～3.2 μm。

铣齿时铣刀装在刀杆上旋转作主运动,工件紧固在心轴上,心轴安装在分度头和尾座顶尖之间随工作台作直线进给运动。每铣完一个齿槽,铣刀沿齿槽方向退回,用分度头对工件进行分度,然后再铣下一个齿槽,直至加工出整个齿轮。

图 7-67   铣齿

a)盘状铣刀   b)指状铣刀

图 7-68   铣齿刀具

铣齿不但可以加工直齿、斜齿和人字齿圆柱齿轮,还可以加工齿条、锥齿轮及涡轮等。但它仅适用于单件小批次生产或维修工作中加工精度不高的低速齿轮。

7.5.3   滚齿

滚齿是利用齿轮滚刀在滚齿机(如图 7-69 所示)上加工齿轮的方法,其加工原理是齿轮刀具和工件按一对交错轴螺旋齿轮相啮合的原理作对滚运动进行切削加工,如图 7-70 所示。

滚齿与铣齿比较有如下特点:滚刀的通用性好,一把滚刀可以加工与其模数、压力角相同而齿数不同的齿轮,铣齿时每把铣刀只能加工一定齿数范围内的齿轮;齿形精度及分度精度高,滚齿的精度一般可达 IT7 级,表面粗糙度 R_a 值为 3.2～1.6 μm;滚齿的整个切削过程是连续的,生产率高;设备和刀具费用高,滚齿机为专用齿轮加工机床,其调整费时,滚刀较齿轮铣刀的制造、刃磨要困难。

　　滚齿应用范围较广,可加工直齿、斜齿圆柱齿轮和蜗轮等,但不能加工内齿轮和相距太近的多联齿轮。

图 7 - 69　滚齿机

图 7 - 70　滚齿的工作过程

7.5.4　插齿

　　插齿是在插齿机(如图 7 - 71 所示)上用插齿刀加工齿形的过程。插齿的工作原理是刀具和工件按照一对圆柱齿轮相啮合原理进行加工。插齿刀实际上是一个用高速钢制造并磨出切削刃的齿轮。加工时,插齿刀和被切齿轮坯之间保持一对渐开线齿轮的啮合运动关系,同时插齿刀作上下往复切削运动,如图 7 - 72 所示。

　　插齿与滚齿、铣齿比较有如下特点:齿面粗糙度小,一般可达 $1.6 \mu m$;插齿和滚齿的精度相当,比铣齿高,一般条件下能保证 IT7 级精度;插齿刀的制造、刃磨及检验均比滚刀方便,容易精确制造;插齿刀的通用性好,一把插齿刀可以加工与其模数、压力角相同而齿数不同的齿轮;插齿的生产率低于滚齿而高于铣齿。

插齿多用于加工滚齿难以加工的内齿轮、多联齿轮、带台阶齿轮、扇形齿轮、齿条及人字齿轮、端面齿盘等,但不能加工蜗轮。

图 7 - 71　插齿机

图 7 - 72　插齿的工作过程

7.5.5　其他齿形加工方法

1. 剃齿

剃齿加工是根据一对交错轴斜齿轮啮合的原理,在剃齿机上进行展成加工方法,如图 7 -73 所示。剃齿加工的工作原理是利用剃齿刀与被加工齿轮在轮齿双面紧密啮合的自由展成运动中,借助于两者之间的相对滑移,实现细微切削,以提高齿面的精度。剃齿主要用来对调质和淬火前的直齿和斜齿圆柱齿轮进行精加工。剃齿的精度主要取决于剃齿刀的精度,一般可达到IT7~IT6级,表面粗糙度 R_a 值为 $0.8\sim0.4\mu m$。

剃齿机结构简单,操作方便,剃齿生产效率高,一般 $2\sim4min$ 即可加工好一个齿轮。剃齿通常用于大批量生产中的齿轮齿形精加工,在汽车、拖拉机及机床制造等行业中应用很广泛。

图 7 - 73　剃齿的工作过程

2. 珩齿

珩齿是用珩磨轮在珩齿机上进行齿形精加工的方法。珩齿适用于消除淬火后的氧化皮和轻微磕碰而产生的齿面毛刺与压痕,可有效地降低表面粗糙度,对齿形精度改善不大。珩齿后的齿面粗糙度 R_a 值为 $0.4\sim0.2\mu m$。

珩磨轮是将金刚砂或白刚玉磨料与环氧树脂等材料合成后浇铸或热压在钢制轮坯上的斜齿轮。珩齿其原理和方法与剃齿相似。珩齿时,珩磨轮高速旋转($1000\sim2000r/min$),同时沿齿向和渐开线方向产生滑动进行切削。珩齿过程具有剃削、磨削和抛光的精加工的综合作用,刀痕复杂、细密。珩齿因余量很小,约为 $0.01\sim0.02mm$,可以一次切除,生产率很高。

3. 磨齿

磨齿是利用磨齿机对齿轮的轮齿进行磨削加工方法。主要用于消除热处理后的变形和提高齿轮精度,磨削后齿的精度可达 IT4~IT3 级,表面粗糙度 R_a 值为 $0.4\sim0.2\mu m$。

展成法磨齿的切削运动与滚齿相似,主要利用不同类型的砂轮对齿形进行精加工,如锥形砂轮磨削、碟形砂轮磨削和蜗杆砂轮磨削,如图 7-74 所示。

图 7-74　磨齿

实习报告

一、判断题

1. 车削的切削速度是指工作加工表面相对刀具的线速度。(　　)

2. 车削端面时,由于端面直径从外到中是变化的,所以切削速度也在变化。(　　)

3. 刨床不但可以加工平面,还可以加工成型面。(　　)

4. B6065 表示牛头刨床的最大刨削长度为 65mm。(　　)

5. 牛头刨床不能加工 T 形槽。(　　)

6. 滚齿加工属于齿轮齿形的加工方法中的展成法。(　　)

7. 齿轮齿形的加工方法可分为成形法和展成法两类。(　　)

8. 铣削时刀具做旋转运动,工件做直线运动。(　　)

9. 铣刀的旋转方向与工件进给方向一致,称为顺铣。(　　)

10. 砂轮的硬度是指磨粒的硬度。(　　)

二、单项选择题

1. C6136 车床型号中的"36"表示(　　)。

A. 主轴中心高 360mm　　　　B. 工件最大回转直径为 360mm

C. 工件最大加工长度为 360mm   D. 工件最大回转半径为 360mm

2. 车床的主运动是(　　　)。

A. 刀具的纵向移动　　　B. 刀具的横向移动　　　C. 工件的旋转运动　　　D. 尾架的移动

3. 车削外圆时,如果主轴转速增大,则进给量(　　　)。

A. 增大　　　　　　　　B. 减小　　　　　　　　C. 不变　　　　　　　　D. 不确定

4. 车削端面时,工件端面中心留有小凸台的原因是(　　　)。

A. 刀尖高于回转中心　　　　　　　　　　　B. 刀尖低于回转中心

C. 刀尖高度等于回转中心　　　　　　　　　D. 工件没有加工完

5. 车床中拖板螺距为 4mm,刻度盘分度为 200 格,在车削外圆时,若外圆直径减小 0.4mm,则刻度盘应进(　　　)。

A. 5 格　　　　　　　　B. 10 格　　　　　　　C. 20 格　　　　　　　D. 40 格

6. 车削时,如果机床刻度盘进刀多进了两格,那么处理的方式(　　　)。

A. 直接退回两格　　　　　　　　　　　　　B. 把刀架移回原位再进刀

C. 将刻度盘退回半圈后再进刀　　　　　　　D. 再前进两格后退刀

7. 精车外圆时,要进行"试切",其目的是为保证(　　　)。

A. 粗糙度 R_a 值　　　B. 尺寸公差值　　　　　C. 形状公差　　　　　　D. 位置公差

8. 在小锤杆车削过程中,锥柄上锥面是采用以下加工方法中的(　　　)。

A. 转动小拖板法　　　B. 定刀法　　　　　　　C. 尾架偏移法　　　　　D. 靠模法

9. 车削外圆时,带动滑板箱做进给运动的是(　　　)。

A. 丝杆　　　　　　　　B. 光杠　　　　　　　　C. 丝械或光杠　　　　　D. 丝杆和光杆

10. 当车削 $\phi 14^{-0.2}_{-0.5}$ 的外圆尺寸时,下列加工尺寸合格的是(　　　)。

A. $\phi 13.5 \sim \phi 14.5$　　B. $\phi 13.5 \sim \phi 14.2$　　C. $\phi 13.8 \sim \phi 14.2$　　D. $\phi 13.5 \sim \phi 13.8$

11. 在车床上安装工件时,能自动定心的附件是(　　　)。

A. 花盘　　　　　　　　B. 中心架　　　　　　　C. 三爪卡盘　　　　　　D. 四爪卡盘

12. 不能在普通卧式车床上完成的工作是(　　　)。

A. 镗孔　　　　　　　　B. 加工端面　　　　　　C. 加工直槽　　　　　　D. 钻孔

13. 在车床上用来安装钻头、铰刀的部件为(　　　)。

A. 主轴　　　　　　　　B. 刀架　　　　　　　　C. 尾座　　　　　　　　D. 床身

14. 车削时,走刀次数决定于(　　　)。

A. 切削深度　　　　　　B. 进给量　　　　　　　C. 进给速度　　　　　　D. 主轴转速

15. 刃磨高速钢刀具时,应选用砂轮的磨料是(　　　)。

A. 棕刚玉　　　　　　　B. 白刚玉　　　　　　　C. 黑碳化硅　　　　　　D. 绿碳化硅

16. 中心架或跟刀架的主要作用是(　　　)。

A. 增强工件的强度　　　　　　　　　　　　B. 增强工件的刚性

C. 增强刀具的强度　　　　　　　　　　　　D. 增强刀具的刚性

17. 安装工件时,不需要找正的附件是(　　　)。

A. 三爪卡盘和花盘　　　　　　　　　　　　B. 三爪卡盘和顶尖

C. 四爪卡盘和花盘　　　　　　　　　　　　D. 四爪卡盘和顶尖

18. 粗车时选择切削用量的顺序是(　　　)。

A. 背吃刀量、切削速度、进给量　　　　　　B. 背吃刀量、进给量、切削速度

C. 进给量、背吃刀量、切削速度　　　　　　D. 切削速度、背吃刀量、进给量

19. 当改变车床转速时,则(　　　)。

A. 车刀的移动速度不变,进给量改变　　　　B. 车刀的移动速度改变,进给量不变

C. 车刀的移动速度改变进给量改变　　　　　　D. 车刀的移动速度不变,进给量不变

20. B6090 牛头刨床型号中的"90"代表(　　)。

A. 刨削的最大切速为 90m/min　　　　　　　　B. 滑枕最大往复行程次数为每分钟 90

C. 工作台的宽度为 90mm　　　　　　　　　　D. 刨削工件的最大长度为 90cm

21. 牛头刨床的主运动是(　　)。

A. 工件的间歇直线移动　　　　　　　　　　　B. 刀具的来回往复运动

C. 工件的来回往复运动　　　　　　　　　　　D. 刀具的间歇直线移动

22. 按重要程度排列,刨削加工中刀具损坏的原因是(　　)。

①刀具排屑困难　　②切削温度高　　③不使用冷却液　　④切削不连续、刀具受到冲击

A. ①③②④　　　　　B. ①②③④　　　　　C. ①②④③　　　　　D. ①③④②

23. 铣削的主运动是(　　)。

A. 工作台纵向运动　　　B. 工作台横向运动　　　C. 铣刀上下运动　　　C. 铣刀旋转运动

24. 在立式铣床加工较大平面时,一般采用(　　)。

A. 立铣刀　　　　　　　B. 端面铣刀　　　　　　C. 键槽铣刀　　　　　D. 成型铣刀

25. 平面磨床用来安装和夹紧工件的装置是(　　)。

A. 平口钳　　　　　　　B. 卡盘　　　　　　　　C. 顶尖　　　　　　　D. 电磁吸盘

26. 磨床磨削时通常使用的冷却液是(　　)。

A. 机油　　　　　　　　B. 柴油　　　　　　　　C. 煤油　　　　　　　D. 乳化液

27. 外圆磨床的主运动是(　　)。

A. 工件的旋转运动　　　B. 砂轮的旋转运动　　　C. 工作台的往复运动

28. 砂轮的硬度是指(　　)。

A. 磨粒的硬度　　　　　　　　　　　　　　　B. 结合剂的硬度

C. 结合剂黏结磨粒的牢固程度　　　　　　　　D. 磨粒和结合剂硬度的总称

29. 白刚玉砂轮适于磨削(　　)。

A. 铸铁　　　　　　　　B. 陶瓷　　　　　　　　C. 硬质合金　　　　　D. 淬硬钢

三、多项选择题

1. 在车床上可以进行的加工有(　　)。

A. 车外圆　　　　　　　B. 钻孔、镗孔　　　　　C. 车平面　　　　　　D. 车螺纹

E. 铣键槽

2. 车床的进给运动可以是(　　)。

A. 工件的旋转运动　　　B. 刀具的移动　　　　　C. 尾架的移动

3. 在切削加工中,冷却液的主要作用是(　　)。

A. 冷却　　　　　　　　B. 润滑　　　　　　　　C. 清洗　　　　　　　D. 防锈

4. 下列是车床附件的是(　　)。

A. 卡盘　　　　　　　　B. 中心架　　　　　　　C. 花盘　　　　　　　D. 跟刀架

5. 下列几种车削锥面的方法,适合单件和小批量生产的是(　　)。

A. 小刀架转位法　　　　B. 尾架偏移法　　　　　C. 靠模法

6. 一个零件外圆的尺寸公差等级如下,可以用车削作为终加工的是(　　)。

A. IT5　　　　　　　　　B. IT9　　　　　　　　　C. IT7　　　　　　　　D. IT8

7. 有若干种型号车床如下,若要加工最大直径为 360mm 的工件,可选用车床的型号是(　　)。

A. C6132　　　　　　　　B. C618　　　　　　　　C. C616　　　　　　　D. C6136

8. 零件的加工精度包括(　　)。

A. 表面粗糙度　　　　B. 尺寸精度　　　　C. 形状精度　　　　D. 位置精度

9. 刨床常用的装夹方法有(　　)。

A. 双顶尖装夹　　　　　　　　　　　B. 分度头及三爪卡盘装夹

C. 平口钳装夹　　　　　　　　　　　D. 压板——螺栓装夹

10. 牛头刨床主运动的调整包括的项目是(　　)。

A. 工作台高低位置　　　　　　　　　B. 滑枕行程长度

C. 滑枕起始位置　　　　　　　　　　D. 滑枕每分钟往复行程次数

11. 万能外圆磨床可磨削的表面有(　　)。

A. 内圆　　　　　　　　B. 外圆　　　　　　　C. 内锥面　　　　　　D. 平面

12. 铣削时的铣削用量的组成要素是(　　)。

A. 铣削速度　　　　　　B. 进给量　　　　　　C. 铣削深度　　　　　D. 铣削宽度

13. 砂轮的主要特性包括(　　)。

A. 磨粒的成分　　　　　B. 粒度的大小　　　　C. 硬度的高低　　　　D. 组织的疏密

E. 黏合剂的种类　　　　F. 形状和尺寸

四、简答题

1. 在车削加工中,安装工件和刀具时应注意什么?

2. 在车床上加工细长轴时,为什么要安装中心架或跟刀架?

3. 为什么磨削加工时一定要加大量的冷却液?

五、连线题

1. 连接下列车床部件名称和用途。

①用以改变主轴速度的是　　　　　　　　　　　A. 主轴箱

②用以带动丝杠和光杠转动是　　　　　　　　　B. 变速箱

③用以使光杠和丝杠的转动变为刀架直线运动的是　　C. 进给箱

④用以安装主轴的是　　　　　　　　　　　　　D. 溜板箱

2. 如图所示,写出外圆车刀各部分名称。

①_____　②_____

③_____　④_____

⑤_____　⑥_____

⑦_____　⑧_____

第8章 钳 工

【实训目的与要求】

(1)了解钳工在机械制造过程及维修中的作用。

(2)掌握钳工制作中的常用工具和量具的使用方法。

(3)掌握钳工操作的基本技能和要领,并独立完成作业件。

(4)了解钳工制作中的常用设备及其应用。

(5)掌握零部件的装配方法和要领。

【安全实习注意事项】

(1)严禁使用不符合安全要求的工具及不熟悉的设备。

(2)操作中注意自身及周围人员安全,防止因挥动工具、工件脱落、铁屑飞溅而带来伤害。

(3)锯削时用力要均匀,不得重压或强扭。

(4)使用钻床时不得戴手套操作。

(5)操作结束后,清点工具并整齐摆放到工具箱内。

8.1 概 述

钳工以手工操作为主,并使用各种手工工具和部分机械设备来完成工件的加工、装配和维修等工作的工种。

8.1.1 钳工的工作范围

随着工业生产的发展与科学技术的进步,各种先进的加工方法层出不穷,但仍有很多工作需要由钳工来完成,特别是某些情况下用机械加工难以完成的工作。对钳工掌握的技术知识与实践技能要求也越来越高,形成了专业化分工,如普通钳工、划线钳工、模具钳工、工具钳工、装配钳工和维修钳工等。钳工大部分工作是手工操作,劳动强度大、生产效率低。

钳工工作范围广泛,主要包括:①零件加工前准备工作,如毛坯清理、划线等;②零件加工过程中的工作,如锯削、锉削、錾削、刮削、研磨、钻孔、扩孔、铰孔、攻螺纹、套螺纹等,对精密零件的加工,如刮削零件、量具的配合表面和模具、样板制作等;③机器或零部件的装配,对互相配合的零件进行修配,装配后机器进行调试等;④机器设备维修等。

8.1.2 钳工常用的设备和工具

钳工常用的设备有钳工工作台、台虎钳、砂轮机、钻床、手电钻等。常用的手用工具有划线盘、錾子、手锯、锉刀、刮刀、扳手、螺钉旋具、锤子等。

1. 钳工工作台

钳工工作台用来安装台虎钳,分类放置工具、夹具、量具和工件等。台面一般用坚实的木材或铸铁制成,要求牢固平稳,应设有防护网。台面高度一般为 800~900mm,以钳口高度恰好与人肘部平齐为宜,如图 8-1a 所示。

2. 台虎钳

台虎钳是用来夹持工件的通用夹具,如图 8-1b 所示,是夹持工件的主要工具,其固定安装在工作台上,常用的规格用钳口宽度表示,常用的有 100mm、125mm、150mm。台虎钳夹持工件应尽可能夹在钳口中部,使钳口受力均匀;夹持工件的光洁表面时,应垫铜皮或铝皮加以保护;装夹工件时,转动虎钳手柄,禁止用套管等接长手柄及用手锤敲击手柄,以免损坏虎钳;锤击工件时,只能在钳口砧座上敲击。

图 8-1 工作台及台虎钳

8.2 划 线

划线是根据图样要求,在毛坯或半成品工件上划出加工界线的一种操作。划线是机械加工工艺过程中的重要工序,如果将线划错,就会极易导致工件后续加工产生次品,甚至废品。划线的基本要求是:尺寸准确,位置正确,线条清晰,冲眼均匀。

8.2.1 划线的作用与分类

1. 划线的作用

(1)合理分配工件的加工余量,使机械加工有明确的尺寸界线。

(2)按划线找正和定位,便于复杂工件在机床上安装。

(3)检查毛坯形状、尺寸,剔除不合格毛坯,避免加工后造成损失。

(4)采用划线中的借料方法,可以使误差不大的毛坯得到补救,使加工后的零件仍能够符合要求。

2. 划线的种类

划线分为平面划线和立体划线两类;平面划线是在工件的一个表面划线后就能明确表示加工界限的操作,如图 8-2a 所示;立体划线是指需要在工件的几个互成不同角度的表面上划线,如图 8-2b 所示。

a）平面划线　　　　　　　b）立体划线

图 8-2　平面划线和立体划线

8.2.2　划线工具及用途

划线的工具包括基准工具、支承工具、绘划工具等几类。

1. 基准工具

划线的基准工具是划线平台，如图 8-3 所示，一般由铸铁制成，它的工作表面（上表面）经过精刨和刮削加工，平直光洁，精度较高，是划线的基准平面。划线平台应安放稳固，且上平面应保持水平，要均匀地使用整个表面，以免局部磨损凹陷，严禁敲击、碰撞。

图 8-3　划线平台

2. 支承工具

划线的支承工具主要有千斤顶、V 型铁、方箱等。

千斤顶用来支承较大或不规则的工件，通常三个为一组，分别调整其高度对工件进行找正，如图 8-4 所示。

V 形铁用于支承圆形工件，V 形槽的角度为 90°，其相邻两边互相垂直，使工件轴线与平板平行，如图 8-5 所示。

划线方箱用于夹持较小的工件，方箱上各相邻两个面互相垂直，相对两个面互相平行，通过翻转方箱，便可以在工件上划出所有互相垂直的线，如图 8-6 所示。

图 8-4　千斤顶的应用

图 8-5　V 型铁的应用

图 8-6　方箱的使用

3. 绘划工具

（1）划针与划针盘

划针是在工件上划线的工具，用工具钢或高速钢制成，其端部经磨锐后淬火，其形状及使用方法如图 8-7 所示。

划针盘是立体划线和校正工件位置的主要工具，如图 8-8 所示，分为普通划针盘和可调式划针盘。

图 8-7 划针及其使用   图 8-8 划针盘

（2）划规与划卡

划规是划圆、圆弧和等分线段及量取尺寸等的平面划线工具，分为普通划规、圆弧划规、弹簧划规和滑杆划规等几种，如图 8-9 所示，它的用法与制图中圆规类似。

划卡主要用于确定轴和孔中心位置，其结构和用法如图 8-10 所示。

a）普通划规   b）圆弧划规   c）弹簧划规   d）滑杆划规

图 8-9 划规

a）定轴心   b）定孔心   c）划直线

图 8-10 划卡及其应用

（3）高度游标卡尺

高度游标卡尺由高度尺和划线盘组成，是一种精密工具，可在测量的同时用于划线，其原理和使用方法请查阅本书第 6 章相关内容。

（4）样冲

样冲是用以在工件上打出样冲眼的工具。划好的线段和钻孔的圆心都需要打样冲眼，以便所划的线模糊时，仍能识别线的位置，便于定位，如图 8-11 所示。

图 8-11　样冲及其使用方法

8.2.3　划线基准

划线时确定其他点、线、面位置的点、线、面称为划线基准。划线基准选择正确与否,对划线质量和划线速度有很大影响。

选择划线基准应根据工件的形状和加工情况综合考虑,尽量选择划线基准与设计基准相一致;尽量选择工件上已加工的表面;工件为毛坯时,选择较大的平面为基准;带孔的零件,选择重要孔的中心线为基准。常用的划线基准有:两个互相垂直的加工面平面,如图 8-12a 所示;两条互相垂直的中心线,如图 8-12b 所示;一个平面和一条中心线等,如图 8-12c 所示。基准线一般用于平面划线,基准面一般用于立体划线。

　a)以已加工面为基准　　　　b)以孔的中心线为基准　　c)以一个平面和一条中心线为基准

图 8-12　划线基准

8.2.4　划线方法与步骤

(1)划线前,应仔细分析零件的技术要求和加工工艺,检查和分配加工余量,确定划线基准和划线部位。

(2)检查并清理毛坯,剔除不合格件;在划线表面涂一层薄而均匀的涂料,其中对毛坯一般用石灰水,对已加工面可用蓝油。

(3)工件有孔时,用铅块或木块塞孔并确定孔的中心。

(4)正确安放工件,选择划线工具。

(5)划线。首先划出基准线,再划出其他水平线;然后翻转找正工件,划出垂直线;最后划出斜线、圆、圆弧及曲线等。

(6)根据图样,检查所划的线正确无误后,再打出样冲眼。

8.3　锯　削

锯削是用手锯对材料或工件进行分割的一种切削加工方法。工作范围包括：分割各种材料或半成品、锯掉工件上多余的部分、在工件上锯槽等，如图 8-13 所示。锯削具有方便、简单和灵活的特点，应用较广，但加工精度低，常需进一步加工。

a）分割材料

b）锯掉多余部分（中图系先钻孔后锯）　　　　　　　　c）锯槽

图 8-13　锯削

8.3.1　手锯

手锯由锯弓和锯条组成。锯弓用来安装并张紧锯条，分为固定式和可调式两种，如图 8-14 所示，固定式锯弓只能安装一种长度规格锯条，可调式锯弓通过调节安装距离可以安装几种长度规格的锯条。

a）固定式锯弓　　　　　　　　　　　　　　　b）可调式锯弓

图 8-14　锯弓

锯条是开有齿刃的钢片条，锯齿是锯条的主要部分。锯条的锯齿按一定规律左右错开排列成一定的形状，从而形成锯路，常见的锯路有交叉形和波浪形，如图 8-15 所示。锯路使锯条两侧面不与工件直接接触，减少了锯条与工件的摩擦，减少热量的产生，也有利于铁屑的排空。随着锯齿的磨损渐渐失去锋利，锯路也会变得越来越窄，阻力也越来越大，到一定程度时，锯条便丧失切削功能。

a）交叉形　　　b）波浪形

图 8-15　锯齿排列

锯条一般用碳素工具钢制成，其规格主要包括长度和齿距：长度是指锯条两端安装孔的中心距，一般有 100mm、200mm、300mm 等几种，常用的规格有 300mm（长）×12mm（宽）×0.8mm（厚）等。齿距是指两相邻齿对应点的距离，按照齿距大小，可分为粗齿、中齿、细齿三种规格，锯齿粗细的划分及用途见表 8-1。

表 8-1　锯条种类及用途

锯齿粗细	齿数/(25mm)	用　　　途
粗齿	14～18	锯铜铝等软金属、厚件及人造胶质材料
中齿	22～24	锯普通钢、铸铁、中厚件及厚壁管子
细齿	32	锯硬钢、板材及薄壁管子

8.3.2　锯削操作

1. 锯条的安装

锯条安装在锯弓上,应注意:①只有锯齿向前才能正常切削,图 8-16a 所示的方向正确,图 8-16b 所示的方向错误;②锯条的松紧应适中,一般用两个手指的力能旋紧拉紧螺母为宜,太松或太紧锯条都容易崩断;③安装好后应无扭曲现象,锯条平面与锯弓纵向平面应在同一平面内或互相平行的平面内,否则锯削时锯条易折断。

a) 锯齿向前　　　　　　　　　　　　b) 锯齿向后

图 8-16　锯齿排列

2. 工件的装夹

工件尽可能装夹在台虎钳的左侧;工件伸出钳口要短,锯割线离钳口要近,防止锯切时产生的振动;工件要夹紧,防止加工中工件移动,同时应避免变形或夹坏已加工面。

3. 锯削步骤

(1)起锯

起锯是锯削工作的开始,起锯的方式有远边起锯和近边起锯两种:一般情况采用远边起锯,因为此时锯齿是逐步切入材料,不易卡住,起锯比较方便,如图 8-17a 所示;若用近边起锯,锯齿突然切入过深,容易被工件棱边卡住,造成崩断或崩齿,如图 8-17b 所示。起锯时,以左手拇指靠住锯条,右手握住锯柄,锯条倾斜与工件表面形成起锯角度,起锯角 θ 控制在15°为宜,过大锯齿易被工件卡住,过小锯齿不易切入工件,产生打滑,从而锯坏工件表面,如图 8-18 所示。起锯时压力要小,锯弓往复行程要短,速度要慢,这样可使起锯平稳,待锯缝深度达到 2mm 左右,可将手锯逐渐处于水平位置,进入正常锯削。

a) 远边起锯　　　b) 近边起锯　　　　　a) 起锯角合适　　b) 起锯角过大　　c) 起锯角过小

图 8-17　起锯方法　　　　　　　　　　　图 8-18　起锯角度

（2）锯削

正常锯削时，右手握锯柄推进，左手轻压锯弓前端，返回时不加压，锯条从工件上轻轻拉回。在整个锯切过程中，锯条应做直线往复，不可左右晃动，同时应尽量用锯条全长工作，以防锯条局部发热和磨损，如图 8-19 所示。要注意锯缝的平直情况，发现歪斜及时纠正。锯削速度以每分钟 20 ～40 次为宜，不宜过快。

运动方向保持水平

（3）锯削结束

锯削快要结束时，用力要轻，速度要慢，锯条的行程要短些。

4. 锯削方法

锯削不同的工件，需采用不同的锯削方法。为了得到

图 8-19　锯削过程

整齐的锯缝，锯切扁钢应在较宽的面下锯；锯圆管不可从上到下一次锯断，应每锯到内壁则将工件向推锯方向转过一定角度再锯，直到锯断为止；锯厚件，当厚度大于锯弓高度时，先正常锯削，当锯弓碰到工件时，将锯条旋转 90°锯削，当锯削部分宽度大于锯弓高度时，将锯条转过180°锯削。锯薄板，将薄板工件夹在两木块之间，防止薄板振动或变形，如图 8-20 所示。

a）锯圆管　　　　　　　　　　　　　　　　d）锯厚件

b）锯扁钢　　　　　c）锯型钢　　　木板 薄板料　　e）锯薄件

图 8-20　常见零件的锯削方法

8.3.3　锯削工件质量问题与锯条损坏原因

锯削工件质量问题与锯条损坏原因见表 8-2。

表 8-2　锯条损坏和锯削工件质量问题原因

锯条损坏形式	产生原因	工件质量问题	产生原因
折断	锯条安装过紧或过松；工件抖动或松动；锯缝产生歪斜，靠锯条强行纠正；推力过大；更换锯条后，新锯条在旧锯缝中锯削。	工件尺寸不对	划线不正确；锯削时未留余量。
崩齿	锯条粗细选择不当；起锯角过大；铸件内有砂眼、杂物等。	锯缝歪斜	锯条安装过松或扭曲；工件未夹紧；锯削时，顾前不顾后；锯削时方向没有控制好，用力不正确，速度过快。
磨损过快	锯削速度过快；未加切削液。	表面锯痕多	起锯角度过小；锯条未靠住左手大拇指定位。

8.3.4 其他锯削方法

用手锯锯削工件,劳动强度大,生产效率低,对操作工人的技能水平要求高。为了改善工人的劳动条件,锯削操作也逐渐朝机械化方向发展。目前,已开始使用薄片砂轮机和电动锯削机等简易设备锯削工件。

8.4 锉 削

锉削是用锉刀对工件表面进行切削加工的方法。锉削加工简单方便,工作范围广,多用于工件的錾削、锯削等之后的进一步加工,或在机器装配时的工件修整。锉削的加工范围包括平面、台阶面、曲面、内外圆弧、沟槽以及成形样板、模具、型腔等其他表面进行加工。锉削一般能达到的尺寸公差等级为 IT8~IT7,表面粗糙度 R_a 值可达 $1.6 \sim 0.8 \mu m$。

8.4.1 锉刀

1. 锉刀的材料及结构

锉刀是锉削的主要工具,一般用高碳钢如 T12、T13 等制成,并经过淬火处理。锉刀结构如图 8-21 所示,由锉刀面、锉刀边、锉刀柄等部分组成。

图 8-21 锉刀的结构

2. 锉刀的种类

锉刀种类较多,按用途可分为普通锉、整形锉(什锦锉)和特种锉三类,常用的是普通锉。

普通锉:按其截面形状可分为平锉、半圆锉、方锉、三角锉和圆锉等五种,如图 8-22 所示。按其规格以工作部分的长度表示,常用的有 100mm、150mm、200mm、250mm、300mm、350mm 和 400mm 等七种。锉刀按每 10mm 锉面上齿数多少划分为粗齿锉(4~12 齿)、中齿锉(13~24 齿)、细齿锉(30~40 齿)和油光锉(50~62 齿),其特点和用途如表 8-3 所示。

整形锉(什锦锉):由若干把不同断面形状的锉刀组成一套,主要用于修理工件的细小部位或精密工件加工,如图 8-23 所示。

特种锉:用于加工各种工件上的特殊表面,它有直的、弯的两种,其截面形状较多,如图 8-24 所示。

平锉

半圆锉

方锉

三角锉

应用示例   圆锉

图 8 - 22　普通锉

图 8 - 23　整形锉   图 8 - 24　特种锉

表 8 - 3　各种锉刀的特点和用途

锉齿粗细	齿数	特点和应用	尺寸精度/mm	加工余量/mm	表面粗糙度/mm
粗齿	4～12	齿间大,不易堵塞,宜粗加工或锉铜、铝等有色金属	0.2～0.5	0.5～1	12.5～50
中齿	13～23	齿间适中,适于粗锉后加工	0.05～0.2	0.2～0.5	3.2～6.3
细齿	30～40	锉光表面或锉硬金属	0.01～0.05	0.05～0.2	1.6
油光锉	50～62	精加工时修光表面	0.01 以下	0.05 以下	0.8

3. 锉刀的选用

合理地选用锉刀,对提高工作效率、保证加工质量、延长锉刀的使用寿命有很大影响。锉刀齿纹粗细的选择,取决于工件材料的性质、加工余量的大小、加工精度以及表面粗糙度的要求;锉刀截面形状的选择,取决于工件加工面的形状;锉刀长度规格的选择,取决于工件加工面和加工余量的大小。

8.4.2　锉削操作

锉削时,必须正确地掌握工件装夹、握锉方法以及正确的施力变化,以提高锉削质量和锉削效率。对工件装夹的要求,锉削和锯削基本相同,要位置适当、牢固可靠,避免破坏已加工面。锉刀的握法应根据锉刀大小和形状的不同来选择,如图 8 - 25 所示。锉削时施加压力的变化,如图 8 - 26 所示,锉刀向前推进时施加压力,并保持水平;返回时,不宜压紧工件,以免磨钝锉齿或损伤已加工面。锉削速度一般为每分钟 30～50 次,推锉前行时稍慢,回程时稍快,动作要自然协调。

a) 大锉刀的握法　　　　　　　　　　　　b) 中锉刀、小锉刀的握法

图 8 - 25　锉刀的握法

图 8 - 26　锉削时施力的变化

锉削过程中切勿用手摸锉削表面或锉刀工作面,以免污染后打滑。工件上的锉屑应用毛刷清除。锉齿上的锉屑应用细铜丝刷顺着锉纹方向刷去。锉刀材质硬脆,应防止跌落而断裂。

8.4.3　锉削方法

1. 平面锉削

锉削平面的方法有三种:顺向锉法、交叉锉法和推锉法,如图 8 - 27 所示。锉削平面时,锉刀要按一定方向进行锉削,并在锉削回程时稍作平移,这样逐步将整个面锉平。

a) 顺向锉法　　　　b) 交叉锉法　　　　c) 推锉法

图 8 - 27　平面锉削方法

2. 曲面的锉削

锉削外圆弧面一般用锉刀顺着圆弧面锉削的方法,锉刀在做前进运动的同时绕工件圆弧中心摆动。当加工余量较大时,可先采用横锉法去除余量,如图 8-28a 所示,再采用滚锉法顺着圆弧精锉,如图 8-28b 所示。

锉削内圆弧面时,应使用圆锉或半圆锉,并使其完成前进运动、左右移动(约半个至一个锉刀直径)、绕锉刀中心线转动三个动作,如图 8 - 29 所示。

a）顺锉法　　　　　　　b）滚锉法

图 8-28　外圆弧面锉削　　　　　　图 8-29　内圆弧面锉削

8.4.4　锉削质量的检验

锉削时，工件的尺寸可用钢板尺和游标卡尺检查，工件的平直和直角可用直角尺根据能否透过光线来检查（如图 8-30 所示），工件的表面粗糙度可用表面粗糙度样板对照检查（如图 8-31 所示）。

a）检查直线度　　　　　　　b）检查垂直度

图 8-30　用直角尺检查直线度和垂直度

图 8-31　表面粗糙度样板

8.5　孔的加工

孔的加工是用钻头或扩孔钻等在钻床上加工模具零件孔的方法，其操作简便，适应性强，应用很广。零件上的孔，除去一部分由车、镗、铣和磨等机床加工完成外，很大一部分是由钳工利用各种钻床和钻孔工具完成的。在钻床上可以完成钻孔、扩孔、铰孔、攻螺纹和锪孔等,一般情况下,孔加工刀具都应同时完成两个运动:主运动,即刀具绕轴线的旋转运动;进给运动,即刀具沿着轴线方向对着零件的直线运动。钻削的加工范围如图 8-32 所示。

a) 钻孔   b) 扩孔   c) 铰孔   d) 攻螺纹

e) 锪锥孔   f) 锪柱孔   g) 反锪沉坑   h) 锪凸台

图 8-32　钻削的加工范围

8.5.1　钻床

常用的钻床主要有台式钻床、立式钻床、摇臂钻床三种,此外手电钻也是常用钻孔工具。

1. 台式钻床

台式钻床是放在台桌上使用的小型钻床,简称台钻,如图 8-33 所示。台钻结构简单,操作方便,适于加工小型零件上直径在 12mm 以下的孔。常用的型号有 Z4012,Z 表示钻床类,40 表示台式钻床,12 表示钻孔最大直径为 12mm。

2. 立式钻床

立式钻床简称立钻,如图 8-34 所示。立钻是一种中型钻床,刚性好,功率大,因而允许采用较大的切削用量,生产效率高,加工精度也较高,适用于加工中小型工件上的中小孔。常用的型号有 Z5125,Z 表示钻床类,51 表示立式钻床,25 表示钻孔最大直径为 25mm。

图 8-33　台式钻床

图 8-34　立式钻床

3. 摇臂钻床

摇臂钻床,如图 8-35 所示,可以很方便地调整刀具位置,以对准待加工孔的中心,而不需移动工件来进行加工,适用于大型工件及多孔工件的孔加工。常用的型号有 Z3050,Z 表示钻床类,30 表示摇臂钻床,50 表示钻孔最大直径为 50mm。

4. 手电钻

手电钻主要用于钻直径≤12mm 的孔,由于手电钻携带方便,操作简单,使用灵活,常用于不便使用钻床钻孔的场合,有使用交流电源和锂电池充电等几种类型。

8.5.2 钻孔

钻孔是用钻头在实体工件上加工孔的方法。钻孔的加工精度低,一般为 IT12～IT11,表面粗糙度 R_a 值可达 12.5μm。

图 8-35 摇臂钻床

1. 钻头

用于钻孔的刀具称为钻头,一般由工具钢或高速钢制成。标准麻花钻是最常用的工具,由柄部、颈部和工作部分组成,如图 8-36 所示。

图 8-36 标准麻花钻头

柄部是钻头的夹持部分,主要起传递动力作用,有直柄和锥柄两种。直径小于 13mm 的为直柄,一般用钻夹头夹持;直径大于等于 13mm 的一般用莫氏锥柄,锥柄钻头直接或者加接钻套后装入钻床主轴锥孔内。

颈部是工作部分和柄部之间的连接部分。制造钻头时砂轮磨削的退刀槽,钻头直径、材料、厂标等一般也标在颈部。

工作部分包括导向部分与切削部分。导向部分由两条对称分布的螺旋槽组成,用来排除切屑和输送切削液。切削部分由前刀面和后刀面相交形成两条对称的主切削刃,其夹角为 118°±2°。由两后面相交形成的横刃起切削作用,两条副切削刃起修光孔壁及导向作用。

2. 工件的装夹

工件常用手虎钳、平口钳、V 形铁和压板等夹具装夹,如图 8-37a 所示。加工时,应根据工件钻孔直径、形状、大小和数量等来选择。

薄壁小工件可用手虎钳夹持,如图 8-37a 所示;中小型平整工件用平口钳夹持,如图 8-37b 所示;轴或套类工件可用 V 形铁夹持,如图 8-37c 所示;大型工件用压板螺栓直接将其装夹在钻床工件台上,如图 8-32d 所示。此外,在成批和大量生产中广泛应用钻模夹具。

a) 手虎钳夹持零件　　　b) 平口虎钳夹持零件　　　c) V 形铁夹持零件　　　d) 压板螺钉夹紧零件

图 8-37　工件夹装方法

3. 钻孔操作

(1)钻孔前,工件一般要划线定心,并打上样冲眼。

(2)安装好钻头、装夹好工件。

(3)先用钻头在孔中心锪一小窝,检查小窝与所划圆是否同心,如有偏位则需矫正。

(4)在钻削过程中,要经常退出钻头,以便排屑和冷却,以防切屑堵塞、钻头过热或折断,并影响加工质量。

(5)钻通孔时,快要钻透时,应减少进给速度。钻盲孔时,要根据钻孔深度做好标记,避免孔钻得过深或过浅。钻孔孔径大于 30mm 时,孔应分两次或两次以上钻出,最后一次用所需直径的钻头将孔扩大到所要求的直径。

(6)注意安全操作。严禁戴手套或垫棉纱操作,严禁用手摸、用嘴吹切屑。

8.5.3　扩孔

扩孔是用扩孔钻对工件上已有的孔进行扩大孔径加工的一种方法。扩孔精度一般可达 IT10～IT9,表面粗糙度 R_a 值为 6.3～3.2μm。一般少批量加工时可用麻花钻代替扩孔钻使用,当扩孔精度要求较高或生产批量较大时,应采用专用的扩孔钻,如图 8-38 所示。

图 8 - 38　扩孔钻与扩孔

　　扩孔钻一般有 3～4 条切削刃,导向性好;无横刃,改善了切削条件;切削余量较小,容屑槽小,钻芯粗大刚性好,切削时,可用较大的切削用量。

8.5.4　铰孔

　　铰孔是铰刀从工件孔壁上切除微量金属层,以提高其尺寸精度和表面质量的方法。铰孔是孔的精加工方法之一,在生产中应用很广。对于较小的孔,相对于内圆磨削及精镗而言,铰孔较为经济实用。铰孔的加工余量较小,粗铰 0.15～0.5mm,精铰 0.05～0.25mm。铰孔的加工精度一般可达 IT7～IT6 级,表面粗糙度 R_a 值为 1.6～0.8μm。

　　铰刀分为机用铰刀和手用铰刀两种,机用铰刀多为锥柄,装夹在机床上的锥孔上进行铰孔,且一般应采用浮动夹头连接,手用铰刀为直柄,柄尾有方头,工作部分较长,如图 8 - 39 所示。铰刀工作部分的前端作为前导锥,便于引入工件;切削部分起主要切削作用;校准部分用以修光和校准孔,且起导向作用,并磨有倒锥,可减小与孔壁摩擦,其工作过程如图 8 - 40 所示。

图 8 - 39　铰刀　　　　　　　　　　　图 8 - 40　铰孔

8.5.5　锪孔

　　锪孔是指在已加工的孔上用锪钻加工圆柱形沉头孔、锥形沉头孔和凸台面等的加工方法。锪钻一般用高速钢制造,根据使用目的不同分为柱形锪钻(用于锪圆柱形埋头孔)、锥形锪钻(用于锪锥形孔)、端面锪钻(专门用来锪平孔口端面),如图 8 - 41 所示。

a）锥形锪钻

b）柱形锪钻

c）端面锪钻

图 8-41　锪钻与锪孔的分类

8.6　攻螺纹与套螺纹

8.6.1　攻螺纹

攻螺纹是用丝锥加工出内螺纹，如图 8-42 所示。

1. 丝锥与铰杠

丝锥是用来加工内螺纹的刀具。丝锥由切削部分、校准部分和柄部组成，如图 8-43 所示。切削部分磨出锥角，以便将切削负荷分配在几个刀齿上；校准部分有完整的齿形，用于校准已切出的螺纹，并引导丝锥沿轴向运动；柄部有方榫，便于装在铰手内传递扭矩。铰杠是用来夹持丝锥的工具，如图 8-44 所示，常用的是可调式铰杠。铰杠规格应根据丝锥规格来选择。

图 8-42　攻螺纹

图 8-43　丝锥

图 8-44　铰杠

2. 攻螺纹操作方法及注意事项

(1)根据工件上螺纹孔的规格，正确选择丝锥和铰杠。

(2)工件装夹时，要使孔中心垂直于钳口，防止螺纹攻歪。

(3)将螺纹底孔孔口倒角,以便于丝锥切入工件。

(4)将丝锥方头夹于铰杠方孔内,将头锥垂直放入工件孔内,两手均匀加压,转动铰杠,旋入1~2圈,检查丝锥是否与孔端面垂直。当切削部分已切入工件后,每转1~2圈应反转1/4圈,以便断屑。攻完头锥再继续攻二锥、三锥。每更换一锥,先要用手旋入1~2圈,扶正定位,再用铰杠,此时不加压。

(5)攻钢件上的内螺纹,要加机油润滑,可使螺纹光洁,还可延长丝锥使用寿命;攻铸铁上的内螺纹可不加润滑剂,必要时加煤油润滑;攻铝合金、紫铜上的内螺纹,可加乳化液润滑。

(6)不要用嘴直接吹切屑,以防切屑飞入眼内。

(7)加工结束后,丝锥反向旋转慢慢退出,不能直接向外拔出。

8.6.2 套螺纹

套螺纹是用板牙在圆杆上加工出外螺纹。

1. 板牙与板牙架

板牙是加工外螺纹的标准刀具,其外形像一个圆螺母,端面上开了四条排屑槽形成切削刃,并且两端孔口有刀锥,形成校准部分和导向部分。板牙的外圆上有四个螺钉坑,用于定位、紧固和传递扭矩,如图8-45所示。

板牙架用来装夹板牙、传递力矩的工具,如图8-46所示。

图8-45 板牙

图8-46 板牙架

2. 套螺纹操作方法及注意事项

套螺纹的操作过程与攻螺纹相似,如图8-47所示。

(1)套螺纹的圆杆端部应倒角60°左右,使板牙容易对准中心和切入。

(2)夹紧圆杆,使套螺纹部分尽量离钳口近些,为了不损伤已加工表面,可在钳口与工件之间垫铜皮或硬木块。

(3)将板牙垂直放至圆杆顶部,施压慢慢转动。套入几牙后,不再施压,但要经常反转来断屑。

(4)在套螺纹过程中,应加切削液冷却润滑,以提高螺纹加工质量、延长板牙使用寿命。

图8-47 套螺纹

8.7 刮削和研磨

8.7.1 刮削

刮削是用刮刀从工件表面上刮去一层很薄的金属的方法。刮削时刮刀对工件既有切削作用,又有压光作用,可提高工件的表面质量和耐磨性。刮削用具简单,不受工件形状和位置以及设备条件的限制,具有切削量小、切削力小、产生热量小和装夹变形小等特点,能获得很高的形位精度、尺寸精度、接触精度、传动精度及较低的粗糙度值。刮削是钳工中一种精密加工方法,表面粗糙度 R_a 值可达到 $0.4\sim0.1\mu m$,一般用于零件相互配合的滑动表面的加工及难以进行磨削加工的场合。刮削的缺点是生产率低、劳动强度大。

1. 刮削工具

(1)刮刀是刮削工作中的主要工具,包括平面刮刀和曲面刮刀两类。平面刮刀主要用于刮削平面(如平板、导轨面等),也可用来刮花、刮削外曲面。使用时,平面刮刀做前后直线运动,往前推是切削,往回收是空行程。平面刮刀与所刮表面的角度要恰当,如图 8-48a 所示。曲面刮刀主要用于刮削内曲面,常用的曲面刮刀有三角刮刀、蛇头刮刀、柳叶刮刀等,图8-48b 所示的是用三角刮刀刮削轴瓦。

(2)校准工具也称研具、检验工具,是用来研磨接触点及检查被刮面准确性的工具。校准工具的工作面必须平直、光洁,且能保证刚度不变形。常用的校准工具有检验平板、检验平尺等,如图 8-49 所示。

a)刮削平面   b)刮削曲面

图 8-48 刮削加工

a)检验平板   b)检验平尺

图 8-49 校准工具

2. 刮削方法

刮削基本操作主要分为平面刮削(如图 8-48a 所示)和曲面刮削(如图 8-48b 所示)。

平面刮削可分为粗刮、细刮、精刮和刮花四个步骤。

粗刮是用粗刮刀在刮削面上均匀地铲去一层较厚的金属,可以采用连续推铲的方法,刀迹要连成长片。每 25mm×25mm 的方框内有 2～3 个研点。细刮是用精刮刀在刮削面上刮去稀疏的大块研点,每 25mm×25mm 的方框内有 12～15 个研点。精刮就是用精刮刀更仔细地刮削研点,每 25mm×25mm 的方框内有 20 个以上研点。刮花是在刮削面或机器外观表面上用刮刀刮出装饰性花纹。

曲面刮削时,应该根据其不同形状和不同的刮削要求,选择合适的刮刀和显点方法,常用于要求较高的滑动轴承的轴瓦、衬套等。

8.7.2 研磨

用研磨工具和研磨剂从已加工工件上磨去一层极薄金属的加工方法称为研磨。研磨是精密加工,它可使工件表面粗糙度 R_a 值达到 $0.8～0.05\mu m$,尺寸公差达到 $5～1\mu m$。研磨可提高零件的耐磨性、疲劳强度和抗腐蚀性,延长零件的使用寿命。一般用于钢、铁、铜等金属材料,也可用于玻璃、水晶等非金属材料。

一般的工件材料应比研磨工具的材料硬,不同形状的工件用不同形状的研磨工具研磨。常用的研磨工具有研磨平板、研磨环、研磨棒等。

研磨剂由磨料和研磨液调而成。常用的磨料有氧化铝、碳化硅、人造金刚石等,起切削作用;常用的研磨液有机油、煤油、柴油等,起调和、冷却、润滑作用,某些研磨剂还起化学作用,从而加速研磨过程。目前,工厂中一般是用研磨膏,它由磨料加入粘结剂和润滑剂调制而成。

研磨方法有平面研磨、外圆研磨和内孔研磨等,如图 8-50 所示。

a) 研磨平面   b) 研磨外圆柱面

图 8-50　研磨

8.8　装　配

在产品设计及零部件加工制造的基础上,按照图纸要求实现机械零件或部件的连接,使零件、套件、组件和部件间获得一定的相互位置关系,最终把机械零件或部件组合成机器的工艺过程,称为装配。装配是保障机器达到各项技术指标的重要工序,装配的好坏对机械产品的性能影响很大,如果装配不当,即使是全部合格的零部件也不能形成合格的产品。

8.8.1 装配的工艺过程

1. 装配单元

简单的产品可由零件直接装配而成。复杂的产品的装配可分为组件装配、部件装配、总装配。

零件:是组成机器的最小单元。

组件装配:将若干个零件安装在一个基础零件上,例如车床主轴组件如图 8-51a 所示。

部件装配:将若干个零件、组件安装在另一个基础零件上,例如车床主轴箱部件如图 8-51b 所示。

总装配:将若干个零件、组件、部件安装在另一个较大、较重的基础零件上构成产品,例如车床总装如图 8-51c 所示。

a)车床主轴组件

b)车床主轴箱部件

c)车床总装

图 8-51　装配的组合形式

2. 连接方式

按照零件或部件连接方式的不同,连接可分为固定连接与活动连接两类。零件相互间没有相对运动的连接称为固定连接。零件相互之间在工作情况下可按规定的要求做相对运动的连接称为活动连接,装配时常用的连接方法如表8-4所示。

表 8-4　装配时常用的连接方法

固定连接		活动连接	
可拆卸的	不可拆卸的	可拆卸的	不可拆卸的
螺纹、键、销等。	铆接、焊接、压合、胶合、热压等。	轴与轴承、丝杆与螺母、柱塞与套筒等。	任何活动连接的铆合头。

3. 装配方法

为保证机器装配精度,必须保证零件、部件之间的配合要求。根据零件的结构、生产条件和生产批量的不同,常用的装配方法有互换法、修配法和调整法。

(1)互换法

完全互换法:在装配时各配合零件不经修配、选择和调整,即可达到装配精度。其优点是装配过程简单,维修时零件互换方便,便于企业内外的协作,但对零件的加工精度要求较高,增加了制造成本。

不完全互换法:通过适当降低零件尺寸公差等级,克服完全互换法中对零件的加工精度高和成本高的缺点,使制造方便、降低成本。装配时要将少量超差的零件剔除,其余零件进入装配工序进行装配,它适用于大批量生产中。

分组互换法:在成批或大量生产中,将产品各配合的零件按实测尺寸分组,然后按相应的组分别装配。其特点是以相对低精度的零件,却能装配出高精度的机器。该方法降低了加工成本,但增加了零件测量分组工作量。

(2)修配法

在装配过程中,根据实际需要,通过刮削或研磨修去某一配合件上的少量预留量,以消除其积累误差,达到装配精度要求的方法。这种边修、边装的方法生产效率较低,对工人技术水平要求较高,适用于单件、小批量生产。

(3)调整法

装配时,通过改变零件尺寸大小或相应位置,来消除相关零件在装配过程中形成的累积误差,达到装配精度要求的方法。调整法可进行定期调整,易于保证和恢复配合精度,可降低零件的制造成本,适合单件、批量生产。

4. 配合种类

(1)间隙配合:配合面有一定的间隙量,以保证配合零件符合相对运动的要求,如滑动轴承与轴的配合。

(2)过渡配合:配合面有较小的间隙或过盈,以保证配合零件有较高的同轴度,且装拆容易,如齿轮、带轮与轴的配合。

(3)过盈配合:装配后,轴和孔的过盈量使零件配合面产生弹性压力,形成紧固连接,如滚动轴承内孔与轴的配合。

5. 装配基本步骤

(1)研究和熟悉装配图、工艺文件和技术要求,了解产品的结构、零部件的作用及相互间的连接关系和装配精度要求等。

（2）确定装配的方法和程序，准备所需工具。

（3）备齐零件，清理和洗涤零件上的毛刺、铁屑、油污、锈蚀等。

（4）装配时按组件装配→部件装配→总装配的顺序进行。

（5）调整零件或机构的相互位置、配合精度，试车并检验各部分的几何精度、工作精度和整机性能。

（6）为防止生锈，机器的加工表面应涂防锈油，然后装箱入库。

6. 装配工作要求

（1）装配时，首先检查零件有无变形、损坏、形状和尺寸精度是否合格，并对零件进行标记，以防止错装。

（2）固定连接的零部件，不得有间隙。活动连接的零部件，应保证合理间隙，使之灵活均匀地按规定方向运动，不应有跳动。

（3）各运动部件的接触表面，必须保证有足够的润滑，油路必须保持畅通。

（4）各种管道和密封部位，装配后不得有渗漏现象。

（5）试车前，应检查各部件连接的可靠性和运动的灵活性，各操纵手柄是否灵活和手柄位置是否在合适的位置。试车应从低速到高速逐步进行。

8.8.2 典型零件的装配方法

1. 紧固零件装配

紧固连接分为可拆卸与不可拆卸两类。可拆卸连接是指拆开连接时零件不会损坏，重新安装仍可使用的连接方式。生产中常用的有螺纹、键、销等连接，如图 8-52 所示；而不可拆卸连接为铆接、焊接和胶接等。

图 8-52 可拆卸连接
1—键；2—毂；3—轴；4—手指；5—锤

用螺栓、螺母连接零件时，要求各贴合表面平整光洁，清洗干净，然后选用合适尺寸的扳手旋紧。松紧程度必须合适：用力太大，会出现螺钉拉长或断裂，螺纹面拉坏、滑牙，使机件变形；用力太小，不能保证机器工作时的稳定性和可靠性。如果装配成组螺栓、螺母时，要按一定的顺序拧紧，做到分次、对称、逐步拧紧，以保证零件贴合面受力均匀，如有定位销，应从靠近定位销的螺栓（螺钉）开始，如图 8-53 所示。在有振动或冲击的场合，为了防止螺栓或螺母松动，必须有可靠的防松装置，如图 8-54 所示。

图 8-53　螺栓螺母连接顺序

a）双螺母　　　b）弹簧垫圈　　　c）开口销　　　d）止动垫圈　　　e）止退垫圈　　　f）钢丝防松

图 8-54　螺纹联接防松装置

用平键连接时,键与轴上键槽的两侧面应留一定的过盈量。装配前,去毛刺、配键,洗净加油,将键轻轻敲入槽内并与底面接触,然后试装轮子。轮毂上的键槽若与键配合过紧,则需修正键槽,但不能松动。键的顶面与槽底间留有间隙。

用铆钉连接零件时,在被连接的零件上钻孔,插入铆钉,用顶模支持铆钉的一端,另一端用锤子敲打,如图 8-55 所示。

a）定位　　　b）墩粗　　　c）修整　　　d）模压

图 8-55　铆接过程

2. 滚珠轴承装配

滚珠轴承配合的作用是使得轴承的静止圈和旋转圈分别与安装部位的静止部分（通常是轴承座）和旋转部分（通常是轴）固结在一起，从而实现在旋转状态下传递载荷和限定运动系统相对于静止系统位置的基本任务。滚珠轴承内圈与轴为基孔制，多采用过盈配合；外圈与轴承座孔之间为基轴制，多采用过渡配合。

滚珠轴承装配是用锤子或压力机压装，轴承结构不同，安装方法有区别。若将轴承装在轴上，要施力于内圈端面，如图 8 - 56a 所示。若压到基座孔中，则要施力于外圈端面，如图 8 - 56b 所示。若同时压到轴上和基座孔中，则应施力于内外圈端面，如图 8 - 56c 所示。轴承装配时，通过加热轴承或轴承座，利用热膨胀转变松紧配合。热装前把轴承放入油箱中均匀加热 80℃ ~ 100℃，然后从油中取出尽快装到轴上，为防止冷却后内圈端面和轴肩贴合不紧，轴承冷却后可以再进行轴向紧固。

　　a）施力于内圆端面　　　b）施力于外圆端面　　　c）同时施力于内外圆端面

图 8 - 56　滚珠轴承装配

8.8.3　装配实例

图 8 - 57 是减速机组件的装配，其装配顺序如下：

(1)将键装入轴上的键槽内。

(2)将键装入齿轮毂中，实现轴与齿轮的连接。

(3)大轴右端装入垫圈，压装右轴承。

(4)压装左轴承。

(5)毡圈放入透盖槽中，将透盖装在轴上。

图 8 - 57　减速机组件的装配

1—齿轮；2—毡圈；3—传动轴；4—透盖；5—左轴承；6—键；7—垫圈；8—右轴承

8.8.4　拆卸工作的要求

（1）机器拆卸工作，应按其结构的不同，预先考虑操作顺序，以免先后倒置，造成零件的损伤或变形。

（2）拆卸的顺序，一般应与装配的顺序相反。

（3）拆卸时，使用的工具必须保证对合格零件不会发生损伤，严禁用手锤直接在零件的工作表面上敲击。

（4）拆卸时，零件的旋松方向必须辨别清楚。

（5）拆下的零部件必须有次序、有规则地放好，并按原来结构套在一起，配合件上做记号，以免搞乱。对丝杠、长轴类零件必须正确放置，防止变形。

8.9　钳工实习作业件

图 8-58 所示的是一个钳工实习零件——鸭嘴小锤锤头，该零件的材料为 45 钢，毛坯尺寸为 110mm×19mm×24mm。该工件属于长方体零件，其精度和表面粗糙度要求均不高，钳工可以独立完成此件。其制作工艺步骤如表 8-5。

图 8-58　鸭嘴小锤锤头

表 8-4　鸭嘴小锤锤头制作工艺

序号	工序内容	简图及技术要求	工　具
1	确定划线基准：选一未加工面锉平作为基准面（图示 A 面），并检验其平直度。		锉刀、划线平台。
2	划线（先将工件表面涂上颜色，便于划线）：① 将工件长度方向竖立，基准面靠平 V 型铁，先划 1mm 作为锤底面基准线；② 划小锤前端 58mm 高度线；③ 划小锤中部 R5 圆弧线；④ 划小锤总长 105mm 高度线；⑤ 划小锤基准面平放，在平台上划小锤厚度线 18mm；⑥ 划小锤 R5 圆弧最低点线 13mm；⑦ 划小锤鸭嘴部线 5mm。		划线平台、高度游标尺。

（续表）

序号	工序内容	简图及技术要求	工　具
3	打样冲眼:在划出的轮廓线上每隔 5～6 打上清晰可见的样冲眼。		样冲。
4	锯削:① 将工件沿长度方向夹紧在台钳上,锯 58mm 直线至 R5 圆弧线中间;② 将工件沿纵向适当位置夹紧,从鸭嘴线端面起锯,锯斜面线至 R5 圆弧线中段;③ 将工件横向夹紧在圆弧线中段将毛坯余量锯断。	锯削时要沿线条外围锯切,保证锯完后能清晰看到原有线条。	锯弓、锯条。
5	锉削:①将工件横向水平夹紧在台钳上,先锉 58mm 尺寸,保证与基准面平行,平行度为 0.1,工件厚度为 18±0.1;②将工件斜平面置水平方向约 30°夹紧,锉圆弧面 R5 及斜平面至尺寸。	锉削时要用铜丝刷清除锉刀铁屑,不得用手直接触摸,更不能用嘴吹工件。	12 寸平锉、8 寸平锉、8mm″圆锉、游标卡尺。
6	钻孔:先划螺纹孔 M12 中心线。① 将工件竖立靠在型铁,划底面孔中心线 43mm;②将工件水平放置,按工件实际尺寸划一中心线;③在两中心线交叉点上打上样冲眼;④在老师指导下自己动手在钻铣床上钻出 φ10.5mm 的孔。	样冲眼要打准确,并能使钻头横刃落入样冲眼。	平台、高度游标尺、样冲、φ10.5 钻头。
7	成型: ①将两刨削面锉平至尺寸;②将小锤底面 1mm 余量锉平;③将鸭嘴部分多余材料锯掉,并锉成 R2.5 半圆弧形;④划四条倒角线 28×2.5mm,先锉圆弧 R5,再锉四棱小平面（不要将小平面锉成圆弧面）;⑤锉底面圆弧倒角面,即将锉刀面侧斜 45°旋转锉圆与 18×18mm 成内切圆;⑥攻 M12 螺纹;⑦用 6″小锉对各加工表面用推锉法推锉一遍,再用 0# 砂布顺长度方向抛光。	丝锥切入时要与工件表面垂直;顺时针转一圈退半圈,以便及时排出铁屑;可适当加入润滑油。	锉刀、游标卡尺、M12 丝锥、铜口钳。
8	检验 自检后打上本人学号后三位数,交老师检验。		

实习报告

一、判断题

1. 用丝锥加工内螺纹,称为套螺纹。（　　　）

2. 钻床可以进行钻孔、扩孔、铰孔。（　　　）

3. 在已加工表面划线时,一般使用蓝油或石灰水作涂料。（　　　）

4. 锉削过程中,两手对锉刀压力的大小应保持不变。（　　　）

5. 攻螺纹时,螺纹底孔直径必须与内螺纹的小径尺寸一致。（　　　）

二、填空题

1. 攻丝时每正转 0.5～1 圈后,应反转 1/4～1/2 圈,是为了_____。

2. 制造手用锯条的材料一般由_____制成。

3. 手工锯条按齿距大小可分为_____、_____和_____。

4. 麻花钻的工作部分包括_____和_____。

三、单项选择题

1. 钢件上 M12×1.5 螺纹,在攻螺纹前钻孔直径应为( )。

A. $\phi 10.5$ mm   B. $\phi 10.35$ mm   C. $\phi 12$ mm   D. $\phi 10$ mm

2. 钻孔的尺寸公差等级一般为( )。

A. IT8~IT9   B. IT6~IT7   C. IT11~IT13   D. IT5~IT6

3. 钻孔的粗糙度 R_a 值一般为( )。

A. $R_a = 50 \sim 12.5\,\mu m$ B. $R_a = 6.3 \sim 1.6\,\mu m$ C. $R_a = 0.4 \sim 0.8\,\mu m$ D. $R_a = 0.1 \sim 0.2\,\mu m$

4. 钻—扩—铰后,孔的尺寸公差等级一般可达( )。

A. IT3~IT5   B. IT7~IT6   C. IT10~IT13

5. 手锯安装锯条时,锯齿尖应( )。

A. 向前

C. 细齿向前,粗齿向后

B. 向后

D. 粗齿向前,细齿向后

6. 使用手锯,起锯时锯条与工件表面所成的角度约为( )。

A. 倾斜 45°   B. 倾斜 30°   C. 倾斜 15°   D. 平行

8. 套螺纹的刀具是什么?它用来加工什么螺纹?下列说法正确的是( )。

A. 板牙,加工内螺纹

C. 丝锥,加工外螺纹

B. 板牙,加工外螺纹

D. 丝锥,加工内螺纹

9. 钻孔时,能否戴手套?下列说法正确的是( )。

A. 能戴

C. 不能戴

B. 必须戴,以防铁屑划破手

D. 不确定

10. 装配中拧紧成组螺栓(螺母)时,应按一定的顺序并循环两三次,逐步拧紧。下列说法正确的是( )。

A. 按顺时针方向依此拧紧

C. 按对角线一对一对拧紧

B. 按逆时针方向依此拧紧

D. 先拧一边,再拧另一边

11. 单件小批量生产中,钻孔前需划线并打洋冲眼,其目的是( )。

A. 确定孔位,防止钻头偏斜

C. 减小钻头磨损

B. 减小钻削阻力

12. 标准麻花钻的顶角为( )。

A. 60°±2°   B. 90°±2°   C. 118°±2°   D. 30°±2°

13. 在锉削加工余量较小或者在修正尺寸时,应采用( )。

A. 顺向锉法   B. 交叉锉法   C. 推锉法   D. 滚锉法

14. 制造麻花钻的材料一般是( )。

A. 碳素工具钢   B. 高速钢   C. 低合金工具钢   D. 硬质合金

15. 在铸铁件上加工 M12×1.5 的螺纹,攻螺纹前的钻孔直径应为( )。

A. $\phi 10.5$ B. $\phi 10.35$ C. $\phi 12$ D. $\phi 10$

16. 在零件图上用来确定其他点、线、面位置的基准,称为( )。

A. 设计基准   B. 加工基准   C. 划线基准   D. 定位基准

17. 在工装(如模具)制造中,常用的装配方法是( )。

A. 完全互换法   B. 选配法   C. 调整法   D. 修配法

四、连线题

1. 正确连线锯削不同的材料和应选用锯条种类。

① 锯削中等硬度钢、厚壁铜管铸铁　　　　A. 粗齿锯条

② 锯削软钢、黄铜、铝　　　　　　　　　B. 细齿锯条

③ 锯削板料及薄壁管　　　　　　　　　　C. 中齿锯条

2. 正确连线下列锉削方法。

① 粗锉较大的平面　　　　　　　　　　　A. 交叉锉

② 锉平面修光　　　　　　　　　　　　　B. 推锉

③ 锉削外圆弧面　　　　　　　　　　　　C. 滚锉

④ 锉削窄长平面　　　　　　　　　　　　D. 顺向锉

五、简答题

1. 试分析手工锯削时锯条折断的原因。

2. 试分析手工锯削时锯缝产生歪斜的原因。

第 9 章　计算机辅助设计与制造技术

【实训目的与要求】

(1)熟悉 CAD/CAM 技术的概念、功能与任务。

(2)了解常用 CAD/CAM 软件。

(3)掌握"CAXA 制造工程师"软件的使用功能和操作方法。

【安全实习注意事项】

(1)注意用电安全、网络安全,正确进行计算机的开关机操作。

(2)不得使用 U 盘进行数据存储于传输,避免计算机病毒复制相互感染。

(3)不得使用无关的软硬件设施,不得安装或删除计算机软件。

随着人们生活水平的提高,消费者的价值观正发生结构性的变化,并呈现出多样化与个性化的特征,用户对各类产品的质量,产品的更新换代速度,以及产品从设计、制造到投放到市场的周期都提出了越来越高的要求。为了适应这种变化,工厂的产品也向着多品种、中小批量和个性化的方向发展,要求生产更具有柔性。计算机辅助设计与制造就是利用计算机辅助进行产品的设计和制造,以满足这种新的要求的制造技术与方法。机械 CAD/CAM 技术形成于 20 世纪 60 年代,随着 50 多年的迅速发展,它可以实现零件的设计和分析、有限元分析、虚拟装配和仿真、数控加工和仿真等许多计算机辅助功能,从而成为工程设计制造人员的主要设计制造工具,在现代的设计制造业中发挥着愈发重要的作用,在各种机械产品的生产和设计过程中有举足轻重的作用和重要地位。CAD/CAM 技术应用已经快速地从军事工业向民事工业转移和发展,由大型企业向中小型企业推广,由高新技术产业区域逐步向汽车、日用家电、轻工业普及。

9.1　CAD/CAM 技术概述

9.1.1　基本概念

CAD/CAM(Computer Aided Design and Computer Aided Manufacturing)技术以计算机及周边设备和系统软件为基础,是制造工程技术与计算机技术相互结合、相互渗透而发展起来的一项综合性技术。CAD/CAM 技术的特点是将人的创造能力和计算机的高速运算能力、巨大存储能力和逻辑判断能力有机地结合起来,通过网络技术,使异地、协同、虚拟设计及实时仿真技术在 CAD/CAE/CAM 中得到了广泛应用。

CAD(计算机辅助设计)是指工程技术人员在计算机及各种软件工具的帮助下,应用自身的知识和经验,对产品进行包括方案构思、总体设计、工程分析、图形编辑和技术文档管理等设计活动的总称。CAD 技术是一个在计算机环境及相关软件的支撑下完成对产品的创造、分析和修改,以期达到预期目标的过程。

CAM(计算机辅助制造)是利用计算机来进行生产设备管理控制和操作的过程,有狭义和广义的两个概念。广义的 CAM 技术是指利用计算机技术进行产品设计和制造的全过程以及与其相关联的一切活动,它包括产品设计(几何造型、分析计算、工程绘图、结构分析、优化设计等)、工艺准备(工艺计划、工艺装备设计制造、NC 自动编程、工时和材料定额等)、生产计划、物料作业计划和物流控制(加工、装配、检验、传递和存储等),另外还有生产控制、质量控制及工程数据管理等。狭义的 CAM 技术是指从产品设计到加工制造之间的一切生产准备活动,它包括 CAPP、NC 编程、工时定额的计算、生产计划的制订、资源需求计划的制订等,狭义的 CAM 概念甚至更进一步缩小为 NC 编程的同义词,CAPP 已被作为一个专门的子系统,而工时定额的计算、生产计划的制订、资源需求计划的制订则划分给 MRP Ⅱ/ERP 系统来完成。

9.1.2　功能与任务

由于 CAD/CAM 系统所研究的对象任务各有不同,则所选择的支撑软件不同,对系统的硬件配置、选型也不同。系统总体与外界进行信息传递与交换的基本功能是靠硬件提供的,而系统所能解决的具体问题是由软件保证的。

CAD/CAM 系统的基本功能主要包括:(1)人机交互功能。采用友好的用户界面,是保证用户直接、有效地完成复杂设计任务的基本和必要条件。(2)图形显示功能。从产品的造型、构思、方案的确定,结构分析到加工过程的仿真,系统应保证用户实时编辑处理,在整个过程中,用户的每步操作,都能从显示器上及时得到反馈出设计的结果。(3)存储功能。为保证系统能够正常的运行,CAD/CAM 系统必需配置容量较大的存储设备,以支持数据在各模块运行时的正确流通。(4)输入输出功能。一方面用户须不断地将有关设计要求、计算步骤的具体数据等输入计算机内;一方面通过计算机的处理,能够将系统处理的结果及时输出。

CAD/CAM 系统之主要任务是对产品设计、制造全过程的信息进行处理。这些信息主要包括设计、制造中的数值计算、设计分析、工程绘图、几何建模、机构分析、计算分析、有限元分析、优化分析、系统动态分析、测试分析、CAPP、工程数据库的管理、数控编程、加工仿真等各个方面。图 9-1 所示是 CAD/CAM 软件的部分功能。

　　a)零部件的设计与装配　　　b)整机的装配与仿真　　　c)零部件的有限元分析

图 9-1　CAD/CAM 软件部分功能

9.1.3　常用 CAD/CAM 应用软件

随着计算机软硬件的不断发展,商品化的 CAD/CAM 软件正在为广大技术人员所掌握,主要包括 Creo(Pro/E)、UG、Solidworks、Mastercam、Inventor、CAXA 等,表 9-1 所示是常用 CAD/CAM 软件的简介。

表 9-1　常用 CAD/CAM 软件简介

软件名称	软件介绍
UG	该软件是集成化的 CAD/CAE/CAM 系统,是当前国际、国内最为流行的工业设计平台。其主要模块有数控造型、数控加工、产品装配等通用模块和计算机辅助工业设计、钣金设计加工、模具设计加工、管路设计布局等专用模块。
Creo(Pro/E)	该软件开创了三维 CAD/CAM 参数化的先河,采用单一数据库的设计,是基于特征、全参数、全相关性的 CAD/CAE/CAM 系统。该软件包含了零件造型、产品装配、NC 加工、模具开发、钣金件设计、外形设计、逆向工程、机构模拟、应力分析等功能模块。
CATIA	该软件最早用于航空业的大型 CAD/CAE/CAM 软件,目前 60% 以上的航空业和汽车工业都使用该软件。该软件是最早实现曲面造型的软件,它开创了三维设计的新时代。目前 CATIA 系统已发展成为从产品设计、产品分析、NC 加工、装配和检验,到过程管理、虚拟动作等众多功能的大型软件。
Solidworks	该软件具有极强的图形格式转换功能,几乎所有的 CAD/CAE/CAM 软件都可以与 Solidworks 软件进行数据转换,美中不足的是其数控加工功能不够强大(可以采用 SolidCAM)。该软件具有产品设计、产品造型、产品装配、钣金设计、焊接及工程图等功能。
Mastercam	该软件是基于 PC 平台集二维绘图、三维曲面设计、体素拼合、数控编程、刀具路径模拟及真实感模拟功能于一身的 CAD/CAM 软件,对于复杂曲面的生成与加工具有独到的优势,但其对零件的设计、模具的设计功能相对较弱。
Cimatron	该软件是一套集成 CAD/CAE/CAM 的专业软件,它具有模具设计、三维造型、生成工程图、数控加工等功能。该软件在我国得到了广泛的使用,特别是在数控加工方面更是占有很大的比重。
CAXA 制造工程师	该软件是我国自行研制开发的全中文、面向数控铣床与加工中心的三维 CAD/CAM 软件,它既具有线框造型、曲面造型和实体造型的设计功能,又具有生成二至五轴的加工代码的数控加工功能,可用于加工具有复杂三维曲面的零件。

9.2　CAXA 制造工程师的使用

　　CAXA 制造工程师是一款 CAD/CAM 应用软件,主要是针对在数控铣床和加工中心上进行的三维加工(多轴联动)设计。它可以方便地进行三维实体的特征造型、自由曲面造型和灵活的曲面实体造型,具有高效、准确的自动编写数控加工程序的能力,使 CAD 模型与 CAM 加工技术无缝集成。

　　CAXA 制造工程师基本界面如图 9-2 所示,各种应用功能通过菜单条和工具条等进行驱动;状态条指导用户操作并提示当前状态和所处位置;设计树和加工树记录了历史操作和相互关系,可进行参数修改,还含立即菜单;工作区显示各种功能操作结果。

　　CAXA 制造工程师进行辅助设计的关键是绘制符合图纸要求的模型,特别注意的是:

特征图(实体图)的制作必须在草图状态下绘制,再进行三维实体制作;平面轮廓图和三维曲面图则在非草图下产生。CAXA 制造工程师进行辅助制造的关键是设置好加工的规则和加工参数,自动生成零件的加工程序。

图 9-2　CAXA 制造工程师基础界面

图形的绘制、编辑和查看等操作可通过软件的各个菜单目录下各个功能指令进行,也可以使用工具条中的快捷图标或快捷键进行操作,常用的快捷图标如下:

♻三维旋转;🔍图形缩放;🔍显示窗口;🔍显示全部;🖮刷新重绘制;✛图形平移;🖊删除;🖊草图开关;✂曲线裁剪;◈构造基准面;∿样条线;／直线;⌒圆弧;⊕整圆;⌐曲线过渡。

表 9-2 所示是 CAXA 制造工程师常用的快捷键。

表 9-2　CAXA 制造工程师常用快捷键

快捷键	功　　能
F1	请求系统帮助。
F2	草图器,用于绘制草图状态与非绘制草图状态的切换。
F3	显示全部。
F4	重画。
F5	将当前平面切换至 XOY 面。同时将显示平面置为 XOY 面,将图形投影到 XOY 面内进行显示。
F6	将当前平面切换至 YOZ 面。同时将显示平面置为 YOZ 面,将图形投影到 YOZ 面内进行显示。

（续表）

快捷键	功　　能
F7	将当前平面切换至 *XOZ* 面。同时将显示平面置为 *XOZ* 面,将图形投影到 *XOZ* 面内进行显示。
F8	显示立体图。
F9	切换作图平面(*XOY*,*XOZ*,*YOZ*)。
方向键	显示平移。
Shift＋方向键	显示旋转。
Ctrl＋↑	显示放大。
Ctrl＋↓	显示缩小。
Shift＋鼠标右键	显示缩放。
Shift＋鼠标左键	显示旋转。
Shift＋鼠标中键	显示平移。

9.2.1　程序录入与轨迹生成训练

（1）程序输入

用 Windows 自带的"记事本"程序输入零件的数控加工程序,并保存成文本文件"＊.txt"格式。按 ISO 指令代码和规则输入零件程序,程序段前应用标识符"％",每行为一个程序段,用 M30 指令结束程序。将以下数控加工程序输入计算机(字母用大写;空格、不空格均可;注意区分字母 I 和数字 1):

```
%
N10G90
N20M03S200F200
N30G00X－27Y－15
N40G01Z－0.7
N50G03X－20Y－22I7J0
N60G01X20Y－22
N70G03X27Y－15I0J7
N80G01X27Y15
N90G03X20Y22I－7J0
N100G01X－20Y22
N110G03X－27Y15I0J－7
N120G01X－27Y－15
N130G00Z2.4
N140X10Y0
N150G01Z－2.4
N160G02X10Y0I－10J0
N170M30
```

（2）代码反读，生成加工轨迹图

点击"加工"→"后置处理"→"校核 G 代码"，弹出对话框，输入"文件名 .txt"并打开。出现一对话框，定义圆心，选"圆心对起点"，按"确定"生成加工轨迹图形，如图 9-3 所示；按 F8 生成轴测图，放大，观察该图形的特点（注意加工内圆前的抬刀、下刀轨迹），保存该图形。

本方法一般用来验证数控加工程序，如果图形正确，程序即可传输到数控机床上进行数控加工。

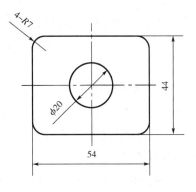

9.2.2 特征造型

1."饭盒"零件的设计

（1）作草图：在特征树中点击"平面 XY"，打开草图开关（处于按下状态），点击直线图标，回车，出现坐标输入框，依次输入每点坐标值（X, Y, Z）：（100，65，0）、（-100，65，0）、（-100，-65，0）、（100，-65，0）、（100，65，0），每次仅输入一组坐标确定一个坐标点，回车后，再输入下一个点的坐

图 9-3 零件加工轨迹图

标，全部输入后单击鼠标右键确认。注：所以坐标输入中的分隔符均为英文"，"（下同）。

（2）关闭草图图标，（处于未按下状态）。

（3）按 F8 键，使图形转为轴测图。

（4）拉伸基本体：点击"造型"→"特征生成"→"增料"→"拉伸"或点击图标，在对话框中输入深度 70，单位 mm，下同。若显示"草图未准备好"，需用鼠标点取草图，或到设计树中点取该草图的记录。

（5）竖直棱边的过渡：点击"造型"→"特征生成"→"过渡"或点击图标，在对话框中输入半径 20，点取基本拉伸体的四条竖直棱边，可用旋转图标，用鼠标中键选中实体后拖动旋转，对话框显示过渡边："4 条边、0 个面"，点击"确定"。

（6）底面边（下表面）的过渡：点击"造型"→"特征生成"→"过渡"或点击图标，在对话框中输入半径 6，点击旋转图标拖动所绘制图形，观察基本拉伸体各个面，点取基本拉伸体下表面，点击"确定"。

（7）抽壳：点击"造型"→"特征生成"→"抽壳"，或点击图标，在对话框中输入厚度 2，旋转实体，点取基本拉伸体的上表面，点击"确定"即完成，如图 9-4 所示。

通过"设置"→"材质"/"光源"等可以设置模型相关材料的材质、颜色等信息。

2."连杆"零件的设计

（1）作基本拉伸体草图，如图 9-5 所示。

在特征树中，点击"平面 XY"，打开草图开关；

图 9-4 饭盒零件图

点击圆图标，选"圆心－半径"，按回车键；出现坐标输入框，输入圆心坐标（70，0，0），回车;输入半径 20,回车;单击鼠标右键确定,按回车键;输入圆心坐标(-70,0,0),回车;输入半径 40,回车;单击鼠标右键确定。

选"两点-半径",按空格键,选"切点",用鼠标拾取两圆内侧上端(即左边圆的第一象限,右边圆的第二象限),按回车键,输入半径值 250,形成圆 3,用鼠标拾取两圆内侧下端,按回车键,输入半径值 250,形成圆 4。

点击"造型"→"曲线编辑"→"曲线裁剪",或点击图标 ✂,点击圆 3 上端、圆 4 下端,以及 R40、R20 两圆内侧,裁掉多余部分,形成如图 9-5 所示的轮廓图。

关闭草图开关 🖉,完成草图制作,按 F8 键,转轴测图。

(2)生成基本拉伸体

点击"造型"→"特征生成"→"增料"→"拉伸"或点击图标 📭;类型选择"固定深度",输入深度 10;选择"增加拔模斜度",角度为 5°;其余选项不变,按"确定",基本拉伸体生成。

(3)拉伸小凸台

点击基本拉伸体的上表面,打开草图开关 🖉,制作草图 1(小圆),点击整圆图标 ⊕;选"圆心-半径",回车;输入圆心坐标(70,0,0),回车;按空格键,选"最近点";用鼠标拾取基本拉伸体的边缘来确定半径,单击鼠标右键结束操作。关闭草图开关 🖉,完成草图 1。

点击"造型"→"特征生成"→"增料"→"拉伸"或点击图标 📭;类型选择"固定深度",输入深度=10;选择"增加拔模斜度",角度为 5°;其余选项不变,按"确定",小凸台生成,如图 9-6 右侧所示。

图 9-5 连杆造型过程 1   图 9-6 连杆造型过程 2

(4)拉伸大凸台

点击基本拉伸体的上表面,打开草图开关 🖉,制作草图 2(大圆),方法与草图 1 相同,圆心坐标改为(-70,0,0)。关闭草图开关 🖉,完成草图 2。

点击图标 📭,类型选择"固定深度",输入深度 15;选择"增加拔模斜度",角度为 5°;其余选项不变,按"确定",大凸台生成,如图 9-6 左侧所示。

(5)两凸台之间生成一凹槽

选中基本拉伸体上表面,打开草图开关 🖉,点取图标 ↖(相关线),在立即菜单中选用实体边界,分别点取大小凸台与基本拉伸体的交线和基本拉伸体两侧面轮廓线,点取图标 ⅂ 作等距线,方向向里,并取距离,距大圆 10、距小圆 7、距两侧边界 4。删除以上实体边界,用线裁剪 ✂ 去掉多余线条,并用线过渡工具 ⌐ 对图形的四尖角进行过渡,过渡半径 3,如图 9-7 所示。

关闭草图开关 🖉，用拉伸除料 🗔，点击草图，深度选 4，确定，凹槽形成。

(6)形成小凸台凹坑

在设计树选中"平面 XZ"，打开草图开关 🖉，点直线图标 ╲，选"两点线"，按空格键，选取"端点"，点击小凸台上端面外端点(右侧边缘处)，再按空格键，选取"中点"，点击小凸台上端面外端点的对面圆弧线，形成小圆直径，记作直线 1；在立即菜单中选"平行线"，选取"距离"，填入距离为 10，用鼠标点击直线 1，再点击向上箭头，形成直线 2，如图 9-8 所示。

以直线 2 的中点为圆心，做圆：点击"整圆"图标 ⊕，选"圆心－半径"，按空格键，选"中点"，点直线 2，回车，输入半径 15，回车，按右键确定。点击"编辑"→"删除"或点击图标 ⌀，选直线 1，按右键，删除直线 1，点击"造型"→"线面编辑"→"曲线裁剪"，或点击图标 ✂，点击直线 2 圆外部分和上半圆，剩下下半圆，如图 9-9 所示。

关闭草图开关 🖉，点击直线图标 ╲，选"两点线"，按空格键，选取"缺省点"，点半圆直径(直线 2)两端交点，形成与直径相重合的空间直线，作为旋转轴。点击"造型"→"特征生成"→"除料"→"旋转"，或点击图标 🏮，弹出对话框，点取旋转轴和草图(半圆)，按"确定"，形成小凹坑。将旋转轴删除(用鼠标左键选取，按右键删除)。

图 9-7　连杆造型过程 3　　　　　图 9-8　连杆造型过程 4

图 9-9　连杆造型过程 5　　　　　图 9-10　连杆造型过程 6

(7)形成大凸台凹坑

大凸台凹坑形成的方法及步骤与小凸台凹坑相同，只需将平行线距离改为 20，圆半径改为 30 即可。

(8)生成过渡

点击"造型"→"特征生成"→"过渡"，或点击图标 🔲，在对话框中输入半径 10，点取大凸台和基本拉伸体的交线 1，如图 9-9 所示，按"确定"，点击过渡图标 🔲，输入半径 5，点取小凸台和基本拉伸体的交线 2，点击"确定"，点击过渡图标 🔲，输入半径 2，点取所有棱边(不包括底面棱边、凹槽只点取两条较长棱边),点击"确定",完成所有过渡,如图9-10所示。

在两凹坑中间打通孔:将特征(实体)图翻转,点击"造型"→"特征生成"→"孔",或点击图标 🔟,选取实体下表面,在"孔的类型"对话框中选择第一种类型,再用鼠标点击打孔的大概位置,回车,输入大圆圆心坐标(-70,0,0),点击参数表中的"下一步",输入直径20,选择"通孔",单击"完成"。

用同样的方法,在小凹坑的中间位置钻一个直径为10的通孔。

连杆特征图完成,如图9-10所示。

3. 连杆凸、凹模的设计

(1)将图9-10所示连杆实体的文件打开,在下拉"文件"菜单中,选择"另存为",在对话框"保存类型"中选择"*. x_t"文件格式,文件名定为"LG",将此文件保存在相关的文件夹中,为进行布尔运算做准备,如图9-11所示。

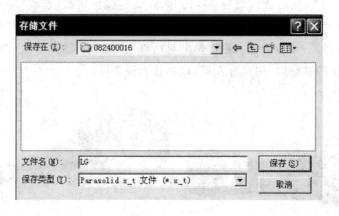

图9-11 连杆模具设计1

(2)制作一个长方体

① 新建草图0:新建一文件,点取特征树中"平面XY",打开草图开关 🖉。点击矩形图标 ▭,立即菜单选择"中心_长_宽"选项,输入长度220、宽度100,按回车键,输入矩形中心坐标(-10,0,0),按回车键,单击鼠标右键确定。按F2键,关闭草图0。

② 创建长方体实体:按"F8"和"F3",选择草图0,单击"拉伸增料"图标 🔟,选择"固定深度"、深度"10"、选择"反向拉伸",单击确定。长方体实体生成。

(3)制作连杆的凸模

将连杆并入,与当前零件实现并的运算,制作连杆的凸模。

① 点击"造型"→"特征生成"→"实体布尔运算",或点击 🔾 按钮,弹出、打开对话框,选取以上文件"LG. x_t",单击"打开",弹出布尔运算对话框,如图9-12所示。

图9-12 连杆模具设计2

② 选择布尔运算方式：⊙ **当前零件∪输入零件**，系统提示，给出定位点，用鼠标拾取实体上的坐标原点。

③ 在对话框中选择定位方式，"拾取定位的 x 轴"，点击"确定"，完成操作。连杆凸模制作完毕，如图 9 - 13 所示。

（4）制作连杆的凹模

① 按前述制作连杆凸模的方法创建草图 0。

② 创建长方体实体：选择草图 0，单击"拉伸增料"图标🔲，选择"固定深度"、深度"30"、不选"反向拉伸"，单击确定。长方体生成。

③ 将连杆（仍选以上"LG. x_t"文件）并入，与当前零件实现差的运算：选择布尔运算方式⊙ **当前零件－输入零件**，给出定位点，用鼠标拾取实体上的坐标原点。

④ 在对话框中选择定位方式，"拾取定位的 x 轴"，点击"确定"，完成操作。连杆凹模制作完毕，如图 9 - 14 所示。

图 9 - 13　连杆凸模　　　　　　　　　　　　　　图 9 - 14　连杆凹模

4. 轴套零件的设计

根据图 9 - 15 所示的轴套零件图，生成三维特征实体。

图 9 - 15　轴套零件图

（1）创建底板

按 F5 键，选择 XOY 面为作图平面和视图平面，单击特征树内基准面"平面 XY"，按 F2

键进入草图状态,单击"圆"工具按钮⊕,在立即菜单中选择"圆心_半径",按系统提示捕捉系统坐标原点为圆心,输入半径为220,绘制圆。单击"直线"工具按钮✑,在立即菜单中选择"两点线""单个"和"非正交",按系统提示捕捉圆起始点为第一点、捕捉与其对应的型值点(注:按空格键弹出)为第二点,绘制一直线。单击"等距线"工具按钮┓,在立即菜单中选择"单根曲线"和"等距",输入"距离"100,等距线方向分别为向上和向下,得到两等距线。单击"曲线裁剪"工具按钮,在立即菜单中选择"正常裁剪"和"快速裁剪",将多余直线删除,结果如图9-16a所示。单击"拉伸增料"工具按钮🗔,打开"拉伸增料"对话框,按图9-16b所示填写对话框(固定深度:50)后,单击"确定"按钮得到底板,按F8键,结果如图9-16c所示。

a)　　　　　　　　　　　　　b)　　　　　　　　　　　　　c)

图 9-16　轴套零件底板的创建

(2)创建圆台

按F7键,选择面为作图平面和视图平面,单击特征树内基准面"平面XZ",按F2键进入草图状态,单击"直线"工具按钮✑,在立即菜单中选择"两点线""单个""正交""长度方式",输入"长度"85,按系统提示捕捉系统坐标原点为第一点,沿x轴正方向确定第二点。同理,绘制长度为170和70的两正交线段,最后在立即菜单中选择"两点线""单个""非正交"方式绘制圆台的斜线,按F2键,退出草图状态,在非草图状态下绘制一旋转轴,结果如图9-17a所示。单击"旋转增料"工具按钮伞,打开"旋转"对话框,按图9-17b所示填写对话框后,单击"确定"按钮得到圆台实体,按F8键,结果如图9-17c所示。

a)　　　　　　　　　　　　　b)　　　　　　　　　　　　　c)

图 9-17　轴套零件圆台的创建

(3)打孔

单击"打孔"工具按钮🗔,选择圆台的上表面为打孔平面,选择直孔,如图9-18a所示,单击绘图区域激活下一步操作,利用捕捉功能拾取 ϕ140 棱边的圆心为打孔的准确位置点,单击"下一步"按钮,按图 9-18b 所示填写对话框内容后,单击"确定"按钮得到 $\phi70$ 的通孔,如图 9-18c 所示。

图 9-18　轴套零件孔的创建

(4)切除长孔

按 F5 键,选择底板上表面为基准面,按 F2 键进入草图状态,单击"圆"工具按钮 ⊕ ,选中"圆心_半径",按系统提示输入圆心坐标为(155,0),输入圆半径为 30,绘制 $\phi60$ 的圆。单击"直线"工具按钮 ✏ ,在立即菜单中选择"两点线""单个""正交""长度方式",输入"长度"90,按系统提示,捕捉 $\phi60$ 圆的上型值点为第一点,沿 X 轴正方向确定第二点;同理,设置长度值为 60 和 90,沿垂直向下和 X 轴负方向分别绘制两线段,单击"曲线裁剪"工具按钮 ✂ ,在立即菜单中选择"正常裁剪"和"快速裁剪",结果如图 9-19a 所示。单击"拉伸除料"工具按钮 🗔 ,按图 9-19b 所示填写对话框内容后,单击"确定"按钮得到除料后的实体,按 F8 键,结果如图 9-19c 所示。

图 9-19　轴套零件切除长孔

(5)长孔阵列

单击"环形阵列"工具按钮 🖽 ,选择特征树内的长孔除料特征为阵列对象,激活"边/基准轴"选项,拾取在旋转特征中绘制的轴线为环形阵列的旋转轴,按图 9-20a 所示填写对话框内容后,单击"确定"按钮,结果如图 9-20b 所示。

(6)倒角

单击"倒角"工具按钮 ☁ ,选择 $\phi70$ 通孔的两棱边,按图 9-21a 所示填写对话框内容后,单击"确定"按钮,实现两棱边的倒角过渡,结果如图 9-21b 所示。

图 9-20　轴套零件长孔阵列

图 9-21　轴套零件倒角过渡

5. 斜支架特征造型

根据图 9-22 所示的轴套零件图,生成三维特征实体。

图 9-22　斜支架零件图

（1）创建底板

按 F5 键，选择 XOY 面为作图平面和视图平面，单击特征树内基准面"平面 XY"，按 F2 键进入草图状态，单击"矩形"工具按钮 ⬜，在立即菜单中选择"中心_长_宽"，输入"长度" 120 和"宽度"60，捕捉坐标原点为中心点，右击结束，得到 120×60 矩形，结果如图 9-23a 所示。单击"拉伸增料"工具按钮 🔲，按图 9-23b 所示设置对话框参数后，单击"确定"按钮得到拉伸实体底板，按 F8 键，结果如图 9-23c 所示。

图 9-23　斜支架零件底板的创建

（2）创建垂直支架

选择已生成底板的上表面为基准面，按 F2 键进入草图状态，单击"曲线投影"工具按钮 📈，按系统提示，拾取底板右侧棱边并将其投影到草图内。单击"平移"工具按钮 🔧，在立即菜单中选择"偏移量"和"移动"，输入"DX"－35 和"DY"0，按系统提示，拾取直线，右击确定。单击"等距线"工具按钮 ⬌，在立即菜单中选择"单根曲线"和"等距"，输入"距离"12，方向向左，得到等距线。单击"直线"工具按钮 ╱，在立即菜单中选择"两点线""单个"和"非正交"，按系统提示拾取等距线的两端点，结果如图 9-24a 所示。单击"拉伸增料"工具按钮 🔲，高度 20 按图 9-24b 所示设置对话框参数后，单击"确定"按钮得到拉伸垂直支架，结果如图 9-24c 所示。

a）绘制等路线　　　　　　　　b）设置拉伸增料参数　　　　　　c）得到拉伸垂直支架

图 9-24　斜支架零件垂直支架的创建

（3）创建斜支架

由于现有的基准面和已生成的实体表面均不能满足造型要求，在此，利用构造基准面的方法，创建一个新的基准面。

单击"构造基准面"工具按钮 ⬗，在弹出的"构造基准面"对话框中，选择"过直线与平面成夹角确定基准平面"方式,按图9-25a所示设置对话框参数后,单击"确定"按钮,则构建一倾斜的基准面,结果如图9-25b所示。

a)   b)

图9-25 斜支架零件斜支架基准面的构建

选择上述创建的基准面,按F2键进入草图状态,单击"圆"工具按钮⊕,在立即菜单中选择"圆心_半径",输入圆心坐标为(30,30),半径为30,绘制圆,单击"直线"工具按钮╱,在立即菜单中选择"两点线""单个""非正交",利用捕捉功能拾取 $\phi60$ 圆的型值点为直线的第一点,拾取实体的顶点为第二点绘制一条直线;同理绘制另一条直线。在立即菜单中选择"正常裁剪"和"快速裁剪",对 $\phi60$ 的圆进行修剪,连接草图两端点,草图绘制完毕,结果如图9-26a所示。

单击"拉伸增料"工具按钮🗔,按图9-26b所示设置对话框参数后,单击"确定"按钮得到拉伸斜支架,结果如图9-26c所示。

a)   b)   c)

图9-26 斜支架零件斜支架的创建

(4)创建凸台

选择已生成斜支架的上表面为基准面,按F2键进入草图状态,单击"圆"工具按钮⊕,在立即菜单中选择"圆心_半径",按系统提示,捕捉 $\phi60$ 棱边圆心,半径为20,绘制圆,结果如图9-27a所示。

单击"拉伸增料"工具按钮🗔,按图9-27b所示设置对话框参数后,单击"确定"按钮得到拉伸凸台,结果如图 9 - 27c 所示。

图 9 - 27　斜支架零件凸台的创建

（5）创建筋板

按 F7 键,选择 *XOZ* 面为作图平面和视图平面,单击特征树内的基准面"平面 *XZ*",按 F2 键进入草图状态,单击"直线"工具按钮 ✓,在立即菜单中选择"角度线"和"*Y* 轴夹角",输入"角度"－60,按系统提示,输入第一点坐标(0,－12),第二点可大致确定,但应注意保证直线长度能嵌入斜支架下表面,结果如图 9 - 28a 所示。

单击"筋板"工具按钮 ▱,按图 9 - 28b 所示设置对话框参数后,单击"确定"按钮得到筋板,结果如图 9 - 28c 所示。

图 9 - 28　斜支架零件筋板的创建

（6）打孔

单击"打孔"工具按钮 ▣,选择凸台上表面为打孔平面,选择直孔,如图 9 - 29a 所示,捕捉 $\phi40$ 凸台棱边的圆心,单击"下一步"按钮,按图 9 - 29b 所示设置对话框参数后,单击"确定"按钮得到 $\phi25$ 通孔,如图 9 - 29c 所示。

图 9 - 29　斜支架零件通孔的生成

(7)切除长孔

按 F5 键,选底板上表面为基准面,按 F2 键进入草图状态,单击"圆"工具按钮⊙,在立即菜单中选择"圆心_半径",按系统提示,输入圆心坐标为(45,0),输入圆半径为 7,绘制 φ14 的圆。单击"直线"工具按钮／,在立即菜单中选择"两点线""单个""正交""长度方式",输入"长度"20,按系统提示,捕捉 φ14 圆的上型值点为第一点,沿 X 轴正方向确定第二点,修改"长度"14,沿 Y 轴负方向确定第三点,修改"长度"20,沿 X 轴负方向确定第四点,单击"曲线裁剪"工具按钮,在立即菜单中选择"正常裁剪"和"快速裁剪",对 φ14 圆进行修剪,按 F8 键,结果如图 9-30a 所示。

单击"拉伸除料"工具按钮,按图 9-30b 所示设置对话框参数后,单击"确定"按钮得到除料后的实体,按 F8 键,结果如图 9-30c 所示。

图 9-30　斜支架零件长孔的生成

按 F9 键,选择 XOZ 面为作图平面,在非草图状态下,单击"直线"工具按钮／,在立即菜单中选择"两点线""单个"和"正交",按系统提示,拾取坐标系原点为第一点,沿 Z 轴正方向绘制第二点,得到一阵列用轴线,结果如图 9-31a 所示。

单击"环形阵列"工具按钮,选择特征树内的长孔为阵列对象,选中"边/基准轴"选项,拾取上一步中绘制的轴线为环形阵列的旋转轴,按图 9-31b 所示设置对话框参数后,单击"确定"按钮,结果如图 9-31c 所示。

图 9-31　斜支架零件长孔的阵列

（8）切除底板凹槽

按 F7 键，选择 *XOZ* 面为视图平面和作图平面，选择底板前侧表面为基准面，按 F2 键进入草图状态，单击"矩形"工具按钮，在立即菜单中选择"两点矩形"，按系统提示，输入起点坐标为（−25，−15），输入第二点坐标为（25，−12），右击结束，结果如图 9 − 32a 所示。单击"拉伸除料"工具按钮，按图 9 − 32b 所示设置对话框参数后，单击"确定"按钮得到除料后的实体，按 F8 键，结果如图 9 − 32c 所示。

a）　　　　　　　　　　　　　　　　b）　　　　　　　　　　　　　　　　c）

图 9 − 32　斜支架零件底板凹槽的切除

9.2.3　曲面造型

1."鼠标"的曲面造型

根据图 9 − 33 所示的鼠标零件图，生成其三维曲面造型。

图中圆弧半径为*R*110

图 9 − 33　"鼠标"零件图

（1）线架造型

① 扫描线的绘制

按 F5 键，选择 *XOY* 面为作图平面和视图平面，单击"圆弧"工具按钮 ，在立即菜单中选择"圆心_半径_起终角"，输入"起始角"90 和"终止角"270，拾取坐标系原点为圆心，输入圆弧半径 30，绘制圆弧，结果如图 9-34 所示。

单击"直线"工具按钮 ，在立即菜单中选择"两点线""连续""正交"和"长度方式"，输入"长度"65，捕捉第一点为圆弧线的上端点，选择 X 轴正方向，单击生成第一条直线；修改"长度"60，选择 Y 轴负方向，单击生成第二条直线；修改"长度"65，选择 X 轴负方向，单击生成第三条直线。

单击"曲线过渡"工具按钮 ，在立即菜单中选择"圆弧过渡""裁剪曲线 1"和"裁剪曲线 2"，输入"半径"12，拾取两边，完成曲线过渡结果，如图 9-34 所示。

图 9-34 "鼠标"扫描线的绘制　　图 9-35 "鼠标"导动线的绘制　　图 9-36 "鼠标"截面线的绘制

② 导动线的绘制

按 F8 键以轴测图为视图平面。单击"样条线"工具按钮 ，在立即菜单中选择"样条线""缺省切矢"和"开曲线"，按系统提示，分别输入样条线关键点坐标(-30,0,15)、(20,0,30)、(40,0,25)、(70,0,20)，绘制样条线，结果如图 9-35 所示。

③ 截面线的绘制

按 F9 键选择 *YOZ* 面为作图平面。单击"圆弧"工具按钮 ，在立即菜单中选择"圆心_半径_起终角"，输入"起始角"60 和"终止角"120，按回车键，输入圆心坐标(-30,0,-95)，输入圆弧半径110，画圆弧，结果如图 9-36 所示。

（2）曲面生成

① 扫描面的生成

单击"扫描面"工具按钮 ，在立即菜单中选择"起始距离"0、"扫描距离"40 和"扫描角度"0，输入扫描方向，按空格键，选择扫描方向为"Z 轴正方向"，拾取图 9-34 中所有曲线为截面线，生成扫描面，结果如图 9-37 所示。

② 导动面的生成

为便于继续作图方便，选择"编辑"目录下"隐藏"菜单项，将上步生成的扫描面暂时隐藏。

单击"导动面"工具按钮 ，在立即菜单中选择"平行导动"，拾取导动线并选择导动方向，拾取截面线，如图 9-38 所示，生成导动面，结果如图 9-39 所示。

图 9-37　"鼠标"扫描
面的生成

图 9-38　"鼠标"导动
面的设置生成

图 9-39　"鼠标"导动
面的生成

③ 曲面过渡

将隐藏的扫描面重新显示出来,单击"可见"工具按钮 ![icon]，系统提示拾取元素,选取六个扫描面,右击确定,结果如图 9-40 所示。

单击"曲面过渡"工具按钮 ![icon]，在立即菜单中选择"系列面过渡""等半径""裁剪两系列面"和"单个拾取",输入"半径"8,拾取六个扫描面为第一系列面(注意,拾取部位应位于裁剪后要保留的曲面处,如图中两曲面交线的下方加点处),并选择过渡方向均指向扫描面的内侧。拾取第二系列面,拾取导动面(注意,第二系列面只有一个,拾取部位应位于裁剪后要保留的曲面处),选择过渡方向向下(图 9-41 中向下箭头),过渡结果如图 9-42 所示。

图 9-40　取消
扫描面隐藏

图 9-41　曲面
过渡的设置

图 9-42　"鼠标"
曲面生成

2. 推进凸轮造型

(1)产生基本拉伸体

① 绘制草图 0

在屏幕左侧特征树中选择"平面 XY",打开草图开关 ![icon]，特征树中显示"草图 0"。

点击"整圆"图标 ![icon]，在左边立即菜单中选择"圆心_半径",回车;选取坐标原点位圆心,输入圆半径"123",回车;输入圆半径"85",回车;点击鼠标右键确认。点击 ![icon] 显示全部。

按 F2 键,关闭草图开关 ![icon]，完成草图 0 绘制。

② 拉伸增料

按 F3(显示全部)和 F8(轴测图),在特征树中选择"草图 0",单击"拉伸增料"图标 ![icon]，选择"固定深度",深度取"15",选择"反向拉伸",单击确定。

③ 绘制草图 1

选择圆盘的上表面作为草图 1 所在平面，单击圆盘的上表面（边缘呈现红色），按 F2 键，打开草图开关 🖊，特征树中显示"草图 1"，绘制"草图 1"。

按 F5，点击"整圆"图标 ⊕，左边立即菜单选择"圆心_半径"，回车；输入圆心点坐标（0，0，0），然后回车；按回车键，输入圆半径"85"后回车；再按回车键输入圆半径"100"后回车；点击鼠标右键确认。点击"整圆"图标 ⊕，关闭绘制圆功能。关闭草图开关 🖊，结束草图 1 的绘制。

④ 拉伸增料

按 F3 和 F8，在特征树中选择"草图 1"，单击"拉伸增料"图标 🖻，选择"固定深度"，深度取"45"，不选"反向拉伸"，单击确定。

（2）生成裁剪曲面

① 绘制空间曲线 1

点击"样条线"图标 🖊，在立即菜单中选择"插值""缺省切矢""闭曲线"，依次输入点坐标：(75,0,20)、(53.033,53.033,20)、(0,75,22.21)、(−53.033,53.033,30)、(−75,0,40)、(−53.033,−53.033,30)、(0,−75,22.21)、(53.033,−53.033,20)，单击鼠标右键确定，完成封闭空间曲线 1 的绘制。

② 绘制空间曲线 2

点击"样条线"图标 🖊，在立即菜单中选择"插值"、"缺省切矢"、"闭曲线"，依次输入点坐标：(110,0,20)、(77.7817,77.7817,20)、(0,110,22.21)、(−77.7817,77.7817,30)、(−110,0,40)、(−77.7817,−77.7817,30)、(0,−110,22.21)、(77.7817,−77.7817,20)，单击鼠标右键确定，完成封闭空间曲线 2 的绘制，也可用等距线 🔁 距离 35，绘制该曲线。

③ 生成直纹面（作为裁剪曲面）

"造型"→"曲面生成"→"直纹面"或点击图标 🗀，在立即菜单中选择"曲线＋曲线"，用鼠标分别拾取空间曲线 1 与空间曲线 2（拾取点位置要靠近），形成一个直纹面，按右键结束。

（3）生成凸轮轨道

① 曲面裁剪

"造型"→"特征生成"→"除料"→"曲面裁剪"，或点击图标 🗀，拾取直纹面（等待片刻，直纹面的边缘呈现红色即可）作为裁剪曲面，调整"除料方向选择"选项（使直纹面上的箭头向上），单击"确定"，曲面裁剪完成。拾取困难时，可将图形放大，下同。

② 删除辅助曲面和辅助曲线

拾取直纹面（直纹面的边缘呈现红色），按鼠标右键，删除直纹面，用同样的方法依次删除空间曲线 1、空间曲线 2。

（4）打孔

① 绘制草图 2

选择"平面 XY"作为草图 2 所在平面，用鼠标在左边的特征树中点取"平面 XY"，打开草图开关 🖊，特征树中显示"草图 2"，绘制"草图 2"。

按 F5,点击"整圆"图标⊕,在左边立即菜单中选择"圆心_半径",按回车键,输入圆心点坐标(112,0,0),然后回车;再按回车键,输入圆半径"6.5"后回车,单击鼠标右键确认。点击"整圆"图标⊕,关闭绘制圆功能。

点击"造型"→"几何变换"→"阵列",或点击图标▦,在立即菜单中选取:"圆形""均布""份数＝8",回车;用鼠标拾取圆,单击鼠标右键确定;按回车键,输入中心点坐标(0,0,0),回车;单击鼠标右键确定,阵列结束。

关闭草图开关,完成草图 2 的绘制。

② 拉伸除料(打孔):

单击 F8,选取"造型"→"特征生成"→"除料"→"拉伸……"或点击图标,选择"固定深度",深度"20",拉伸对象选取特征树中的"草图 2",单击确定。

推进凸轮造型完成,如图 9－43 所示。

图 9－43　推进凸轮曲面造型

9.2.4　综合造型

1. 曲面加厚特征造型

根据图 9－44 所示的零件生成实体。

(1)创建线架造型

按 F5 键,选择 XOY 面为作图平面和视图平面。单击"圆"工具按钮⊕,在立即菜单中选择"圆心_半径",按系统提示,捕捉坐标原点为圆心,输入圆半径为 90,绘制 $\phi180$ 的圆。单击"点"工具按钮,在立即菜单中选择"批量点"和"等分点",输入"段数"＝16,按系统提示拾取圆,此时整圆上出现 16 个等分点。单击"平移"工具按钮,在立即菜单中选择"偏移量"和"移动",输入"DX"＝0、"DY"＝0、"DZ"＝20,按系统提示,拾取圆上相邻的 8 个点,右击确定;同理修改"DZ"＝10,按系统提示,拾取其他 8 个点,右击确定,按 F8 键,结果如图 9－45a 所示。

图 9－44　曲面加厚特征零件

单击"样条线"工具按钮,在立即菜单中选择"样条线""缺省切矢""闭曲线",按系统提示,按顺序拾取以上各点(注意,拾取的第一点应是 X 轴正方向上的点,并以逆时针拾取),样条线生成后,将画面上的点隐藏,结果如图 9－45b 所示。

（2）创建直纹面

单击"直纹面"工具按钮 ，在立即菜单中选择"曲线＋曲线"，按系统提示，拾取圆与样条线，右击结束，结果如图 9－46a 所示。

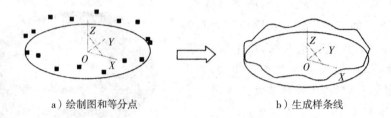

a）绘制图和等分点　　　　　　　　　　b）生成样条线

图 9－45　曲面加厚特征零件线架造型

（3）生成加厚实体

单击"曲面加厚增料"工具按钮 ，按图 9－46b 所示设置对话框参数后，单击"确定"按钮得到实体，结果如图 9－46c 所示。

a）　　　　　　　　　　b）　　　　　　　　　　c）

图 9－46　曲面加厚特征零件实体创建

2. 花形凸凹模特征造型

根据图 9－47 所示花形凸模二位零件生成花形凸凹模实体。

图 9－47　花形凸模二位零件

(1)裁剪曲面的生成

按 F7 键,选择 XOZ 面为作图平面和视图平面,单击"圆弧"工具按钮，在立即菜单中选择"圆心_半径_起终角",输入"起始角"30 和"终止角"90,按系统提示,输入圆心坐标为(0,0,-20),输入半径80,绘制圆弧。单击"直线"工具按钮，在立即菜单中选择"两点线""单个""正交"和"点方式",按系统提示拾取系统坐标原点为第一点,拾取沿 Y 轴正方向的任意一点为第二点绘制一垂直直线,结果如图 9-48a 所示。单击"旋转面"工具按钮，在立即菜单中输入"起始角"0 和"终止角"360,按系统提示,拾取旋转轴垂直直线,旋转方向任意,拾取母线圆弧线,右击结束,得到旋转面,按 F8 键,结果如图 9-48b 所示。

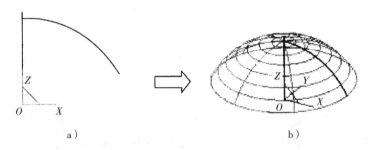

图 9-48 花形凸模生成裁剪曲面

(2)创建长方体

按 F5 键,选择 XOY 面为作图平面和视图平面,单击特征树内基准面"平面 XY",按 F2 键进入草图状态。单击"矩形"工具按钮，在立即菜单中选择"中心_长_宽",输入"长度"90 和"宽度"90,捕捉坐标原点为中心点,右击结束,结果如图 9-49a 所示。

单击"拉伸增料"工具按钮，按图 9-49b 所示设置对话框参数后,单击"确定"按钮得到拉伸实体,该实体与曲面相交,按 F8 键,结果如图 9-49c 所示。

图 9-49 花形凸模长方体的创建

(3)曲面裁剪实体

单击"曲面裁剪除料"工具按钮，拾取曲面除料方向向上,单击"确定"按钮得到裁剪后的实体,将曲面和圆弧线隐藏,结果如图 9-50 所示。

图9-50 曲面裁剪实体   图9-51 圆弧过渡

(4)圆弧过渡

单击"过渡"工具按钮,选择裁剪后实体的四个棱边,设置半径15,单击"确定"按钮实现四条棱边的圆弧过渡,结果如图9-51所示。

(5)创建凹槽

按F5键,选择XOY面为作图平面和视图平面,单击特征树内基准面"平面XY",按F2键进入草图状态。单击"圆"工具按钮⊙,在立即菜单中选择"圆心_半径",按系统提示,捕捉裁剪后实体一棱边中点为圆心,输入圆半径15,绘制φ30的圆。单击"拉伸除料"工具按钮🔲,设置基本拉伸类型为"贯穿",单击"确定"按钮得到除料后的实体,按F8键,结果如图9-52a所示。

单击"环形阵列"工具按钮🔲,选择特征树内的除料特征为阵列对象,激活"边/基准轴"选项,拾取垂直直线为环形阵列的旋转轴,设置参数为:1个特征,角度90°;当前旋转轴,数目4;勾选"自身旋转",点选单个阵列,单击"确定"按钮,凸模生成,结果如图9-52b所示。

a)   b)

图9-52 花形凸模实体

(6)创建凹模

以上面生成的凸模为参考模型,利用模具功能生成其模具型腔。为了保证塑料制品冷却后与实际零件尺寸相符,首先在参考模型上增加一个5%的放大量。单击"缩放"工具按钮🔳,设置参数:基点选择零件质心,收缩率5%,单击"确定"按钮,参考模型得到放大5%。

以参考模型为型腔生成包围此型腔的实体。单击"型腔"工具按钮🔳,按图9-53a所示设置对话框参数后,单击"确定"按钮,包围型腔的实体以线架显示,结果如图9-53b所示。

包围型腔的实体生成后,通过分模,得到最后的花型凹模。分模的方式有两种:草图分模和曲面分模,这里选择草图分模。

a)　　　　　　　　　　　　　　　　　　　b)

图 9 - 53　花形凸模型腔实体

按 F7 键,选择 XOZ 面为视图平面,选择实体前表面为基准面,按 F2 键进入草图状态。单击"直线"工具按钮／,在立即菜单中选择"两点线""单个""正交""点方式",按系统提示拾取系统坐标原点为第一点,拾取沿 X 轴正方向上的一点为第二点绘制一水平直线,然后,单击"曲线拉伸"工具按钮，沿 X 轴负方向拉伸该水平线(注意,该直线的最后长度应大于型腔实体在长度方向上的最大尺寸),结果如图 9 - 54a 所示。

单击"分模"工具按钮，选择上一步骤中生成的直线草图,按图 9 - 54b 所示设置对话框各参数,单击"确定"按钮,生成凹模,结果如图 9 - 54c 所示。

a)　　　　　　　　　　　　　　b)　　　　　　　　　　　　　c)

图 9 - 54　花形凹模草图分模

9.2.5　数控加工程序的自动编制

对花形凸模进行数控加工程序的编制。

1. 建立模型,设置毛坯

打开图 9 - 52 所示的花形凸模实体零件,建立模型。

在快捷菜单下选择"轨迹管理",双击"毛坯"选项,定义毛坯,如图 9 - 55 所示。毛坯的类型选择矩形(根据需要可选矩形、柱面、三角片等),包围盒选择参照模型(根据需要进行相应设置),确定。

2. 建立刀具轨迹

(1)在"加工""常用加工"目录下选择"等高线粗加工",分别设置加工参数、区域参数、连接参数、坐标系、干涉检查、计算毛坯、切削用量、刀具参数等信息。修改"加工参数"如图 9-56 所示,修改"刀具参数"如图 9-57 所示,点击确认按钮后,系统提示"请拾取加工曲面",左键选择花形凸模,右键确认,系统自动进行轨迹计算,生成结果如图 9-58 所示。

图 9-55　定义毛坯　　　　　　　　图 9-56　粗加工加工参数

图 9-57　粗加工刀具参数

图 9-58　粗加工轨迹

(2)在"加工""常用加工"目录下选择"扫描线加工",分别设置加工参数,如修改"加工参数"如图 9-59 所示,修改"刀具参数"如图 9-60 所示,点击确认按钮后,系统提示"请拾取加工曲面",左键选择花形凸模,右键确认,系统自动进行轨迹计算,生成结果如图 9-61所示。

图 9-59　粗加工加工参数　　　　　　　　图 9-60　粗加工刀具参数

图 9-61　粗加工轨迹

3. 对加工轨迹进行仿真

在"加工"目录下选择"轨迹仿真",按提示依次用左键拾取粗加工和精加工的刀具轨迹(亦可同时拾取多条轨迹),按右键进入仿真显示界面。点击 ▶ 开始进行轨迹仿真,粗加工仿真过程如图 9-62 所示,精加工仿真结果如图 9-63 所示,验证刀具轨迹及仿真结果是否满足要求,否则重新设计加工轨迹。关闭轨迹仿真页面后返回设计页面。

图 9-62　粗加工轨迹仿真过程　　　　　　图 9-63　零件加工仿真结果

4. 生成加工程序

点击"加工"→"后置处理"→"生成 G 代码",弹出文件管理对话框,选择代码文件存放位置,输入文件名,点击"保存"。系统提示:"拾取刀具轨迹",用鼠标点取刚生成的刀具轨迹,然后按鼠标右键,系统自动生成加工鼠标顶面的数控加工程序。

5. 生成工艺清单

选择"加工"→"工艺清单",制定目标文件夹,填写零件名称、图号、设计、工艺和校核人员,使用工艺模板,拾取轨迹(左键拾取,右键确认),生成清单。

实习报告

一、填空题

1. 在实习中所使用的 CAD/CAM 一体化软件为 ＿＿＿＿＿＿＿＿＿。

2. 在 CAXA 制造工程师中,一般三维实体图应先绘制 ＿＿＿＿＿＿＿＿。

3. CAXA 制造工程师所使用的文件格式为 ＿＿＿＿＿＿＿。

二、单项选择题

1. 在 CAD/CAM 整个过程中,需要人工介入最多的环节是(   )。

A. 零件设计   B. 计算机辅助编程   C. 模拟加工   D. 数控加工

2. 下列软件中不是图形交互自动编程软件的是(   )

A. CAXA 制造工程师   B. AutoCAD   C. YH 线切割   D. Mastercam

3. 一个比较完整的 CAD/CAM 软件应包括(   )。

A. 产品设计,自动编制数控加工程序

B. 产品造型产品,有关参数计算、分析,自动编制数控加工程序

C. 产品设计、分析,自动编制数控加工程序

D. 自动编制数控加工程序

4. 数控加工程序在 CAXA 制造工程师中转化成加工轮廓图,需使用(   )作为标识符。

A. &   B. %   C. $ D. @

5. 在使用 CAXA 制造工程师设计连杆时,大凸台凹坑的草图在(   )内绘制。

A. XY 面   B. XZ 面   C. YZ 面   D. 空间任意面

6. 在使用 CAXA 制造工程师设计凸轮时,裁剪面是通过(   )生成的。

A. 扫描面   B. 旋转面   C. 导动面   D. 直纹面

7. 在使用 CAXA 制造工程师制作连杆凸模时,将实体模型保存为(   )格式才能进行实体布尔运算。

A. *.txt   B. *.mxe   C. *.x_t   D. *.cut

8. 在使用 CAXA 制造工程师设计鼠标时,裁剪面是通过(   )生成的。

A. 扫描面   B. 旋转面   C. 导动面   D. 直纹面

9. CAXA 制造工程师不能实现下列功能的是(   )

A. 曲面造型功能   B. 实体造型功能   C. 装配功能   D. 数控加工功能

10. 下述 CAD/CAM 技术中,属于 CAD 范畴的是(   )。

A. GT   B. CAPP   C. 数控加工   D. 几何造型

三、简答题

1. CAD/CAM 系统的主要任务包括哪些?

2. 常用的 CAD/CAM 应用软件有哪些?

四、根据下列零件图建立三维模型

1. 零件图一

2. 零件图二

未注圆角R1

剖面 A—A

3. 零件图三

4. 零件图四

5. 零件图五

a)

b)

6. 零件图六

五、根据下列零件图编制零件加工程序

1. 零件图一

2. 零件图二

第 10 章 数控加工技术

【实训目的与要求】

(1)掌握数控加工技术的基本知识及数控机床的结构和组成原理。

(2)学习和掌握数控加工编程方法,熟悉零件加工程序的结构和格式。

(3)初步掌握数控车削和数控铣削加工程序的编写。

(4)掌握数控加工仿真软件的使用和数控机床的操作。

(5)了解先进制造技术发展方向。

【安全实习注意事项】

(1)控制面板上的操作按钮一定要辨识清楚后再进行安全操作。

(2)禁止改动机床内部参数设置。

(3)机床开始加工前,确认防护罩已关闭。

(4)程序加工前务必进行仿真加工。

(5)必须停机进行装卸工件、测量等工作。

(6)运行过程中发现异常情况,及时使用红色的急停按钮。

10.1 数控加工技术概述

数控加工技术是整个先进制造技术的基础技术之一,该技术解决了复杂、精密和多变零件的加工问题,并具备一定的柔性,当产品需求变化时能够灵活地转化生产。随着微电子技术及信息技术的不断发展,当今各国制造业广泛采用数控加工技术,提高制造能力和制造自动化水平,以期在国际竞争中处于领先地位。

10.1.1 数控的概念、分类和发展

1. 数控、数控机床及数控加工技术

《工业自动化系统机床数值控制词汇》(国家标准 GB/T8129—2015)中定义数控即数值控制(Numerical Control,NC),也就是控制装置在运行过程中,不断地引入数值数据,从而对某一生产过程实现自动控制。从广义上看,数字控制技术在工控与测量、理化实验和分析、物质和信息传递等领域都有广泛应用;而狭义的数控,则具体的指机床数控技术,即"用数字化信息对机床运动及其加工过程进行控制的一种方法",就是用数字、字母、符号等数字信息对机床工作过程进行可编程自动控制的一门技术。

采用数字控制技术的机床,或者说装备了数控系统的机床称为数控机床。具体地说,数控机床是指用代码化的数字信息将与加工零件有关的信息,如刀具相对于工件的移动轨迹、

工艺参数(进给速度、主轴转速等)、辅助功能(换刀、冷却液、卡盘等),记录在控制介质上,并输入到数控系统中,经过逻辑与算术运算,发出与上述信息相关的信号,控制机床动作,自动加工出所需工件的一类机床。

　　数控加工泛指在数控机床上进行零件加工的工艺方法。一般来说,数控加工技术主要涉及数控加工工艺和数控编程技术两个方面,刀具、夹具等工装也在此范畴。数控机床的运动为加工出合格零件提供了硬件基础,数控加工工艺的制定和程序的编制是实现加工的重要保证。数控加工技术是一种能高效、优质地实现产品(特别是复杂形状的零件)加工的有关理论、方法与实践技术,是自动化、柔性化、敏捷化和数字化制造加工的基础和关键技术。

　　2. 数控机床的分类

　　数控机床有以下三种不同的分类方法。

　　(1)按工艺用途分类

　　① 切削加工类:采用车、铣、钻、镗、铰、磨、刨等切削工艺得到所需零件的数控机床。这类机床应用范围最广,常用的有数控车床与车削中心、数控铣床与加工中心、数控钻床与钻削中心、数控磨床、数控齿轮加工机等,如图 10-1 所示。

　　a)数控车床　　　　　　　　b)数控内圆磨床　　　　　　c)数控铣削加工中心

图 10-1　切削加工类数控机床

　　② 成型加工类:通过物理方法(挤、压、冲、拉等)改变工件形状得到所需零件的数控机床。常见的有数控折弯机、数控弯管机和数控旋压机等,如图 10-2 所示。

　　a)数控折弯机　　　　　　　　b)数控弯管机　　　　　　　c)数控旋压机

图 10-2　成型加工类数控机床

　　③ 特种加工类:利用特种加工技术(声、光、电等)得到所需零件的数控机床。常用的有数控电火花线切割机、数控电火花成形加工机、数控激光雕刻机等,如图 10-3 所示。

a）数控电火花线切割机　　　　　b）数控电火花成形加工机　　　　c）数控激光雕刻机

图 10 - 3　特种加工类数控机床

　　④ 其他类型：泛指一些广义上的数控设备，例如数控测量机、数控对刀仪、工业机器人等，如图 10 - 4 所示。

　　　　a）数控测量机　　　　　　　　　　　　　　　b）工业机器人

图 10 - 4　其他类型数控机床

　　（2）按控制系统的特点分类

　　① 点位控制数控机床：点位控制数控机床的特点是只控制移动部件的终点位置，即控制移动部件由一个位置到另一个位置的精确定位，而对它们的轨迹没有严格要求，如图 10 - 5a 所示。这类机床通常先快速移动到接近终点坐标，然后低速准确移动到定位点，以保证良好的定位精度，在这个过程中不进行加工。采用点位控制数控的机床主要有数控钻床、数控冲床、数控电焊机、数控折弯机等。

　　② 轮廓控制机床：轮廓控制（连续轨迹）数控机床的特点是刀具相对工件的运动不仅要控制两点之间的位置（距离），还要按程序规定的速度和轨迹在两点之间进行移动并进行连续加工。此类机床又可细分为直线控制和轮廓控制两种类型：直线控制机床虽然可控轴数可以是多个，但加工过程中每步仅可控制一个轴，因此其刀具相对工件运动轨迹为平行于各坐标轴的直线，如图 10 - 5b 所示，一些早期简易的数控车床、数控磨床等采用这种的控制系统；轮廓控制机床可同时控制多个轴协调运动（联动），如图 10 - 5c 所示，现代数控机床基本上采用这种类型。

a）点位控制　　　　　　　　b）直线控制　　　　　　　　c）轮廓控制

图 10-5　按控制系统特点分类图解

按照联动轴的数目,轮廓控制机床又可细分为:2 轴联动机床,如数控车床;3 轴联动机床,如数控铣床、车削中心等;4 轴联动机床;5 轴联动机床,如用于加工空间曲面的数控铣削中心等。联动轴数越多数控机床可加工的零件越多,但其控制算法越复杂。

（3）按检测反馈装置分类

按数控系统有无检测反馈装置可分开环数控机床和闭环数控机床。后者按检测反馈装置安装位置的不同,又可分为全闭环数控机床和半闭环数控机床。

① 开环数控机床:这类数控机床不带位置检测反馈装置。CNC 装置输出的指令脉冲经驱动电路的功率放大,驱动步进电机转动,再经传动机构(滚珠丝杠螺母副)带动工作台移动,其控制框如图 10-6a 所示。这类机床工作比较稳定,反应快,调试方便,维修简单,但控制精度较低,这类数控机床多为经济型。

② 半闭环数控机床:这类机床将检测元件安装在电机或滚珠丝杠端头上,采样旋转角度进行检测,不是直接检测运动部件的实际位置,其控制框如图 10-6b 所示。这类机床控制精度虽不如闭环控制系统,但其控制特性比较稳定,调试比较方便,性价比高,广泛应用在数控加工生产中。

③ 闭环数控机床:这类数控机床的移动部件(机床工作台)上直接装有位置检测装置,检测机床工作台的实际运行位置,与 CNC 装置的指令位置预定值进行比较,用差值对机床进行控制,其控制框如图 10-6c 所示。这类机床精度很高,但其稳定性相对较差,且结构复杂维护困难,主要用于对加工精度要求较高的场合。随着数控技术的不断发展,这类机床越来越多地进入机械加工领域。

a）开环数控机床

b）半闭环数控机床

c）闭环数控机床

图 10-6 按检测反馈装置分类图解

3. 数控加工的特点

数控机床之所以在机械制造业中应用日益广泛，是因为其与普通机床加工相比，具有以下几方面的特点与优势。

(1)具有加工复杂形状零件的能力

数控加工运动具有数字可控性，能完成普通加工方法难以完成或无法进行的复杂异形曲面零件的加工，例如飞机机翼、螺旋桨叶片、曲轴等。这些零件往往直接影响整机产品的性能，因此数控机床在飞机、汽车、船舶等制造部门具有重要地位。

(2)加工精度高、质量稳定

数控机床是由精密机械和自动化控制系统组成的综合机电一体化产品，其机械传动系统和结构都有较高的精度、刚度和热稳定性。数控机床严格按照预先编制好的程序自动进行加工，排除了人为误差，且数控系统还可通过软件技术进行间隙补偿等，大大提高零件加工精度和产品质量。

(3)具有良好的柔性

当加工对象改变时，数控加工几乎不需要制造与更换专用工装夹具，只需要选择刀具和解决毛坯装夹方式后改变零件加工程序，即可适应不同零件的加工，加工的适应性强、灵活性好，有利于缩短产品的研制和生产周期，适应多品种、中小批量的现代生产需要。

(4)自动化程度高，具有很高的生产效率

除手工装夹毛坯外，其余全部加工过程都可由数控机床自动完成。配合自动装卸手段，可构成无人控制工厂的基本组成环节。数控加工减轻了操作者的劳动强度,改善了劳动条件;省去了划线、多次装夹定位、检测等工序及其辅助操作,有效地提高了生产效率。特别是多轴加工中心和柔性单元等设备,零件一次装夹后能完成几乎所有部位的加工,不仅可消除多次装夹引起的定位误差,还可以大大减少加工中的辅助操作,进一步提高加工效率。

10.1.2　数控机床的组成

虽然可实现不同类型加工的数控机床种类众多,但其最基本的组成可分为计算机数控系统和机床本体两大部分,如图 10-7 所示。

图 10-7　数控机床的组成

1. 输入/输出装置

数控机床加工零件前,必须由操作人员将零件加工程序输入数控系统中。因此,数控机床中必须具备必要的交互装置(输入/输出装置)来完成零件程序的输入/输出。

根据零件存放的载体(控制介质)不同,数控系统有不同的输入/输出设备。早期的数控机床上配有光电阅读机、磁带录放机,分别来阅读控制介质"穿孔纸带"、盒式磁带上包含的零件信息;现代数控机床配备磁盘驱动器来读(存)取磁盘(软盘、硬盘等)上的数控程序,可直接通过手动数据输入(MDI)键盘输入零件程序,或采用数据通信(如 RS232、RS422 等串行通信接口)、网络通信(DNC、MAP、LAN)的方式进行信息的传递,如表 10-1 所示。

表 10-1　控制介质与输入/输出装置

控制介质	输入装置	输入装置
磁带	纸带阅读机	纸带穿孔机
磁带	磁带机或录音机	
磁盘(软盘、硬盘、光盘、U 盘)	磁盘驱动器(软驱、PATA/SATA 接口、光驱、USB 接口)	
通讯模块	RS232/422 等通信接口、网络 RJ45 接口、网络 DNC 等	

2. 操作装置

操作装置是操作人员与数控机床(系统)进行交互的工具。一方面,操作者可通过它对数控机床进行操作、编程、调试和参数设置等;另一方面,操作者可通过它了解数控机床的运行状态。操作装置主要由显示装置、NC 键盘、机床控制面板(MCP)、状态灯、手持单元等部分组成,如图 10-8a 所示。

① 显示装置。数控系统通过显示装置为操作人员提供必要的信息,包括加工信息、参数信息、程序信息、报警信息、通信信息等。早期的数控机床由若干只能显示字符的数码管组成,显示的信息量有限;现代数控机床一般配备显示器,可显示字符、文字、图形等丰富的机床信息。

② NC 键盘。NC 键盘由 MDI(手动数据输入)键盘和若干功能键组成。MDI 键盘配备数控程序所需的字母和数字键并紧凑排列(可通过上档键功能切换),主要用于零件程序和参数编辑。功能键主要用于对数控系统软件功能的操作。

③ MCP。机床控制面板集中了控制数控机床动作的所有按钮(开关、按键)以及状态指示灯,直接控制机床的动作和加工过程,例如程序的启动、暂停和停止,手动操作各主轴和坐标轴的速度和位置,冷却液和润滑的开关等,"紧急停止"按钮也包含在其中。

④ 手持单元。手持单元是操作装置的一个必要的补充,方便用户用手摇方式增量进给坐标轴。手持单元

a)   b)

图 10 - 8　数控机床控制装置

一般由手摇脉冲发生器 MPG、坐标轴选择开关和增量单位开关等组成,如图 10 - 8b 所示。

3. CNC 装置

计算机数字控制装置(CNC 装置)是计算机数控系统的核心部分,其主要作用是根据输入的零件加工程序进行相应的处理(如运动轨迹处理、机床输入/输出处理等),然后输出控制命令到相应的执行部件(伺服单元、驱动装置和 PLC 等),从而加工出需要的零件。所有这些工作是由 CNC 装置内硬件和软件协调配合,合理组织,使整个系统有条不紊地进行工作的。CNC 装置的性能很大程度上取决于硬件,而 CNC 装置的功能则很大程度上取决于软件。

CNC 装置的硬件主要由计算机系统(CPU、总线、存储器、外围逻辑电路等)和与其他组成部分联系的接口模块(程序的输入/输出接口、面板接口和显示接口、伺服输出和位置反馈接口、主轴控制接口、机床的输入/输出接口、PLC 接口、数控专用 I/O 接口等)组成。CNC 装置的软件主要有系统软件和应用软件。系统软件是为实现 CNC 系统各项功能所编制的专用软件,存放在计算机 EPROM 内存中,一般包括输入数据处理程序、插补运算程序、速度控制程序、管理程序和诊断程序等。应用软件包括零件数控加工程序或其他辅助软件,如CAD/CAM 软件等。

目前市场上流行的数控系统有日本的 FANUC、MITSUBISHI、Mazak,德国的SIEMENS,西班牙的 FAGOR 和我国的华中数控、广州数控、SKY 数控等。

4. 可编程逻辑控制器、机床 I/O 电路和装置

可编程逻辑控制器(Programmable Logic Controller,PLC)是一种以微处理器为基础专为工业环境下应用而设计的自动控制装置,主要解决生产设备的逻辑和开关量控制,如图10 - 9a 所示。

在数控机床中,PLC 和 CNC 装置协调配合共同完成数控机床的控制,其中 PLC 主要完成与逻辑运算有关的一些顺序动作的 I/O 控制,它和实现 I/O 控制的执行部件——机床

I/O 电路和装置(由继电器、电磁阀、行程开关、接触器等组成的逻辑电路,如图 10 - 9b、图 10 - 9c 所示)一起,共同完成两大任务:

(1)接受 CNC 的 M、S、T 指令,对其进行译码并转换成对应的控制信号,控制辅助装置完成机床相应的开关动作。

(2)接受操作面板和机床侧的 I/O 信号,送给 CNC 装置,经其处理后,输出指令控制 CNC 系统的工作状态和机床的动作。

　　　a) PLC　　　　　　　　　b) 行程开关　　　　　　　c) 继电器

图 10 - 9　部分 I/O 电路元器件

5. 伺服系统

数控机床的伺服系统是一种以机械位置和速度作为控制对象的自动控制系统,由伺服单元和驱动装置组成,是连接 CNC 系统和机床本体的主要联系环节,如图 10 - 10 所示。

图 10 - 10　数控机床伺服系统位置示意图

伺服系统的作用是接收数控系统中插补器或计算机插补软件生成的微弱电信号(脉冲电压 5V 左右,脉冲电流为毫安级),如指令脉冲或数字量,通过功率放大装置放大为较强的电信号(驱动电压为几十伏至几百伏,电流可达几十安培),将上述指令脉冲或数字量信息转换成模拟量(如执行电动机轴的角位移和角速度等)信息,从而驱动执行电动机带动机床运动部件按约定的速度和位置进行运动。

数控系统发出的控制信息,通过伺服系统,转换成机床本体的坐标轴的运动,完成零件加工程序所规定的操作。

数控机床的伺服系统主要有两种:一种是控制主轴旋转运动的主轴伺服系统;一种是控制各坐标轴切削运动的进给伺服系统。在一些高级数控机床中,还具备控制刀库、料库等辅助系统运动的辅助伺服系统。

数控机床主轴伺服系统分为直流主轴伺服系统和交流主轴伺服系统。交流主轴伺服系统主要由笼型感应交流电动机、矢量变换变频调速装置(变频器)等组成,如图 10 - 11 所示。变频器的作用是使交流电动机与直流电动机一样具有同样的控制灵活性和良好的动态特性,从而使交流主轴伺服系统的性能能够达到直流驱动的水平。

数控机床的进给伺服系统,通常由配套的伺服单元和驱动装置(执行元件)组成。数控机床进给伺服系统对其执行元件提出了很高的要求:高精度、响应快、宽调速和大转矩等。一般开环系统采用功率步进电机,闭环机床采用交流伺服电机作为驱动装置。

a)变频器   b)主轴电机

图 10-11　主轴伺服系统主要元件　　　　　　图 10-12　进给伺服
　　　　　　　　　　　　　　　　　　　　　　　　　　　　系统主要元件

6. 测量装置

数控机床测量装置是数控机床闭环、半闭环伺服系统的重要组成部分,利用光或磁的原理,完成检测控制对象的位移和速度,并向输入端发送反馈信号,测量装置测量的最小位移量称为分辨率。

常用的测量装置主要有直线光栅、光电脉冲编码器、旋转变压器、磁栅等,其工作原理和基本结构如表 10-2 所示。

表 10-2　常用数控机床测量装置

种类	直线光栅	光电脉冲编码器
结构示意图		
结构说明	直线光栅由光源 1、透镜 2、标尺光栅 3、指示光栅 4、光电元件 5 和驱动线路等组成。	光电脉冲编码器由转轴 1、光源 LED2、光栅板 3、零基准 4、光电元件槽 5、编码盘 6、电路板 7 和线缆 8 等组成。
工作原理示意图	光源　透镜　标尺光栅　指示光栅　光电元件　驱动线路	光源　聚光镜　光栅板　编码盘　光电元件
型号	直线光栅的型号是以每毫米尺寸内刻有线纹条数来区分的,有每毫米刻 50 条、100 条及 200 条等类型。条数越多,光栅的分辨率越高。	光电脉冲编码器的型号是由每转发出的脉冲数来区分的。常用的脉冲编码器型号有 2000p/r、2500p/r 和 3000p/r 等。

7. 机床本体

机床本体是数控机床的主体,是实现制造加工的执行部件,由五个部分组成,即主运动部件(主轴及其传动部件)、进给运动部件(工作台、拖板以及相应的传动机构)、支承件(立柱、床身等)以及特殊装置(如刀具自动交换系统、工件自动交换系统)和辅助装置(如排屑装置等)。数控机床的机床本体与普通机床整体结构类似,但各部分部件又有其特点。

(1)主运动部件

数控机床的主运动部件通常由主轴电机通过皮带作为传动部件带动机床主轴做旋转运动,其速度由变频器实现无级调速。近年来出现的电主轴,其结构如图 10 - 13 所示,将机床主轴与电机合二为一,主轴直接充当电动机的转子,从而在主轴上实现了机械的零传动,使转动速度和效率大幅提高。

图 10 - 13　电主轴结构

(2)进给运动部件

数控机床进给运动的传动部件通常是滚珠丝杠螺母副,其作用是将进给电机的旋转运动转化成工作台的直线运动,图 10 - 14 为滚珠丝杠螺母副的结构。近年来出现的直线电机,其结构如图 10 - 15 所示,由于电动机直接输出直线位移从而在进给轴上实现了零传动。

图 10 - 14　滚珠丝杠螺母副结构

图 10 - 15　直线电机结构

(3)床身结构与自动换刀装置

数控机床的床身虽与普通机床床身结构上大致相同,但又有所不同。数控车床的床身结构和导轨的布局形式可分为平床身、斜床身、平床身斜滑板和立床身,其结构如图 10 - 16 所示。

a）平床身　　b）斜床身　　c）平床身斜滑板　　d）立床身

图 10-16　数控车床床身结构和导轨的布局形式

　　数控机床导轨功用是支承和导向，即支承数控车床的运动部件（如刀架）并保证运动部件在外力的作用下，准确地沿着一定的方向运动。按其接触面间的摩擦性质不同，可分为贴塑导轨、滚动导轨和静压导轨。

　　数控机床往往具备自动换刀装置，如数控车床的电动刀架、数控铣削中心的刀具自动交换系统，使工件在一次装夹中完成多工序加工，对缩短辅助时间、减少多次安装工件所引起的误差有着十分重要的意义。数控车床上通常采用的自动换刀装置有回转刀架和动力刀架两类：回转刀架可安装四把、六把或更多的刀具，根据机床结构有前置刀架和后置刀架之分；动力刀架是车削中心的装备，使工件在车床上完成部分铣削工作。

　　（4）辅助装置

　　数控机床的辅助装置包括机床防护罩、排屑装置、液压卡盘和尾架等。机床防护罩有利于保证加工过程中局部环境的稳定性和有效地保证了操作人员的安全。在切屑过程中，铁屑往往混合在切削液中，排屑装置应从其中分离出切屑，并将它们送入切屑收集箱内，而切削液则被回收到切削液箱中。现代数控车床已实现液压卡盘和尾架等辅助装置控制的自动化。

10.1.3　数控编程基础

1. 数控加工与传统加工过程的比较

　　无论是数控机床加工还是普通机床加工，最终的目的都是按图纸的要求将零件加工出来，但它们的加工过程是有很大区别的，如图 10-17 所示。

图 10-17　数控加工与传统加工过程的比较

　　在普通机床上加工零件,一般先由工艺人员制定零件的加工工艺规程(加工工序、机床、刀具、夹具等内容),操作人员根据工序卡的要求,在手工操作机床加工过程中,不断地改变刀具与工件的相对运动轨迹和运动参数进行切削加工,直到获得所需的合格零件。零件的质量及生产效率依赖于操作人员的技术水平。

　　在数控机床上,操作人员将零件图上的几何信息和工艺信息数字化(即编制零件程序),并输入到数控系统中,数控系统按程序的要求进行运算、处理后发出相应的指令,控制刀具与工件的相对运动及其他辅助动作,自动完成零件的加工。人工操作机床的过程被数控系统自动控制所取代,零件的质量及生产效率取决于零件程序的编制。

　　2. 数控编程的定义、过程和方法

　　(1)数控编程即零件程序的编制过程。具体地说,数控编程是根据被加工零件的图纸和技术要求、工艺要求,将零件加工的工艺顺序、工序内的工步安排、刀具相对于工件的轨迹和方向(零件轮廓尺寸)、工艺参数(主轴转速、进给速度)及辅助动作(变速、换刀、切削液开关、工件紧松)等,用数控系统所规定的规则、代码和格式编制成文件(程序单),制作成控制介质输入到数控系统中,进行程序的校验和试切并验证正确后,才算完成整个程序的编制,获得零件的加工程序。数控编程包括数控加工工艺的设计和程序编制两个过程,本节仅以零件程序的编制为主进行介绍。

　　(2)数控编程过程如图 10 - 18 所示。

图 10 - 18　数控编程过程

　　工艺分析主要完成的任务有:确定加工机床、刀具与夹具,确定工艺的路线、工步顺序,确定切削用量,确定辅助功能等。

　　数学处理的主要任务:以工件坐标系为基准,计算直线和圆弧轮廓的终点、计算非圆轮廓离散的接近点、将计算的坐标值换算成编程值等。

　　编写程序单及初步校验:根据工艺分析出的工艺信息和数学处理计算的坐标值,按照数控系统所规定的指令代码和格式编制零件程序,并进行初步校验(人工阅读法,计算机模拟仿真)检查程序错误。

　　制备控制介质、输入数控系统:将编制的程序单,经转换记录在选择与数控系统相匹配的控制介质上,如磁带、磁盘等,或采用 MDI 方式、通信方式将零件程序输入数控系统。

　　程序的校验和试切:程序的校验,利用数控系统的相关功能在机床上运行,通过刀具的轨迹检查程序的正确性和合理性,主要有静态校验(数控系统的轨迹仿真,机床不动)和动态校验(空运行,不安装工件,机床按轨迹运动)两种方式。程序的试切,通过数控机床加工实际零件来检验程序的正确性、合理性和加工精度。只有试切零件经检验合格后,加工程序才算编制完毕。在校验和试切过程中,发现错误,分析原因并进行相应修改,直到加工出满足图纸要求的零件为止。

（3）数控加工程序的编制方法主要有两种：手工编程和自动编程。

① 手工编程。手工编程是指主要由人工来完成数控编程中各个阶段的工作。一般对几何形状不复杂的零件，所需的加工程序不长，计算比较简单，用手工编程比较合适，但耗费时间较长，且容易出现错误。

② 自动编程。自动编程是指主要由计算机辅助完成数控编程中各个阶段的工作。自动编程替代了编程人员完成烦琐的数值计算工作，大大提高了编程效率和正确性，特别是解决了复杂零件的编程问题。自动编程的主要类型有：数控语言编程（如 APT 语言）、图形交互自动编程、语音自动编程和实物模型自动编程等。目前主流的方式是图形交互自动编程，即使用 CAD/CAM 软件（如 UG、CAXA 制造工程师、SOLIDCAM 等）绘制零件的图形信息后，选择各种预置的加工工艺、输入各种加工工艺参数，自动生成加工轨迹，经过仿真验证正确后，再通过后处理程序按照指定数控系统直接生成加工程序。近年来出现了实物模型自动编程的方法是利用三维扫描仪测量实物模型获得零件电子图形后再进行自动编程。随着人工智能、大数据和机器学习等技术的不断发展，自动编程将更加智能、准确、高效。

3. 实现数控编程的相关规定与原则

（1）机床坐标轴的命名、方向和原则

所谓坐标轴，是指在机械装备中，具有位移（线位移或角位移）控制和速度控制功能的运动轴，有直线坐标轴和回转坐标轴之分。

① 确定坐标轴和运动方向原则

永远假定刀具相对于静止的工件而运动；刀具远离工件的方向为坐标轴正方向；机床主轴旋转运动的正方向是按照右旋螺纹进入工件的方向。

② 坐标轴的命名、方位和方向的确定

为简化编程和保证程序的通用性，采用右手笛卡儿坐标系对机床的坐标轴的命名和方向指定了统一的标准（JB/T 3051—1999），规定直线进给坐标轴（基本坐标轴）用 X、Y、Z 表示，其相互关系满足右手定则，其中大拇指的指向为 X 轴的正方向，食指的指向为 Y 轴正方向，中指的指向为 Z 方向。围绕 X、Y、Z 轴旋转的圆周进给坐标轴分别为 A、B、C，其方向用右手螺旋法则确定，大拇指指向＋X、＋Y、＋Z，则食指、中指等的指向是圆周进给运动的＋A、B、＋C，如图 10-19 所示。

如果在基本的直角坐标轴 X、Y、Z 之外，另有第二组平行于它们的坐

图 10-19　右手直角笛卡儿坐标系

标轴,则附加的坐标轴指定为 U、V、W,如还有第三组则指定为 P、Q、R,其坐标轴的运动方向与前述相同。

机床坐标轴的方位和方向取决于机床的类型和各组成部分的布局,其一般的顺序是:先确定 Z 坐标(轴),再确定 X 坐标(轴),最后由右手直角笛卡儿坐标系统确定 Y 坐标(轴)。

Z 坐标的运动方向,是由传递切削动力的主轴所规定,对铣床、钻床、镗床、攻丝机等,主轴带动刀具旋转;对于车床、磨床和其他形成旋转表面的机床,主轴带动工件旋转;如机床没有主轴(如牛头刨床),则 Z 坐标垂直于工件装卡面。

X 坐标的运动方向,X 坐标是水平的,它平行于工件的装卡面。在没有旋转的刀具或旋转的工件的机床上(如牛头刨床),X 坐标平行于主要的切削方向;在工件旋转的机床上(如车床、磨床等),X 坐标的方向是在工件的径向上,且平行于横滑座;在刀具旋转的机床上(如铣床、钻床、镗床等),如 Z 坐标是水平的,当从主要刀具主轴向工件看时,$+X$ 运动方向指向右方,如 Z 坐标是垂直的,对于单立柱机床,当从主要刀具主轴向立柱看时,$+X$ 运动的方向指向右方。对于桥式龙门机床,当从主要主轴向左侧立柱看时,$+X$ 运动的方向指向右方。

Y 坐标的运动方向,根据 X 和 Z 坐标的运动方向,按照右手直角笛卡儿坐标系统来确定。

(2)机床坐标系与工件坐标系

① 机床原点与机床坐标系

机床原点即机床坐标系的原点是指在机床上设置的一个固定点。它在机床装配、调试时就已确定下来,是数控机床进行加工运动的基准参考点。

在数控车床上,机床原点一般取在卡盘端面与主轴中心线的交点处,另外通过设置参数的方法,也可将机床原点设定在 X、Z 坐标的正方向极限位置上。

机床坐标系是以机床原点为基准,刀具远离工件方向为正方向,建立的右手笛卡尔坐标系。

② 机床参考点

机床参考点是用于对机床运动进行检测和控制的固定位置点。机床参考点的位置是由机床制造厂家在每个进给轴上用限位开关精确调整好的,坐标值已输入数控系统中。在数控车床上,机床参考点是离机床原点最远的极限点。

数控机床开机时,必须先确定机床原点,而确定机床原点的运动就是刀架返回参考点的操作,这样通过确认参考点,就确定了机床原点。只有机床参考点被确认后,刀具(或工作台)移动才有基准。

机床原点和机床参考点是相对于机床而言不同定义的两个点,虽然可能同为某一个具体的点但其含义完全不同。通常数控铣床的机床原点与机床参考点在同一点,数控车床的机床原点和机床参考点不在同一点。

③ 工件编程原点及工件坐标系

工件编程原点(工件原点)是根据加工零件图纸及加工工艺要求选定的编程坐标系的原点。

工件编程原点应尽量选择在零件的设计基准或工艺基准上,并以此根据零件图纸及加工工艺等建立的工件坐标系。在工件坐标系中,各轴的方向应该与所使用的数控机床相应的坐标轴方向一致。

工件的编程原点是相对于工件而言的,为编程方便可以选取在工件的任何位置上,通常数控车床选用端面圆心,数控铣床采用工件中心或顶角作为编程原点进行程序的编制。

数控机床坐标系与工件坐标系的相互关系,如图 10 - 20 所示。其中图 10 - 20a 为立式数控铣床,图 10 - 20b 为卧式数控车床。

a)立式铣床坐标系   b)卧式车床坐标系

图 10 - 20   数控机床坐标系与工件坐标系

④ 程序原点

程序原点指刀具(刀尖)在加工程序执行时的起点,又称为程序起点。程序原点的位置是与工件的编程原点位置相对的。一般情况下,一个零件加工完毕,刀具返回程序原点位置,等候命令执行下一个零件的加工。

(3)对刀点、刀位点和换刀

① 对刀点(起刀点)

对刀点又称起刀点,是确定刀具与工件相对位置的点,也是刀具相对于工件运动的起点和程序运行的起点。

对刀点的选择原则:对刀点应便于数学处理和程序编制;对刀点在机床上容易校准;在加工过程中便于检查;引起的加工误差小。

对刀点可以是工件或夹具上的点,或者与它们相关的易于测量的点。对刀点确定之后,机床坐标系与工件坐标系的相对关系就确定了。对于孔类零件,可以取孔的中心作为对刀点,如图 10 - 21 所示。

② 刀位点

所谓刀位点,是指刀具上用于确定刀具在机床坐标系中位置的指定点。例如平头立铣刀、面铣刀的刀位点一般为端面圆心,球头铣刀的刀位点一般为球心,车刀的刀位点为刀尖,钻头的刀位点为钻尖,如图 10 - 22 所示,图中实心原点为该类型刀具的刀位点。

(3)对刀

对刀就是使"对刀点"与"刀位点"相重合的操作。该操作是工件加工前采用手动的方法,移动刀具或工件,使刀具的刀位点和工件的对刀点重合,如图 10 - 23 所示。

图 10-21 对刀点

图 10-22 刀位点

图 10-23 对刀

4. 数控机床的编程基础

虽然数控机床的种类是多样的,但其编程的方法和使用的指令却大同小异,并且形成了一些相应的标准,如 EIA(Electronic Industries Association)、ISO(International Organization of Standardization)和我国的机械标准 JB3208—1999,数控系统生产厂商依据标准开发产品,也可在此基础上开发新功能,因此编程时应当仔细阅读相应的编程手册。只要掌握最基本的指令和编程方法,无论何种机床(系统)的编程都不难理解和掌握,本节将以较广泛使用的西门子 SIEMENS 802S 系统为例介绍基本指令和编程方法。

(1)零件程序的结构

① 零件程序的组成

一个完整的数控加工指令由程序名、程序体(程序内容)、程序结束三部分组成。

程序名是一个程序必需的标识符,开始的两个符号必须是字母,最多 8 个字符,不使用分隔符。

程序体由遵循一定结构、句法和格式规则的若干程序段组成的,每个程序段由若干个指令字组成。

程序结束可由 M02 或 M30 结束整个程序的运行。

② 指令字及其格式

一个程序段由以上若干个指令字(数控字)组成,指令字是组成程序段的基本元素,包括地址符和数值数据,两者确定了指令字的含义。地址符一般是一个字母,数值是一个数字串,例如 F300,X−20,G1;一个字可以包含多个字母,数值与字母之间用符号"="隔开,例如 CR=5.23。

③ 程序段的格式

一个程序段定义了一个将由数控装置执行的指令行,程序段的格式定义了每个程序段中功能字的句法,如图 10-24 所示。零件的程序是程序段的输入顺序进行的,而不是按程序段号顺序执行,但程序编制时尽量按升序书写程序段号。

N007	G01	X50 Z30	F300	M03	S300	T0101	LF
程序段号	准备功能字	尺寸字	进给功能字	辅助功能字	主轴转速字	刀具功能字	程序段结束

图 10-24　程序段的格式

(2)编程指令体系及编程要点

① 准备功能 G

程序地址 G(又称 G 代码、G 功能)表示准备功能,是将控制系统预先设置为某种预期的状态,或者某种加工模式和状态。G 功能指令的格式一般在是 G 后加两位数值组成即 G00~G99,用来规定刀具和工件相对运动的轨迹、机床坐标系、刀具补偿、坐标偏置和特定循环指令等多种加工动作。

G 功能有非模态 G 功能和模态 G 功能之分。非模态 G 功能,只在所规定的程序段中有效,程序段结束时被注销;模态 G 功能,所指定的功能一旦被执行,一直有效,直到被同组的其他 G 功能注销为止。模态 G 功能组中包含一个缺省的 G 功能,通电时将被初始化为该功能,例如绝对尺寸指令 G90 等。

不同组 G 功能可以放在同一程序段中,而且与顺序无关。同组 G 功能放在同一程序段时,后者有效。

a. 尺寸单位选择 G70/G71(模态指令)

格式:G70/G71

G71 编程时,为公制尺寸制式,线性轴的尺寸单位为毫米(mm),缺省值。

G70 编程时,为英制输入制式,线性轴的尺寸单位为英寸(inch)。

两种制式下,旋转轴的尺寸单位是°。

b. 进给速度单位的设定 G94/G95(模态指令)

格式:G94/G95[F]

G94 编程时,进给速度 F 为每分钟进给,缺省值。对于线性轴,F 的单位依 G70/G71 的设定为 inch/min,mm/min;对于旋转轴,F 的单位为°/min。

G95 编程时,进给速度 F 为主轴进给率,即主轴每转的进给量,单位为 inch/r、mm/r、°/r。

c. 半径尺寸和直径尺寸 G22/G23(模态指令)

格式:G22/G23

在数控车床加工零件时通常把 X 轴的位置数据作为直径数据编程,控制器把所输入的数值设定为直径尺寸,这仅限于 X 轴。在需要时程序也可转化为半径尺寸,如图 10 - 25 所示。

图 10 - 25　X 轴的半径和直径数据尺寸

d. 工件坐标系选择 G54～G59,G500

格式:G54/G55/G56/G57/G58/G59/G500

可设定的零点偏置给出工件原点在机床坐标系的位置,程序通过 G54～G59 可激活六个相应设定零点偏移量,G500 取消前面的零点偏移设置。

e. 绝对尺寸和增量尺寸编程 G90/G91(模态指令)

格式:G90/G91

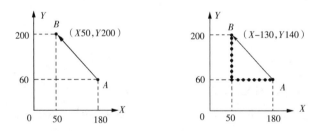

图 10 - 26　绝对尺寸与相对尺寸的关系

G90 为绝对尺寸编程,每个编程坐标轴上的编程值都是相对于编程原点而言的,该值表示相对于编程源点的实际位置值,有利于直观了解刀具的具体位置。

G91 为增量尺寸编程,每个编程坐标轴上的编程值都是相对前一位置而言的,该值等于沿轴移动的距离(轨迹),有利于了解刀具的运动轨迹。

例如:图 10 - 26 中从 A 点移动到 B 点,在 G90 方式下,编程坐标为(X50,Y200),在 G91 方式下,编程坐标为(X-130,Y140)。

f. 快速定位/直线进给 G00/G01(模态指令)

格式:G00X____ Y____ Z____

格式:G01X____ Y____ Z____ F____

其中,X、Y、Z 为快速定位/线性进给的终点,在 G90 方式下为在工件坐标系中的坐标,在 G91 方式下为相对于起点的位移量。

G00 指令刀具相对于工件机床参数预先设定的值进行快速移动,从当前位置快速移动到终点位置,一般用于加工前的快速定位或加工后的快速退刀,不能用于加工,其速度由系统参数设定,程序中设定的 F 无效。G01 指令刀具相对于工件以 F 为各轴的合成速度移动,从而实现从起点到终点的线性加工,如果在程序中未指定 F,则数控系统报警,指令不予执行。

例如:图 10-27 所示的车削轮廓从 A 点移动到 B 点,采用绝对尺寸编程其程序如程序一所示,采用增量尺寸编程其程序如程序二所示。

程序一(绝对尺寸编程):

N10 G18 G90 G00 X0 Z200

N12 G01 X160 Z200 F100

N14 X160 Z140

N16 X240 Z100

N18 X240 Z60

N20 X320 Z60

N22 X320 Z0

程序二(增量尺寸编程):

N10 G18 G90 G00 X0 Z200

N12 G91 G01 X160 Z0 F100

N14 X0 Z-60

N16 X80 Z-40

N18 X0 Z-40

N20 X80 Z0

N22 X0 Z-60

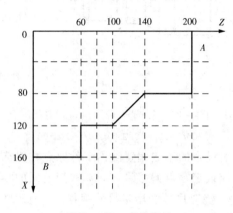

图 10-27 直线插补

g. 顺圆弧/逆圆弧进给 G02/G03

格式:G02/G03 X____ Y____ Z____ CR=____ F____   终点-半径方式

　　　G02/G03 X____ Y____ Z____ I____ J____ K____ F____   圆心-终点方式

　　　G02/G03 X____ Y____ Z____ AR=____ F____   终点-张角方式

　　　G02/G03 I____ J____ K____ AR=____ F____   圆心-张角方式

其中,G02/G03 分别为顺时针/逆时针圆弧插补,G17/G18/G19 指定圆弧插补平面,如图 10-28 所示,X、Y、Z 为圆弧进给的终点,CR 为圆弧半径,I、J、K 分别为圆心与圆弧起点 X、Y、Z 的偏移值,AR 为张角(终点与起点的圆心角),F 为编程各轴的合成速度。

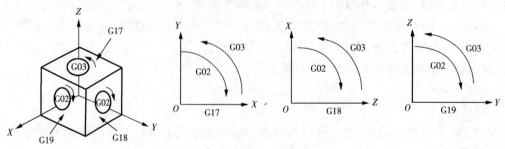

图 10-28 G02/G03 的判断

例如：图 10 - 29 中,从起点到终点的圆弧,按图中四种格式编程均可。

N10 G90 X30 Y40

N20 G02 X50 Y40 CR = 12.207 F30（方法 1）

N20 G02 X50 Y40 I - 7 K10 F30　（方法 2）

N20 G02 X50 Y40 AR = 105 F30　（方法 3）

N20 G02 I - 7 K10 AR = 105 F30　（方法 4）

图 10 - 29　圆弧编程指令的格式

h. 恒螺距螺纹切削 G33（模态指令）

格式:G33 Z____ K____ SF = ____　　圆柱螺纹

G33 Z____ X____ K____ SF = ____　圆锥螺纹,锥度小于 45°

G33 Z____ X____ I____ SF = ____　圆锥螺纹,锥度大于 45°

G33 X____ I____ SF = ____　　端面螺纹

G33 功能在车床上可以加工圆柱螺纹、圆锥螺纹、外螺纹和内螺纹、单螺纹和多重螺纹、多段连续螺纹;左旋和右旋螺纹由主轴旋转方向确定。其中 K 和 I 表示螺距,Z 和 X 表示位移大小,如图 10 - 30 所示。螺纹长度中需要考虑导入空刀量和退出空刀量,如图 10 - 30 所示。

图 10 - 30　Z 轴/X 轴螺距举例

图 10-31 G33 螺纹切削中可编程的尺寸量

i. 刀具半径补偿 G40/G41/G42（模态代码）

格式：$\begin{Bmatrix} G17 \\ G18 \\ G19 \end{Bmatrix} \begin{Bmatrix} G40 \\ G41 \\ G42 \end{Bmatrix} \begin{Bmatrix} G00 \\ G01 \end{Bmatrix} X\_\_\_\_ Y\_\_\_\_ Z\_\_\_\_ D\_\_\_\_$

由于刀具的刀位点与实际参与切削的刀刃并非同一点，而编程时使用的是刀位点，所以就需要对切削刃与刀位点间的半径进行补偿。

G40 为刀具补偿取消，G41 为左刀补（沿刀具前进方向看，刀具在左侧），G42 为右刀补（沿刀具前进方向看，刀具在右侧），如图 10-32 所示。X、Y、Z 为 G00/G01 的参数，即刀补建立或取消的终点。D 为 G41/G42 的参数，即刀具补偿码。

j. 暂停 G4（非模态指令）

格式：G4 F____   暂停时间（秒）
      G4 S____   暂停主轴转速

通过在两个程序段之间插入一个 G4 指令，可以使加工中断给定的时间，或减少相应的主轴转速，G4 指令是非模态指令只对当段程序有效。

图 10-32 刀具补偿

② 辅助功能 M

程序地址 M（又称 M 代码、M 功能）表示辅助功能，是将控制零件程序的走向，以及机床各种辅助功能的开关动作，M 功能指令的格式一般在是 M 后加两位数值组成即 M00～M99。M 功能有模态 M 功能和非模态 M 功能两种形式。常用的 M 功能主要有：M00/M01/M02，程序停止/有条件停止/结束；M03/M04/M05，主轴正转/反转/停转；M06 换刀，M08/M09，冷却液开/关。

③ 刀具功能 T 和刀具补偿功能 D

在进行工件程序编制时，直接按图纸的工件尺寸编程，无须考虑加工刀具的长度和切削半径，在机床实际加工过程中通过刀具 T 及其刀具补偿功能 D，自动计算出刀具实际轨迹进行加工。

编程指令"T＋刀具号"可以选择刀具,系统允许刀具号在 1～32000 数值中设定,最多同时存储 15 把刀具。

编程指令"D＋补偿号"可以设定刀具的补偿量,每个刀具可设定 9 组不同的补偿量,最多可以存储 30 个刀具补偿数据组。

刀具调用后,刀具补偿立即生效,如没有设定补偿号,则 D1 值自动生成。

例如:T4D2 表示 4 号刀具 2 号补偿量,T1D3 表示 1 号刀具 3 号补偿量,T340 表示 340 号刀具 1 号补偿量。

④ 进给速度功能 F

进给速度功能 F 表示工件被加工时刀具相对于工件的移动速度的矢量和。坐标轴速度是刀具轨迹速度在坐标轴上的分量。F 指令是模态指令,其单位由相关 G 功能确定,通常为 r/min。借助控制面板上的进给速度倍率开关,F 可在 0%～120% 范围内进行倍率修调。

⑤ 主轴功能 S

主轴功能 S 控制主轴转速,是模态指令,其单位由相关 G 功能确定,通常为 mm/min。借助控制面板上的主轴速度倍率开关,S 可在 50%～120% 范围内进行倍率修调。

⑥ 循环调用功能 LCYC

数控加工中,将某些典型化的加工循环过程制作成工艺子程序,如钻削、螺纹车削等。在具体的加工过程中,通过循环调用工艺子程序,只需改变参数就可以实现加工。其格式是"LCYC＋子程序号",参数为 R100～R249。常用的循环调用指令有:LCYC82,钻削、深孔加工;LCYC83,深孔钻削;LCYC840,带补偿夹具切削螺纹;LCYC85,镗孔;LCYC93,切槽(凹槽循环);LCYC94,退刀槽切削(E,F 型,退刀槽循环);LCYC95,切削加工(坯料切削循环);LCYC97,车螺纹(螺纹切削循环)。

例如:车削螺纹循环 LCYC97,其参数如图 10-33 所示。

参数	含义及数值范围
R100	螺纹起始点直径
R101	纵向轴螺纹起始点
R102	螺纹终点直径
R103	纵向轴螺纹终点
R104	螺纹导程值,无符号
R105	加工类型,数值:1,2
R106	精加工余量,无符号
R109	空刀导入量,无符号
R110	空刀退出量,无符号
R111	螺纹深度,无符号
R112	起始点偏移,无符号
R113	粗切削次数,无符号
R114	螺纹头数,无符号

图 10-33　LCYC97 循环参数

5. 数控机床的编程举例

(1)数控铣床加工零件,如图 10-34 所示,其编程仅按轮廓编制。

图 10-34　数控铣床加工零件

CX001	程序名
N10　G54G94G17G90 G00 Z20	采用绝对坐标输入;X、Y 坐标不变,Z 轴快速移动到 20。
N12　S500 M03	主轴正转;转速 500r/min。
N14　X80 Y-20 Z5	X 轴移动到 80、Y 轴移动到 -20、Z 轴下降到 5。(仍是快速移动)
N16　G01 Z-0.5 F100	直线插补,进给速度 100mm/min;Z 轴移动到 -0.5。
N18　X-80	直线插补,X 轴移动到 -80,Y 轴不变。
N20　G02 X-80 Y20 I0 J20	顺时针圆弧插补,圆弧终点坐标(-80,20),圆心坐标(0,20)
N22　G01 X80	直线插补,X 轴移动到 80,Y 轴不变。
N24　G02 X80 Y-20 I0 J-20	顺时针圆弧插补,圆弧终点坐标(80,-20),圆心坐标(0,-20)
N26　G01 Z5 F200	直线插补,进给速度 200mm/min;Z 轴移动到 5。
N28　G00 Z20 M05	Z 轴快速移动到 20;主轴停转。
N30　M02	程序结束。

(2)数控车床加工零件:球头手柄,如图 10-35 所示,不考虑加工工艺。

① 对图纸分析,确立基点 O、A、B、C、D,如图 10-36 所示。

② 进行数学处理,运用几何知识和尺寸链进行计算,得到各基点坐标 $A(20,-10)$、$B(14,-19)$、$C(18,-33)$、$D(18,-36)$。

③ 按西门子 802S 的规则对球头手柄进行程序的编制(数控车)。

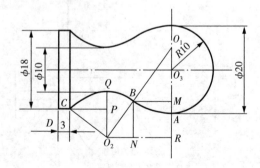

图 10-35　球头手柄零件图　　　　　　　図 10-36　数控编程的数学处理

```
CX002
N010 G54 G94 G90 M03 S500 T1 F30
N020 G00 X20 Z0
N030 G01 X0
N040 G03 X20 Z－10 R10 F100
N050 G03 X14 Z－19 R15 F100
N060 G02 X18 Z－33 R10 F100
N070 G01 Z－36
N080 G00 X50 Z50
N090 M05
N100 M02
```

10.1.4 数控机床的操作

1. 数控机床的一般操作过程

数控机床的一般过程是:接通电源并复位后,首先回机床参考点操作以建立机床坐标系;然后手动控制或自动控制机床的运行;在运行过程中出现紧急情况或超程时,可用控制面板上的"急停"或"超程解除"按钮处理;加工完成后关闭机床。

(1)接通电源

在接通电源前,检查机床状态是否正常、电源电压及接线是否符合要求。

接通机床及数控系统电源,检查数控系统和机床是否正常上电,风扇电机是否运转正常,指示灯是否正常。

接通电源后,数控系统将自动运行系统软件,直到显示系统显示出正常的软件界面。

(2)复位

系统软件启动完毕后,打开数控系统上"急停"按钮,按"复位"键报警信号消失。打开伺服系统电源,使数控系统与机床连接。此后操作者可通过数控系统的操作面板对数控机床进行操作。

(3)返回机床参考点

控制机床正确运动的前提是建立机床坐标系,而回参考点的目的是建立机床坐标系,因此在进行自动加工之前,需要先将各轴依次手动回机床参考点,其过程是:按机床控制面板上的"回零"键,将系统的工作方式改为回零(回参考点)方式;按被选轴的正方向键,将快速移向参考点,碰到参考点开关后减速运行;当检测到位置检测反馈的基准脉冲时,被选轴停止运行,回参考点结束,其指示灯亮。同样的方法使其他各轴回参考点。

所有轴都回参考点后,即建立了机床坐标系,操作者就可正确地控制机床自动或手动运行。

(4)手动进给

① 点动进给。设置控制面板上的工作方式为"点动"方式,按下被选轴的方向按钮将产生正向或负向连续移动,松开被选轴的方向按钮,移动即减速停止。在点动连续进给时,同时按下"快进"按钮,则产生相应轴的正向或负向连续快速运动。

② 增量进给。设置控制面板上的工作方式为"增量"方式,按"增量单位"键设置增量单位,按被选轴的方向按钮,每按一下将正向或负向移动一个增量单位。

③ 手轮进给。设置控制面板上的工作方式为"手轮"方式,手动顺时针或逆时针旋转手摇脉冲发生器一格,被选轴将向正向或负向移动一个增量值。

(5)手动机床动作

手动机床动作控制按钮用于"手动"方式下,控制机床的开关动作,如主轴正转、反转、停转,冷却液开关,卡盘夹紧与松开、速度倍率调节等操作。

(6)自动运行

① 自动运行。设置控制面板上的工作方式为"自动"方式,选择要运行的零件程序,按下"循环启动"按钮,自动加工开始,连续加工,直到完成加工为止。

② 单段运行。设置控制面板上的工作方式为"单段"方式,选择要运行的零件程序,按下"循环启动"按钮,自动运行一个程序段,再按一个"循环启动"按钮,执行下一个程序段,直到完成加工为止。

(7)紧急情况的处理

① 紧急停止。机床运行过程中,在危险或紧急的情况下,按下"急停"按钮,CNC 即进入急停状态,伺服系统立即停止工作,松开"急停"按钮,CNC 进入复位状态。解除紧急停止前,先确认故障原因是否排除,解除后应重新执行"回机床参考点"过程,以确保坐标位置的正确性。

② 超程解除。为防止伺服机构碰撞而损坏,机床上安装有行程开关,当机床运动部件到达极限时,接触到行程开关,机床即发出超程报警,系统视其为紧急停止。解除方法,在"点动"方式下,向超程轴的反方向移动,按复位键解除报警。

(8)关机操作

数控机床使用完毕后,按下控制面板的"急停"按钮,断开伺服电源,断开数控系统电源,断开机床电源。

2. SINUMERIK 802S base line 控制面板

SINUMERIK 802S 系统为用户提供了机床操作面板。图 10-37 是该系统的操作面板,它分为三个区域:

(1)LCD 显示区,屏幕显示各项功能划分如图 10-38 所示。

① 当前操作区域:加工(MA)、参数(PA)、程序(PR)、通讯(DI)、诊断(DG)。

② 程序状态:程序停止(STOP)、程序运行(RUN)、程序复位(RESET)。

③ 运行方式:点动方式(JOG);自动方式(AUTO);MDA 方式(手动输入、自动执行)。

④ 状态显示:程序段跳跃(SKP);空运行(DRY);快速修调(ROV);单段运行(SBL);程序停止(M1);程序测试(PRT);步进增量(在 JOG 状态、1—1000 INC)。

⑤ 操作信息:显示数字 1~23,其含义可在操作说明书中查到。

⑥ 程序名:运行数控加工程序时显示程序(文件)名。

⑦ 报警显示行:只在 NC 或 PLC 报警时显示。

⑧ 工作窗口:NC 状态显示。

⑨ 返回键:软键菜单出现符号"∧",表明存在上一级菜单,按下返回键后,不存储数据,直接返回上一级菜单。

⑩ 扩展键:出现符号">"表明同级菜单中还有其他菜单功能,按此键可选。

⑪ 软键。

⑫ 垂直菜单:出现此菜单表明存在其他功能,按此键可选。

⑬ 进给轴速度倍率:显示当前进给轴速度倍率(%)。

⑭ 齿轮级:显示当前的齿轮级。

⑮ 主轴速度倍率:显示当前主轴速度倍率(%)。

图 10-37　SINUMERIK 802S 操作面板　　　　图 10-38　操作面板上的 LCD 显示区

(2)NC 键盘区,各键位置及功能如图 10-39 所示。

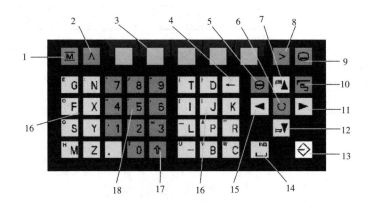

图 10-39　操作面板上的 NC 键盘区

1—加工显示键;2—返回键;3—软键;4—删除键(退格键);5—报警应答键;

6—选择/转换键;7—光标向上键;8—菜单扩展键;9—区域转换键;

10—垂直菜单键;11—光标向右键;12—光标向下键;13—回车/输入键;

14—空格键(插入键);15—光标向左键;16—字母键;17—上档键;18—数字键

(3) MCP 区。机床控制部分如图 10-40 所示。

SINUMERIK 802S 控制器按基本功能可以划分为以下几个操作区域:使用"区域转换键"⌨可从任何操作区域返回主菜单。连续按两次后又回到以前操作区。系统开机后,首先进入"加工"操作区。另外,使用"加工显示键"Ⓜ,可以直接进入加工操作区,如图 10-41 所示。

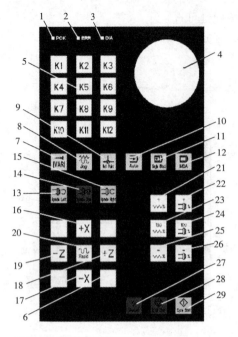

1—POK：电源供电（绿灯）；
2—ERR：系统故障（红灯）；
3—DIA：诊断（黄灯）；4—急停开关；
5—K1～K12：用户定义键（其中 K1 为
　　"使能开关"，K2 为"电源开关"，
　　K4 为"换刀"，K6 为"冷却液开关"）；
6—用户定义键；　　　7—增量选择键；
8—点动键；　　　　　9—回参考点键；
10—自动方式键；　　11—单段运行键；
12—手动数据键；　　13—主轴正转；
14—主轴停转；　　　15—主轴反转；
16、17—X 轴点动；　18、19—Z 轴点动；
20—快速运行叠加；　21—轴进给正；
22—主轴进给正；　　23—轴进给 100%；
24—主轴进给 100%；25—轴进给负；
26—主轴进给负；　　27—复位键；
28—数控停止键；　　29—数控启动键

图 10-40　操作面板上的 MCP 区

图 10-41　数控系统的操作区

10.2　数控车削加工

数控车削的切削原理和普通车床车削是一致的，所以在工件装夹、加工余量选择、刀具的选择、切削用量选择等诸多方面，遵循的原则也是基本一致的，本节主要以编程实例和机床操作作为重点进行介绍。

10.2.1　数控车床的使用范围和功能特点

数控车床是使用最广泛的数控机床之一，如图 10-42 所示，主要用于加工轴类和盘套类等回转体零件，通过编制的零件加工程序可以自动完成圆柱面、圆锥面、端面、螺纹、回转曲面的切削加工，也可以进行切槽、切断、钻、扩、镗、铰等加工。在一次装夹中，可完成多个加工工序，提高了生产效率，特别适用于单件小批量生产中形状复杂的回转体零件加工。数控车床型号 CK6140 中：C 表示车床；K 表示数控；6 表示普通卧式；40 表示最大加工回转工件直径为 400mm。

数控车床主轴由变频器直接进行转速控制,实现了无级变速,大大简化了普通车床齿轮箱的有极变速机构。数控车床的进给机构由伺服电机或步进电机通过滚珠丝杠进行,简化了普通车床的进给箱、溜板箱等,结构紧凑、定位精度高;刀架由电动机进行控制,实现了自动换刀。

图 10-42　数控车床

10.2.2　数控车削加工程序的手工编制

根据图 10-43 所示的零件,编制数控加工程序。程序名:SC01. MPF;刀具:T1 外圆车刀,T2 切断刀(刀宽 3mm);毛坯:ϕ25mm×45mm。

图 10-43　数车零件图

G54 G94 G90	启用第一零点偏移;进给速度单位 mm/min;使用绝对坐标。
M03 S500 T1	主轴顺时针旋转(正转);主轴旋转速度 500r/min;启用 1 号刀。
G00 X27 Z0	快速移动到 X27,Z0 位置。
G01 X0 Z0 F30	直线插补:刀具移动至 X0,Z0;进给速度 30mm/min。
G00 Z2	快速移动到 X0,Z2 位置。
G01 X23.5	直线插补:刀具移至 X23.5,Z2 位置。
G01 Z-33	直线插补:刀具移至 X23.5,Z-33 位置。
G00 X24	快速移动到 X24,Z-33 位置。
G00 Z2	快速移动到 X24,Z2 位置。
G01 X19.5	直线插补:刀具移至 X19.5,Z2 位置。
G01 Z-23	直线插补:刀具移至 X19.5,Z-23 位置。
G00 X21	快速移动到 X21,Z-23 位置。
G00 Z2	快速移动到 X21,Z2 位置。
G01 X17.5	直线插补:刀具移至 X17.5,Z2 位置。
G01 Z-23	直线插补:刀具移至 X17.5,Z-23 位置。
G00 X19	快速移动到 X19,Z-23 位置。
G00 Z2	快速移动到 X19,Z2 位置。

G01 X14.5	直线插补:刀具移至 X14.5,Z2 位置。
G01 Z－10	直线插补:刀具移至 X14.5,Z－10 位置。
G01 X17.5Z－13	直线插补:刀具移至 X17.5,Z－13 位置。
G00 Z2	快速移动到 X17.5,Z2 位置。
G01 X11.5	直线插补:刀具移至 X11.5,Z2 位置。
G01 Z－10	直线插补:刀具移至 X11.5,Z－10 位置。
G01 X17.5Z－13	直线插补:刀具移至 X17.5,Z－13 位置。
G00 Z2	快速移动到 X17.5,Z2 位置。
G01 X7Z0F20	直线插补:刀具移至 X7,Z0 位置;进给速度 20mm/min。
G01 X11Z－2	直线插补:刀具移至 X11,Z－2 位置。
G01 Z－10	直线插补:刀具移至 X11,Z－10 位置。
G02 X17Z－13CR＝3	顺时针圆弧插补:圆弧终点 X17,Z－13,半径 3mm。
G01 Z－23	直线插补:刀具移至 X17,Z－23 位置。
G03 X23Z－26CR＝3	逆时针圆弧插补:圆弧终点 X23,Z－26,半径 3mm。
G01 Z－33	直线插补:刀具移至 X23,Z－33 位置。
G01 X25	直线插补:刀具移至 X25,Z－33 位置。
G00 X100	快速移动到 X100,Z－33 位置。
G00 Z100	快速移动到 X100,Z100 位置。
M06 T2	更换刀具:用 2 号刀。
M03 S300	主轴顺时针旋转(正转);主轴旋转速度 300r/min。
G00 Z－33	快速移动到 X100,Z－33 位置。
G00 X27	快速移动到 X27,Z－33 位置。
G01 X0F10	直线插补:刀具移至 X0,Z－33 位置。
G00 X100	快速移动到 X100,Z－33 位置。
G00 Z100	快速移动到 X100,Z100 位置。
M05	主轴停转。
M02	程序结束。

10.2.3　数控车削加工程序的自动编制

数控车削加工手工编程容易实现由直线和圆弧曲线构成零件的程序编制,但如果零件的外轮廓曲线非一般圆弧曲线,编程人员没有现成的编程指令可循,或利用宏程序进行编程,或采用近似处理,计算量大且容易出错,因此在零件外形轮廓是非圆弧等复杂曲面时往往采用计算机自动编程的方式来编制零件加工程序,可以明显提高编程效率和编程质量。数控车削加工程序的自动编制就是利用计算机专用软件编制数控加工程序的过程,自动编程软件有 CAXA 数控车、Mastercam、UG 等。

利用 CAXA 数控车进行零件的自动编程,首先对机床、刀具库和后置处理等参数进行相应的设置。选择"机床设置"菜单,在机床类型设置中选择 SIMEMNS 系统,如图10－44所示。选择"刀具库管理"菜单,可按实际需要编辑刀具,如图 10－45 所示。选取"后置设置"菜单,设置与机床匹配的后置处理参数,如图 10－46 所示。

图 10-44　CAXA 数控车机床设置

图 10-45　CAXA 数控车刀具设置

图 10-46　CAXA 数控车后置处理设置

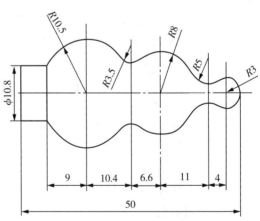

图 10-47　数控车零件图

　　绘制图样的 CAD 图纸,如图 10-47 所示。利用 CAXA 数控车软件直接绘制或将其他软件绘制轮廓图导入,一般选择右侧端面中心为编程原点,绘制零件轮廓曲线,如图 10-48所示。注意:轮廓曲线各段曲线连接处必须连续且没有交叉、断点现象。绘制毛坯轮廓,如图 10-49 所示。轮廓曲线和毛坯曲线所围成的区域为加工区,该区域一定要闭合,否则无法生成加工轨迹。

图 10-48　零件轮廓轨迹

图 10-49　零件的加工区域

在工具栏中选择"粗车",分别进行加工参数、进退刀方式、切削用量、轮廓车刀的相应设置,选择"加工区域",输入进退刀点,生成粗车的加工轨迹,如图 10-50 所示。选择"代码生成",选中生成的加工轨迹,选择"数控加工系统",输入保存的路径和文件名,即可生成零件粗车的加工代码,如图 10-51 所示。精车的程序生成方法相同,不再赘述。

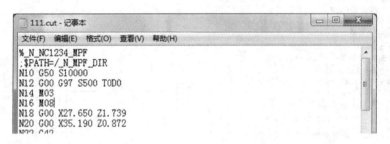

图 10-50　零件的粗加工轨迹

```
111.cut - 记事本                                    □ X
文件(F)  编辑(E)  格式(O)  查看(V)  帮助(H)
%_N_NC1234_MPF
;$PATH=/_N_MPF_DIR
N10 G50 S10000
N12 G00 G97 S500 T0D0
N14 M03
N16 M08
N18 G00 X27.650 Z1.739
N20 G00 X35.190 Z0.872
N22 G42
```

图 10-51　零件的加工程序

10.2.4　数控车床的操作

实习采用的数控机床型号为 CK0630 或 CK6140,配备的是西门子 SINUMERIK802C 或 802S 经济型数控系统,其基本操作过程是一致的。

1. 开机

接通电源后,打开机床电源开关,数控系统启动,选择"加工"操作区域"手动 REF"运行方式,按机床操作面板上的 K1 键,使数控系统与机床连接。

2. 回参考点

选择机床操作面板上的"回参考点" 功能键,在"回参考点"窗口下,先按"＋X"键不松手,使刀架沿＋X 方向回参考点,显示标记 为达到参考点;再按"＋Z"键不松手,使刀架沿$+Z$方向回参考点,显示标记⊕为已达到参考点。

3. 对刀操作

在手动方式下,装夹好工件后,根据加工要求依次进行对刀操作。

(1)以 1 号外圆车刀为例:

① 在"JOG"方式下,分别按"$+X$""$+Z$"移动刀架,使刀架远离工件,按 K4 键换 1 号刀(外圆车刀),按主轴正转功能键,使主轴正转。

② 将进给速度调整为 100%,分别按"$-X$、Z"键使车刀靠近端面,然后再将进给速度调整为 2%。车端面("$-X$"键按住),端面车平后,按"$+X$"键退出车刀(Z 轴不动),主轴停转。

③ 在软键选择"参数"→零点偏移→选择 Z→测量→刀具号选 1 号→确认→计算→确认。

④ 按返回键"∧"→按加工显示键 M 返回主画面。选择主轴正转,移动刀架使车刀靠近工件,将进给速度调整为 2%。车外圆("$-Z$"键按住),外圆车圆后,按"$+Z$"键(X 轴不动)退出车刀。主轴停转。用千分尺测量直径。

⑤ 选择软键"参数"→刀具补偿→对刀→输入直径→计算→确认。

在 MDA 方式下,输入程序段验证对刀结果,将测量值与程序设定值比较,并进行相应调整,直至对刀完成。

(2)以 2 号切断刀为例:

① 在"JOG"方式下,分别按"$+X$""$+Z$"键移动刀架,使刀架远离工件,按 K4 键换 2 号刀(切断刀),按主轴正转功能键使主轴正转。

② 将进给速度调整为 100%,分别按"$-X$""$-Z$"键使车刀靠近端面,然后再将进给速度调整为 1%,用切断刀左侧刀尖轻轻碰端面,然后按"$+X$"键退出车刀。主轴停转。

③ 选择软键"参数"→刀具补偿→刀具号 2 号→对刀→轴 $+$→G54(光标下移,输入 G54)→计算→确认。

④ 按返回键"∧"→按加工显示键返回主画面。选择主轴正转,快速移动刀架使车刀靠近工件外圆,再将进给速度调整为 1%,用刀尖轻轻碰外圆,然后按"$+Z$"键退出车刀。主轴停转。用千分尺测量直径。

⑤ 选择软键"参数"→刀具补偿→对刀→输入直径→计算→确认。

通过以上操作完成 2 号车刀的刀具补偿设置。3 号刀和 4 号刀对刀步骤与 2 号刀相同。

4. 程序输入

(1)直接输入:软键选取"程序"→"新程序",输入文件名后,在面板上输入数控加工程序。

(2)通过 WINPCIN 软件进行计算机与西门子数控系统之间的数据传输,通过计算机的 RS232 接口实现与数控机床的点对点连接,适用于单机连接的场合。

(3)通过网络 DNC 软件进行网络数据传输,更适用于网络制造的应用,方法详见本书第 13 章。

5. 自动加工

(1)空运行来检验程序编制是否正确。

① 在"程序"中选出要空运行的程序。在主画面下按"自动加工"功能键 [AUTO]；然后再按"加工显示"键，回到加工主画面。选择屏幕下方的"程序控制"软键。

② 分别选择"DRY 空运行"和"PRT 程序测试有效"两项后按确认键。

③ 按"数控启动"键开始检验程序。

（2）运行程序进行加工。

程序检验完毕后如果没有错误，将空运行和程序测试有效两项须取消，可以进行零件的加工，一般采用单段加工的方式，逐段完成零件的加工。

6. 检验

用量具测量零件，符合零件图纸要求的，程序编制完成，可用于批量生产；不符合零件图纸要求的，查明原因，进行相应修改，直到满足图纸要求。

10.3　数控铣削加工

数控铣削的切削原理和普通铣床是一致的，所以在工件装夹、加工余量选择、刀具的选择、切削用量选择等诸多方面，遵循的原则也是基本一致的，本节主要以编程实例和机床操作作为重点进行介绍。

10.3.1　数控铣床的使用范围和功能特点

1. 使用范围

数控铣床有立式和卧式两种，如图 10-52 所示，其中立式铣床是最为广泛使用的数控机床之一，主要用于加工小型板类、盘类、壳体类、模具类等复杂零件。数控铣床可以完成钻孔、镗孔、铰孔、铣平面、铣槽、铣曲面等多种加工，特别适用于形状复杂、多品种、小批量加工以及需要多轴联动的加工件。

2. 功能特点

数控铣床能减少夹具和工艺装备的使用，缩短生产准备周期，同时数控铣床具有铣床、镗床和钻床的功能，使工序高度集中，减少了工件装夹引起的误差，大大提高了生产效率和精度。数控铣床的主轴转速和进给量都可以实现无级变速，有利于选择最佳的切削用量，具有快速定位和移动的功能，能大大减少机动时间。常用的机床型号有 XK714、XK5025 等。

图 10-52　数控铣床

10.3.2　数控铣加工程序编制举例

按图 10 - 53 所示的侧支撑板图纸编写一个铣床轮廓加工程序。

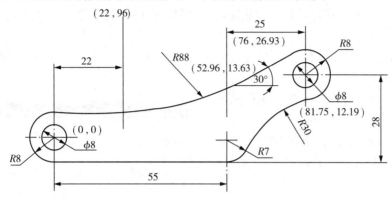

图 10 - 53　侧支撑板图纸

(1)首先要按照零件图所给的尺寸计算出各段曲线相交处(拐点)的坐标值,并在图上标出。图 10 - 53 即为标出基点坐标的图形,工件原点为(0,0),铣刀为 4mm 端铣刀。

(2)程序清单及解释:

G90 G55 G94	绝对坐标;第二零点偏置;进给单位为 mm/min。
G00 X2 Y0 Z20	铣刀(工作台)快速移动到(2,0,20)位置。
S800 M03	主轴正转;转速 800r/min。
T1	启用 1 号铣刀。
G01 Z - 1 F80	直线插补;铣刀移至(2,0, - 1)(加工下圆孔),进给速度 80mm/min。
G02 X2 Y0 I - 2 J0 F150	加工整圆;进给速度为 150mm/min。(注:整圆编程不能用 CR 编程,只能用 I、J 编程,I,J 分别表示 X 轴、Y 轴圆心相对圆弧起点的坐标尺寸。)
G01 Z10 F400	直线插补;抬刀,刀具移至(2,0,10)。进给速度 400mm/min。
G01 X0 Y - 8	直线插补;刀具移至(0, - 8,10)。
G01 Z - 1 F80	直线插补;刀具移至(0, - 8, - 1)(加工外轮廓);进给速度 80mm/min。
G02 X0 Y8 CR = 8 F150	顺圆插补;圆弧终点坐标为(0,8, - 1),半径为 8;进给速度 150mm/min。
G03 X52.96 Y13.63 CR = 88	逆圆插补;圆弧终点坐标为(52.96,13.63, - 1),半径 88。
G01 X76 Y26.93	直线插补;刀具移至(76,26.93, - 1)。
G02 X81.75 Y12.19 CR = 8	顺圆插补;圆弧终点坐标为(81.75,12.19, - 1),半径为 8。
G03 X61.31 Y - 4.04 CR = 30	逆圆插补;圆弧终点坐标为(61.31, - 4.04, - 1),半径为 30。
G02 X55 Y - 8 CR = 7	顺圆插补;圆弧终点坐标为(55, - 8, - 1),半径为 7。
G01 X0	直线插补;刀具移至(0, - 8, - 1)。
G01 Z10 F400	直线插补;抬刀到 10 高度,进给速度 400mm/min。
G01 X78 Y20	直线插补;刀具移至(78,20,10)。
G01 Z - 1 F80	直线插补;刀具移至(78,20, - 1)(加工上圆孔)。进给速度 80mm/min。
G03 X78 Y20 I2 J0 F150	加工整圆;进给速度 150mm/min。
G01 Z20 F400	直线插补;抬刀到 20 高度,进给速度为 400mm/min。
M05	主轴停转。
M02	程序结束。

10.3.3　计算机建模、自动编程与轮廓加工

自动编程可以使用的软件很多，如 MasterCAM、Cimatron、CAXA 制造工程师等，下面介绍用 CAXA 制造工程师进行二维轮廓加工的程序生成及轨迹仿真、自动加工。

1. 生成加工毛坯

打开"制造工程师"软件。点击"加工"→"定义毛坯"，设置各项参数如图 10 - 54 所示，点"确定"按钮。

定义毛坯对话框的有关设定操作说明如下。

（1）两点方式：通过拾取包含整个轮廓图形范围的两个角点（与顺序、位置无关）来定义毛坯。

（2）三点方式：通过拾取基准点，拾取包含整个轮廓图形的两个角点（与顺序、位置无关）来定义毛坯。

（3）参照模型：系统自动计算模型的包围盒，以此来定义毛坯。

（4）基准点：毛坯在世界坐标系（.sys.）中的左下角点。

（5）大小：长度、宽度、高度分别是毛坯在 x 方向、y 方向、z 方向的尺寸。

（6）毛坯类型：提供多种材料，主要是写工艺清单时需要。

图 10 - 54　定义毛坯

（7）毛坯精度设定：设定毛坯的网格间距，主要是仿真时需要。

2. 创作二维轮廓图

在非草图（空间状态）下，使用软件提供的各种绘制曲线工具，在上面确定的毛坯范围内，创作一幅二维轮廓图（X、Y 面内）。

3. 平移图形对中

点击平移图标，立即菜单选择"两点""移动""非正交"，按系统提示，拾取所画图形各个部分，按右键，点击图形上一点，慢慢将图形放到毛坯中间，让图形处在适中位置，点击一下即可。

4. 设置起始点坐标(0,0,20)

双击"特征树"下"加工管理"下的"起始点"，出现"刀具起始点"对话框，设 X 轴、Y 轴坐标值为 0，把 Z 轴坐标由 100 改成 20，点"确定"按钮。

5. 轮廓线精加工选项

点击"加工"→"精加工"→"轮廓线精加工"，出现轮廓线精加工六个选项。

（1）加工参数选项

点击加工参数下的"高级设定"，在"考虑自我交叉形状"前打"√"。在按图 10 - 55a 所示填写相关信息。起始点改为(0,0,20)。该选项的名词如下：

① 偏移类型——偏移类型有偏移和边界上两种方式选择。偏移是指相对于加工方向生成加工边界右侧或左侧的轨迹,偏移由"偏移方向"指定;边界上是指在加工边界上生成的轨迹。

② 接近方向——在"偏移类型"选择为"偏移"时设定。对于加工方向,相对加工范围偏移在哪一侧,有两种选择。不指定加工范围时,以轮廓形状的顺时针方向作为基准。

（2）切入切出选项

选择不设定即可。

（3）下刀方式选项

按图 10 - 55b 所示填写相关信息

a）加工参数设置

b）下刀方式设置

c）切削用量设置

d）加工边界的设置

图 10 - 55　加工参数设置

① 安全高度——加工工件前,刀具与工件(毛坯)应保持的安全距离(高度),有相对与绝对两种模式,单击"相对"或"绝对"按钮可以实现二者的互换。

② 慢速下刀距离——刀具接近工件开始减慢下降速度时和工件之间的距离,这段轨迹以慢速下刀速度垂直向下进给,以免因惯性损坏刀具或工件。有相对与绝对两种模式,单击"相对"或"绝对"按钮可以实现二者的互换。

③ 退刀距离——在切出或切削结束后慢速退出的一段距离。这段轨迹以退刀速度垂直向上进给。有相对与绝对两种模式,单击"相对"或"绝对"按钮可以实现二者的互换。

④ 切入方式——这里提供了三种铣刀切入工件的方式:垂直;"Z"字形;倾斜线。

(4)切削用量选项

按图 10-55c 所示填写相关信息。

① 主轴转速:设定主轴转速,单位 r/min。

② 慢速下刀速度(F0)——设定慢速下刀轨迹段的进给速度,单位 mm/min。

③ 切入切出连接速度(F1)——设定切入段、切出段、连接段的进给速度,单位 mm/min。

④ 切削速度(F2)——设定切削轨迹段的进给速度,单位 mm/min。

⑤ 退刀速度(F3)——设定退刀轨迹段的进给速度,单位 mm/min。

(5)加工边界选项

按图 10-55d 所示填写相关信息。"Z 设定"为设定加工过程中的 Z 值范围。

使用有效的 Z 范围打"√",表示下面两项(最大、最小)值有效;不打"√"表示两项关闭。

"最大""最小"即为程序中 Z 值的最大值和最小值。

(6)刀具参数选项

主要是设定加工时要使用的刀具,如图 10-56 所示,根据需要直接输刀具名、刀具号、刀具补偿号、刀具半径 R、刀角半径 r 等信息即可(请先修改刀角半径后,再修改刀具半径,避免软件报错)。

刀具库中能存放用户定义的不同的刀具,包括钻头、铣刀(球刀、牛鼻刀、端刀)等,使用中用户可以很方便地从刀具库中取出所需的刀具。

① 增加刀具——用户可以向刀具库中增加新定义的刀具。

② 编辑刀具——选中某把刀具后,用户可以对这把刀具的参数进行编辑(修改)。

③ 刀具类型——可设置刀具类型、刀具名、刀具号、刀具补偿号、刀具半径 R、刀角半径 r、刀柄半径 b、刀尖角度 α、刀刃长度 l、刀柄长度 h、刀具全长 L,对话框中会显示这些刀具的主要参数值。

5. 生成刀具轨迹

参数表各选项设置好参数后,点"确定"按钮。此时,状态条提示"拾取轮廓",点取一个轮廓后,出现一个双向箭头,状态条提示"确定链搜索方向",选择一个方向后,对闭合轮廓,直接提示"继续拾取轮廓";对非闭合轮廓,选择方向后,提示"拾取曲线",此时若无线与它相连,按一下右键,状态条又提示"继续拾取轮廓"找下一条轮廓线拾取。若曲线与之相连且不只一条,选择其中一条,继续向下拾取轮廓,直到所有的轮廓全拾到后,按鼠标右键,系统提示"正在计算轨迹,请稍候……",计算完成后,在图形上生成刀具轨迹(绿色)。按 F8 键,进行轴侧图显示,可以较清楚地看到加工轨迹。

图 10 - 56　刀具参数设定　　　　　　　图 10 - 57　仿真参数设定

6. 保存文件

将以上文件以学号为文件名保存。如系统提示出错,显示"磁盘空间不足"或"目录不正确",可选"另存为",文件名改为"学号+",再进行保存。

7. 轨迹仿真(模拟加工)

点击"加工"→"轨迹仿真",拾取刀具轨迹,按右键,出现仿真加工界面。打开"工具"菜单。选"仿真",出现仿真加工对话框,如图 10 - 57 所示设置参数,再点按钮 ▶ ,进行轨迹仿真。仔细检查刀具轨迹和运行路线是否正确。

8. 生成加工程序

① 点击"加工"→"后置处理"→"后置设置"→"机床信息",在"当前机床"后的立即菜单中选"SIEMENS",在"程序起始符"输入"％＿N＿NAME＿MPF@；$PATH＝/＿N＿MPF＿DIR",其余值采用默认值,点"确认"按钮。

② 点击"加工"→"后置处理"→"生成 G 代码",弹出"选择后置文件"对话框,选择代码文件存放位置,输入文件名,后缀为".cut",按"保存"按钮。用鼠标点取刀具轨迹,并按右键确定,系统显示铣床数控加工程序(ISO 代码)。要求将程序第一行的 NAME 替换成自己的学号,再保存此文件。

9. 生成工艺清单

点击"加工"→"工艺清单",出现"工艺清单"对话框。点击"指定目标文件的文件夹"后的"…",把路径改成 D 盘下的文件夹,填写有关信息后,点取表格中的"拾取轨迹"按钮,拾取加工刀具轨迹,按右键,再点取表格中的"生成清单"按钮,查看自动生成的工艺清单。

10.3.4 XK714 数控立式铣床(配 SINUMERIK 802S 系统)的操作

1. 开机和回参考点

接通 CNC 和数控铣床的电源,系统自动进入"加工"操作区的手动 REF 运行方式,即回参考点方式。按 K1 键,给驱动电源加电。先按"+X"键不松手,使工作台沿+X 方向回参考点,显示标记 ⊕ 为达到 X 轴参考点;再按"+Y"键不松手,使工作台沿+Y 方向回参考点,显示标记 ⊕ 为达到 Y 轴参考点;最后按"+Z"键不松手,使刀架沿+Z 方向回参考点,显示标记 ⊕ 为已达到 Z 轴参考点。选择另一种运行方式(如 JOG、MDA、AUTO)可结束该功能。

2. 对刀(设零点偏移值)

数控铣加工之前,必须确定与编程原点一致的工件原点,这就是对刀。对刀的方法有两种:用 G92 指令设定铣刀起刀点与编程原点的关系的方法为随机对刀法;用 G54 等指令设定铣刀起刀点与编程原点的关系的方法为固定对刀法。

(1)装夹好工件毛坯,点"jog" 按钮,手动方式移动机床,以工件毛坯为基准,使刀具停在加工程序的起刀点上方。点"Spindle Left"按钮,使机床主轴左转,按"进给轴倍率减少"键 ,使进给轴倍率减少为 4%,下降 Z 轴使刀具刚好擦到工件上表面。按"Spindle Stop"键,主轴(铣刀)停转。

图 10-58 零点偏移参数设置 1

(2)按区域转换键 ,按"参数"下的"零点偏移"。屏幕上显示所有可设定零点偏置的情况,如图 10-58 所示。把光标移到待修改的范围 G54,点"测量"键,系统提示选择刀具号。输入数值 1 后,点"确认"按钮,系统显示如图 10-59 所示。

(3)按"轴+"按钮,根据零偏和坐标轴的实际位置,分别计算出 X 轴、Y 轴和 Z 轴的补偿值,该值就作为所选坐标轴的偏移量,点"确认"按钮。

3. 新程序输入

软键选取"程序"→"新程序",出现如图 10-60 所示对话框,输入新的主程序和子程序名称。主程序扩展名". MPF"可以自动输入,子程序扩展名必须和文件名一起输入。文件名输入后,按确认键,即可对新程序进行编辑。用返回键"∧"中断程序编制。

图 10-59 零点偏移参数设置 2   图 10-60 程序文件的存储

4. 自动加工

(1)空运行来检验程序编制是否正确。

① 在"程序"区域选择要空运行的程序,在"加工"区域下选"自动方式",再选择屏幕下方的"程序控制"软键。

② 分别选择"DRY 空运行"和"PRT 程序测试有效"两项后,按确认键,如图 10 - 61 所示。

③ 按"数控启动"键开始检验程序。

(2)运行程序进行加工。

程序检验完毕后,如果没有错误,可以进行零件的加工(空运行和程序测试有效两项须取消,否则机床不能进给)。操作步骤如下:

① 机床回参考点。

② 按"自动加工"功能键 进入自动工作方式。

③ 选择所要加工零件的程序。

④ 按"复位"键复位。

⑤ 按"数控启动"键开始进行零件的自动加工。

图 10 - 61　程序的空运行

(3)当程序运行中用"数控停止"键中断加工程序后,可以进行中断后的再定位。

① 在"JOG"方式下,将刀具从加工轮廓退出。控制器保存中断点的坐标。

② 选"自动"加工方式,按软键"搜索",打开搜索窗口,准备装载中断点坐标;再按软键"搜索断点",装载中断点坐标,到达中断程序段;最后按软键"启动 B 搜索",启动中断点搜索,使机床回中断点。

③ 按"数控启动"键,继续进行零件的加工。

10.4　数控雕铣机

10.4.1　数控雕铣机简介

SKDX5060B 数控雕铣机是一种高速加工铣床,采用先进的电主轴技术,转速可达 24000r/min,其伺服控制系统为半闭环控制。数控雕铣机的数控系统为 SKY2000N 型网络数控系统,控制核心采用 DSP 数字处理器,管理核心为奔腾处理器,操作平台采用 Windows 系统,还具有 2500 程序段的提前预处理功能和标准以太网(TCP/IP)接口的网络功能等。

SKDX5060B 雕铣机的硬件系统主要有:PC 机(含各部分硬件、外设及输入输出接口)、PMAC 数控卡(主轴/进给轴/PLC 模块)、主轴/进给轴驱动模块、主轴/进给轴执行机构(主轴为电主轴,进给轴为交流伺服电机)、主轴/进给轴反馈装置。

SKDX5060B 雕铣机的软件系统主要有:操作系统(WINDOWS2000)、数控实时操作系统(SKY2000N)、CAD/CAM 一体化软件(PRO/E、UG、CAXA 制造工程师、ARTCAM 等独立模块)。SKY2000N 是整个 PC 数控系统中的核心软件子系统,它以 PC 操作系统为基础,加上数控管理软件来构成,其任务是对系统中的资源进行统一管理,对任务进程进行动态调度,协调各模块的高效运行,并辅助完成进程间的通信和信息交换。其主要内容包括:方式管理、动态显示、联网通信、信息预处理、轨迹插补、运动控制、开关量控制、安全保障、加工仿真等。

10.4.2　浮雕的设计与加工

(1)模型设计制作

① 通过 Internet 下载高质量的"北京 2008"图片。

② 在 Photoshop 中对下载的文件做简单处理,并存成 JPG 或 BMP 文件,如图 10 - 62a 所示。

③ 打开 Art CAM 软件,选择"通过图像生成模型",设置模型尺寸,生成模型文件。

④ 对图像进行矢量化处理,在"颜色"选项下将色彩减少到 4 种,在"矢量"选项卡下选择"按颜色边界拟合矢量",进一步对图像的边界做适当编辑。

⑤ 用"浮雕"工具下的"等高文字"选项,依次设置"京""Beijing2008"、五环等矢量的浮雕深度分别为 0.5 相加、0.3 相减、0.4 相加。生成 3D 浮雕模型,如图 10 - 62b 所示。

⑥ 设置毛坯,完成 CAD 建模,如图 10 - 63 所示。

a)图片处理　　　　　　　　　　　　　　b)模型设置

图 10 - 62　模型设计

图 10 - 63　模型设计——模型生成

（2）CAM 模型分析、生成轨迹、模拟仿真、后置处理及代码生成

① 在"刀具路径"选项中，选择"三维刀具路径"目录下的加工浮雕，如图 10-64 所示。

② 依次选择或输入下列加工信息（粗加工）：要加工的区域（全部模型），加工策略（X 方向平行加工，90°角，余量 0.1mm，公差 0.01mm），加工安全高度（10mm），刀具选择（ϕ6mm 球刀，主轴转速 10000r/min，进给速度 900mm/min，行距 0.48mm），如图 10-65 所示，材料选项下设定参考点位置（8mm，顶层偏移 0mm），给定加工名称（粗加工），计算刀具轨迹。关闭加工浮雕工具。

图 10-64　加工类型选择

③ 依次选择或输入下列加工信息（精加工）：要加工的区域（全部模型），加工策略（X 方向平行加工，0 度角，余量 0mm，公差 0.01mm），加工安全高度（10mm）、刀具选择（ϕ6mm 雕铣刀［锥形］，主轴转速 10000r/min，进给速度 600mm/min，行距 0.01mm），材料选项下设定参考点位置（8mm，顶层偏移 0mm），给定加工名称（精加工），计算刀具轨迹。关闭加工浮雕工具。

④ 在仿真刀具路径选项下，依次对粗加工和精加工的轨迹进行仿真，并查看仿真效果，如图 10-66 所示，如果符合设计要求，准备进行后置处理及代码生成，不符合即重新设置加工信息。

⑤ 在"刀具路径"选项中，依次保存粗加工和精加工的刀具路径文件，即加工指令，这里选择文件输出格式 Axyz(∗.nc)，文件名：粗加工和精加工。

⑥ 根据 SKY 的指令格式对生成的程序稍做修改，如加入 M08、M09 指令，对精加工的雕刻刀落刀速度做调整等。

图 10-65　刀具选择

图 10-66　仿真结果

（3）SKDX5060B 雕铣机操作与数控加工

首先，启动 SKY2003 数控系统，打开"紧急停止按钮"及"机床工作开关"。

① 回参考点：在"F4 返回参方式"下，选择"3 机床原点"，按下 F6（Z、Y、X）依次回到机

床参考点,建立机床坐标系。

② 在"F3 手动方式"下,设置主轴转速及进给速度(S、F 等)。

③ 安装 6MM 球刀,并对刀("F2 手轮方式"),设置 G54 参数,建立工件坐标系。

④ 按"F1 自动方式"选择加工程序(粗加工),如图 10-67 所示,按下 F6 读入程序并预处理,再按 F6 开始自动加工,注意观察软件屏幕及工件加工状态。

⑤ 换刀(30°角的雕刻刀),对刀(仅 Z 轴),然后进行精加工,过程与粗加工基本相同。

⑥ 观察加工状态,直至加工完成,取下工件,如图 10-68 所示。

⑦ 在控制面板上按下"机床锁住"和"紧急停止按钮",按 F12 退出系统。

图 10-67　加工状态

图 10-68　制成工艺品

(4)关闭数控系统

机床清理与保养,关闭 Windows,关闭钥匙开关,关闭机床总电源。

10.5　加工中心

加工中心是一种将数控铣床、数控镗床、数控钻床的功能结合起来,配置有一定容量的刀库和自动换刀装置的数控机床,如图 10-69 所示。工件经一次装夹后,数控系统能控制机床按不同工序,自动选择和更换刀具,自动改变机床主轴转速、进给量和刀具相对工件的运动轨迹及其他辅助功能,依次完成工件几个面上多工序的加工。

10.5.1　加工中心的类型

加工中心主要有立式加工中心、卧式加工中心、龙门式加工中心、多轴加工中心、虚拟轴加工中心等几种类型。

(1)立式加工中心是指主轴轴线与工作台垂直设置的加工中心,一般不带转台,仅做顶面加工,主要适用于加工板类、盘类、模具及小型壳体类复杂零件,如图 10-69a 所示。

(2)卧式加工中心是指主轴轴线与工作台平行设置的加工中心,主要适用于加工箱体类零件,如图 10-69b 所示。

a）立式加工中心　　　　　　　　　　　　　　　b）卧式加工中心

c）龙门式加工中心

d）多轴加工中心　　　　　　　　　　　e）虚轴加工中心

图 10 - 69　常见加工中心类型

（3）龙门式加工中心主轴多为垂直设置，除自动换刀装置以外，还带有可更换的主轴头附件，功能也较齐全，能够一机多用，尤其适用于加工大型工件和形状复杂的工件，如图 10 - 69c 所示。

（4）多轴加工中心是指数控系统可以同时控制至少 4 个轴联动加工的加工中心，其中包括 3 个直线坐标轴和 1～2 个旋转坐标轴，根据旋转轴的数量不同分为四轴加工中心和五轴加工中心，根据旋转轴围绕的直线轴位置的不同，机床的结构和适用的加工范围也不一样，如图 10 - 69d 所示。

（5）虚轴加工中心改变了以往传统机床的结构，通过连杆的运动，实现主轴多自由度的运动，完成对工件复杂曲面的加工，如图 10 - 69e 所示。

10.5.2　加工中心的功能与特点

1. 加工中心的主要加工范围

加工中心适合加工形状复杂、加工内容多、精度要求高、需要多种类型的普通机床和众多的工艺装备，经多次装夹和调整才能完成的单件或中、小批多品种的零件，如箱体类零件、模具型腔、整体叶轮、异型件等。其加工件主要包括以下几种。

（1）箱体类工件

这类工件一般都要求进行多工位孔系及平面的加工，定位精度要求高，在加工中心上加工时，一次装夹可完成普通机床 60%～95% 的工序内容。

（2）复杂曲面类工件

复杂曲面一般可以用球头铣刀进行三坐标联动加工，加工精度较高，但效率低，且有时存在加工干涉区域或加工盲区。如果采用四轴、五轴加工中心进行多轴联动，可加工复杂曲面类工件，如飞机、汽车外形、叶轮、螺旋桨、各种成形模具等。

（3）异型件

异型件是外形不规则的零件，大多需要点、线、面多工位混合加工。加工异型件时，形状越复杂，精度要求越高，使用加工中心越能显示其优越性，如手机外壳等。

（4）盘、套、板类工件

这类工件包括带有键槽和径向孔，端面分布有孔系、曲面的盘套或轴类工件，如带法兰的轴套、带有键槽或方头的轴类零件等，以及具有较多孔加工的板类零件，如各种电机盖等。

（5）特殊加工

在加工中心上还可以进行特殊加工。如在主轴上安装调频电火花电源，可对金属表面进行表面淬火。

2. 加工中心的特点

（1）工序集中。在一次装夹后，可实现多表面、多特征、多工位的连续、高效、高精度加工。这是加工中心突出的特征。

（2）加工精度高。和其他数控机床一样，加工中心具有加工精度高的特点，且一次装夹加工保证了位置精度，加工质量更加稳定。

（3）适应性强。当加工对象改变时，只需要重新编制程序，就可实现对零。

（4）生产率高，经济效益好，自动化程度高。

10.6　车　削　中　心

车削中心是以车床为基本体,添加铣削动力刀座、动力刀盘,实现铣、钻、镗等功能的车铣复合切削加工的机床。车削中心除具有数控车床的各种车削功能外,车削中心的转塔式刀盘上还有能使刀具旋转的动力刀座,主轴具有按轮廓成形要求连续(不等速回转)运动和进行连续精确分度的 C 轴功能,并能与 X 轴或 Z 轴联动。图 10 - 70 所示分别为卧式和立式车削中心的结构。

车削中心控制轴除 X、Z、C 轴之外,还可具有 Y 轴。可进行端面和圆周上任意部位的钻削、铣削和攻螺纹等加工;在具有插补功能的条件下,还可以实现各种曲面铣削加工,主要用于轴类和盘类回转体零件的多工序加工,具有高精度、高效率、高柔性化等综合特点,适合中小批量形状复杂零件的多品种、多规格生产,如图 10 - 71 所示。

a) 卧式车削中心　　　　　　　　　　　　b) 立式车削中心

图 10 - 70　车削中心的结构示意图

a) 端面铣槽　　　　　　　b) 端面铣六方　　　　　　c) 圆锥面上钻孔

图 10 - 71　车削中心加工类型

车削加工中心机床有时把夹持工件的主轴做成 2 个,既可同时对 2 个工件进行相同的加工,也可通过在 2 主轴上交替夹持,完成对夹持部位的加工,如图 10 - 72 所示。

图 10-72　双主轴双刀塔车削中心加工示意图

在一台设备上完成车、铣、钻、镗、攻丝、铰孔、扩孔等多种加工要求的复合加工技术在全球机床制造和金属加工领域发展迅速,除了车铣中心、铣车中心、车磨中心等,近年来又出现由激光、电火花和超声波等特种加工方法与切削、磨削加工方法组合的复合机床,使复合加工技术成为推动机床结构和制造工艺发展的一个新热点。

10.7　数控加工仿真的应用

10.7.1　数控加工仿真软件简况

随着虚拟现实技术及计算机技术的发展,出现了可以模拟实际机床加工环境及其工作状态的计算机仿真加工系统,它是一个应用虚拟现实技术于数控机床加工的仿真软件。目前这类软件有两个主要发展方向:一类是嵌入式,即与相关 CAD/CAM 软件(如MASTACAM、PRO/E、CAXA 制造工程师等)集成,主要模拟刀具运行轨迹,验证设计结果,对机床操作没有任何涉及;一类是独立式,即虚拟数控机床,不仅能对刀具运行状态进行仿真,同时模拟真实的机床操作环境,比较流行的主要有上海宇龙、厦门创壹、南京宇航、南京斯沃等不同特色的数控加工仿真软件。

与真实机床相比,虚拟机床具有以下的功能和特点:与真实机床完全相同的组成和结构,可进行机床操作全过程仿真(毛坯定义,工件、夹具、刀具装夹,对刀,参数设置、程序校验、试切等),具有丰富多样的刀具库(采用数据库统一管理的刀具材料、特性参数库)、全面的碰撞检测(手动、自动加工等模式下的实时碰撞检测、机床超程报警等)和强大的测量功能,具有完善的图形和标准数据接口(能直接调用 CAD/CAM 生成的 NC 程序,能将已验证的 NC 程序输入数控机床等)、虚拟机床强大的网络功能(借助计算机的网络功能实现)、实用灵活的考试系统(可对虚拟机床的操作进行无纸化考核)。教师和学生可以相互观看对方的操作,进行互动交流。

虚拟机床既可单机系统独立运行,又可实现在线运行。独立运行即机床模型方式,数控机床的模拟操作在仿真面板上进行,且零件切削过程由机床模型通过三维动画演示;在线运行即机床工作方式,软件与实际机床连接,由硬件实现零件切削过程,即利用计算机和其他的专用硬件、软件去产生一种真实场景的仿真,这种方法能进一步提高操作者的实际操作技能。

10.7.2　数控加工仿真软件应用实例

现以上海宇龙数控加工仿真软件为例介绍。双击桌面上数控加工仿真系统 （图标），在弹出"用户登录"界面后，输入用户名和密码。

(1)选择机床类型

打开菜单"机床/选择机床…"，控制系统选择"SIEMENS SINUMERIK－802S"，机床类型选择车床－标准(平床身前置刀架)，如图 10－73 所示。

图 10-73　数控车床仿真主界面

(2)机床回零

松开机床操作面板上的"急停"按钮（图标），点击"复位"按钮（图标），使机床激活。同时按下"手动"按钮（图标）和"回原点"按钮（图标），使机床处于"手动 REF"状态，按 +X 按钮，直到图标显示为（图标），完成 X 轴回零，同样完成 Z 轴回零，按"主轴正转"（图标），使主轴回零，如图 10－74 所示。

注:在坐标轴回零的过程中，还未到达零点按钮已松开，则机床不能再运动，LCD 界面上出现警告框 020005（图标），此时再点击操作面板上的"复位"按钮（图标），警告被取消，可继续进行回零操作。

(3)毛坯、夹具和刀具选择及安装

打开菜单"零件/定义毛坯"，设置毛坯的名称、形状、材料和相关参数，也可以直接调用已保存的毛坯模型(这里我们选择直径

图 10-74　回参考点仿真

25mm、高 200mm 的零件);打开菜单"零件/安装夹具"命令,选择相应的夹具;打开菜单"零件/放置零件"命令,选择所需零件的名称,零件和夹具将被安装到机床上,打开"位置调整工具箱"来调整零件的位置,如图 10 - 75 所示。

打开菜单"机床/选择刀具",依次选择各刀位的刀具(刀柄、刀片等),根据实际需要修改刀尖半径和刀具长度等参数,确认后,刀具按所选刀位安装在刀架上,如图 10 - 76 所示。

图 10 - 75　调整零件位置

图 10 - 76　刀具的选择

(4)工件坐标系建立、对刀及参数设定

以工件右端面与车床主轴中心交点作为工件坐标系原点(工件零点),采用"试切法"对刀,利用菜单"测量/剖面图测量"工具,如图 10 - 77 所示,测量第一把刀具(基准刀)刀尖点与工件零点的偏移量并设定为零点偏移(如 G54),其两轴的刀具补偿均为 0,采用"相对刀偏法"确定其余刀偏量,即从第二把刀具开始,将每把刀具刀尖的偏移量与基准刀刀尖点的值进行比较,确定其相对于基准刀刀尖的补偿量,从而确定每把刀具 X 和 Z 方向的补偿,如图 10 - 78 所示,刀具的建立和刀具补偿设置均在虚拟机床的机床控制面板上完成,最终完成对刀过程。在"参数"目录下设置相关的数据如主轴数据、空运行进给率、R 参数等加工参数,如图 10 - 79 所示。

图 10 - 77　车床工件测量示意图

图 10 - 78　刀具补偿数据

图 10 - 79　参数的设置

(5)数控程序管理

虚拟机床提供了两种方式的程序管理:一是导入式,点击菜单"机床/DNC 传送"或者图标,打开文件对话框,选择相应的手工编程或自动编程的程序导入数控系统,按真实机床的通信功能操作;二是编辑式,利用数控系统的程序编辑功能,实现程序的建立、修改、复制、保存等操作,与真实机床完全一致。

注:导入的程序和机床一样,必须具备程序头代码"%_N_程序名_MPF;$PATH=/_

N_MPF_DIR",其中"程序名"必须符合西门子命名规则,应使用姓名的拼音简称。"MPF"为扩展名,如果是子程序则为"SPF"。

(6)数控程序的仿真及程序确定

利用虚拟机床的操作面板,对虚拟机床可以进行手动、自动、单段、MDA 等方式的仿真操作。点击操作面板上的"自动模式"按钮 ➡,使其呈按下状态 ➡,机床进入自动加工模式;或点击操作面板上的"单段"按钮 ▤,使其呈按下状态 ▤,每点击一次"运行开始"按钮 ◈,数控程序执行一行。数控程序执行后,想回到程序开头,可点击操作面板上的"复位"按钮 ⚡。

在自动方式下,将调出编制的零件加工程序进行验证,观察程序仿真的运行状况,发现碰撞、刀具路径错误等问题时,及时对程序进行修改(点击操作面板上的按钮 ▣,LCD 界面下方显示软键菜单条,按软键"程序",选择所要的数控程序名上,按软键"打开",对数控程序进行编辑(修改),完成后,按软键"关闭")。选择修改后的程序进行仿真,直到程序按设计的加工路径完成切削加工为止。建议使用单步运行的方式来检查程序,使用切换控制面板键 ⇆,可看到执行的程序情况,逐步完成程序的修改。在"视图/选项"菜单下,可设置仿真的相关参数,如仿真加速倍率、声音及铁屑开关等,根据实际的情况可以调整,参考值如图 10 - 80 所示。其中仿真加速倍率越小,更容易反映出真实的加工情况,但仿真速度慢;仿真倍率越大,对计算机的要求越高,因此建议值为 4~10。

在仿真过程中,可点击菜单"视图",选择相应的视图,通过局部放大、动态缩放、动态平移、动态旋转等功能仔细观察模拟的轨迹及相关的切削状态,发现问题可以在"单段"的方式下找到相应的程序段进行妥善处理,最终使仿真的结果与设计的一致,仿真结束,加工程序确定。

(7)程序导出与机床加工

点击操作面板上的 ▣ 按钮,LCD 界面下方显示软键菜单条,按软键"通讯",将光标定位在"零件程序和子程序…."上,按软键"显示",显示数控程序目录,点击键盘上的方位键 ⬇ 和 ⬆,将光标移动到需要导出的数控程序的位置,按软键"输出启动",弹出"另存为"对话框,选择适当的保存路径,填写适当的文件名后,按"保存"按钮,完成修改后的数

图 10 - 80 设置显示参数

控程序的保存操作。按"取消"按钮,则放弃此项操作。

将虚拟机床数控系统存储的数控加工程序文件导出到计算机上,加上"程序头代码",通过 DNC 软件和 RS232 接口传递到真实的数控车床上,操作机床调出程序进行"试切",所加工出零件不符合要求的,应对程序进行修改并在仿真系统上验证后,再在机床上"试切",直到符合设计要求,零件加工完成,零件数控加工程序定型。

实习报告

数控技术基础

一、判断题

1. 数控加工程序编制完成后即可进行正式加工。(　　　)

2. 不同的数控机床可选用不同的数控系统,但数控加工程序指令都是完全相同的。(　　　)

3. 数控程序只有通过面板上的键盘才能输入数控系统。(　　　)

4. 轮廓控制系统仅要控制从一点到另一点的准确定位。(　　　)

5. 插补运动的实际轨迹始终不可能与理想轨迹完全相同。(　　　)

6. 开环控制系统数控机床没有位置检测装置。(　　　)

7. 半闭环伺服系统数控机床反馈装置可直接测量机床工作台的位移量。(　　　)

8. 闭环伺服系统数控机床反馈装置可直接测量机床工作台的位移量。(　　　)

9. 机床坐标系以刀具远离工件表面为正方向。(　　　)

10. 数控机床的机床坐标原点和机床参考点是重合的。(　　　)

二、单选题选择题

1. 用于指令动作方式的辅助功能指令代码是(　　　)代码。

A. F　　　　　　　　　B. G　　　　　　　　　C. T　　　　　　　　　D. M

2. 用于指令动作方式的准备功能指令代码是(　　　)代码。

A. F　　　　　　　　　B. G　　　　　　　　　C. T　　　　　　　　　D. M

3. 一个完整的程序是由若干个(　　　)组成的。

A. 字　　　　　　　　B. 程序段　　　　　　　C. 字母　　　　　　　D. 数字

4. 对于数控机床开环控制系统的伺服电动机,一般采用(　　　)。

A. 直流伺服电动机　　　　　　　　　　B. 功率步进电动机

C. 液压步进马达　　　　　　　　　　　D. 交流伺服电动机

5. 数控机床工作时,当发生任何异常现象需要紧急处理时应启动(　　　)。

A. 程序停止功能　　　B. 故障检测功能　　　C. 急停功能　　　D. 暂停功能

6. G00 指令移动速度值是(　　　)指定。

A. 机床参数预先设定值　　　　　　　　B. 数控程序

C. 操作面板　　　　　　　　　　　　　D. 随意设定

7. G01 指令移动速度值是(　　　)指定。

A. 机床参数　　　　　B. 数控程序　　　　　C. 操作面板　　　　　D. 随意设定

8. 下列机床中,可采用点位控制的机床是(　　　)。

A. 数控铣床　　　　　B. 数控钻床　　　　　C. 数控磨床　　　　　D. 数控车床

9. 数控铣床的基本控制轴数是(　　　)。

A. 一轴　　　　　　　B. 二轴　　　　　　　C. 三轴　　　　　　　D. 四轴

10. 刀具指令 T0102 表示(　　　)。

A. 刀号为 1,补偿号为 002　　　　　　　B. 刀号为 10,补偿号为 20

C. 刀号为 01,补偿号为 02　　　　　　　D. 刀号为 1002,补偿号为 0

11. 在西门子准备功能 G90 表示(　　　)。

A. 预置功能　　　　　B. 固定循环　　　　　C. 绝对尺寸　　　　　D. 增量尺寸

12. 进给功能字 F 后的数字表示(　　　)。

A. 每分钟进给量(mm/min)　　　　　　　B. 每秒钟进给量(mm/s)

C. 每转进给量(r/min)　　　　　　　　　D. 螺纹螺距 mm

13. 数控机床开机时,一般要进行回参考点操作,其目的是(　　)。

A. 建立机床坐标系　　　　　　　　　　B. 建立工件坐标系

C. 建立局部坐标系　　　　　　　　　　D. 确定机床原点

14. 编程人员在数控编程时,一般常使用(　　)。

A. 机床坐标系　　　　B. 机床参考坐标系　　　C. 直角坐标系　　　　D. 工件坐标系

15. 下列指令属于准备功能字的是(　　)。

A. G01　　　　　　　B. M08　　　　　　　C. T01　　　　　　　D. S500

16. 根据加工零件图样选定的编制零件程序的原点是(　　)。

A. 机床原点　　　　　B. 编程原点　　　　　C. 加工原点　　　　　D. 刀具原点

17. 用来指定圆弧插补的平面和刀具补偿平面位 XY 平面的指令是(　　)。

A. G16　　　　　　　B. G17　　　　　　　C. G18　　　　　　　D. G19

18. 撤销刀具长度补偿指令是(　　)。

A. G40　　　　　　　B. G41　　　　　　　C. G43　　　　　　　D. G49

19. 数控铣床的 G41/G42 是对(　　)进行补偿。

A. 刀尖圆弧半径　　　B. 刀具半径　　　　　C. 刀具长度　　　　　D. 刀具角度

20. 机床位移部件上直接安装有直线位移检测装置并检测最终位移输出量的机床称为(　　)数控机床。

A. 开环控制　　　　　B. 闭环控制　　　　　C. 半闭环控制　　　　D. 点位控制

21. 相对坐标是指程序段的终点坐标是相对于(　　)计量的。

A. 本段起点　　　　　B. 工件原点　　　　　C. 机床原点

22. 脉冲当量是对于每一个脉冲信号(　　)。

A. 传动丝杆转过的角度

B. 步进电机回转的角度

C. 机床运动部件的位移量

23. 准备功能 G90 表示的功能是(　　)。

A. 预置寄存　　　　　B. 绝对坐标　　　　　C. 相对坐标　　　　　D. 工件参考点

24. 进给伺服系统对(　　)不产生影响。

A. 进给速度　　　　　B. 运动位置　　　　　C. 加工精度　　　　　D. 主轴转速

25. 测量与反馈装置的作用是为了提高机床的(　　)。

A. 安全性　　　　　　　　　　　　　　B. 使用寿命

C. 定位精度和加工精度　　　　　　　　D. 灵活性

26. 影响数控车床加工精度的因素很多,要提高加工工件的质量,有很多措施,但(　　)不能提高加工精度。

A. 将绝对编程改为增量编程　　　　　　B. 正确选择车刀类型

C. 控制刀尖中心高误差　　　　　　　　D. 减少刀尖圆弧半径对加工的影响

27. 闭环控制系统的检测装置装在(　　)。

A. 电机轴或丝杆轴端　B. 机床工作台上　　　C. 刀具主轴上　　　　D. 工件主轴上

28. 数控机床开机后"回零点"是指回到(　　)。

A. 对刀点　　　　　　B. 刀位点　　　　　　C. 机床参考点　　　　D. 机床原点

29. 机床位移部件上直接安装有直线位移检测装置并检测最终位移输出量的机床称为(　　)数控机床。

A. 开环控制　　　　　B. 闭环控制　　　　　C. 半闭环控制　　　　D. 点位控制

30. 数控机床加工的主要几何要素为(　　)。

A. 斜线和直线　　　　B. 斜线和圆弧　　　　C. 直线和圆弧　　　　D. 圆弧和曲线

三、填空题

1. 数值控制是用的控制装置,在运行过程中,不断地引入_____,从而对某一生产过程实现自动控制。

2. 机床数控技术是指用_____对_____进行控制的一种方法。

3. 数控机床的基本组成包括_____和_____两大系统。

4. 数控机床按控制系统的特点分类可分为_____和_____。

5. 数控机床检测反馈装置分类可分为_____、_____和_____。

6. 数控机床工艺用途分类可分为_____、_____、_____和_____。

7. 数控程序编制方法有两种,一种为_____,另一种为_____。

8. G00 指令是_____功能代码,其含义是_____;G01 指令是_____功能代码,其含义是_____。

9. 数控机床的机床坐标系采用_____判定 X、Y、Z 的正方向,其中"食指"表示_____轴,C 轴围绕_____旋转。

10. 自动编程根据输入方式不同,可分为_____、_____和_____三种方法。

11. M03 指令是_____功能代码,其含义是_____;M05_____功能代码,其含义是_____。

12. F300 指令是_____功能代码,其含义是_____;S1200 指令是_____功能代码,其含义是_____;T01 指令是_____功能代码,其含义是_____。

13. 数控机床编程时按坐标值的不同可分为_____编程和_____编程两种。

14. 数控机床进给轴的传动机构形式为_____。

15. 一个完整的程序包括_____、_____和_____三个部分。

数控车削技术(车削中心)

一、判断题

1. 在数控车床操作过程中,出现意外情况可以直接按下操作面板上的急停开关。(　　)

2. 在西门子 SINUMERIK 802S 数控车系统编程中,G54 表示可设置的零点偏移,是用来建立工件坐标系的。(　　)

3. 数控车床在开机之后首次自动加工零件之前必须回参考点。(　　)

4. 在 SINUMERIK 802S 数控车系统编程中,G02 表示逆圆插补指令。(　　)

5. 在编制螺纹加工程序时,可以调用 LCYC97 循环。(　　)

6. 数控车加工时,对刀点可以设置在被加工零件上或夹具上,也可以设置在机床上面。(　　)

二、填空题

1. CK0630 数控车床型号中 C 表示_____,30 表示_____。

2. CK0630 数控车床主轴的伺服系统为_____,执行元件为_____。

3. CK0630 数控车床使用的数控系统是_____,其操作面板上的 K4 键的功能为_____。

4. 在用西门子 SINUMERIK 802S 数控车系统进行程序编制时,指令 G90 表示_____。

5. 数控车床的主运动是_____,进给运动是_____。

三、单项选择题

1. 指出下面不属于数控车床组成的零部件是(　　)。

A. 光杠和普通丝杠　　　B. 编码器　　　　　C. 滚珠丝杠　　　　D. 伺服电机或步进电机

2. 影响数控车床加工精度的因素很多, 要提高加工工件的质量, 有很多措施, 但(   )不能提高加工精度。

A. 将绝对编程改为增量编程   B. 正确选择车刀类型

C. 减少刀尖圆弧半径对加工的影响   D. 控制刀尖中心高误差

3. G96S150 表示切削点线速度控制在(   )。

A. 150m/min;   B. 150r/min;   C. 150mm/min;   D. 150mm/r

4. 程序停止, 程序复位到起始位置的指令是(   )。

A. M00;   B. M01;   C. M02;   D. M30

5. 在 SINUMERIK 802S 数控车系统中, 螺纹切削的指令是(   )

A. G90;   B. G33;   C. G94;   D. G32

6. SINUMERIK802S 数控系统通过哪种方式与计算机进行数据传递(   )。

A. 网络   B. 软盘   C. RS232   D. U 盘

7. 在 SINUMERIK 802S 数控车系统中, LCYC95 表示(   )。

A. 退刀槽循环   B. 镗孔循环   C. 坯料切削循环   D. 螺纹切削循环

8. 在数控车床坐标中, Z 轴是(   )的方向。

A. 与主轴垂直   B. 与主轴平行   C. 主轴旋转   D. 刀架旋转

9. 数控装置发出的一个进给脉冲所对应的机床坐标轴的位移量称为(   )。

A. 脉冲间隔   B. 脉冲频率   C. 脉冲宽度   D. 脉冲当量

10. CK6136 车床床身的布局形式为(   )。

A. 平床身   B. 斜床身   C. 平床身斜滑板   D. 立床身

四、数控编程练习题

在图 1~图 8 中, 选取 1~2 个零件进行基点(切点)计算和数控编程, 并将程序写在下面。

图 1

图 2

图 3

图 4

数控铣削技术

一、判断题

1. 在数控铣床中,工件坐标系和机床坐标系坐标轴方向相同,但坐标原点不同。(　　)

2. 数控铣床的机床参考点与机床原点是同一点。(　　)

3. DNC 方式是指用 CAM 软件进行零件加工的方式。(　　)

二、填空题

数控铣床的主运动是_____,进给运动是_____。

三、单项选择题

1. 你实习的数控铣床有(　　)个轴,分别是(　　)。

A. 2 轴　　　　　　　　B. 3 轴　　　　　　　　C. 4 轴

D. X 轴、Y 轴　　　　E. X 轴、Y 轴、Z 轴　　　F. X 轴、Y 轴、Z 轴

2. 你所实习的数控铣床的数控系统是(　　),它的型号是(　　)。

A. FANUC　　　　　　B. SIEMENS　　　　　　C. 华中

D. 四开　　　　　　　E. SINUMERIK 802C　　　F. SINUMERIK 802S

G. SINUMERIK 810D　　H. POWER MATA0　　　I. SKY2000N

2. 数控铣床 X 轴、Y 轴和 Z 轴回参考点,应分别按(　　)按钮。

A. $+Y$、$+X$、$+Z$　　　　B. $+Z$、$+Y$、$+X$　　　　C. $+X$、$+Y$、$+Z$

3. 在 SINUMERIK 802C 数控铣床的操作面板上,JOG 按钮表示(　　),AUTO 按钮表示(　　)。

A. 自动方式　　　　B. 手动方式　　　　C. 回参考点　　　　D. 手动输入,自动执行

4. 在 SINUMERIK 802C 数控系统中的（　　）区域设定铣床的对刀信息。

A. 加工　　　　B. 通讯　　　　C. 诊断　　　　D. 程序　　　　E. 参数

5. 在 SINUMERIK 802C 数控系统中，我们调用存储器内的程序在（　　）区域。

A. 加工　　　　B. 通讯　　　　C. 诊断　　　　D. 程序　　　　E. 参数

6. 在 SINUMERIK 802C 数控系统中，通讯端口 RS232 设置在（　　）区域。

A. 加工　　　　B. 通讯　　　　C. 诊断　　　　D. 程序　　　　E. 参数

7. 数控铣床进行自动加工时，用（　　）按钮把计算机中的程序传到数控铣床，用（　　）按钮执行自动加工。

A. 执行外部程序　B. cycle start　　C. cycle stop　　D. reset

8. 实习时，我们在 CAXA 制造工程师中选用（　　）方式生成刀具轨迹。

A. 参数线加工　B. 平面轮廓精加工C. 平面区域加工　D. 轮廓线精加工

9. 阅读下面一段数控铣床加工程序，选出正确答案（　　）。

G90 G54 M03 S300；　G01 X0 Y−8 Z0 F100；　G02 X0 Y8 I0 J8；　G01 X20 Y10；

G01 Z20；　M02

A. 加工的是两条直线

B. 加工的是一条圆弧一条直线，直线和圆弧不连接

C. 加工的是一条圆弧一条直线，直线和圆弧连接，但不相切

D. 加工的是一条圆弧一条直线，直线和圆弧相切

10. 下述零部件不是数控铣床组成部分的是（　　）。

A. 滚珠丝杠　　　　　　　　B. 步进电机或伺服电机

C. 电动旋转刀架　　　　　　D. 数控装置

四、多项选择题

1. 在 SINUMERIK 802C 数控系统中，在（　　）区可调用计算机上的数控程序。

A. 加工　　　　B. 通讯　　　　C. 诊断　　　　D. 程序　　　　E. 参数

2. 在西门子 SINUMERIK 802C 数控系统中，由（　　）区域组成。

A. 程序　　　B. 通讯　　　C. 加工　　　D. 参数　　　E. 诊断　　　F. 报警

3. 以下零件可在数控铣床加工的是（　　）。

A. 轴类零件　　B. 连杆　　　C. 键槽　　　D. 平面　　　E. 齿轮

数控雕铣机、加工中心

一、填空题

1. SK−DX5060B 数控雕铣机采用＿＿＿＿使计算机与伺服系统进行连接，完成信号的输入与输出。

2. 加工中心是一种带＿＿＿＿和＿＿＿＿的数控机床。

3. SK−DX5060B 数控雕铣机提供的两种对刀方式分别为＿＿＿＿和＿＿＿＿

4. 高速主轴的驱动多采用＿＿＿＿主轴，这种主轴结构紧凑，重量轻和惯性小，有利于提高主轴起动或停止时的＿＿＿＿

5. SK−DX5060B 数控雕铣机采用的系统软件是＿＿＿＿、应用软件是＿＿＿＿

二、单项选择题

1. SK−DX5060B 数控雕铣机进给伺服系统得执行元件是（　　）。

A. 功率步进电机　　B. 直流伺服电机　　C. 交流伺服电机　　D. 直线电动机

2. 加工中心编程与数控铣床编程的主要区别是（　　）。

　　A. 指令格式　　　　　B. 换刀程序　　　　　C. 宏程序　　　　　D. 指令功能

3. 按照机床运动的控制特点分类,加工中心属于(　　)。

　　A. 点位控制　　　　　B. 直线控制　　　　　C. 轮廓控制　　　　　D. 远程控制

4. 以下情况发生时通常加工中心并不报警的是(　　)。

　　A. 润滑液不足　　　　B. 指令错误　　　　　C. 机床振动　　　　　D. 超程

5. 某台加工中心具有五个坐标轴,其中三个坐标轴可以同时进行插补运动,则这台加工中心可称之为(　　)。

　　A. 两坐标联动　　　　B. 三坐标联动　　　　C. 四坐标联动　　　　D. 五坐标联动

6. 刀库和自动换刀装置称为(　　)。

　　A. NC　　　　　　　　B. CNC　　　　　　　　C. ATC　　　　　　　　D. APC

三、多项选择题

1. SK—DX5060B 数控雕铣机的进给运动有(　　)。

　　A. 工件在 Y 方向移动　　　　B. 工件在 X 方向移动　　　　C. 工件在 Z 方向移动

　　D. 刀具在 Z 方向移动　　　　E. 刀具在 X 方向移动　　　　F. 刀具在 Y 方向移动

2. SK—DX5060B 数控雕铣机提供的数据传递接口有(　　)。

　　A. USB　　　　　　　B. 网络　　　　　　　　C. 软盘　　　　　　　　D. RS232

第11章　特种加工技术

【实训目的与要求】

(1)了解特种加工技术的工作原理与特点。

(2)了解数控电火花线切割加工方法,掌握机床操作技能。

(3)了解电火花成型机和小孔机加工方法,熟悉机床的使用。

(4)了解激光加工的基本原理,熟悉激光雕刻机的使用。

(5)了解其他特种加工的原理。

【安全实习注意事项】

(1)工作前检查电源接地是否良好,保证设备和人身安全。

(2)工作场所保持良好的通风换气条件。

(3)工作中发现设备出现异常时,应立即停止工作,切断电源,及时向指导教师汇报。

11.1　特种加工概述

特种加工又称非传统加工,泛指用电能、热能、光能、电化学能、化学能、声能及特殊机械能等能量及其组合施加于工件,从而使材料被去除、累加、变性或改性等的加工工艺方法。与切削加工的主要区别有:①不是依靠机械能,而是主要用其他形式的能量(如电、光等);②不是依靠"比硬度",工具硬度可以低于工件硬度;③不是主要依靠机械切削力,加工过程中工具和工件之间没有显著的机械切削力。

11.1.1　特种加工的产生

传统的机械加工主要是靠机械切削加工(包括车、铣、刨、磨、削加工等),即利用机械能和切削力来去除多余的金属,以达到加工制造的目的,它对人类生产和物质文明的发展起到了极大的作用。随着科技的不断进步,各行业所需求的零部件结构越来越复杂、材料越来越难加工、加工精度和表面粗糙度也越来越高,或是一些特殊的需求,机械制造工艺提出了一些新的要求:

(1)解决各种难切削材料的加工问题,例如硬质合金、钛合金、耐热钢、不锈钢、淬火钢、金刚石、宝石、石英以及锗、硅等各种高硬度、高强度、高韧性、高脆性的金属或非金属材料的加工。

(2)解决各种特殊复杂表面的加工问题,例如喷气涡轮机叶片,锻模和注塑模的内、外立体成形表面,各种冲模、冷拔模上特殊截面的型孔,枪和炮管内膛线,喷油嘴、栅网、喷丝头上的小孔,异形小孔,窄缝等复杂表面的加工。

(3)解决各种超精、光整或特殊要求的零件加工问题,例如对表面质量和精度要求很高的航空陀螺仪、伺服阀、细长轴、薄壁零件、弹性元件等低刚度零件的加工,以及微电子工业大批量精密、微细元器件的生产制造。

　　要解决上述一系列工艺问题,仅仅依靠传统的切削加工方法很难实现,人们必须不断探索、研究新的加工工艺与方法。1943 年,苏联鲍·洛·拉扎林柯夫妇在研究电器开关触点遭受火花放电腐蚀损坏的有害现象和原因时,发现电火花的瞬时高温可使局部金属熔化、气化而被蚀除掉,从而变有害的电火花腐蚀为有用的电火花加工方法,并用铜杆在淬火钢上加工出小孔,开创了用软的工具加工高硬度的金属材料的方法,首次摆脱了传统的切削加工方法,直接利用电能和热能来去除金属,获得"以柔克刚"的效果。20 世纪 50 年代以来,先后出现电子束加工、等离子弧加工和激光加工等,这些加工方法不用成型的工具,而是利用密度很高的能量束流进行加工,对于高硬度材料和复杂形状、精密微细的特殊零件的加工极为方便实用,在模具、量具、刀具、仪器仪表、飞机、航天器和微电子元器件等制造中得到越来越广泛的应用。

11.1.2　特种加工的分类

　　各种技术不断引入机械加工领域,也使得特种加工的技术内涵也不断地延伸,一般可按能量来源、作用形式和加工原理等方式来划分,如表 11 - 1 所示。

表 11 - 1　常用特种加工方法分类表

特种加工方法		能量来源和作用形式	加工原理	英文缩写
电火花加工	电火花成形加工	电能、热能	熔化、气化	EDM
	电火花线切割加工	电能、热能	熔化、气化	WEDM
	短电弧加工	电能、热能	熔化、气化	SEDM
电化学加工	电解加工	电化学能	金属离子阳极溶解	ECM
	电解磨削	电化学能、机械能	阳极溶解、磨削	EGM(ECG)
	电解研磨	电化学能、机械能	阳极溶解、研磨	ECH
	电铸	电化学能	金属离子阴极沉积	EFM
	涂镀	电化学能	金属离子阴极沉积	EPM
激光加工	激光切割、打孔	光能、热能	熔化、气化	LBM
	激光打标记	光能、热能	熔化、气化	LBM
	激光处理、表面改性	光能、热能	熔化、相变	LBT
电子束加工	切割、打孔、焊接	电能、热能	熔化、气化	EBM
离子束加工	蚀刻、镀覆、注入	电能、动能	原子撞击	IBM
等离子弧加工	切割(喷镀)	电能、热能	熔化、气化(涂覆)	PAM
超声加工	切割、打孔、雕刻	声能、机械能	磨料高频撞击	USM
化学加工	化学铣削	化学能	腐蚀	CHM
	化学抛光	化学能	腐蚀	CHP
	光刻	光能、化学能	光化学腐蚀	PCM
快速成形	液相固化法	光能、化学能	增材法加工	SL
	粉末烧结法	光能、热能		SLS
	纸片叠层法	光能、机械能		LOM
	熔丝堆积法	电能、热能、机械能		FDM

　　在机械加工工艺发展的过程中,也形成了一些介于常规机械加工和特种加工工艺之间

的工艺,例如在切削、磨削过程中引入超声振动或低频振动的切削,在切削过程中予以通电压、电流等用于改善切削条件。在特种加工范围还有一些诸如减少表面粗糙度、改善表面性能的工艺,如电解抛光、化学抛光、激光表面处理等。

本章主要以实习中使用的电火花线切割机、电火花成型机和激光雕刻机等机床为基础介绍各种加工方法的基本原理、工艺过程和设备的使用等。需要说明的是,快速成形技术也属于特种加工的范畴,近年来发展迅速,应用范围不断扩展,故本书单独编成一章阐述。

11.1.3 几种常见的特种加工技术

1. 电火花加工

电火花加工(Electrical Dischange Machining)是利用工具和工件之间不断产生脉冲性的火花放电时所产生的瞬时局部高温来蚀除多余的金属,对零件的尺寸、形状及表面质量达到预定要求的加工方法。

电火花加工的基本原理如图 11-1 所示,工件 1 与工具 4 分别与脉冲电源 2 的两输出端相连接,自动进给调节装置 3 使工具和工件保持很小的放电间隙,加载脉冲电压后,绝缘介质被击穿、产生火花放电、通过瞬时局部高温蚀除材料,脉冲放电结束,介质恢复绝缘,完成一次加工过程。随着连续、高频的重复放电,工具电极不断向工件进给,放电点不断转移,就可将工具的形状复制在工件上,加工出所需的零件。

图 11-1 电火花加工系统
1—工件;2—脉冲电源;3—自动进给调节装置;
4—工具;5—工作液;6—过滤器;7—工作液泵

按工具电极和工件相对运动的方式和用途的不同,大致可分为电火花穿孔成形加工、短电弧加工、电火花线切割、电火花磨削和镗磨、电火花同步共轭回转加工、电火花高速小孔加工、电火花表面强化与刻字七大类,其中电火花线切割和电火花穿孔成型应用最广。图 11-2 所示的是常用电火花加工设备。

a)线切割机   b)电火花成型机   c)小孔机

图 11-2 电火花加工设备

2. 电化学加工

电化学加工(Electrochemical Machining)是指利用电化学反应(或称电化学腐蚀)对金属材料进行加工的方法,包括从工件上去除金属材料的电解加工和向工件上沉积金属的电镀、涂覆、电铸加工两大类。

电解加工是利用金属在电解液(如 NaCl 溶液)中的电化学阳极溶解,将工件加工成形的,其原理如图 11-3 所示。加工时,工件接直流电源(10～20V)的正极,工具接电源的负极,工具向工件缓慢进给,使两极之间保持较小的间隙(0.1～1mm),具有一定压力(0.5～2MPa)的电解液从间隙中流过,这时阳极工件的金属被逐渐腐蚀,电解产物被高速(5～50m/s)的电解液带走。

电铸加工用可导电的原模做阴极,用电铸材料(例如纯铜)做阳极,用电铸材料的金属盐溶液(例如硫酸铜)做电铸液。在直流电源的作用下,阳极上的金属原子交出电子成为正金属离子进入电铸液,并进一步在阴极上获得电子成为金属原子而沉积镀覆在阴极原模表面,阳极金属源源不断地成为金属离子补充溶解进入电铸液,保持质量分数基本不变,阴极原模上电铸层逐渐加厚,当达到预定厚度时即可取出,设法与原模分离,即可获得与原模型面凹凸相反的电铸件,其原理如图 11-4 所示。

图 11-3 电解加工过程
1—直流电源;2—工具阴极;3—工件阳极;
4—电解液泵;5—电解液

图 11-4 电铸加工的原理
1—电铸槽;2—阳极;3—直流电源;
4—电铸层;5—原模(阴极);6—搅拌器;
7—电铸液;8—过滤器;9—泵;10—加热器

3. 电子束加工和离子束加工

电子束加工(Electron Beam Machining,EBM)和离子束加工(Ion Beam Machining,IBM)是近年来得到较大发展的新兴特种加工方式,在精密微细加工方面尤其是在电子学领域中得到广泛应用。电子束加工主要用于打孔、切割、焊接和电子束光刻化学加工,离子束加工主要用于离子刻蚀、离子镀膜和离子注入等表面加工。

电子束加工是在真空条件下,利用聚焦后能量密度极高的电子束,以极高的速度冲击到工件表面极小面积上,在极短的时间(几分之一微秒)内,其能量的大部分转变为热能,使被冲击部分的工件材料达到几千摄氏度以上的高温,从而引起材料的局部熔化和气化,被真空系统抽走。图 11-5 所示是电子束加工原理及结构。控制电子束能量密度的大小和能量注入时间,就可以达到不同的加工目的。如只使材料局部加热就可进行电子束热处理;使材料局部熔化就可以进行电子束焊接;提高电子束能量密度,使材料熔化和气化,就可以进行打孔、切割等加工;利用较低能量密度的电子束轰击高分子光敏材料时产生化学变化的原理,即可以进行电子束光刻加工。

离子束加工的原理和电子束加工原理基本类似,也是在真空条件下,将离子源产生的离子束经过加速聚焦,使之撞击到工件表面,不同的是离子带正电荷,其质量比电子大数千或数万倍(如氩离子的质量是电子的 7.2 万倍),当离子加速到较高速度时具有更大的撞击动能,靠微观的机械撞击能量实现加工。当离子束斜射到工件

图 11-5 电子束加工装置原理及结构
1—工作台系统;2—偏转线圈;3—电磁透镜;
4—光阑;5—加速阳极;6—发射电子的阴极;
7—控制栅极;8—光学观察系统;
9—带窗真空室门;10—工件

材料表面时,可以将表面的原子撞击出来,这就是离子的撞击效应和溅射效应;如果将工件直接作为离子轰击的靶材,工件表面就会受到离子刻蚀;如果将工件放置在靶材附近,靶材原子就会溅射到工件表面而被溅射沉积吸附,使工件表面镀上一层靶材原子的镀膜;如果离子能量足够大并垂直工件表面撞击时,离子就会钻进工件表面,这就是离子的注入效应。

4. 超声加工

超声加工是利用工具端面做超声频振动,通过磨料悬浮液加工脆性材料的一种成型方法,不仅能加工硬质合金、淬火钢等脆硬的金属材料,更适合加工玻璃、陶瓷、半导体锗和硅片等不导电的非金属材料,还用于清洗、焊接和探伤等。

超声加工的原理如图 11-6 所示,加工时,在工具 1 和工件 2 之间加入液体(水或煤油等)和磨料混合的悬浮液 3,并使工具以很小的力 F 轻轻压在工件上,超声换能器 6 产生 16000Hz 以上的超声频纵向振动,并借助于变幅杆把振幅放大到 0.05~0.1mm,驱动工具端面作超声振动,迫使工作液中悬浮的磨粒以很大的速度和加速度不断地撞击、抛磨被加工表面,把被加工表面的材料粉碎成很细的微粒,从工件上打击下来,虽然每次打击下来的材料很少,但由于每秒钟打击的次数多,同时工作液受工具端面超声振动作用而产生的高频、交变的液压正负冲击波和空化作用,促使工作液钻入被加工材料的微裂缝处,加剧了机械破坏作用。

图 11-6 超声加工原理
1—工具;2—工件;3—磨料悬浮液;
4,5—变幅杆;6—超声换能器;7—超声发生器

5. 水射流切割

水射流切割(Water Jet Cutting,

WJC)是利用 100MPa 以上高压和高速水流对工件的冲击作用来切割材料的,简称水切割,俗称水刀,其原理如图 11-7 所示。水经水泵后经储液蓄能器控制出平稳的水流,通过增压器增压后,从孔径为 0.1～0.5mm 的人造蓝宝石喷嘴喷出(入口处束流的功率密度可达 10^6 W/mm^2),直接压射到工件的加工部位上,加工深度取决于液压喷射的速度、压力以及压射距离,被水流冲刷下来的切屑随着液流排出。

图 11-7　水射流切割原理

1—带有过滤器的水箱;2—水泵;3—储液蓄能器;4—控制器;

5—阀;6—蓝宝石喷嘴;7—工件;8—压射距离;9—液压机构;10—增压器

6. 磁性磨料研磨加工

磁性磨料研磨加工(Magnetic Abrasive Machining,MAM)是近 30 年来发展起来的光整加工工艺,在精密仪器制造业中得到日益广泛的应用,其原理在本质上和机械研磨相同,只是磨料是导磁的,磨料作用于工件表面的研磨力是由磁场形成的。图 11-8 所示为磁性磨料研磨加工原理,在垂直于工件圆柱面轴线方向加一磁场,在 S、N 两磁极之间加入磁性磨料,磁性磨料吸附在磁极和工件表面上,并沿磁力线方向排列成有一定柔性的磨料刷。工件一边旋转,一边做轴向振动。磁性磨料在工件表面轻轻刮擦、挤压、窜滚,从而将工件表面上极薄的一层金属及毛刺去除,使微观不平度逐步整平。

图 11-8　磁性磨料研磨加工原理

1—工件;2—磁性磨料;3—磁极;

4—励磁线圈;5—铁心

11.2　电火花线切割加工

电火花线切割加工(Wire Cut Electrical Discharge Machining,WEDM)的基本工作原理是利用移动细金属线(通常为钼丝或黄铜丝)作为电极,对工件进行脉冲火花放电蚀除金属,利用数控技术使电极丝与工件做相对的切割运动,可实现二位型面、锥角三维曲面、上下异型面等切割成型。

11.2.1 电火花线切割加工的原理及分类

往复走丝电火花线切割机床加工的原理如图 11-9 所示。贮丝筒 7 上的钼丝 4 通过电机的正反转进行往复交替运动,钼丝 4 作为工具电极利用脉冲电源 3 提供的能量在工作液的浇注下对工作台上的工件 2 进行切割,工作台在水平面的两个坐标方向按照控制程序,根据火花间隙的状态进行伺服进给移动,形成各种曲线轨迹,将工件切割成形。

根据电极丝的运行方向和速度,电火花线切割机床通常分为两类:①往复(双向)高速走丝(俗称快走丝),一般走丝速度为 8～10m/s,采用钼丝作电极丝,可循环反复使用,其加工速度快,加工成本低,但加工精度较低,表面粗糙度较差;②单向低速走丝(俗称慢走丝),一般走丝速度低于 0.2m/s,单向使用,其加工精度高,表面质量好,具有多次切割等其他功能,但加工速度慢、成本高。近年来,研制出分级变速控制电极丝走丝速度和能多次切割的中走丝电火花线切割机床,充分发挥往复走丝电火花线切割低成本和可加工较厚工件的能力,同时借鉴了单向走丝电火花线切割的特点,在脉冲电源、伺服控制、运丝控制、数控系统及切割工艺等多方面进行改进,使该类机床在加工精度和表面质量等方面取得了一定的突破,发展较为迅速。

图 11-9　往复高速走丝电火花线切割工艺及机床

1—绝缘底板;2—工件;3—脉冲电源;4—钼丝;5—导向轮;6—支架;7—贮丝筒

11.2.2 电火花线切割加工设备

电火花线切割加工设备主要由机床本体、脉冲电源、控制系统、工作液循环系统和机床附件等部分组成,如图 11-10 所示。

图 11-10　往复高速走丝线切割加工设备组成

1—贮丝筒;2—走丝溜板;3—丝架;4—上滑板;5—下滑板;6—床身;7—电源、控制柜

1. 机床本体

机床本体由床身、坐标工作台、走丝机构、锥度切割装置、机床附件及夹具等部分组成。

床身是机床的固定基础和支撑,一般采用箱体式结构,使用铸件来保证足够的强度和刚度。

坐标工作台是实现工件与电极丝间的相对运动的载体,一般使用滚珠丝杠螺母副实现每个方向的移动,采用上滑板和下滑板组成十字滑板,实现 X、Y 方向的交叉,通过两个方向的各自的进给运动合成指定的曲线轨迹,完成对零件轮廓的加工。

走丝机构是使电极丝保持一定的张力和直线度,以给定的速度稳定运动,并可以传递电能的机构。将一定长度的钼丝平整地卷绕在贮丝筒上,由丝架提供支撑,钼丝依次穿过各导向轮,通过调节拉紧力形成有一定张力的回路,由换向装置通过电动机带动贮丝筒实现正反向交替运转。

锥度切割装置是用来切割有拔模斜度的冲模或工件的内、外表面的锥度。实现锥度切割的方法主要有:①导轮偏移式或摆动式丝架,此法加工的锥度较小一般小于 5°,否则钼丝容易拉断、导轮容易磨损,工件上有一定的圆角;②双坐标联动装置,它主要依靠上导向器作为纵横两轴(U、V 轴)驱动,与工作台的两轴(X、Y 轴)在一起形成 $X-Y-U-V$ 四轴同时数字控制,可以实现较大倾斜角度的切割,同时可在软件的控制下实现上下异型界面的加工。

2. 脉冲电源

脉冲电源提供工件和电极丝之间的放电加工能量,一般由主振级(脉冲信号发生器)、前置放大级、功率放大级和供给各级的直流电源组成。脉冲电源的波形和参数对材料的电腐蚀过程影响极大,决定着加工面的表面粗糙度、尺寸精度和形状精度、切缝宽度和电极丝的损耗等。

受加工表面粗糙度和电极丝允许承载电流的限制,线切割加工脉冲电源的脉宽较窄($1\sim60\mu s$),脉冲重复频率为 $10\sim100kHz$,单个脉冲放电能量、平均电流较小($1\sim5A$),所以线切割加工总是采用正极性加工。脉冲宽度窄、重复频率高,有利于改善表面粗糙度,提高切割速度。

3. 工作液循环系统

在电火花线切割加工中,工作液是脉冲放电的介质对加工工艺指标的影响很大,对切割速度、表面粗糙度、加工精度也有影响。工作液循环系统一般由工作液泵、工作液箱、过滤器、管道和流量控制阀组成,其中经过分离后上层的工作液可以循环使用,下层的金属可以回收。低速走丝线切割机床大多采用去离子水或煤油作为工作液,高速走丝线切割机床使用的工作液一般是专用的乳化液,工作液一般应具有下列性能:

(1)一定的绝缘性能。火花放电必须在具有一定绝缘性能的液体介质中进行。工作液的绝缘性能可使击穿后的放电通道压缩,局限在较小的通道半径内火花放电,形成瞬时局部高温熔化、气化金属。放电结束后又迅速恢复放电间隙成为绝缘状态。

(2)较好的洗涤性能。洗涤性能好的工作液有较小的表面张力及对工件有较大的亲和附着力,能渗透进入窄缝中,且有较好地去除油污的能力,切割时排屑效果好,切割速度高,切割后表面光亮清洁,割缝中没有油污黏糊。

(3)较好的冷却性能。在放电过程中,放电点局部、瞬时温度极高,为防止电极丝烧断和工件表面局部退火,必须充分冷却,要求工作液具有较好的吸热、传热、散热性能。

(4)对环境无污染,对人体无危害。加工中不应产生有害气体,不应对操作人员的皮肤、呼吸道产生刺激等反应,不应锈蚀工件、夹具和机床。

此外,工作液还应配制方便、使用寿命长、乳化充分,冲制后油水不分离,长时间储存也不应有沉淀或变质现象。

4. 控制系统

电火花线切割控制系统的稳定性、可靠性、控制精度和自动化程度都直接影响着加工工艺指标和操作人员劳动强度,其在加工过程中有两个相对独立的控制系统:一是轨迹控制,依靠数控系统精确控制电极丝相对于工件的运动轨迹,以获得所需的形状和尺寸;二是加工控制,主要包括对伺服进给速度、电源装置、走丝机构、工作液循环系统以及其他机床操作的控制,还包括断电记忆、故障报警、安全控制及自诊断功能等方面。

11.2.3 电火花线切割机床的编程

电火花线切割机床的编程就是根据图样提供的数据,经过分析和计算,并按照机床数控系统规定的格式编制成数控加工程序。线切割机床使用的编程格式包括专用的3B(有的扩充到4B或5B)和通用的ISO格式两种,数控线切割系统采用ISO代码兼容并替代3B代码已成为发展趋势。

编程方法也有人工编程和自动编程两种。人工编程工作量大、容易出错,且零件形状复杂或非圆曲线时不宜编制,利用计算机进行自动编程是必然趋势。现代线切割机床已经做到编程机和控制机合二为一,即可以控制加工,也可以图形交互自动编程。目前市场上的软件主要有AutoCut、HF等,用户可以直接在线切割机上进行图形的绘制,设定相关参数后直接输出到加工控制端进行数控加工,非常实用、方便。线切割机床的控制系统也可以直接读取专业绘图软件绘制的图形或加工代码进行加工制造,例如AutoCut和HF均支持DXF格式的图形文件,AutoCut可直接读取AutoCAD绘制的图形,CAXA线切割软件输出的3B代码也可以直接应用到线切割机上等。这种编控分离的方式,统一编程的过程,提高了编程的效率,适应不同的数控线切割机床,很好地保持了加工的一致性。近年来也出现了利用数字化仪或扫描仪直接将图形输入计算机,经软件一笔画处理后,直接输出线切割图形或程序,进一步简化了绘图的工作量。

1. HF自动编程技术

HF线切割数控自动编程软件系统,具有一个较为完备的高智能化的图形交互式自动编程系统,可以通过简单、直观的绘图工具,将所要进行切割的零件形状描绘出来;按照工艺的要求,将描绘出来的图形进行编排等处理。再通过系统处理成一定格式的加工程序。现以一个实例(如图11-11所示)介绍该模块的基本功能。

(1)进入编程环境

点击计算机上的HF软件图标,进入软件系统后,点击"全绘编程"按钮进入全绘编程环境。

(2)根据图纸要求绘制图形

在菜单中有"作点""作线""作圆弧"等功能模块为轮廓线的绘制作辅助的点、线、圆等,"绘直线""绘圆弧""倒圆边"等功能模块用于轮廓线的绘制和编辑。根据给定的零件图,按相关尺寸要求依次完成绘图,如图11-12所示。

图 11－11　线切割典型零件图纸

（3）生成加工轨迹图

在菜单中的"引入线和引出线"目录下设定钼丝的切入、切出点、补偿值、行走方向等参数，生成实际的加工轨迹，如图 11－13 所示。通过系统的"存图"功能，将相关的图形文件（轨迹线图、辅助线图、DXF 文件等）进行存储，通过"调图"功能调取本机的存储或外部输入的图形文件。

图 11－12　零件图纸绘制完成

图 11－13　零件加工轨迹生成

（4）后置处理及程序的生成

在菜单中有"执行 1"和"执行 2"，"执行 1"是对所做的所有轨迹线进行执行和后置处理，"执行 2"只对含有引入线和引出线的轨迹线进行执行和后置处理。确认图形完全正确后，通过后置处理生成 G 代码、3B 代码和一般锥度加工、变锥锥度等加工程序单，存盘，为机床加工做好准备。

2．CAXA 线切割自动编程技术

CAXA 线切割是面向线切割加工行业的计算机辅助自动编程工具软件，其以交互方式绘制所需切割的图形，生成带有复杂形状轮廓的两轴线切割加工轨迹，为各种线切割机床提供快速、高效率、高品质的数控编程代码，极大地简化了数控编程人员的工作。同样以图 11－11 为例，介绍 CAXA 线切割自动编程。

（1）绘图过程：绘制中心线→作辅助线直线与 X 轴的距离分别为 0mm、20mm、80mm、100mm，与 Y 轴的距离 20mm、121mm→使用工具"圆"，用"圆心_半径"指令分别绘制 $\phi80$、

$R20$ 的圆→使用工具"直线",用"角度线"指令,分别绘制 $60°$ 和 $45°$直线→使用工具"圆弧",用"三点圆弧"指令,分别取过 $\phi80$ 圆、$X=-20$ 直线、$R20$ 圆的切点作为三点绘制圆→使用"圆弧过渡"指令,绘制 $R10$ 圆弧→使用出"裁剪"指令,去除多余的线段,如图 11 - 14a 所示→使用"镜像"指令,完成图形的绘制,如图 11 - 14b 所示。

a)"裁剪"指令   b)"镜像"指令

图 11 - 14　CAXA 线切割软件绘制零件图

(2)加工路径规划

在主菜单上"线切割"目录下,选择"轨迹生成",在弹出的"线切割轨迹生成参数表"中分别填写切割参数和偏移量/补偿值等加工参数信息,如图 11 - 15 所示→拾取拟加工零件的轮廓→选择链拾取的方向→选择加工侧边或补偿方向→输入穿丝点的位置→输入退出点的位置→生成加工轨迹,如图 11 - 16 所示→在"轨迹仿真"功能下选择加工轨迹进行仿真,确认轨迹正确无误,完成加工路径规划。

a)切割参数设置   b)偏移量/补偿量设置

图 11 - 15　线切割轨迹生成参数设置

(3)后置处理及程序的生成

在主菜单上"线切割"目录下,选择"生成 3B 代码",在弹出的对话框中输入文件名,保存类型 *.3b,拾取加工轨迹,生成加工程序单,如图 11 - 17 所示,存盘,为机床加工做好准备。

图 11-16　CAXA 线切割软件生成加工轨迹　　　图 11-17　CAXA 线切割软件生成加工程序单

3. 手工编程技术（3B 代码）

电火花快走丝线切割机床手工编程格式采用 3B 指令格式，一般按钼丝中心轨迹编程，线切割编程坐标系通常采用相对坐标系，每加工一条线段或圆弧，都要把坐标原点移到直线的起点或圆弧的圆心上。

（1）3B 编程格式及字母代表的含义

3B 编程格式见下表 11-2 所示。

表 11-2　3B 程序格式

B	X	B	Y	B	J	G	Z
分隔符	X 坐标值	分隔符	Y 坐标值	分隔符	计数长度	计数方向	加工指令

表 11-2 中字母代表的含义分别如下：

B 为分隔符，用它来区分 X、Y、J 等数码，便于计算机识别。当程序往控制器输入时，读入第一个 B 后，它使控制器做好接收 X 轴坐标值的准备；读入第二个 B 后，做好接收 Y 轴坐标值的准备；读入第三个 B 后，做好接收 J 值的准备。

X、Y 分别表示 X 坐标轴上的坐标值的绝对值和 Y 坐标轴上的坐标值的绝对值，其数值均以 μm 为单位，当 X、Y 为零可以不写。加工直线时，程序中 X、Y 必须是该直线段终点相对起点的坐标值的绝对值，加工圆弧时，程序中 X、Y 必须是该圆弧起点相对其圆心的坐标值的绝对值。

G 为计数方向，为保证所要加工的直线或圆弧按照要求的长度加工出来，一般通过从起点到终点的某个拖板在进给方向上的总长度来达到。加工直线段时，若线段的终点为 (Xe, Ye)，当 $|Ye| > |Xe|$ 时，计数方向取 Gy；当 $|Xe| > |Ye|$ 时，计数方向取 Gx；当 $|Xe| = |Ye|$ 时，则两个计数方向均可。加工圆弧段时，若圆弧段的终点为 (Xe, Ye)，当 $|Ye| < |Xe|$ 时，计数方向取 Gy；当 $|Xe| < |Ye|$ 时，计数方向取 Gx；当 $|Xe| = |Ye|$ 时，则两个计数方向均可。

J 为计数长度，单位为 μm，取从起点到终点某拖板移动的总距离。当计数方向确定后，计数长度则为被加工线段或圆弧在该方向坐标轴上的投影长度的总和。对于直线段，若线段的终点为 (Xe, Ye)，当 $|Ye| > |Xe|$ 时，取 $J = |Ye|$；当 $|Xe| > |Ye|$ 时，取 $J = |Xe|$；对于圆

弧，它可能跨越几个象限，如图 11 - 18 所示，圆弧从 A 到 B，计数方向为 Gy，$J = J_{x1} + J_{x2} + J_{x3}$。

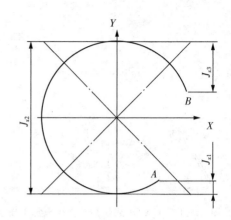

Z 为加工指令，用来表达被加工图形的形状、所在象限和加工方向等信息的，分为直线 L 和圆弧 R 两大类。对于直线加工指令用 L1、L2、L3、L4 表示，L 后面的数字表示该线段所在的象限。对于和坐标轴重合的直线，正 X 轴为 L1，正 Y 轴为 L2，负 X 轴为 L3，负 Y 轴为 L4。对于圆弧加工指令，根据加工方向可分为顺圆 SR 和逆圆 NR，字母后面的数字表示该圆弧的起点所在的象限，共有 8 种指令，如图 11 - 19 所

图 11 - 18　跨象限圆弧的处理

示，例如 SR1 表示加工该圆弧时是顺时针方向，起点在第一象限。

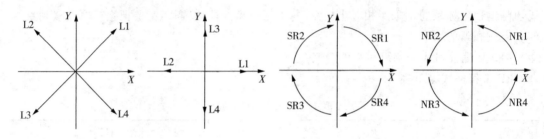

图 11 - 19　加工指令的表示方法

（2）编程举例

图 11 - 20 所示的是需要加工的零件，拟用快走丝线切割机床加工其轮廓。已知电极丝为 $\phi0.18$mm 的钼丝，单边放电间隙为 0.01mm。编程过程是：首先确定 A 为切割起点，加工路径为 $AB-BC-CD-DE-EF-FA$，穿丝孔位于 A 点正上方 10mm 处，电极丝半径补偿值为 0.1mm（$f=$ 加工电极丝半径 $R+$ 放电间隙 Δ），拐角过渡方式采用圆弧过渡，加工轨迹如图 11 - 21 虚线所示。

图 11 - 20　线切割加工零件

图 11 - 21　线切割加工轨迹

按 $OA'-A'B'-B'B''-B''C'-C'C''-C''D'-D'E'-E'F'-F'F''-F''A''-A''O$ 编程
如下：

B0B10000B10000GYL4；	引入线 OA′
B40000B0B40000GXL1；	直线 A′B′
B0B100B200GXSR1；	圆弧 B′B″
B0B14900B29800GXNR2；	圆弧 B″C′
B0B100B100GYSR1；	圆弧 C′C″
B0B20000B20000GYL4；	直线 C″D′
B35100B0B70200GYSR4；	圆弧 D′E′
B0B20000B20000GYL2；	直线 E′F′
B100B0B71GYSR2；	圆弧 F′F″
B30000B30000B30000GXL1；	直线 F″A″
B71B71B71GXSR2；	圆弧 A″A′
B0B10000B10000GYL2；	引出线 A′O
DD	

11.2.4　电火花线切割机床的加工

1. 电火花线切割机床

目前供学生实习使用的机床主要有：①苏州金马公司生产的 DK7725 型快走丝线切割机（配 YH 线切割自动编程控制系统）、DK7740 型大锥度快走丝线切割机（配 HF 线切割自动编程控制系统）；②苏州新火花公司生产 DK7732 型快走丝切割机（配 HF 线切割自动编程控制系统）、NSC−M332 型通用中走丝线切割机（配 AutoCut 自动编程控制系统）。

机床型号的含义如下：机床类别代号 D——电加工机床，机床特性代号 K——数控机床，组别代号 7——电火花加工机床，系列代号 7——高速走丝线切割机床，基本参数代号 25——工作台横向行程 250mm，32——工作台横向行程 320mm，40——工作台横向行程 400mm。

2. 电火花线切割机床加工

电火花线切割加工通常为零件的精加工工序，加工前的准备工作、合理地加工工艺路线安排、优化的数控程序编制、合理地选择电参数等都是保证高效率地加工出合格产品的重要环节。其一般的加工流程如下：

（1）合上机床电源开关。按下机床启动按钮，进入计算机操作系统，进入线切割控制系统。

（2）手动操作机床，检查机床各部分是否正常。例如工作台移动方向是否正确，限位开关动作是否可靠，贮丝筒运行是否正常，工作液供给是否通畅等。

（3）绕电极丝。根据零件的切割要求，选择电极丝，用手动或机动的方法上丝，调节电极丝张力和找正。

（4）安装好工件，选择合适的装夹方法（如悬臂式支撑、桥式支撑、磁性夹具装夹等）。调整好安装位置，工件找正。

（5）加工前的检查。导入数控加工程序并进行模拟与校验，确定电参数（脉宽、脉隙、电压、峰值电流、进给速度和电极丝运动速度等）。

（6）通过控制系统中手动的方式将电极丝移动到切入的起点位置。确认无误后，拟进入加工状态。

（7）开始加工。依次打开电机、丝筒、水泵等，进入自动加工，观察切割情况，必要时可以进行相关参数的调整，并做好相关记录，直至切割完成，自动关闭高频、丝筒、水泵、高频等，电机解锁，退丝，取下工件。

（8）零件检测。加工完成后对所加工零件进行检测，根据检测结果及加工中参数的修正情况，对零件的程序加以完善。

（9）关闭线切割软件，关闭操作系统，按下机床停止按钮，关闭机床开关。

各种电火花线切割软件控制加工的界面和操作方法稍有不同，请根据机床说明书进行相关操作，图 11 - 22 所示是 HF 和 AutoCut 线切割软件的控制系统。

a）HF线切割控制系统界面　　　　　　　　b）AutoCut线切割控制系统界面

图 11 - 22　电火花线切割控制系统

11.3　激光加工

激光加工（Laser Beam Machining，LBM）是利用光的能量，经过透镜聚焦后，在焦点上达到很高的能量密度，靠光热效应来加工各种材料。激光加工不需要加工工具，加工装置比较简单，加工速度快，表面变形小，容易进行自动控制，可加工材料范围广，在生产实践中应用于打孔、切割、电子器件的微调、焊接、热处理以及激光存储等各个领域。

11.3.1　激光加工的原理及分类

激光加工是一种重要的高能束加工方法，是在光热效应下产生高温熔融和冲击波的综合作用过程；加工所用的工具是激光束，属非接触加工，没有明显的机械力，没有工具损耗问题。激光本身是一种光，具备一般光的共性（如光的反射、折射、绕射、干涉等），与普通光源自发辐射不同，激光发射则以受激辐射为主，因此具备高强度、高亮度、方向性好、单色性好的特性。激光加工通过一系列的光学系统，聚焦成平行度很高的微细光束（直径几微米至几十微米），以获得极高的能量密度（$10^8 \sim 10^{10}$ W/cm²）照射到材料上，并在极短的时间内（千分之几秒）使光能转变热能，被照部位迅速升温，材料发生气化、熔化、金相组织变化以及产生相当大的热应力，达到加热和去除材料的目的。激光加工时，为了达到各种加工要求（例如切割），激光束与工件表面需要做相对运动，同时光斑尺寸、功率以及能量要求可调。

根据激光束与材料相互作用的机理,大体可将激光加工分为激光热加工和激光光化学反应加工两类。激光热加工是指利用激光束投射到材料表面产生的热效应来完成加工过程,包括激光焊接、激光雕刻切割、表面改性、激光打标、激光钻孔和微加工等;激光光化学反应加工是指激光束照射到物体,借助高密度激光高能光子引发或控制光化学反应的加工过程,包括光化学沉积、立体光刻、激光雕刻刻蚀等。

11.3.2　激光加工设备组成

激光加工设备包括激光器、电源、光学系统和机械系统等四大部分,本节以二氧化碳激光雕刻机为例来介绍,其外形如图 11 - 23 所示。

激光器是激光加工的核心设备,它将电能转化为光能,是受激辐射的放大器,产生激光束。常用的激光器按激活介质可分为固体激光器和气体激光器,按激光器的输出方式可分为连续激光器和脉冲激光器,表 11 - 3 列出了激光加工常用激光器的主要性能特点。

图 11 - 23　激光雕刻机外形

表 11 - 3　常用激光器的主要性能特点

种　类	工作物质	激光波长(μm)	发散角(rad)	输出方式	输出能量或功率	主要用途
固体激光器	红宝石(Al_2O_3,Cr^{3+})	0.69(红光)	$10^{-2}\sim10^{-8}$	脉冲	几个至十焦耳	打孔、焊接
	钕玻璃(Nd^{3+})	1.06(红外线)	$10^{-2}\sim10^{-3}$	脉冲	几个至几十焦耳	打孔、切割、焊接
	掺钕钇铝石榴石 YAG(3Al5O12, Nd^{3+})	1.06(红外线)	$10^{-2}\sim10^{-3}$	脉冲	几个至几十焦耳	打孔、切割、焊接、微调
				连续	100~1000W	
气体激光器	二氧化碳(CO_2)	10.6(红外线)	$10^{-2}\sim10^{-3}$	脉冲	几焦耳	切割、焊接、热处理、微调
				连续	几十至几千瓦	
	氩(Ar^+)	0.5145(绿光) 0.4880(青光)				光盘刻录存储

二氧化碳激光器是以二氧化碳气体为工作物质的分子激光器,它发出的谱线在 $10.6\mu m$ 附近的红外区域,连续输出功率大(可达万瓦)、效率高(可达 20% 以上)、寿命长,广泛地用于切割、焊接、雕刻、热处理等加工。激光器有放电管、谐振腔、冷却系统和激励电源等部分组成,图 11 - 24a 为二氧化碳激光器的结构,二氧化碳激光器的输出功率与放电管的长度成正比,平均输出功率为 40~50W/m,为缩短空间长度,长的放电管采用折叠式,折叠的两段间用全反射镜连接光路,如图 11 - 24b 所示。

二氧化碳激光器的激励电源可以用射频电源、直流电源、交流电源和脉冲电源等,其中交流电源用得最为广泛。二氧化碳激光器一般都用冷阴极,常用电极材料有镍、钼和铝。因为镍发射电子的性能比较好，溅射比较小，而且在适当温度时还有使 CO 氧化成 CO_2 分子的催化作用，有利于保持功率稳定和延长寿命，一般都用镍作为电极材料。

激光加工设备属精密光学仪器，对光路调节要求较高，如果激光不是从每个镜片的中心射入，就直接影响加工效果，因此光路的设计、安装调试和使用都非常关键。在激光雕刻机上，由激光发生器产生的激光束，经过一系列的反射镜到达激光头，经过聚焦镜筒聚焦后，对工件进行加工，如图 11-25 所示。

a）二氧化碳激光器的结构

b）全反射连接光路

图 11-24　二氧化碳激光器结构

1，5—反射镜；2—电极；3—放电管；4—冷却水；
6—红外材料；7—电流电源；8—全反射镜

a）激光反射原理

b）外观结构

图 11-25　激光雕刻机光学系统

激光雕刻机的机械系统相对比较简单，和其他数控机床一样，由步进电机通过皮带或者滚珠丝杠传动对 X、Y 轴移动进行控制。

11.3.3　激光加工的应用

1. 激光打标机

激光打标是利用激光束在各种不同的物质表面打上永久标记的方法。打标的效应是通过表层物质的蒸发露出深层物质,或者是通过光能导致表层物质的物理变化而"刻"出痕迹,或者是通过光能烧掉部分物质,显出所需刻蚀的图案、文字、条形码等各类图形。激光打标机广泛适用于集成电路芯片、电脑配件、工业轴承、钟表、电子及通信产品、航天航空器件、各种汽车零件、家电、五金工具、模具、电线电缆、食品包装、首饰、烟草以及军用事等众多领域图形和文字的标记,以及大批量生产线作业,如图 11 - 26 所示。

a）激光打标机　　　　　　　　　　　　　　　　　　b）打标机的应用

图 11 - 26　激光打标机及其应用

光纤激光打标机主要由激光器、振镜头、打标卡三部分组成,可对多种金属、非金属材料进行加工,特别是对高硬度、高熔点、脆性材料进行标记;非接触加工、不损坏产品、无刀具磨损;激光束细、加工材料消耗很小、加工热影响区小;加工效率高、采用计算机控制、易于实现自动化;电光转换效率高,在节能环保等方面性能卓著。

2. 激光雕刻机

激光雕刻加工是利用数控技术为基础,激光为加工媒介,加工材料在激光照射下瞬间的熔化和气化的物理变性,达到加工的目的。按加工材料可以分为:①非金属材料加工（CO_2 激光）,如图 11 - 27 所示;②金属材料加工（YAG 激光）,如图 11 - 28 所示。

3. 激光内雕机

激光内雕是一个由计算机控制的可在水晶玻璃内部雕刻出二维或三维图形的方法。激光内雕机原理是高强度的激光束聚焦在水晶内部时产生非线性效应,短时间内吸收大量能量从而在焦点处破坏水晶的晶格组织,产生微爆裂形成不透明的微小炸点(犹如激光束在水晶内部雕刻出一个微小点),大量微爆裂点形成内雕图案。如果按平面图形在水晶内部逐点雕刻出微小点,就可以形成二维图像。激光三维内雕属于选择性激光雕刻技术,根据分层制作和层层叠加的技术途径,计算机从图像的三维几何信息出发,通过对信息的离散化处理(切片分层),将三维雕刻转为二维雕刻,再在高度方向堆集,形成三维图像。

a)非金属激光雕刻机   b)非金属激光雕刻机的应用

图 11-27　非金属激光雕刻机及其应用

a)金属激光雕刻机   b)金属激光雕刻机的应用

图 11-28　金属激光雕刻机及其应用

激光内雕机主要用于在水晶、玻璃等透明材料内雕刻平面或三维立体图案,如动物、植物、建筑、车、船、飞机等模型产品,配合相机可以设计制作 2D/3D 人像、制作人名手脚印、奖杯等个性化礼品纪念品,如图 11-29 所示。

a)激光内雕机   b)内雕机的应用

图 11-29　激光内雕机及其应用

4. 激光焊接机

激光焊接是将激光束直接照射到材料表面,使材料内部熔化来实现焊接的。高强度的脉冲激光束在加热金属材料的过程中,会产生温升、相变、熔化、汽化、热压缩激波、蒸气喷射、等离子体膨胀、冲击波等复杂的物理现象。脉冲激光焊接主要是利用其中的熔化现象产生的新工艺,通过控制激光束功率密度、脉冲宽度和峰值功率达到焊接的目的。激光焊接机及其应用如图 11 - 30 所示。

a) 激光焊接机　　　　　　　　　　　　b) 激光焊接机的应用

图 11 - 30　激光焊接机及其应用

激光焊接与常规焊接方法相比具有如下特点:①激光功率密度高,可以对高熔点、难熔金属或两种不同金属材料进行焊接(例如可对钨丝进行有效焊接)。②聚焦光斑小,加热速度快,作用时间短,热影响区小,热变形可忽略。③脉冲激光焊接属于非接触焊接,无机械应力和机械形变。④激光焊接装置容易与计算机联机,能精确定位,实现自动焊接,而且激光可通过玻璃在真空中焊接。⑤激光焊接可在大气中进行,无环境污染。

实习报告

一、判断题

1. 电火花成型可用于型腔加工。(　　　)

2. 数控线切割机床在加工程序输入后,只能切出 1：1 的图形。(　　　)

3. 电火花成型和电火花线切割加工方法广泛应用于模具及复杂零件的加工。(　　　)

4. 往复走丝式电火花线切割机床加工零件的尺寸精度可达 0.02mm。(　　　)

5. 慢走丝式电火花线切割机床加工零件时线电极工作状态为往复运行,反复使用。(　　　)

6. 电火花加工必须在绝缘的工作液体中进行。(　　　)

7. 电火花加工工件和工具之间直接接触加工。(　　　)

8. 电子束加工中,在真空条件下利用电流加热阳极发射电子束。(　　　)

二、填空题

1. 电火花加工是利用_____和_____之间的火花放电,产生瞬时_____将金属熔化蚀除。

2. 超声加工是利用工具端面作_____,通过_____加工脆性材料的一种成型方法。

3. 激光加工中,激光器发出的激光经过_____后照射到要加工面。

4. 水射流切割是利用_____和_____对工件的冲击作用来去除材料的。

5. DK7732 数控电火花切割机床,其中 D 的含义_____,K 的含义_____,32 的含义_____。

三、单项选择题

1. 下列哪些机床不属于特种加工类(　　　)。

A. 线切割机　　　　　　B. 电火花成型机　　　　　　C. 激光雕刻机　　　　　　D. 数控雕铣机

2. 电火花加工机床加工时所用的电源是哪一种(   )。

A. 交流电源   B. 直流电源   C. 高压电源   D. 脉冲电源

3. 线切割加工的工件材料,应具有什么物理性能(   )。

A. 导电性   B. 绝缘性   C. 有微弱的反光性   D. 低熔点

4. 线切割加工的材料范围是(   )。

A. 非淬火材料   B. 黑色金属

C. 各种硬度的导电材料   D. 硬度必须小于 HRC30

5. 电解加工时工件与工具之间加载(   )电压。

A. 交流   B. 直流   C. 脉冲   D. 0

6. 下列型面,哪种可用线切割机床加工(   )。

A. 方形不通孔   B. 手柄的曲线回转面

C. 淬火钢件上的多边形通孔   D. 光学玻璃上的窄缝

7. 电火花线切割加工时使用的工作液为(   )。

A. 煤油   B. 机械油   C. 水   D. 特制乳化液

8. 你在电火花线切割加工实习时使用的电极丝为(   )。

A. 铜丝   B. 钼丝   C. 钨丝   D. 钢丝

9. 利用电能和热能进行加工的方法是(   )。

A. 电解加工   B. 激光加工   C. 电火花加工   D. 超声波加工

10. 电火花加工过程有四个阶段(①由于电火花放电,工件电极材料产生熔化、气化、热膨胀;②介质电离、被击穿,形成放电通路;③介质消电离;④抛出蚀除物),其中正确的顺序是(   )。

A.①②③④   B.②①③④   C.①②④③   D.②①④③

四、多项选择题

1. 特种加工与传统切削加工相比的特点是(   )。

A. 工具与工件之间不存在显著的机械切削力

B. 工具的硬度必须大于工件材料的硬度

C. 靠机械力来加工零件

D. 能量较容易控制和转换

E. 工具的硬度可以低于工件的硬度

2. 线切割加工时,需要正确选择和调整的参数是(   )。

A. 脉冲宽度   B. 脉冲间隔   C. 峰值电流

D. 电压   E. 进给速度   F. 储丝筒转速

3. 线切割机床可加工下列哪几种材料(   )。

A. 铸铁   B. 淬火钢   C. 硬质合金   D. 人造金刚石

4. 线切割机床常用的指令代码标准为(   )。

A. ISO   B. GB   C. EIA   D. 3B

五、简答题

1. 写出本次实训所使用的数控电火花线切割机、电火花成型机的牌号及其含义。

2. 简述本次实训数控电火花线切割机的操作过程。

3. 简述电火花成型机的加工原理。

4. 简述本次实训激光雕刻机的操作过程。

5. 绘出你设计的线切割零件草图,并写出生成的加工程序。

第 12 章　3D 打印技术

【**实训目的与要求**】

(1)了解 3D 打印快速成形制造技术的原理及其分类。

(2)掌握 3D 打印设备及其操作方法。

【**安全实习注意事项**】

(1)加工过程中不得触摸打印头,避免烫伤。

(2)必须使用指定工具卸载和剥离零件,不得强行拉拽。

《老子》(六十四章)云:"合抱之木,生于毫末;九层之台,起于累土;千里之行,始于足下。"3D 打印过程与其描述内容何其相似:从"毫"米级(常用的 1.75mm)的丝料或更细的粉"末"开始,通过逐层"累"积的方式,制造出 3D 物体。"3D 打印"是近年来增材制造设备的生产商针对其消费市场创建出来的一个新名词,由于增材制造设备的"打印"过程与传统打印和复印的过程类似,因此"3D 打印"成为增材制造的"俗称"。

12.1　3D 打印概述

12.1.1　3D 打印的定义

《增材制造术语》(GB/T35351—2017)定义增材制造(Additive Manufacturing,AM)是以三维数据为基础,通过材料堆积的方式制造零件或实物的工艺。而三维打印(Three-Dimensional Printing)又称 3D 打印,是利用打印头、喷嘴及其他打印技术,通过材料堆积的方式制造零件或实物的工艺。因此,3D 打印技术包含于增材制造技术之中。3D 打印与传统机械制造过程的区别为:传统机械制造是通过由大到小、由重到轻逐步"去除"毛坯上多余的材料来完成零件加工;而 3D 打印则是通过材料堆积方式完成制造过程,它不需要传统的刀具、夹具及多道加工工序。图 12-1 为上述两者工件成形方法示意图。

12.1.2　3D 打印的起源与发展

3D 打印技术被称为"19 世纪的思想,20 世纪的技术,21 世纪的市场"。3D 打印的理念起源于 19 世纪末美国研究的照相雕塑和地貌成形技术;在 20 世纪 80 年代为了满足科研探索和产品设计的需求,3D 打印在数字控制技术的推动下得以实现,但因其起步阶段成本较高,只在业内小众群体中传播;进入 21 世纪以来,3D 打印技术逐渐走向成熟,初步形成产业并显示出巨大的发展潜力。2007 年以来,Makerbot 系列以及 RepRap 开源项目的出现,使得越来越多的 3D 打印爱好者带着新技术、新创意、新应用积极参与到 3D 打印技术的研发和推广中,3D 打印技术应用的春天到来了。

2012 年 4 月 21 日出版的英国《经济学人》杂志通过专题论述了当今全球范围内工业领域正在经历的第三次革命(the third industrial revolution),认为 3D 打印技术可以实现社会

a）传统机械制造（减材制造法）

b）3D打印（增材制造法）

图 12-1　两种工件成形方法示意图

化制造，每个人都可以开办工厂，并指出它将改变制造商品的方式，进而改变人类的生活方式。从此，3D打印技术开始进入普通大众的视野。

12.2　3D 打印的原理与组成

12.2.1　3D 打印的原理与过程

3D打印可以说是一种"降维制造"，即将三维的电子模型转化为二维层片后，进行分层制造，再通过逐层累积，形成三维实体，其原理如图 12-2 所示。其制造过程如下：

（1）构建产品的三维模型。可以利用计算机辅助设计与制造软件（如 SolidWorks、UG、CAXA 等）直接设计，或将现有产品的二维图样进行转换而形成三维模型，或对产品实体进行扫描、三维拍照等得到模型数据后，再利用反求工程的方法来构建。

图 12-2　3D打印技术基本原理

（2）对三维模型的近似处理。用一系列的小三角形平面来逼近模型的不规则曲面,对三维模型进行数据处理后,使用三角形网格的一种文件格式(∗.stl)对文件进行存储。

（3）对三维模型的切片处理。根据被加工模型的特征合理选择加工方向,通常在 Z 向上用一系列一定间隔的平面切割模型,平面间隔越小,成形精度越高,但成形时间也越长,效率就越低。间隔一般取 0.05~0.5mm,常为 0.1~0.2mm。

（4）成形加工。根据切片处理的截面轮廓,在计算机控制下,相应的成形头按各截面轮廓信息做扫描运动,在工作台上一层一层地堆积材料,各层相黏结,最终得到原型产品。

（5）成形零件的后处理。从成形设备中取出成形件,进行打磨、抛光等操作,完成零件成形的制作。

12.2.2　3D 打印系统的组成

一个较为完整的 3D 打印系统通常包括输入系统、制造工艺、材料使用和产品应用等四个关键部分,如图 12-3 所示。

图 12-3　3D 打印系统的组成

1. 输入系统

输入系统的核心是建立三维数字化实体模型。三维实体可以由计算机辅助设计系统(CAD)建立和物体三维扫描反求两种方式得到。CAD 建模是一种正向建模的方式,可直接建立零件模型;三维扫描是一种逆向工程的方法,利用坐标测量仪、数字化扫描仪,捕捉实体模型的数据点,然后在 CAD 系统中进行重建模型。由于各种方法获得数据格式不同,各种 3D 打印设备支持的数据格式也不完全一致,通常将文件转化成"∗.stl"格式作为两者之间的桥梁。

2. 制造工艺

3D 打印制作的工艺大致可以分为光固化类、剪切与粘连类、熔化和固化类、连接或黏结类等，每类工艺根据使用的元件和材料的不同又可进一步细分若干种，例如光固化类又可进一步划分为单激光束类、双激光束类和蒙面灯类等。

3. 材料使用

3D 打印成形工艺的不同决定了对材料的要求不同，例如熔融挤压（FDM）工艺要求可熔融的线材，选择性激光烧结（SLS）工艺要求颗粒度较小的粉末，立体光刻（SLA）工艺要求对某一波段的光比较敏感的光敏树脂，三维印刷（3DP）工艺要求颗粒度较小的粉末和黏度较好的黏结剂。

4. 产品应用

3D 打印现已渗透到人们的衣、食、住、行之中（如图 12-4 所示），涵盖了包括设计、工程分析、生产及工具制造等领域。

a）服装   b）建筑   c）飞机发动机

d）医疗   e）食品   f）工艺品

图 12-4 3D 打印产品应用

12.3 3D 打印工艺的分类

3D 打印的工艺有很多种，国际标准组织发布的 ISO/ASTM52900：2015 中将增材制造工艺分为黏结剂喷射、定向能量沉积、材料挤出、材料喷射、粉末床熔融、薄材层叠、立体光固化等七类。在解决不同领域中相关问题的过程中，出现了光固化成形（SLA）、分层实体制造（LOM）、选择性激光粉末烧结（SLS）等以及基于喷射的成形技术，如熔融沉积成形（FDM）、三维印刷（3-DP）等多种工艺方法。

12.3.1 光固化成型（SLA）

光固化成形技术（Stereo Lithography Appearance）以光敏树脂为原材料，通过计算机控制紫外激光发射装置逐层凝固成形。该技术最早由美国麻省理工学院的 Charles Hull 在 1986 年研制成功，美国 3D System 公司于 1988 年推出第一台商业设备 SLA250，是最早出现的、技术最成熟和应用最广泛的快速成形技术。

　　SLA 的工作原理如图 12-5 所示,其工作过程是:首先工作平台在液面下一个确定的深度开始成形,计算机控制激光器发出的激光束在聚焦后的光斑在液面上按轨迹指令逐点扫描,光斑打到的地方,液体光敏树脂产生固化,未被照射的地方仍是液态树脂;当一层扫描完成后,然后升降台带动平台下降一个确定的深度(即一层的厚度,一般为 0.05~0.2mm,具体位移量视精度而定),已成型的层面上又布满液态的树脂,刮平器将黏度较大的树脂液面刮平,经激光聚焦扫描后固化出新的一层,新固化的一层牢固地粘在前一层上,使加工的零件增加了一个层厚的高度,如此方法开始做下一层,此后往复循环;所有层成形完毕后,升降台上升至液体表面,零件完成固化过程,将原型从树脂中取出再次进行固化后处理,通过强光、电镀、喷漆或着色等处理得到需要的最终产品。

图 12-5　SLA 工作原理

　　SLA 工艺的成形过程自动化程度高,零件尺寸精度高,表面质量优良,原材料利用率高,可以制作结构十分复杂的模型,但其设备运转及维护成本较高,可使用的材料种类较少,液态树脂具有气味和毒性且需要避光保护,液态树脂固化后的性能尚不如常用的工业塑料,一般较脆,易断裂,不利于进行机械加工。

12.3.2　选择性激光粉末烧结(SLS)

　　选择性激光粉末烧结(Selective Laser Sintering,SLS)利用粉末材料在激光照射下高温烧结的基本原理,计算机控制激光的准确定位,逐层烧结堆积成形。该技术由美国得克萨斯大学的 C.R.Deckard 于 1989 年研制成功,1992 年 DTM 公司发布了第一台基于 SLS 的商业成型机,目前市场上最为知名的是 3D System 公司的 Spro 系列和 EOS 公司的 M 系列。

　　SLS 的工作原理如图 12-6 所示,其工作过程是:先将材料粉末铺洒在已成型零件的上表面,并用平整辊滚平;通过打印仓的恒温设施将其加热至低于该粉末烧结点的某一温度,激光器在计算机的控制下按照该层的截面轮廓在粉层上照射,使被照射区的粉末温度升至熔化点之上,进行烧结并与已成型部分实现黏结;一层烧结完成后,工作台下降一层,铺洒一层材料粉末,选择性烧结一层,循环往复,烧结完成后将未烧结的粉末回收到粉末缸中,待零件充分冷却后取出,再进行打磨、烘干等处理,得到最终产品。

SLS工艺比较成熟,其最大特点是可以烧结金属零件,产品的强度远高于其他快速成型技术,可以选用金属或非金属粉末材料种类较多,且无须附加支撑,材料利用率高,加工零件依赖于使用的材料种类和粒径、产品的几何形状和复杂程度,整体精度可达 0.05～0.25mm。SLS工艺的缺点主要是粉末烧结带来的表面粗糙需要后期打磨处理,需使用大功率激光器以及配套的控制部件,使用和维护成本高,设备整体技术复杂、制造难度大,目前SLS工艺还未大范围推广,大都集中在高端制造领域。

图 12-6　SLS工作原理

12.3.3　分层实体制造(LOM)

分层实体制造(Laminated Object Manufacturing,LOM),主要以背面涂覆热熔胶的箔材(如纸、金属箔、塑料膜)作为原料,由激光进行逐层切割后,依次黏合成型。最初由美国Helisys公司的 Michael Feygin 于 1986 年研制成功。

LOM 的工作原理如图 12-7 所示,其工作过程是:在箔材(如纸、金属箔、塑料膜)表面事先涂覆上一层热熔胶,通过热压辊的热压熔化热熔胶,使当前层与已成形的工件粘接;用计算机控制 CO_2 激光器在刚粘接的新层上切割出零件截面轮廓、工件外框,随后工作台下降,将工件与箔材分离;供料机构驱动收料轴和供料轴,将已加工料带移出加工区域,使待加工料带移到加工区域;将工作台上升至加工平面,重复上述步骤,完成新的一层,如此反复直至零件的所有截面切割、粘接完;最后,去除切碎的多余部分,得到分层制造的实体零件。

LOM工艺只需用激光束将零件轮廓切割出来,无须打印整个切面,成形速度快,易于加工内部结构简单的大型零部件;工艺过程中不存在材料相变,制成件有良好的机械性能,不易引起翘曲变形;工件外框与截面轮廓之间的多余材料在加工中起到了支撑作用,所以LOM工艺无需加支撑;LOM工艺的缺点主要是可用材料范围窄,材料浪费较严重,每层厚度不可调整,难以直接加工精细和多曲面的零件。

12.3.4　三维印刷(3-DP)

三维印刷(Three-Dimensional Printing)利用粉末材料,使用喷嘴将黏合剂喷在需要成

图 12-7　LOM 工作原理示意图

形的区域,让材料粉末粘接形成局部截面,层层叠加黏合成型。该技术是由美国麻省理工学院 Emanuel M. Sachs 等人研制的,并于 1989 年申请了美国专利,该专利是非成形材料微滴喷射成形范畴的核心专利之一。

　　3-DP 工艺原理与 SLS 工艺相比较,均采用粉末材料成形,所不同的是 SLS 通过材料粉末通过烧结连接起来的,而 3-DP 是通过喷头用黏结剂将零件的截面"印刷"在材料粉末上面,从工作方式上看,该工艺与传统的二维喷墨打印机最接近。3-DP 工艺原理如图 12-8 所示,工作过程是:首先在托台上平铺一层所需的粉状材料,在计算机控制下印刷喷嘴按运动轨迹喷出连续的黏性聚合物,喷印到粉状材料上将其粘接硬化,未被喷射黏结剂的地方

图 12-8　3-DP 工艺原理

为干粉,在成形过程中起支撑作用;上一层黏结完毕后,成形缸下降一个层厚的距离,供粉缸上升一高度,推出若干粉末,并被铺粉辊推到成型缸,铺平并被压实,喷头在计算机控制下,按下一建造截面的成形数据有选择地喷射黏结剂建造层面,铺粉辊铺粉时多余的粉末被集粉装置收集。如此周而复始地送粉、铺粉和喷射黏结剂,最终完成一个通过黏合剂黏结的三维粉末体,将其进行后期处理便得到成型件。

3-DP 工艺制造的零件是由粉末和黏结剂组成的,可用于制造复杂零件、复合材料或非均匀材料,成形速度快,适合制造小批量零件。该技术很大的优势在于可以给打印头配上"墨盒",用于打印全彩色模型;其缺点是零件的精度和表面粗糙度差,黏结剂粘接的零件强度较低,零件易变性甚至出现裂纹。

12.3.5　熔融沉积制造(FDM)

熔融沉积制造(Fused Deposition Modeling,FDM)主要采用丝状热熔性材料作为原材料,通过加热熔化,通过一个微细喷嘴的喷头挤喷出来,当温度低于熔点后开始固化沉积后逐层堆积形成最终的成品。该工艺由美国学者 Scott Crump 于 1988 年研制成功,目前是桌面机市场的主流产品,专业厂商推出了大量的产品应用,也出现了开源的软硬件供 DIY 选择。

FDM 工艺原理如图 12-9 所示,其工作过程是:将圆形(如 $\phi1.75mm$)丝料(材料为 ABS、PLA 等),通过送丝轴连续导入热流道加热熔化后,在后续丝材的挤压所形成的压力下,从喷头底部的喷嘴(直径一般为 0.2~0.6mm)挤喷出来,接着在上位软件和打印机的控制下,打印喷头根据水平分层数据做 X 轴和 Y 轴的平面运动,材料从喷头挤出,黏结到工作台面快速冷却并凝固。完成一层截面后,工作台 Z 轴方向下降一个层厚的高度(一般为 0.1~0.4mm)继续进行下一层的打印,一直重复该步骤,直至完成整个设计模型。

FDM 工艺的关键是控制从喷嘴中喷出的、熔融状态下的原材料温度保持在稍高于凝固

图 12-9　FDM 工艺原理

点(1℃～5℃),温度过高将导致模型变形、精度低等问题,温度过低或不稳定将堵住喷头,打印失败。FDM 工艺的优点主要是:①热熔挤压头系统构造原理和操作简单,维护成本低,系统运行安全;②成形速度快,制造和使用成本低,价格优势明显;③模型的复杂程度对打印过程影响小,常用于成型具有很复杂的内腔、孔等零件;④在成形过程中无化学变化,制件的翘曲变形小;⑤原材料利用率高,且材料寿命长;⑥支撑去除简单,分离容易。FDM 工艺的缺点主要有:①成形件的表面有较明显的条纹,整体精度较低;②沿成形 Z 轴方向的强度比较弱,不适合打印大型物品;③受材料和工艺限制,打印物品的强度较低。

12.4　3D 打印机的结构与操作

12.4.1　3D 打印机的结构

一台完整的 3D 打印机由机械系统和控制系统两大部分组成。

3D 打印机的机械系统主要由机身结构(如图 12 - 10 所示)、传动系统(如图 12 - 11 所示)、挤出系统(如图 12 - 12 所示)等组成。

　　a) 笛卡尔式　　　　　　　　b) 并联臂式　　　　　　　c) 极坐标式

图 12 - 10　3D 打印机的机身结构形式

　　a) 同步带传动　　　　　　　　　　b) 滚珠丝杠螺母传动

图 12 - 11　3D 打印机的传动系统

3D 打印机的控制系统(如图 12 - 13 所示)由硬件系统(主控模块、温度控制模块、挤出控制模块、运动控制模块、其他辅助控制等)和软件系统(打印控制计算机、应用软件、底层控制软件、接口驱动单元等)组成。

a) 柱塞式挤出机构   b) 螺旋式挤出机构

图 12 - 12   3D 打印机的挤出系统

图 12 - 13   3D 打印机的控制系统

12.4.2   3D 打印机的操作

本节以北京太尔时代生产的 UP 系列 3D 打印机为例,软件为 UP STUDIO,版本为 2.0.0.8,适用于 UP300、UP BOX＋、UP2、UPMINI2、UPMINI2ES 等多型号机床,介绍 3D 打印机的基本操作的基本方法和主要工艺参数的选择。

1. 启动 3D 打印机

接通 3D 打印机电源,启动计算机,双击桌面上的"UP STUDIO"图标 ,启动软件后,在左侧快捷栏中点击"UP" 图标,进入主页面,如图 12 - 14 所示。

图 12 - 14　UP STUDIO 软件操作界面

2. 添加模型

(1)导入模型

点击"十"。其添加目录包括三个基本功能(如图 12 - 15 所示):①添加模型。点击""可以添加由各种软件生成的 3D 打印的模型文件,目前该软件支持的格式有 ∗.stl、∗.up3、∗.obj、∗.ups 和 ∗.gcode 等。②添加图片。点击""选择相应图片(照片),可以将二维图像转换为三维模型,目前设定了"图片""灯罩""相框"三种选择类型,轻松制作三维产品,图 12 - 16 所示的是使用图片制作三维相框。③调用基本模型。可以直接调用简单的三维零件模型(如圆柱、圆环、三棱锥等)进行打印。

图 12 - 15　添加模型菜单

图 12 - 16　相框的三维设计

(2)调整模型

通过模型调整轮对导入的模型进行编辑,主要有旋转、移动、缩放、视图、显示模式、切平面、镜像、自动摆放、回退、类别等 10 个编辑功能,每个功能下又包含有若干子工具(如图 12 - 17 所示)。具体功能的介绍见表 12 - 1 所列。

表 12-1　模型调整轮功能介绍

	功能	图标	说　　明
1	旋转	↻	设置模型旋转:先选择旋转轴($X/Y/Z$),输入旋转角度,或快捷选择-90/-45/-30/0/30/45/90°,或鼠标移动选择。
2	移动	✛	设置模型移动:先选择移动轴($X/Y/Z$),输入移动距离,或快捷选择-50/-20/-10/10/20/50,或鼠标移动选择。
3	缩放	▣	设置模型缩放:可以锁定 $X/Y/Z$ 同比例缩放,也可单独某轴缩放;输入缩放比例,快捷选择 0.5/0.8/1.2/1.5/2/3,或鼠标移动选择。
4	视图	👁	设置视图模式:可选择自由视图(标准视图)/顶视图/底视图/前视图/后视图/左视图/右视图。
5	显示模式	⬛	设置显示模式:可选择线框/实体/线框+实体/透视。
6	切平面	✍	可以观察 $X/Y/Z$ 方向上相应截面的情况。
7	镜像	▸|◂	可以分别设置 $X/Y/Z$ 方向上的镜像。
8	自动摆放	✕	将打印模型自动摆放到打印空间。
9	回退	↶	撤销上一步操作。
10	类别	☰	修复模型(自动修复模型表面)、保存模型(保存模型摆放位置)、重置(回到模型调整前的状态)等选项。

图 12-17　模型调整轮功能菜单

将模型导入打印空间后,使用模型调整轮使模型摆放到打印空间中的合适位置,可通过鼠标右键进行模型的复制与删减,查询模型的属性等,做好模型制作准备。

3. 初始化打印机

首次使用 3D 打印机需要进行初始化,点击"⟲",3D 打印机自动回到坐标轴最大位置,建立机床坐标系,构建三维加工空间的相互位置关系。

4. 校准打印机

首次使用、机床位置发生变化、打印过程中发现打印件与地板接触过松或过紧时,均需要对平台进行校准(如图 12-18 所示)。平台校准方法:①使用"自动对高"功能,用于初步设定平台的高度。②使用"手动校准"功能,对 9 个校准点进行调平补偿,使工作台保持水平,提高加工精度和质量。校准时在平台上放置一张校准卡,手动控制平台升降,直到其刚刚触碰到喷嘴(如图 12-19 所示),移动校准卡查看其受到的阻力情况,手动调整校准点的高度(如图 12-20 所示),直至 9 个点全部完成并确认。

图 12-18　平台校准　　　　　　　　　　图 12-19　手动校准平台

当移动校准卡时可以感受到　　　　　当移动校准卡时阻力很大或不能移　　　　当移动校准卡时无阻力,
一定阻力,此时平台高度适中。　　　动,此时平台过高,需略微降低平台。　　平台过低,需略微升高平台。

图 12-20　校准卡的使用方法

5. 准备材料及辅助工具

打印前,要通过"维护"选项准备材料和底板等辅助工具。单机"✕"进入"维护"工具使用的菜单(如图 12-21 所示)。其中"挤出"主要是控制运丝电机将打印的丝材送入加热腔,当喷头挤出当前材料后,完成装料的过程;"撤回"主要是控制运丝电机将现有的材料撤出加热腔,完成取出丝材的操作;"停止"是指随时控制挤出和撤回的操作。换料的操作是先撤回旧丝料,再挤出新丝料。

图 12 - 21　维护工具的使用

　　打印底板可选择多孔板/Flex 板/玻璃板;喷嘴直径可选择 0.2mm/0.4mm/0.6mm;加热(底板)时间可选择 15min/30min/45min/60min;材料类型可选择 PLA/ASB/ASB+/自定义,自定义主要是设置加热温度和底板温度;重量显示的是材料的剩余质量,换新丝料时需输入丝料的质量(例如 500g);历史显示的是当前机床已打印材料的总质量。

　　6. 打印参数的设置

　　打印参数的设置是 3D 打印加工工艺的核心。在满足产品质量和性能的要求前提下,使用合理的打印参数,可以保证产品的表面质量、节省打印时间和节约打印材料。图 12 - 22 所示的是 3D 打印的主要参数设置。

图 12 - 22　3D 打印的主要参数设置

层片厚度:层片厚度越小,分的层数越多,加工质量越好,加工时间越长,可选择 0.1mm/0.15mm/0.2mm/0.25mm/0.3mm/0.35mm 等选项。

填充方式:打印产品的内部结构是通过填充的方式进行的,根据使用目的不同可选择外壳、表面、13%、20%、65%、80%、99% 等选项,其效果见表 12-2 所列。

表 12-2　3D 打印填充方式

	外壳	表面	13%	15%	20%	65%	80%	99%
图例								
效果								
说明	无填充物,公称壁厚	无顶层和底层,无填充物	大孔	中空	松散	细密	致密	实体

质量:指的是打印质量,该选项是通过打印速度控制来设定的,可选择默认、较好、较快、极快等选项,通常选择"默认"。对表面质量要求较高的,选择"较好";对表面要求不高的可选择"极快"。

补偿高度:加工过程中根据喷嘴与平台的接触情况对机床高度所进行的微调。

非实体模型:软件将自动固定非实心模型。

无底座:无基底打印。

无支撑:无支撑打印。

密闭层数:密封打印物体顶部和底部的层数,可选择 2 层、3 层、4 层、5 层、6 层。

密闭角度:决定表面层开始打印的角度,可选择 30°、40°、45°、50°、60°。

支撑层数:选择支撑结构和被支撑表面之间的层数,可选择 2 层、3 层、4 层、5 层、6 层。

支撑角度:决定产生支撑结构和致密层的角度,可选择 10°、30°、40°、45°、50°、60°、80°。

支撑面积:决定产生支撑结构的最小表面面积,小于该值的面积将不会产生支撑结构,可选择 $0mm^2$、$3mm^2$、$5mm^2$、$8mm^2$、$10mm^2$、$15mm^2$、$20mm^2$。

支撑间隔:决定支撑结构的密度,值越大,支撑密度越小,可选择 4 行、6 行、8 行、10 行、12 行、15 行。

稳固支撑:支撑结构更加结实,但不易拆除。

薄壁:软件将检测太薄无法打印的壁厚,并将其尺寸增加到可以打印的尺寸。

加热:开始打印前预热,一般不超过 15min。

易于剥离:支撑结构及工件容易从工作台上剥离。

休眠:打印完成后,打印机进入休眠模式。

打印预览:检查模型的分层情况,完成后显示打印时间和使用材料的质量。

打印:按照设置的参数开始打印,点击"▼"进入高级打印,可以设置暂停位置、槽位、线宽等;点击重复打印,可以选择以往打印的零件。

图 12-23 所示的是打印参数对应的密闭层、填充物、支撑层、底座和平台的相互位置关系。

图 12-23　打印参数的相互关系示意图

7. 产品打印及后处理方法

3D打印机根据零件的程序进行打印,喷头按各截面轮廓信息做扫描运动,在工作台上一层一层地堆积材料,各层相黏结,最终得到三维产品模型。打印的过程中要注意材料是否出现断裂、打结等现象,并及时处理。

基于熔融堆积成形技术,由喷头挤出的加热材料逐层堆积会在模型表面形成层与层之间连接的纹路。纹理取决于层厚的大小,分层数量的增加将降低打印效率。为了实现较好的模型外观质量和较短的打印时间,可通过表面处理来实现,处理的主要方法有砂纸打磨、喷丸处理、溶剂浸泡和溶剂熏蒸等。

(1)砂纸打磨

砂纸打磨是利用砂纸摩擦去除模型表面的凸起,光整模型表面的纹路。一般采用 200目的砂纸粗磨,使得模型表面纹路快速细化;再采用 600～800 目的砂纸半精磨,使模型表面纹路基本消除;最后采用 2000 目以上的砂纸精磨,使模型表面光滑,达到喷漆的要求。砂纸打磨经济实用,因此是 3D 打印模型后期表面处理最常用的方法。

(2)喷丸处理

喷丸处理就是将高速弹丸流连续喷射到零件表面,最终达到抛光的效果。喷丸处理一般比较快,约 5～10min 即可完成,处理过后产品表面光滑,比打磨的效果要好,而且根据材料不同还有不同效果。喷丸处理一般是在一个密闭的腔室里进行的,因此它对处理的对象是有尺寸限制的,处理过程需要用手拿着喷嘴,所以处理效率较低。

(3)溶剂浸泡

溶剂浸泡利用有机溶剂(如丙酮、醋酸乙酯、氯仿等)的溶解性对 ABS、PLA 等材质的3D打印模型进行表面处理。将 3D 打印模型浸泡在专门的抛光液中,待其表面达到需要的光洁效果,取出即可。溶剂浸泡能快速消除模型表面的纹路,但要合理控制浸泡时间,时间过短则无法消除模型表面的纹路,时间过长则容易出现模型溶解过度,会导致模型的细微特征缺失和模型变形。另外,也可将抛光液均匀涂抹到 3D 打印模型上进行抛光。

（4）溶剂熏蒸

蒸汽熏蒸是利用有机溶剂对 ABS、PLA 的溶解性来对 3D 打印模型进行表面处理。在容器中对有机溶液加热形成高温蒸汽,均匀地溶解悬在容器中的 3D 打印模型表层的材料（理想溶解层厚度约为 0.002mm）,它可以在不显著影响打印模型的尺寸和形状的前提下获得光洁外观。

3D 打印抛光机如图 12-24 所示,控制系统由开关控制、时间控制和温度控制组成,其中带盖的不锈钢内胆和支架是其主要结构。抛光操作基本过程是:①将 20～50ml 抛光液倒入不锈钢内胆中,将待抛光的模型放到支架上,盖上盖子;②打开开关,调节时间为3min～5min,温度设置在 70℃左右,容器内模型表面溶解抛光,熏蒸结束后自动关闭;③将支架取出,待模型风干后,取下模型,模型表面达到将镜面效果,如图 12-25 所示。

图 12-24　3D 打印抛光机

a）处理前　　　　　　　　b）处理后

图 12-25　3D 打印作品后处理

由于有机溶剂有较强烈刺激性,并有微毒,因此操作过程中要注意做好安全保护工作,如佩戴手套和口罩、在通风条件下进行试验等。

12.4.3　3D 打印的主要工艺分析

虽然 3D 打印的加工精度不及机械加工要求高,但选择合理的加工工艺可以有效地提高产品的质量。3D 打印的加工工艺通过在软件中设置合理的工艺参数来实现,所设置的参数主要有成形方向、层厚、填充密度、打印质量（速度）、密闭参数、支撑参数等。

1. 成形方向的确定

成形方向选择的基本原则是在满足产品质量的前提下,尽可能地减少打印时间和材料的使用量。提高产品质量的因素主要有以下几点:

（1）保证零部件主要结构的尺寸精度,以减少分层等因素引起的误差。图 12-26 所示的是某轴承座成形方向的比较,其中图 12-26a 为零件图,图 12-26b 以背板作为底面放置,图 12-26c 以底座作为底面放置,图 12-26d 以底座前表面作为底面放置,图 12-26e 以轴承孔外侧作为底面放置,图 12-26f 为打印时添加的辅助支撑。这个零件主要保证的是轴承孔的尺寸精度。基于 3D 打印的原理,图 12-26c、图 12-26e 会造成"阶梯误差",图 12-26d 产生较多的支撑会造成打印材料的浪费和时间的增加,因此选择图 12-26b 较为合理。

图 12-26　轴承座零件及其成形方向的确定

（2）保证零部件表面的粗糙度，减少支撑、底面接触等因素引起的误差。图 12-27 所示是某机器人手腕的外壳成形方向的比较。其中图 12-27a 所示成形方向，在内腔会产生大量的支撑，将导致使用更多的材料和更多打印时间；图 12-27b 所示成形方向，虽然内腔打印不需要支撑，节约了打印材料和时间，但外壳表面与打印平台直接接触时将产生辅助支撑，在剥离辅助支撑时，将影响表面质量。考虑到零件的用途，因此选择图 12-27a 成形方向较为合理。

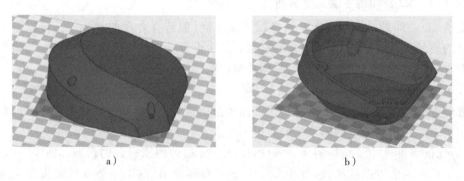

图 12-27　机器人手腕外壳成形方向的确定

2. 打印参数的设置

（1）层厚

在填充密度、密闭参数、支撑参数和打印质量（速度）不变的情况下，若仅改变打印厚度，则加工图 12-27a 所示零件的结果见表 12-3 所列。层厚越小，打印的层数越多，加工时间越长,而使用材料的质量变化不大,实际加工的零件质量就越高。根据打印件的质量要求选择层厚,一般选择 0.2mm,既可以保证较好的加工精度,又能节约打印时间。

表 12-3　层厚设置对成形加工的影响

序号	层厚 (mm)	层数	密闭 参数	填充密度	支撑 参数	打印质量	加工时间 (h)	材料质量 (g)
1	0.1	480	3	20%	间隔 8 行	默认	16.1	75.1
2	0.15	321	3	20%	间隔 8 行	默认	10.9	79.3
3	0.2	242	3	20%	间隔 8 行	默认	7.3	79.9
4	0.25	194	3	20%	间隔 8 行	默认	4.9	81.5
5	0.3	163	3	20%	间隔 8 行	默认	4.3	85
6	0.35	140	3	20%	间隔 8 行	默认	3.5	89.5

(2)填充密度

在层厚、密闭参数、支撑参数和打印质量(速度)不变的情况下,仅改变填充密度,则加工图 12-27a 所示零件的结果见表 12-4 所列。填充密度越大,加工时间越长,使用的材料越多,零件的力学性能将得到一定的提升。根据打印件对力学性能的要求,对于力学性能要求一般的,填充密度可以选择 20% 及以下;对力学性能要求较高的,填充密度可以选择 65% 及以上。本案例中,由于机器人手腕外壳本身属于壳类(薄壁)零件,改变壳内的填充密度对加工时间和使用材料质量影响较小,如果改为实心零件,填充密度对材料使用和加工时间则影响较大。

表 12-4　填充密度对成形加工的影响

序号	层厚 (mm)	密闭 参数	填充密度	支撑 参数	打印质量	加工时间 (h)	材料质量 (g)
1	0.2	3	13%	间隔 8 行	默认	7.2	78.5
2	0.2	3	15%	间隔 8 行	默认	7.2	79
3	0.2	3	20%	间隔 8 行	默认	7.3	79.9
4	0.2	3	65%	间隔 8 行	默认	7.6	84.3
5	0.2	3	80%	间隔 8 行	默认	8.3	92.7
6	0.2	3	99%	间隔 8 行	默认	9.1	111.9

(3)密闭参数

3D 打印模型 STL 文件本身就是由连续的封闭曲面构成,密闭参数中的层数就是为封闭模型表面所打印的次数,其与层厚的乘积就是打印模型表面的厚度,例如层厚为 0.2mm,密闭层数为 3,则模型表面的厚度为 0.6mm。一般而言,通常取层数为 3~5 层,表面厚度 0.6~1mm,增加表面厚度有助于提高成形零件的密闭性能。在层厚、填充密度、支撑参数和打印质量(速度)不变的情况下,仅改变密闭参数,则加工图 12-27a 所示零件的结果见表

12-5 所列。在表面积相同的状态下,增加密闭层数,将增加材料的使用量和加工的时间,但增加幅度较小。

表 12-5　密闭参数对成形加工的影响

序号	层厚 (mm)	密闭 参数	填充密度	支撑 参数	打印质量	加工时间 (h)	材料质量 (g)
1	0.2	2	20%	间隔8行	默认	7.1	77.4
2	0.2	3	20%	间隔8行	默认	7.3	79.9
3	0.2	4	20%	间隔8行	默认	7.5	82.3
4	0.2	5	20%	间隔8行	默认	7.6	84.6
5	0.2	6	20%	间隔8行	默认	7.7	86.8

(4)支撑参数

由于三维零件存在空心结构,因此必须添加支撑结构来有效地避免在层层堆叠过程中可能的坍塌问题。而支撑结构最终是要从实体零件上剥离掉,合理的参数设置和路径规划,可以有效地减少支撑结构使用,从而节约打印材料和打印时间,同时可以提高打印件的表面质量,减少后处理的工作量。在层厚、密闭参数、填充密度和打印质量(速度)不变的情况下,仅改变支撑参数,则加工图 12-26a 所示零件的结果见表 12-6 所列,通过增减支撑间隔(间隔 4 行/15 行),可以有效地减少近 20% 的打印时间和材料。设置支撑和不设置支撑参数的效果比较如图 12-28 所示。

表 12-6　支撑参数对成形加工的影响

序号	层厚(mm)	密闭参数	填充密度	支撑参数	打印质量	加工时间(h)	材料质量(g)
1	0.2	3	20%	间隔4行	默认	8.1	92.5
2	0.2	3	20%	间隔6行	默认	7.5	84.1
3	0.2	3	20%	间隔8行	默认	7.3	79.9
4	0.2	3	20%	间隔10行	默认	7.1	77.4
5	0.2	3	20%	间隔12行	默认	7.0	75.7
6	0.2	3	20%	间隔15行	默认	6.9	74

a)不设置支撑　　　　　　　　　　　　b)设置支撑

图 12-28　支撑设置与否比较图

（5）打印质量（速度）

打印速度指的是单位时间内喷头扫描的距离。成形零件的质量主要决定于材料种类、材料挤出速度和温度、喷头扫描速度等综合因素，在采用不同的算法以保证打印质量的同时，如何提高打印速度则成为研究人员进行探讨的热点问题。在层厚、密闭参数、支撑参数和填充密度不变的情况下，仅改变打印速度，则加工图 12－26a 所示零件的结果见表 12－7 所列。选择较好、默认、较快和极快的几种方式，若使用的材料质量不变，则打印时间依次递减。如果对表面质量要求不是很高，则通常选择默认或者较快的方式，以获得较高的速度。

表 12－7　打印质量对成形加工的影响

序号	层厚（mm）	密闭参数	填充密度	支撑参数	打印质量	加工时间（h）	材料质量（g）
1	0.2	3	20%	间隔 8 行	较好	9.1	79.9
2	0.2	3	20%	间隔 8 行	默认	7.3	79.9
3	0.2	3	20%	间隔 8 行	较快	6.1	79.9
4	0.2	3	20%	间隔 8 行	极快	5.4	80.1

12.4.4　零件的 3D 打印

1. 单个零件打印

（1）零件导入

点击"＋"，在添加目录下，选择添加模型 ，在目录下找到需要打印模型文件，如图 12－29a 所示，打开文件，模型载入系统后，如图 12－29b 所示。

　　　　　　a）

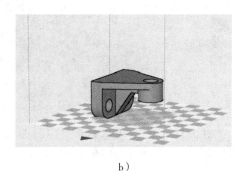
　　　　　　b）

图 12－29　模型的导入

（2）模型调整

通过模型调整轮对导入的模型进行编辑，可以改变其摆放方向、位置，调整大小（缩放），如图 12－30 所示。

（3）打印参数的设置

根据零件的要求设置打印参数。一般要求的打印参数可以按照下述参数进行设置（如图 12－31 所示）：层片厚度为"0.2mm"；填充方式为"20%～65%"；质量为默认；密闭层数为"3层",密闭角度为"45°";支撑层数为"3层";支撑角度为"30°";支撑面积为"3mm²";支撑间隔为"8行"。

a）调整前

b）调整后

图 12-30　模型的调整

图 12-31　打印参数的设置

（4）打印预览

点击打印预览，可以获得打印时的支撑情况（图 12-32a 所示）、打印时间和打印材料的质量等信息，并预览打印的过程（如图 12-32b 所示），通过滚动条可以详细观察每层的打印情况（如图 12-32c 所示）。

（5）打印

预览无误后，点击"打印"，打印头和底板开始加热（如图 12-33a 所示）。当喷头加热到相应温度后（如图 12-33b 所示），工作台移动，打印开始。打印过程一般是连续的，首先打印基座（如图 12-34a 所示），逐层打印实体和填充部分（如图 12-34b、图 12-34c 所示），直至打印完成（如图 12-34d 所示）。将零件从底板取下，使用工具将支撑材料剥离（如图 12-34e 所示）。在打印过程中，应当注意间隔观察打印机的喷头吐丝状况和零件打印情况，遇到丝料不足、丝料缠绕、喷头堵塞、打印错位等问题应及时处理，以免浪费时间和材料。

图 12 - 32　打印预览

图 12 - 33　打印状态

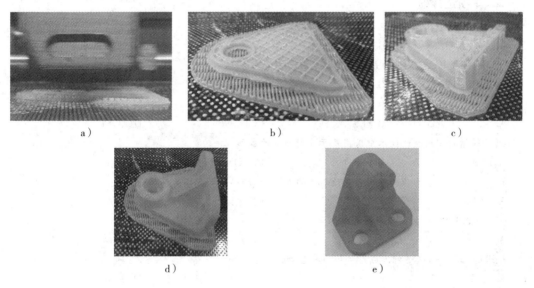

图 12 - 34　打印过程

2. 多个零件打印

在加工范围内,可以同时打印多个零件,如 12 - 35a 图所示,可将多个模型同时输入到控制软件中。如果打印多个相同零件,则可以直接在软件图形区域选择零件,点击鼠标右键,使用"复制"功能直接复制出 N 个零件,如图 12 - 35b 所示。

　　每个零件的打印位置、方向等可以单独设置,但打印参数中的层片厚度、填充方式、打印质量等参数是统一的,不能单独设置。

a)

b)

图 12-35　多个零件同时打印

实习报告

一、判断题

1. 在立体光刻技术中,成形空间和液态树脂在同一容器内。(　　)

2. 3D 打印机可直接使用 Pro/E 等生成的三维模型文件加工。(　　)

3. UP 系列 3D 打印机在 Z 方向上喷头是做上下移动的。(　　)

4. 所有的快速成形机需要采用激光作为加工能源。(　　)

二、单项选择题

1. 按现代成形技术的观点,增材制造的成形方式属于(　　)。

A. 去除成形　　　　　B. 添加成形　　　　　C. 受阻成形　　　　　D. 生长成形

2. SLS 技术中通常使用的是(　　)激光束。

A. X 射线　　　　　　B. 红外线　　　　　　C. 可见光　　　　　　D. 紫外线

3. 下列增材制造制造技术中未采用激光束的是(　　)。

A. SLA　　　　　　　B. SLS　　　　　　　C. 3-DP　　　　　　D. LOM

4. 下列增材制造制造技术中采用基于喷射技术的成形方法为(　　)。

A. FDM　　　　　　　B. SLS　　　　　　　C. LOM　　　　　　　D. SLA

5. 下列原料中可用作分层实体制造工艺的是(　　)。

A. 薄纸片　　　　　　B. 金属厚板　　　　　C. 陶瓷粉　　　　　　D. 液态树脂

6. SLS 工艺中,所使用原材料的状态为(　　)。

A. 液态　　　　　　　B. 气态　　　　　　　C. 粉末　　　　　　　D. 固体

7. FDM 工艺中,所喷射出成形材料的状态为(　　)。

A. 粉末　　　　　　　B. 液态　　　　　　　C. 气态　　　　　　　D. 固体

8. 下列增材制造制造技术中,成本相对低廉的是(　　)。

A. LOM　　　　　　　B. SLS　　　　　　　C. FDM　　　　　　　D. SLA

9. 下列材料中(　　)代表聚乳酸。

A. TPU　　　　　　　B. ABS　　　　　　　C. PLA　　　　　　　D. PC

10. FDM 设备选用的丝材直径一般是(　　)

A. 1　　　　　　　　B. 1.75　　　　　　　C. 2.5　　　　　　　D. 3

三、多项选择题

1. LOM 工艺中，热压辊的作用是（　　）。

A. 切割　　　　　　B. 加热　　　　　　C. 加压　　　　　　D. 扫描

2. SLS 工艺中，为提高成形件力学和热学性能通常需对烧结件作处理，其方法有（　　）。

A. 高温烧结　　　　B. 热等静压　　　　C. 熔浸　　　　　　D. 浸渍

3. 下列快速成形制造技术中采用激光束的是（　　）。

A. MEM　　　　　　B. SLS　　　　　　C. SL　　　　　　　D. LOM

4. 一个较为完整的 3D 打印系统通常包括（　　）关键部分。

A. 输入系统　　　　B. 材料的使用　　　C. 制造工艺（方法）　　D. 产品应用

四、简答题

1. 简述 3D 打印的基本原理。

2. 列举常用的 3D 打印的工艺方法。

3. 简述 3D 打印的基本操作过程。

五、实践题

按照要求建立三维模型，选择合适的 3D 打印参数（成型方向、层厚、填充密度等），记录打印状态（打印时间、材料使用量等），完成零件的后处理，将相关结果填写到实习报告中。

第 13 章　网络制造技术

【实训目的与要求】

(1) 了解"互联网＋工业"基本含义。

(2) 了解网络制造系统的基本组成及实现过程。

(3) 掌握数控加工程序的网络传输方法。

【安全实习注意事项】

(1) 按操作说明书进行数控加工程序的传输。

(2) 禁止非法接入机床局域网或机床局域网内私自使用 U 盘。

随着信息技术与网络技术发展,特别是 Internet 应用的普及,在网络经济时代的消费者可以在全球范围内快速地得到个性化和多样化的消费产品,诸如网络购物、网上银行、网上教育、网上医疗等逐步改变了人们的生活。"互联网＋"是利用信息通信技术以及互联网平台,充分发挥互联网在社会资源配置中的优化和集成作用,将互联网的创新成果深度融合于经济、社会各领域之中,提升全社会的创新力和生产力,推动经济形态不断地发生演变,形成更广泛的以互联网为基础设施和实现工具的经济发展新形态。

"互联网＋"工业即传统制造业企业采用移动互联网、云计算、大数据、物联网等信息通信技术,改造原有产品及研发和生产方式,与"工业互联网""工业 4.0"的内涵一致。制造行业的外部环境则发生了本质的变化,企业直接面对全球性的技术、市场、人力等多方面的竞争,传统的以产品为特征、区域经济为主导的资源相对集中的组织结构虽然仍具有性价比的优势,但是面对快速多变(诸如多品种、小批量、快速生产等)的个性化市场需求和跨区域的生产与经营活动越来越多,迫切需要具有快速响应机制的网络制造模式进行制造和再制造的过程,通过不断更新产品来提升技术与服务的含金量。

13.1　网络制造系统

现代制造业需要不断地消化和吸收以信息化为代表的先进制造技术,以网络技术与制造技术相结合的网络制造系统突破空间和地域的限制,协同共享各类信息资源,覆盖产品整个生命周期(包括产品的研发、设计、生产、市场、销售、服务、管理等),高速度、高质量、低价格地为市场提供所需的产品和服务,以取得显著的经济和社会效益。

以 Internet 为代表的网络技术带来了全球化、开放化、数字化和虚拟化的网络经济,对制造业带来严峻挑战的同时也带来了跨越式发展的机遇。网络制造是一种敏捷、高效、低耗、清洁的先进制造技术,制造企业必须积极地利用信息技术对自身进行全方位、多角度、高效的网络化改造,依托共享的数字化信息资源,以集成化、网络化为实现手段,以分散、协作的方式组织生产,努力提高企业面对市场产品需求的快速响应能力,提升企业的市场竞争力和创新能力。

　　网络制造从广义上看是企业利用计算机网络深入生产经营活动的各个环节,诸如充分挖掘市场信息,寻求合作伙伴进行项目的研究和开发、产品的设计与制造,建立分销网络、在线客服等,充分利用资源共享平台实现跨地域协同设计制造和远程监控与服务能力,从而提高企业的快速响应和应变能力。网络制造狭义上是指企业内部的各部门,如设计、生产、销售等部门在网络系统支持下的信息化集成,形成若干技术群以解决信息交互机制。

13.2　数控机床网络 DNC 系统

　　随着企业信息化建设的不断深入发展,ERP、PDM、CAD/CAPP/CAM 等多种先进制造及管理技术的综合应用局限于企业信息化的上层部分,然而数控机床作为最底层加工设备,其单机管理模式成为制约企业信息化的瓶颈,因此数控机床使用网络 DNC 技术对数控设备群进行管理,有效地解决数控加工信息的传输与管理问题,是完善企业信息化建设的重要环节。

　　数控机床网络 DNC 系统建立的目的就是利用计算机网络将每台数控装备连接起来,形成制造网络的各个信息"点";通过若干条信息链路连成"线",形成数控设备制造群;通过各条信息链路的不同组合结成"面",构成数控加工车间层;与其他的技术集群结合形成"体",最终构成一套完整的网络制造系统。图 13-1 所示为基于数控机床网络 DNC 的网络制造系统构架,其中,A 区域为企业内部以设计及管理为主要内涵的网络制造管理系统,B 区域为数控机床网络 DNC 系统,C 区域为空间范围上企业外部的用户端,使用远程控制,实现了更大范围内的网络制造。

图 13-1　基于数控机床网络 DNC 的网络制造系统构架

数控机床网络 DNC 系统是工业产品全数字化生产中的重要组成部分,它立足于最基础的制造单元信息,以网络信息高速公路为纽带,将不同的单元融合为一个整体,更强调了信息的协作共享和信息管理集成统一。该系统主要有三个方面要求:①可靠性高和稳定性好;②集成性高和兼容性好;③区域广及可扩展。该系统应当具备的四个基本功能:①数控机床的联网通信(数控加工程序的上传与下载);②数控程序的存储与管理;③数据共享和实时监控;④支持跨平台操作。

13.2.1　数控机床网络 DNC 系统的总体结构

计算机网络通信是通过通信线路和设备将分布在不同地域的各类计算机系统联系起来实现资源共享的体系,构建企业的网络就是在企业内部组成若干个区域或功能不同的局域网,再通过相关设备和线路连入广域网。在计算机网络的组网发展过程中,通常是以光缆(电缆)为主要介质的有线网络,其传输速度快、稳定性好、可靠性高的特性决定了它是构建局域网络的首选。无线局域网(Wireless LAN,WLAN)可以在无线网络信号覆盖的范围内自由移动而不受线路的约束,其便捷性和可移动性得到越来越多普及的应用,近年来移动互联网技术成为新的发展趋势。

针对我国数控机床大多具备串口的现状,我们采用单串口服务器作为数控机床连入网络 DNC 系统的媒介,实现理论上任意多台数控设备与以太网的连接(实际上受网关、协议、带宽等多方面因素的限制)。已具备网口的数控机床可以接入机床局域网,根据实际的情况选择有线或者无线的方式。表 13-1 所示是数控机床的联网方式,实现与企业其他先进制造技术网上共享。在企业整个内部局域网的每台计算机都可以实现对网络中某台数控机床(群)的控制,通过企业防火墙将企业内联网(Intranet)与因特网(Internet)相连接,将企业的网络制造空间范围衍生到可以上网的每个角落。

表 13-1　数控机床联网方式

序号	类型	机床接口	使用设备	辅　材
1	有线方式	RS232-C 串口	专用串口服务器	网线+RS232 线
2		RS422/485 串口	专用串口服务器	网线+RS422/485 线
3		RJ45 网口	无	网线直连机床
4	无线方式	RJ45 网口	无线 AP	连接机床网线
		RJ45 网口(window 系统)	无线网卡	无
5		RS232-C（RS422/485）串口	带 AP 模块的专用串口服务器	RS232(RS422/485)线
6		RS232-C（RS422/485）串口	无线 AP 专用串口服务器	RS232(RS422/485)线

企业可根据设备接口和环境分布的实际情况,结合其他制造资源的分布及上层网络结构的特征,设计机床联网方案,形成适应自身要求的网络制造系统。一般工程实践中心数控设备种类和数量较多,数控系统也不尽相同,设计中心及数控机床分布在不同的场地区域,根据学生实习内容,个性化的作业件具有单件、多品种特点。我们分类构建网络 DNC

系统,优化设计方案,初步构建了一个安全、稳定、高效的网络制造系统:A 车间 4 个区域
的数控机床(RS232－C 与网口机床混合式结构)建立无线局域网,通过网络 DNC 服务器
接入中心局域网,B 车间 3D 打印与三维扫描机床群、C 车间雕刻技术机床群、D 车间压力
成型技术机床群中网口数控机床直接接入中心局域网,将机床集成到网络 DNC 系统,再
与中心的数据中心服务器、CAD/CAM 设计中心、编程与仿真中心、网站服务器和办公自
动化系统结合,构成整个中心的局域网络,通过与数字化校园网的连接实现校园范围内
的信息共享和远程应用,再与 Internet 连接实现全球范围的数据共享和网络制造,如图
13 -2 所示。

图 13 - 2　基于校园网的网络制造系统实例

13.2.2　系统的核心硬件及通信发生

串口服务器是网络 DNC 系统实现机床通信的核心硬件,安装在数控机床上,通过 RJ45
接口连接以太网,通过 RS－232C 接口连接数控机床,无论是在本地还是远程均可以方便地
在串口和网络设备中存取相关数据。串口服务器由微控制器、存储器、控制模块、通信模块
等部分组成。其核心部分是单片机(包括 ARM7 微处理器、内存控制器总线、中断控制器总
线、外设功能的总线等),通过管脚连接模块控制外设器件连接来满足应用要求。外部存储
器包括 FLASH 存储器(用于存储系统包括基础配置数据等重要信息,可以在线修改且掉电
不丢失)和 SDRAM 存储器(用于给数据的存储、程序运行提供空间,掉电后数据丢失)两部
分。控制模块主要包括晶体振荡器(使系统容易起振、数据传输波特率更准确)、复位电路
(在系统启动时提供以及在电源稳定后取消复位信号)和电源(提供为 I/O 供电的 3.3V 和

为核心供电的 1.8V 两组电源)三部分组成。串口通信模块用于收发来源于机床的数据信息(提供硬件和软件握手协议实现异步串行通信)。网络通信模块用于收发来源于网络的数据信息,可以使用通用的 RTL8039AS 或 RTL8139 等以太网控制器实现。

数控加工程序从 DNC 服务器传递与数控机床间通过串口服务器传输工作的机制,如图 13-3 所示。其主要目的就是匹配传输速度,其工作机制由两个部分组成:其一为串口服务器与 DNC 服务器间的传递速度匹配,根据数控加工程序的大小和实时性的要求,保证合理的数据缓冲区域,当缓冲区域内的数据小于设定值时发送请求信息,将数控加工程序文件读入缓冲区;其二为数控机床与串口服务器间的传递速度匹配,根据两者间串行传输的握手协议,保障数控机床可以正确地收发数控加工程序文件。在数控机床上传递数控加工程序实质上是通过串口服务器缓冲区不断地调用 DNC 服务器上的数据,通过 TCP/IP 可以实现 DNC 服务器同时与多个串口服务器连接,通过串口通信可以将数控加工程序实时准确地传递到某台数控机床上。

图 13-3 数控程序发送的线路传输工作机制

13.2.3 系统的软件设计

以 SQL Server 2000 为后台数据库,采用 Windows Server 2003 和 Visual C++平台开发的网络 DNC 通讯系统软件,包括 DNC 系统配置、数控加工设备管理、数控加工程序(文件)管理、数控加工任务管理、数控加工仿真模块、网络 DNC 通信等 6 个子功能模块,其中网络 DNC 通信模块为核心,分为面向串口机床的通信、面向网口机床或客户机两种类型。

1. 面向串口机床的通信软件设计

串口数据传递主要是指数控加工程序文件的发送和接收两个基本过程,在数控机床上通过数控系统向服务器发送请求指令后,实现数控加工程序的信息传递,以 FANUC 数控系统的交互过程为例说明。

（1）机床请求服务器发送程序的指令：以"Q2"开始，以"V"结束。

%

O1111

N10 Q2 funac. cutV;

%

在 DNC 服务器上相对应的路径下找到"funac. cut"这个文件，并发回机床，存成以"O1111"为文件名的数控加工程序。

（2）机床请求服务器接收程序的指令：以"Q4"开始，以"V"结束。

%

O3333

N10 Q4 ahut. CUT V;

%

在机床上选择需要上传的程序文件后，服务器上相对应的路径下会生成一个以"ahut. CUT"为名称的文件，即所上传的程序文件。

2. 面向用户和网口机床通信软件设计

面向用户和网口机床的通信软件可直接使用现有的遵循网络通信协议（如 FTP）的软件，来完成数控加工程序的数据传递过程。在 DNC 服务器上安装 FTP 软件服务器端，在客户机或网口机床上安装 FTP 软件的客户端，通过客户端与服务器端的相互数据交换来实现。将在客户机上编制好的数控加工程序通过 FTP 的客户端上传到 DNC 服务器的 FTP 的服务器端，在机床上使用 FTP 的客户端将数控加工程序从 DNC 服务器的 FTP 的服务器端上下载使用，反之亦然，如图 13 - 4 所示。

图 13 - 4   网口机床及客户机的数据传递原理

13.3 基于 DNC 的网络制造系统的实现

13.3.1 基于 DNC 的网络制造系统的框架

零件数控加工的全过程从零件的设计图纸出发，分析加工工艺，制定加工工艺路线，依据编程规则编制数控加工程序，经过仿真加工后输入到数控机床上进行校验和试切削，最终加工出零件。基于 DNC 通信的数控机床网络制造系统构建的软硬件平台将数控机床端与客户端（操作者）间联系起来，方便、快捷、可靠地将编制的加工程序通过网络传输到指定数控机床上完成零件的加工，并可对整个过程进行有效的监控，图 13 - 5 所示是基于 DNC 通信的网络制造系统框架。

图 13 - 5　基于 DNC 的网络制造系统的框架

13.3.2　运用网络 DNC 完成零件网络制造实例

1. 数控车削网络制造实例

　　我们以一个车削零件为例,如图 13 - 6 所示,利用手工编程编制零件加工程序,利用宇龙加工仿真软件对程序进行仿真,通过网络 DNC 通信网络(串口方式),传递到数控车床(机床型号:CK6140,数控系统:西门子 SINUMERIK 802C),最终完成零件的加工过程。

图 13 - 6　车削零件案例图纸

　　(1)分析零件加工工艺

　　根据零件图纸分析(该零件需要进行加工的部分主要有车端面、车外圆、车圆弧、车螺纹和切槽等),制定合理的加工工艺路线,选择合适的工夹量刀具,完成零件加工工艺编制。该零件的基本加工工序为:①车端面;②粗车轮廓(外圆和圆弧),留 0.5mm 加工余量;③精车外圆和圆弧到达尺寸;④车退刀槽;⑤车削螺纹;⑥切下工件。

　　(2)编制加工程序

　　按照编制的加工工艺路线,根据数控系统的编程规则编制零件的数控加工程序,这里以西门子 SINUMERIK 802C 数控系统为例。

```
% _N_ASC1_MPF
; $ PATH = /_N_MPF_DIR
.......................................................
G54 G94 G90                  //程序初始化信息
M03 S300 T1                  //1 号刀具,主轴正转,300 转/分钟
.......................................................
G00 X27 Z0                   //以下程序段为车端面
G01 X0 Z0 F50
.......................................................
G00 X23.5 Z2                 //以下程序段为粗车轮廓
G01 Z - 49.5
G00 X25 Z2
G01 X18.5
G01 Z - 27.5
G00 X25 Z2
G01 X15.5
G01 Z - 20.5
G00 X25 Z2
.......................................................
M03 S500                     //以下程序段为精车轮廓
G01 X11 Z0
G01 X14 Z - 1.5
G01 Z - 12.5
G01 X15
G01 Z - 20.5
G01 X18 Z - 27.5
G02 X23 Z - 34.5 CR = 12
G01 Z - 45
G00 X60 Z60
.......................................................
M06 T2                       //以下程序段为车退刀槽
M03 S300
G00 X14 Z - 12.5
G01 X10.4 F10
G01 X25 F50
G00 X60 Z60
.......................................................
M06 T4                       //以下程序段为车螺纹
G00 X14 Z0
R100 = 14 R101 = 0 R102 = 14 R103 = - 10
R104 = 2 R105 = 1 R106 = 0.03 R109 = 2
R110 = 1 R111 = 1.6 R112 = 0 R113 = 8
R114 = 1
```

```
LCYC97

G00 X25

G00 X60 Z60

…………………………………………………………………………

M06 T2                        //以下程序段为切断

G00 X23 Z－47

G01 X0 F10

G01 X25

G00 X60 Z60

M05

M02                          //程序结束
```

（3）数控加工仿真

我们选用宇龙加工仿真软件对编制的数控加工程序进行仿真，首先将编制的数控加工程序文件以"ASC1.CUT"为文件名保存在客户机中，打开仿真软件，选择数控机床类型为"数控车床"，数控系统选择"西门子802C"，安装工件，选择并安装刀具，如图13-7所示。调入"ASC1.CUT"程序，进行仿真加工，仿真结果如图13-8所示，经仿真检验确定所编制的零件加工程序基本正确。

图13-7　刀具和工件安装

图13-8　车削零件仿真结果

（4）数控加工程序的传输

在客户机上打开8UFTP软件，将客户机上的"ASC1.CUT"文件发送到指定机床（如14号车床，lath14）的"SEND"文件夹下，如图13-9所示，该文件即上传到DNC服务器上，打开DNC通信软件，使lath14处于自动通信状态。在机床端，在程序目录下打开机床上AA02程序，修改程序内容为"Q2 ASC1.CUTV"，在通信目录下，选择AA02程序，点击"程序输出"，再点击"程序输入"，数控程序即从DNC服务器端下载。当ASC1.CUT文件出现在程序目录后即完成程序的传输过程，如图13-10所示。

图 13-9　程序从客户机传输
到 DNC 服务器端

图 13-10　程序从 DNC 服务器端
传输到机床上

（5）零件的加工

按数控车床操作规程操作机床，安装加工工件毛坯，安装刀具，回机床参考点，在手动方式下对刀，在自动方式下，选择"ASC1"程序，开始加工。加工过程如图 13-11 所示；零件加工结果，如图 13-12 所示。经测量检验，符合图纸要求，即完成零件的编制及加工过程。

图 13-11　车削零件加工过程

图 13-12　车削零件加工结果

2. 数控线切割网络制造实例

我们以一个工具模样零件为例，如图 13-13 所示，利用 CAXA 数控线切割软件绘制零件图，采用自动编程的方式编制零件加工程序（3B 代码），通过网络 DNC 通信网络（网口方式），传递到数控线切割机床（型号 DK7732，数控系统 HF—Windows 平台），利用 HF 线切割软件的仿真功能进行仿真验证后，开启机床加工，最终完成零件的加工过程。

（1）零件加工程序编制

在 CAXA 数控线切割软件中绘制图 13-13 所示零件图，生成数控加工程序，文件名"TU.3B"，如图 13-14 所示。

图 13-13　工具模样案例图纸

（2）数控程序的传输

在客户机上打开 8UFTP 软件，将客户机上的"TU. 3B"文件发送到线切割机床目录下，如图 13 - 15 所示，该程序文件即上传到 DNC 服务器（IP:10. 11. 15. 200），在机床端，打开 8UFTP 软件，登陆 DNC 服务器上（IP:172. 17. 2. 200），将程序文件"TU. 3B"从服务器端下载到机床本地磁盘相应的文件夹内，如图 13 - 16 所示，当"TU. 3B"文件出现在程序目录后即完成程序的传输过程。

图 13 - 14　线切割零件程序

图 13 - 15　程序从客户机传输
到 DNC 服务器端

图 13 - 16　程序从 DNC 服务器端传输到机床上

（3）数控加工方仿真

在 HF 线切割系统中找到并打开程序文件"TU. 3B"，读取图形加工的信息，使用仿真加工指令空运行，仿真验证待加工程序，如图 13 - 17 所示。

（4）零件的加工

按线切割机床操作规程操作机床，安装加工工件毛坯。开启脉冲电源及电机，按"开始"按钮开始加工过程，如图 13 - 18 所示；零件加工结果，如图 13 - 19 所示。经测量检验，符合图纸要求，即完成零件的编制及加工过程。

图 13-17　线切割机床仿真加工

图 13-18　线切割机床加工过程

图 13-19　线切割机床零件加工结果

实习报告

1. 什么是"互联网＋"工业？
2. 简述网络制造的含义。
3. 网络 DNC 系统建立的基本要求有哪些？
4. 网络 DNC 通信系统的核心设备什么？简述其工作过程。
5. 简述运用网络 DNC 实现网络制造的基本过程。

第 14 章　综合设计与创新实践

【实训目的与要求】

1. 了解创造、创新、创业的基本概念。
2. 学习创新方法、树立创新意识、培养创新精神。
3. 了解大学生创新创业能力培养的途径。
4. 熟悉工程训练综合能力竞赛、机械创新设计大赛。

【实习安全注意事项】

1. 遵守创客工作坊的各项规章制度。
2. 申请使用各类机械加工设备,使用前认真阅读设备说明书和安全注意事项,不得擅自使用不熟悉的设备。
3. 爱护开放场所的各种设施,保持环境整洁。

习近平总书记在庆祝我国改革开放 40 周年大会上的讲话中指出:"我们要坚持创新是第一动力、人才是第一资源的理念,实施创新驱动发展战略,完善国家创新体系,加快关键核心技术自主创新,为经济社会发展打造新引擎。"改革开放 40 年来特别是党的十八大以来,我国科技实力显著增强,主要科技创新指标稳步提升,在全球创新版图中的影响力和贡献度不断扩大,在创新型国家建设之路上迈出了坚实的步伐。

《中国制造 2025》首次为我国描绘了从制造大国转向制造强国的宏伟蓝图;2017 年教育部发布的《新工科研究与实践项目指南》明确指出,要坚持立德树人、德学兼修,强化工科学生的家国情怀、国际视野、法治意识、生态意识和工程伦理意识等,着力培养精益求精、追求卓越的工匠精神。因此,高等教育应以立德树人为根本目标,以工匠精神为抓手,强化"三创"教育与课程相融合、工程实践与创新实践相融合,课程训练和竞赛训练相融合,这是培育新时代新工匠的重要途径。

14.1　创新创业教育基础

14.1.1　创新创业基础理论

1. 创造、创新与创业的基本概念

什么是创造?《辞海》中的解释是"首创前所未有的事物";《现代汉语词典》中的解释是"想出新方法、建立新理论、做出新的成绩或东西"。但它们都是从创造成果的角度来释义的。人类在生产生活中不断地创造出科学技术、文学艺术等领域的各种成果,推动着人类社会的不断发展。因此,中国科学技术大学刘忠林教授在《中西会通创造学》中对"创造"的定义进行了全面阐述:创造是赋予新而和的存在、是组合和选择的过程、是物我合一境界、是造物者本性的显现。其中,赋予新而和的存在着眼于创造成果,是外在的、静态方面;组合和选择的过程着眼于创造过程,是内外结合的、动态方面;物我合一境界着眼于创造境界,是内在的、整体方面;造物者本性的显现着眼于创造本性,是内在的、本质的方面。

什么是创新?"创新"首先由美籍奥地利经济学家熊彼特(Schumpeter J. A)在《经济发展理论》一书中提出的,他将技术创新和经济社会发展紧密联系起来,认为创新就是要"建立一种新的生产函数",即"生产要素的重新组合",把一种从来没有的关于生产要素和生产条件的"新组合"引进生产体系中去,以获得潜在的利润。创新包括五个方面内容:引入一种新产品——产品创新;引入一种新的生产方法——工艺创新;开辟一个新的市场——市场创新;获得原材料或半成品新的供应来源——资源开发利用;新的组织形式——管理创新。

什么是创业?哈佛大学霍华德·史蒂文森教授对创业的定义:创业是指不拘泥于当前资源条件的限制而追寻机会,将不同的资源进行组合,以利用和开发机会并创造价值的过程。狭义的创业就是指创办企业或实现产品价值的过程,即创业者发现和捕捉商业机会并由此创办企业,提供产品和服务,从而创造财富的过程或活动。广义的创业泛指创立基业或事业,它包含具有自主开拓和创造成就的各项社会活动,包括岗位创业和自主创业两个方面。

不难发现无论是创新还是创业都离不开人们的创造活动。

2. 创造过程

创造活动是人的一种社会行为,包括具体的思维过程和实践过程。人们通过对创造活动的研究发现,创造性思维是由一个或多个思维形式构成的具有一定运行机制的多元综合系统,认为创造活动过程是一个渐变与突变相结合的过程,可以大致分为有一般(完整)的创造过程和特殊(不完整)的创造过程两类。

一般创造过程是指包括选题过程、分析思维过程、实施过程及运用方法解题过程等比较完整的创造过程,有着较为固定的程序模式,例如英国心理学家沃勒斯(G. Wallas)提出"准备→酝酿→顿悟→验证"的四阶段模式,如表 14-1 所示。

表 14-1 沃勒斯创造过程的四阶段

	主要内容	具体成果与举例
准备阶段	发现问题,收集有关资料,掌握必要的创造技能,积累知识和经验,并从中得到一定启示。	提出有价值的问题,决定着创新的意义和价值的是问题的深度,并引导着思维的方向。 进行周密的调查研究,搜集与问题有关的研究成果,然后进行资料分析、信息识别。 进行一些初步的试验,认识问题的特点,通过反复思考和尝试来努力解决问题。
酝酿阶段	对问题和资料冥思苦想,做各种试探性解决。如思路受阻,可暂时搁置。	经过反复思考、酝酿,采用各种方法,对一些问题找不到理想的解决方案,有时会出现一次或多次"思维中断"。 酝酿过程从时间上有时短暂,有时十分漫长,甚至进入"冬眠"状态,孕育着灵感和顿悟的降临。
顿悟阶段	在孕育期长时间思考之后受偶然事件的触发而豁然开朗,产生了灵感或顿悟,使问题迎刃而解。	顿悟是创新思维的关键阶段,新观念、新思想、新方法,以及整个解决方案都是在这个阶段提出的。 问题的突破是在长期思考的基础上,通过偶然的事件一瞬间"突然"迸发出来,经过整理、修改和完善加工等过程,最终形成完整的方案。

（续表）

	主要内容	具体成果与举例
验证阶段	对灵感或顿悟得到的新想法进行验证（逻辑验证、理论验证、实践验证），补充和修正，使之趋于完善。	成果证明和验证阶段，多采用逻辑思维方法，是有意识地进行的。对于科学上的新理论，验证的主要手段是设计、观察或试验，所要检验的是由新假说所推演出来的新结论，验证时间一般比较长。 门捷列夫耗费了十几年时间验证化学元素周期率；哥白尼的日心说经过三百多年才得到验证。对于工程技术上的创新成果——新工艺、新技术、新产品，检验的基本方法是实践，就是看它在实践中能否提高产品的质量和生产效率，能否大规模推广，从而产生社会经济效益。

特殊的创造过程主要指的是突发性创造过程，这种过程发生的时间非常短暂，很难再将其区分为若干个阶段，又称为不完整的创造过程。例如，有关足球比赛历史资料表明，口哨最早于 1875 年出现在英国赛场上，其出现的原因则是一个偶然。有一次比赛，运动员因得分球发生争执，继而观众涌入场内，顿时秩序大乱，当时的裁判员恰好是一个警察，出于职业习惯，从口袋里掏出警笛吹了起来，球场立刻安定下来。这个警察裁判不经意的举动，人们照移植创造原理而发明了足球比赛用哨。又如，洪明峰同学 2017 年在参加全国大学生工程训练综合能力大赛电控小车装配环节时发现一个电子元件发生了虚焊，按照规则不允许再次使用焊枪，他"灵机一动"将一根焊丝和元件管角一起插入面包板中并牢牢卡住，顺利解决问题。我们经常说的"灵机一动"的背后往往都是不完整的创造过程，这些无意识的创造与人的联想思维密切相关，看似偶然，实则与创造者长期知识的积累相关。

3. 创新思维

思维是人脑对客观事物间接和概括的反映，是在表象、概念的基础上进行分析、综合、判断、推理等理性认识的过程。人类思维具有三种基本形式：抽象思维、形象思维和灵感思维。

抽象思维：运用概念、判断、推理等反映客观现实的思维过程。它撇开事物的具体形象，抽取其共同的本质，通过判断、推理得出结论，是"线性"思维。

形象思维：借助于具体形象来展开的思维过程。它以具体形象为基础，运用想象，找到其中的相似之处或异同之点，是"面性"思维。

灵感思维：借助直觉启示，猝然迸发的一种领悟或理解的思维形式。它突然发生，没有预兆，它与长期艰苦思维过程活动有关，是"体性"思维

创新思维是产生前所未有的思维新结果、达到新的认识水平的思维。钱学森指出：人的创新思维绝不是单纯的抽象（逻辑）思维，总要有点形象思维，甚至要有灵感（顿悟）思维。

4. 创新方法（创造技法）

自古以来，人类改造自然、创造世界的发明创造是社会发展的巨大动力。创造技法的发展伴随着人类社会前进的步伐，表现在人类改造自然的能力不断提高。创造技法就是人们在实践中总结出来的、开展创新活动普遍适用的、程序化和规范化的方法与技法。

人类文明的不同阶段，有不同内容、不同形式的创造技法。创造方法的发展是从无至有的显性生成过程，按照其发展演化过程，分为 3 个阶段：前技法时代（19 世纪以前），即没有方法的时代；创造技法时代（20 世纪初—20 世纪 70 年代），即创造技法诞生、发展和应用的

时代；后技法时代(20 世纪 70 年代至今)，即 TRIZ 等创新理论传播和广泛应用时代。

在 19 世纪及以前，大多数发明都是以经验为根据，偶然地获得了发明的机会。例如《周礼·考工记》(战国)记载了冶炼青铜器时改变铜锡的比例制造不同用途的青铜器："金(注：铜)有六齐：六分其金而锡居其一，谓之钟鼎之齐；五分其金而锡居一，谓斧斤之齐；四分其金而锡居一，谓之戈戟之齐；三分其金而锡居一，谓之大刃之齐；五分其金而居二，谓之削杀矢之齐；金锡半，谓之鉴燧之齐。"无论是生产过程中偶然的"试错"还是发明家有意识的"试错"，在试错中寻求成功是长久以来人们最常使用的解决问题的方法。爱迪生在对电灯的发明实验过程中试错失败了 7500 次。为了寻找白炽灯的耐热材料，他和助手们试验了各种金属、石墨、木材、稻草、亚麻、马鬃以至人的头发等 1600 多种材料。经过千百次的试验，最后他终于利用碳丝做成了灯泡，成功地点燃了世界上第一盏有实用价值的电灯。后经进一步努力，爱迪生又完成了一整套配电系统的研制任务。从此，电灯便逐渐代替了煤气灯。电动机、发电机、电报、电话、收音机、变压器、照相机等的发明都是由试错法产生的。爱迪生的名言"我并没有失败过一万次，只是发现了一万种不可行的方法"也被广为传诵。

从 20 世纪三四十年代起，人们热衷于对科学发现和技术发明过程的探索，并从经验出发，以案例研究为主，总结提炼出众多创造方法。1938 年，创造工程之父奥斯本提出了激发集体创造力的著名的"头脑风暴法"，后来又创立了"检核表法"等创造技法，奠定了创造工程学的基础。1942 年，F. 兹维基制定了"形态分析法"；1944 年，哈佛大学戈登制定了"综摄法"；1954 年，克劳福德教授制定了"特性列举法"；1965 年，川喜田二郎制定了"KJ 法"；1989 年，高桥浩提出"中山－高桥法"(NM－T)；日本广播公司开发了"NBS 法"，三菱公司开发了"MBS 法"；我国创造学者提出的"信息交合法""和田十二动词法"……到 20 世纪末，总结出来并在创造工程实践中应用的创造技法已达 300 余种。刘忠林教授将创造技法分为联想、组合、类比、臻美四大类技法，图 14－2 所示的是它们之间的联系，其中联想是基础，类比、组合是进一步发展，臻美是高层次。从汉语拼音的角度说，"联想""类比"第一个字母均为 L，"组合""臻美"的第一个字母均为 Z，因此将这种创造技法的分类方法命名为 LZ 分类法。创造技法可以直观地指导人们进行创造实践，从而收到茅塞顿开、立竿见影的效果，为打破创造的神秘论起到了不可估量的作用，为科技进步和社会发展产生了深远的影响。

图 14－2　LZ 创造技法分类关系图

后技法时代则以工程技术的发展规律为背景，探讨创新问题的解决过程，它甚至成为像解数学题一样的精密，更具有系统性、实用性和操作性。苏联创造学家根里奇·阿奇舒勒(G. S. Alts huller，1926—1998)通过对 250 万份专利的分析研究，总结提炼出一套系统地解决发明难题的分析方法、分析工具、发明原理、解题模型、标准解法等系统工具与方法——发明问题解决的 TRIZ 理论，其来源和体系如图 14－3 所示。按照创新性的不同，TRIZ 理论将发明分为 5 个级别，如表 14－2 所示。TRIZ 理论在 20 世纪 80 年代作为苏联的国家机密对外严格保密，1992 年苏联解体后，TRIZ 理论才逐渐流传到各国并发展起来，特别是近年来，结合大数据，通过计算机的操作大大提高了发明的效率。

图 14 - 3　TRIZ 理论来源与体系示意图

表 14 - 2　发明的五个级别

发明级别	创新程度	知识来源	试错法尝试	比例（％）
第一级	对系统中的个别零件进行简单改进的常规设计。	利用本专业知识。	<10	32
第二级	对系统的局部进行改进的小发明。	利用本行业不同的专业知识。	10～100	45
第三级	对系统进行本质性的改进，极大地提升了系统的性能中级发明。	利用其他行业中本专业的知识。	100～1000	18
第四级	系统完全改变，全面升级了现有技术系统的大发明。	利用其他科学领域中的知识。	1000～10000	4
第五级	催生了全新的技术系统，推动了全球的科技进步的重大发明。	所用知识不在已知的科学范围内，是通过发现新的科学现象或新物质建立全新的技术系统的。	>10000	<1

5. 创新能力

2002 年原劳动和社会保障部职业技能鉴定中心制定的《核心能力测评大纲——创新能力（试行）》对创新能力的定义是：在前人发现或发明的基础上，通过自身努力，创造性地提出新的发现、发明或改进革新方案的能力。

人的创新能力通常以基础能力（指人的一般心理素质和生理素质中与创造力有关的部分，本身虽不能直接产生创造性成果，但在创造过程中起着基础的作用，如智力因素、知识水平）为起点，在创造性思维能力指导下，发挥创造性行为能力（在创造性思维的支配下，通过一定行为产生首创性成果的能力），最终获得创造性成果所表现出来的创造力。遗传因素是形成人类创新能力的生理基础和必要的物质前提，它潜在决定着个体创新能力未来发展的类型、速度和水平。环境因素是提高人的创新能力的重要条件，环境优劣影响着个体创新能力发展的速度和水平。实践是形成人的创新能力的途径，也是检验创新能力水平和创新活动成果的尺度标准。

6. 创新精神

创新精神是指要具有能够综合运用已有的知识、信息、技能和方法,提出新方法、新观点的思维能力和进行创造、改革、革新的意志及信心、勇气、智慧。创新精神属于科学精神和科学思想范畴,是进行创新活动必须具备的一些心理特征,包括创新意识、创新兴趣、创新胆量、创新决心以及相关的思维活动。

创新精神是一种在符合客观规律的基础上,一种勇于抛弃旧思想旧事物、创立新思想新事物的精神。例如,不满足已有知识(掌握的事实、建立的理论、总结的方法),不断追求新知;不墨守成规(规则、方法、习惯),敢于打破原有框框,探索新的规律和方法;不满足现有的生产生活方式,不断进行改革和革新;不迷信权威,敢于根据事实和自己的思考而质疑的精神;不盲目效仿别人的做法,独立思考,综合利用已有的知识和能力创造性地解决问题,等等。这些都是创新精神的具体体现。

14.1.2 产教融合背景下创新创业人才培养途径

1. 整体架构

产教融合背景下高校创新创业人才培养模式是以创新创业教育为核心多元协同的全过程培养,如图 14-4 所示。多元协同指的是地方高校在创新创业人才培养过程中引入合作企业、兄弟院校及地方政府的力量,构建校企合作、校校合作及校地合作机制,提升地方高校创新创业人才培养的能力,实现多利益主体共赢。全过程培养是指把创新创业教育贯穿于学生学习生涯的整个过程,从课程到实践、从管理到服务等育人过程中都要融入创新创业教育,服务于人才培养的根本宗旨。

图 14-4 产教融合背景下创新创业人才培养途径架构

2. 实践途径

为全面推进"大众创业,万众创新"总体部署,落实"政、产、学、研、用"五方面创新链的协同发展,促进"产教融合"背景下高等学校创新创业人才培养,教育部等政府机构及其他组织、企事业单位等举办了各类创新创业活动,各高校也成立了创新创业学院负责学校创新创业活动的开展。

(1)大学生创新创业计划项目

大学生创新创业计划项目起源于本科生科研训练计划(Student Research Training Program,简称 SRTP),通过设立创新基金和本科生自主申报的方式确定立项并给予以资金支持,鼓励学生在导师指导下独立完成项目研究。SRTP 的核心是支持本科生开展科研训练,学生参与 SRTP 的过程本质上是在进行研究性学习,为大学生提供直接参与科学研究的机会,引导学生进入科学前沿,了解社会发展动态。同学们通过发现问题、激发创新思维、独立完成课题等过程,积极主动地探索新的知识领域,从而体验到一种全新的研究性学习的乐趣。

教育部决定从 2012 年起实施大学生创新创业训练计划,内容包括创新训练项目、创业训练项目和创业实践项目三类:①创新训练项目是本科生个人或团队,在导师指导下,自主完成创新性研究项目设计、研究条件准备和项目实施、研究报告撰写、成果(学术)交流等工作。②创业训练项目是本科生团队,在导师指导下,团队中每个学生在项目实施过程中扮演一个或多个具体的角色,通过编制商业计划书、开展可行性研究、模拟企业运行、参加企业实践、撰写创业报告等工作。③创业实践项目是学生团队,在学校导师和企业导师共同指导下,采用前期创新训练项目(或创新性实验)的成果,提出一项具有市场前景的创新性产品或者服务,以此为基础开展创业实践活动。

大学生创新创业训练计划已建立了"学校—省级—国家级"三级的项目建设和管理体系。项目来源主要包括:参与教师的各级各类教学科研课题、各类创新创业竞赛命题、学生自主命题和创业孵化等。一般每年 3 月份启动新一轮项目申报工作,研究期为 1~2 年。

(2)创新创业大赛

创新创业大赛是指在紧密结合课堂教学的基础上,以竞赛的方法,激发学生理论联系实际和独立探索的动力,通过发现问题、解决问题的过程,激发学生的学习兴趣和潜能,培养其实践能力和创造精神。

为进一步规范管理,推动和发挥创新创业大赛活动在教育教学、创新人才培养等方面的重要作用,中国高等教育学会"高校竞赛评估与管理体系"专家工作组,从 2017 年起每年发布我国普通高校学科竞赛排行榜,从获奖贡献、组织贡献和研究贡献三个维度构建模型。该排行榜以向社会发布评估结果的方式,引导高校选择高水平竞赛,提高竞赛活动在创新创业人才培养中的成效。2020 年发布的全国高校学科竞赛排行榜竞赛名称及其参考网站信息如表 14-3 所示。安徽省教育厅每年发布《安徽省大学生学科和技能竞赛部分 A、B 类项目列表》,学生可以根据自己的专业和兴趣爱好参加相关竞赛,提升创新创业能力。

表 14-3　全国高校学科竞赛排行榜竞赛名称及参考网站一览表(本科-2019 版)

序号	竞赛名称	参考网站
1	中国"互联网+"大学生创新创业大赛	https://cy.ncss.org.cn/
2	"挑战杯"全国大学生课外学术科技作品竞赛	http://www.tiaozhanbei.net/
3	"创青春"中国大学生创业计划大赛	http://www.chuangqingchun.net/
4	ACM-ICPC 国际大学生程序设计竞赛	http://acm.cumt.edu.cn/
5	全国大学生数学建模竞赛	http://www.mcm.edu.cn/

（续表）

序号	竞赛名称	参考网站
6	全国大学生电子设计竞赛	http://www.nuedcchina.com/
7	全国大学生化学实验邀请赛	http://nuclt.fzu.edu.cn/html/sy/1.html
8	全国高等医学院校大学生临床技能竞赛	http://www.kmmc.cn/list1779.aspx
9	全国大学生机械创新设计大赛	http://umic.ckcest.cn/
10	全国大学生结构设计竞赛	http://www.ccea.zju.edu.cn/structure/
11	全国大学生广告艺术大赛	http://www.sun—ada.net/
12	全国大学生智能汽车竞赛	https://smartcar.cdstm.cn/index
13	全国大学生交通科技大赛	http://www.nactrans.com.cn/index
14	全国大学生电子商务"创新、创意及创业"挑战赛	http://www.3chuang.net/
15	全国大学生节能减排社会实践与科技竞赛	http://www.jienengjianpai.org/Default.asp
16	全国大学生工程训练综合能力竞赛	http://www.gcxl.edu.cn/
17	全国大学生物流设计大赛	http://47.103.191.18/
18	外研社全国大学生英语系列赛——英语演讲、英语辩论、英语写作、英语阅读	http://uchallenge.unipus.cn/
19	全国大学生创新创业训练计划年会展示	http://gjcxcy.bjtu.edu.cn/Index.aspx
20	全国大学生机器人大赛—RoboMaster、RoboCon	https://www.robomaster.com/zh—CN http://www.cnrobocon.net/
21	"西门子杯"中国智能制造挑战赛	http://www.siemenscup—cimc.org.cn/
22	全国大学生化工设计竞赛	http://iche.zju.edu.cn/
23	全国大学生先进成图技术与产品信息建模创新大赛	http://www.dxsgraphics.cn/Default.aspx
24	中国大学生计算机设计大赛	http://jsjds.ruc.edu.cn/Index.asp
25	全国大学生市场调查与分析大赛	http://www.china—cssc.org/list—52—1.html
26	中国大学生服务外包创新创业大赛	http://www.fwwb.org.cn/
27	两岸新锐设计竞赛"华灿奖"	http://www.huacanaward.org/2019/
28	中国高校计算机大赛—大数据挑战赛、团体程序设计天梯赛、移动应用创新赛、网络技术挑战赛	http://www.c4best.cn/
29	中国机器人大赛暨 RoboCup 机器人世界杯中国赛	http://crc.drct—caa.org.cn/index.php/race/view?id=663
30	全国大学生信息安全竞赛	http://www.ciscn.cn/
31	全国周培源大学生力学竞赛	http://zpy.cstam.org.cn

（续表）

序号	竞赛名称	参考网站
32	中国大学生机械工程创新创意大赛——过程装备实践与创新赛、铸造工艺设计赛、材料热处理创新创业赛、起重机创意赛	http://cmes－imic.org.cn/
33	蓝桥杯全国软件和信息技术专业人才大赛	http://dasai.lanqiao.cn/
34	全国大学生金相技能大赛	http://www.mse－cn.com/
35	"中国软件杯"大学生软件设计大赛	http://www.cnsoftbei.com/
36	全国大学生光电设计竞赛	http://opt.zju.edu.cn/gdjs/
37	全国高校数字艺术设计大赛	http://www.ncda.org.cn/
38	中美青年创客大赛	http://www.chinaus－maker.org/
39	全国大学生地质技能竞赛	http://www.saikr.com/33669
40	米兰设计周——中国高校设计学科师生优秀作品展	http://www.hie.edu.cn/announcement_12579/20190627/t20190627_994176.shtml
41	全国大学生集成电路创新创业大赛	http://univ.ciciec.com/

14.2　工程训练综合能力竞赛

14.2.1　竞赛简介

　　全国大学生工程训练综合能力竞赛是教育部举办的全国性大学生科技创新实践竞赛活动；是基于国内各高校综合性工程训练的教学平台；是为深化实验教学改革，激发大学生进行科学研究与探索的兴趣，加强大学生工程实践能力、创新意识和合作精神的创新人才培养，而开展的一项公益性科技创新实践活动。该大赛自 2009 年首次举办以来，每两年举办一次，形成了"校级比赛、省级比赛、国家级决赛"三级比赛制度。表 14-4 所示为工程训练综合能力竞赛历年主题和主要内容。

工程训练综合能力竞赛
官方网站

表 14-4　全国大学生工程训练综合能力竞赛历年主题和主要内容

	主题	主要内容
第一届	节能增效。	完成一套带底阀的圆筒型容器的设计、加工、检测、机器人组装及方案分析。
第二届	无碳小车。	以重力势能驱动的具有方向控制功能的自行小车：给定重力势能为 5 焦耳，S 型，桩距 1M/个。
第三届	无碳小车越障竞赛	以重力势能驱动的具有方向控制功能的自行小车：给定重力势能为 4 焦耳，命题 1：S 型，桩距 1000mm（初赛），桩距 900～1100mm（决赛，现场抽签）；命题 2：8 型，2 个桩距自选（初赛），桩距 300～500（决赛，现场抽签）。

（续表）

	主　题	主　要　内　容
第四届	无碳小车越障竞赛。	以重力势能驱动的具有方向控制功能的自行小车:给定重力势能为 4 焦耳。命题 1:S 型,桩距 700～1300mm(现场抽签);命题 2:8 型,桩距 300～500mm(现场抽签);分别设置场地挑战赛:挑战最小障碍物间距(连续完成 10 个)。
第五届	无碳小车越障竞赛。	以重力势能驱动的具有方向控制功能的自行小车:给定重力势能为 4 焦耳。命题 1:S 型,奇数桩距 1000mm,偶数桩距在 1000±200～300mm 范围(现场抽签);命题 2:8 型,3 个障碍"L"形放置,长边值在 400～500mm 范围,短边值在 300±50mm 范围(现场抽签);分别设置场地挑战赛:挑战最小障碍物间距(连续完成 10 个)。
	重力势能驱动的自控行走小车越障竞赛。	以重力势能驱动的自主寻迹避障转向控制功能的小车:给定重力势能为 4 焦耳,赛道为环形,设置障碍墙若干(>1000mm)、坡道等。
第六届	无碳小车类和物料搬运机器人类竞赛。	(1)以重力势能驱动的具有方向控制功能的自行小车:给定重力势能为 4 焦耳。命题 1:S 型,奇数桩距 1000mm,偶数桩距在 1000±200～300mm 范围(现场抽签);命题 2:双 8 型,3 个障碍沿中心线放置,两端的桩至中心桩的距离为 350±50mm(现场抽签),按"双 8"字形轨迹循环运行;命题 3:S 环,沿环形赛道中线平均摆放 5 个障碍桩,奇数桩距 1000mm,偶数桩距在 1000±200～300mm 范围(现场抽签)。 　　(2)智能物料搬运机器人竞赛:能够在规定场地内自主行走,通过扫描阅读二维码领取任务,自主寻找、识别任务指定的物料,按任务要求的顺序将其搬运至指定的存放地点,并按照要求的位置和方向摆放。

　　全国大学生工程训练综合能力竞赛的参赛流程:①在校内自主设计、制作符合赛题要求的作品,并完成小车工程设计报告。②现场竞赛:第一轮现场竞赛→零件三维设计及 3D 打印制作(或激光加工)→机械拆装(综合调试)→第二轮现场竞赛→风险答辩(可选),工程设计报告评分,竞赛总成绩由各个环节加权成绩进行排名。大赛内容上与高校工程训练教学相衔接,综合体现大学生综合分析、创新设计、工艺综合设计、实际动手操作、工程管理应用和团队合作等多方面的能力。

14.2.2　无碳小车项目

1. 命题

　　第六届大赛的无碳小车项目要求设计一种由重力势能驱动且具有方向控制功能的小车,其行走及转向的能量是由给定重力势能 4J(质量为 1kg 的标准砝码(φ50mm×65mm,碳钢材料)来获得,可下降高度为 400±2mm,砝码始终由小车承载(不允许从小车上掉落)转换而得到。图 14-5 所示为小车示意图,要求所设计与制造的小车为三轮结构,具有转向控制机构,且此转向控制机构具有可调节功能,以适应放有不同间

图 14-5　无碳小车示意图

距障碍物的绕 S 形避障、绕 S 环形避障、绕 8 形避障的竞赛场地。

　　小车以有限的重力势能驱动并自行控制方向，绕过以奇数桩距 1000mm，偶数桩距在 1000±200～300mm 范围摆放的多个障碍物行走，其轨迹显 S 形，如图 14-6a 所示；在沿环形赛道中线平均摆放 5 个障碍桩，奇数桩距 1000mm，偶数桩距在 1000±200～300mm 范围，其轨迹显 S 形如图 14-6b 所示，成功绕过障碍物个数越多、终点与起跑线距离越远者为优；在乒乓球台上，绕过以 300～500mm 的某个数值摆放的两个障碍物行走，其运行轨迹显循环的双 8 字形，如图 14-6c 所示，成功绕过障碍物次数越多、双 8 字形轨迹个数越多为优。

a）S型

b）S环型

c）双8型

图 14-6　赛道及小车避障行走示意图

2．小车设计

无碳小车的主要结构有动力转换机构、传动机构、行驶机构、转向机构和底盘等。大赛要求现场拆装，还要考查工艺和成本，因此无碳小车设计方案选择的原则是结构简单、易于加工、便于装配。

（1）动力转换机构

动力转换机构所起的作用是把重锤的重力势能转化为小车前进的动能，一般可采用定滑轮结构，定滑轮安装在底盘支架上。为减少能量损失，绕线绳采用高强度的尼龙线，绕线绳的一端连接砝码，另一端连接绕线轴。在两定滑轮同轴转动的过程中充当分配传动比的作用，实现线速度的一级放大或缩小，可以简化传动机构的传动级数，使小车整体更简单。绕线轴的直径直接影响无碳小车的驱动力矩大小、行驶的距离和运行的速度，选择原则是驱动力矩足以克服摩擦力矩，起步时的启动力矩较大，启动后使无碳小车匀速及远距离行驶，绕线轴可以采用塔轮结构，如图 14 - 7 所示。

图 14 - 7　绕线轴结构示意图

（2）转向机构

无碳小车转向轮一般为前轮，控制其摆角变化是实现小车 8 字、S 和 S 环轨迹的关键部分。转向机构设计上要能够将旋转运动转化为满足要求的来回摆动，带动转向轮左右转动从而实现拐弯避障的功能，可以采用凸轮机构加摇杆、正弦机构加摇杆、槽轮、不完全齿轮等机构。

凸轮机构加摇杆机构：凸轮是具有一定曲线轮廓或凹槽的机构，其优点为只需设计适当的凸轮轮廓便可实现从动件任意规律的运动，可用于实现小车绕 S 或绕 8 的转向控制。且凸轮结构简单、紧凑、运动精确，但凸轮轮廓设计绘制困难，且若凸轮凹槽设计不当或加工精度不高就容易卡住。用凸轮机构加摇杆实现小车任意规律转向的机构示意如图 14 - 8a 所示。

正弦机构加摇杆机构：正弦机构加摇杆结构简单直观，制造方便，能实现前轮的连续转向，机构运动规律对制造和安装的误差敏感度较强，因无碳小车一般低速运行，该机构比较适用于绕 S 形小车的转向控制。正弦机构加摇杆实现小车绕 S 转向的机构示意如图 14 - 8b 所示。

槽轮机构：槽轮机构是由槽轮和圆柱销组成，能将主动件的连续转动转换成从动件的带有停歇的单向周期性转动。该结构能实现前轮转角保持不变，且前轮转角在短时间内转动的功能，适用于绕 8 形结构。实践应用时，槽轮机构的两个双拨销相互垂直可获得较好的绕 8 形轨迹，该机构如图 14 - 8c 所示。

不完全齿轮机构：两个不完全的齿轮相互啮合，当两个齿轮有齿啮合时，可将运动传动到相关转向机构上，实现前轮转角的连续变化；当两个齿轮无齿接触时，前轮转角保持不变，即该机构也能实现前轮转角保持不变，且前轮转角在某范围内连续变化的功能，适用于绕 8 形。其优点在于齿轮传动可靠，结构紧凑，容易制造，不足在于无齿接触时如何保持前轮转角的自锁，避免前轮转角自由转动。该结构应用实例如图 14 - 8d 所示。

凸轮机构

a）凸轮加摇杆机构

正弦机构

b）正弦加摇杆机构

c）槽轮机构

不完全齿轮

d）不完全齿轮机构

图 14 - 8　无碳小车转向机构示意图

（3）行走机构

无碳小车一般是后轮为驱动行驶机构。无碳小车在避障过程中行驶曲线轨迹,两后轮的速度是不相等的,存在转速差,如图 14 - 9 所示。行走机构可以在双轮驱动轴中间安装差速装置来实现差速,有效避免双轮同步驱动出现的打滑问题。

无碳小车采用差速器,其工作原理如图 14 - 10 所示,两个驱动轴上的齿轮通过行星轮传递运动,当小车走直线时,行星齿轮跟着壳体公转同时不会产生自转,如图 14 - 10a 所示;当小车转弯时,比如朝左转,左驱动轴的左侧驱动轮行驶的距离短,左驱动轴齿轮会比差速器壳体转得慢,行星齿轮产生自转,由于行星齿轮的公

图 14 - 9　小车转弯轨迹示意图

转外加自身的自转可使得右驱动轴齿轮在差速器壳体转速的基础上增速,导致右车轮比左车轮转得快,实现车辆不打滑的转弯,如图 14 - 10b 所示。

无碳小车采用单向轴承双轮驱动是在两轮上同时安装单向轴承,在单向轴承的作用下,速度较慢的轮子自动成为从动轮,速度较快的轮子自动成为主动轮。由于单向轴承存在侧隙,主从动轮交替的时候,容易出现误差,导致小车运行轨迹精度不高。

无碳小车采用单轮驱动的方式来实现差速,即用一轮与车轮轴固定连接,另一轮与车轮

a）小车走直线时的差速器状态　　　　　　　　b）小车转弯时的差速器状态

图 14 - 10　差速器的工作原理

轴空套连接的分离驱动方式。与车轮轴固定连接的车轮作为主动轮,其转速与车轮轴同步,与车轮轴空套连接的车轮作为从动轮,两轮的差速依靠与地面的运动约束确定,即从动轮转速随转弯半径大小自行调节。这种方式与差速器相比效率更高、但稳定性稍差。

后轮直径的选择主要考虑无碳小车行驶的距离和车轮的滚动摩擦力矩。后轮直径越大,理论行程越长,但车轮直径过大会导致转弯性能变差,通过两桩中间区域的难度增大。车轮与赛道间的摩擦力是一定的,车轮直径大,车轮的滚动摩擦力矩也大。一般车轮直径选择 150～200mm 为宜。

（4）传动机构

传动机构的主要功能是将运动和动力从原动机构传递给执行机构,改变运动的方向、速度和力矩。常用的传动方式有机械传动、电气传动、液压传动、气压传动,机械传动有齿轮传动、带轮传动、摩擦轮传动、丝杠螺母副传动等。无碳小车传动机构一般选取齿轮传动,其按照特定传动比向转向机构和后轮传递动力。由于无碳小车的驱动力较小,通常采用两级齿轮传动,如图 14 - 11 所示,设计时首先根据一个周期内后轮和转向机构的运动关系确定总传动比,之后结合小车齿轮轮系分配各齿轮齿数。

图 14 - 11　无碳小车传动示意图

在绕绳轮直径不变的情况下,理论上驱动轮的直径或传动比越大,小车的前进距离越远,但过大的传动比或驱动轮直径会导致小车运动所需的力矩较大,小车容易卡死或无法驱动。小车设计时一方面要合理设计传动比和驱动轮直径,另一方面要提高小车的制造精度,减小摩擦阻力。

（5）车身设计

无碳小车的车身结构对整体性能影响很大,动力转换机构、传动机构、转向机构、车轮、各轴等都通过适当的方式安装在底板上。车身结构设计时,应遵循避重就轻、避繁就简、避高就低和宁小勿大的原则,为了满足安装精度、拆装方便的要求,尽可能地制作成整体结构;为减轻小车的整体重量,应选用轻质金属或碳纤维等非金属材料、选择合适的底板厚度并进行镂空设计;设计的异形零件或力学性能和精度要求不高的零件,可以采用 3D 打印技术制造,以降低成本。

(6)微调机构

为了适应赛题、场地的变化,以及加工和装配误差,需要设计微调机构对小车轨迹(幅值、周期、方向等)进行调整和修正。通过不断的调试使小车的运行速度和避障轨迹尽可能地与设计目标一致。

3. 工程设计方案

参赛项目需要提供工程设计方案,包括结构设计方案、加工工艺设计方案、工程项目创业企划书等内容。

(1)典型零件加工工艺方案

无碳小车的前轮支架(前叉)是重要零件,其作用为将小车前轮、车身和转向机构进行连接,如图 14-12 所示,在配合处 $\phi10$ 的外圆表面及 $\phi20$ 的轴肩和端面上有同轴度、垂直度的精度要求。

图 14-12 某无碳车前轮支架

假设该产品生产 500 件/年,批量生产为 42 件/月,采用毛坯为 2Al2,$\phi20$mm × 1000mm 的铝棒,每毛坯可制 8 件。该轴主要采用普通车削、铣削和钳工的方法加工而成。该轴加工可划分为 4 个加工阶段,即粗车($\phi20$、$\phi10$ 外圆)、精车($\phi5$ 外圆、$\phi20$ 外圆及其轴肩和端面)、铣削、钳工加工,其中该轴的主要精加工表面是与轴承配合的 $\phi10$、$\phi5$ 外圆和 $\phi20$ 的轴肩和端面,需要精车。加工顺序安排应遵循先粗后精、先主后次工艺原则,外圆表面加工顺序应先加工大直径外圆,然后再加工小直径外圆。加工时应以中心孔轴线为基准,加工各外圆和端面,从而保证同轴度和垂直度。其他的加工部位,如铣侧面、钻孔等,则可以已加工表面为基准,该典型零件的工艺规程见表 14-5。

表 14-5 前轮支架工艺流程表

序号	工序	工序内容	工 序 简 图	机床夹具	刀具量具	工时(min)
1	车削	装夹工件,伸出卡盘 115mm,车端面,钻中心孔。	$\phi20$ 115	车床、三爪卡盘。	外圆车刀、中心钻、直尺。	5

（续表）

序号	工序	工序内容	工序简图	机床夹具	刀具量具	工时（min）
2	车削	安装顶尖，粗车 $\phi10$、$\phi5$、$\phi4$ 外圆至图纸要求；精车 $\phi10$ 外圆及轴肩，精车必 5 外圆及轴肩，精车 $\phi4$ 外圆。		车床、三爪卡盘、顶尖。	外圆车刀、游标卡尺。	20
		切断，保证总长。		车床、三爪卡盘。	切断刀、游标卡尺。	
3	铣削	铣 $\phi20$ 外圆两侧面至 14mm。		数控铣、V 形铁。	$\phi10$ 铣刀、游标卡尺。	5
		以距离大端面 8mm 为中心，铣 $\phi6$ 的孔。		数控铣、V 形铁。	$\phi6$ 铣刀。	5
		直立放置，铣宽 10mm、深度 36mm 的槽。		数控铣、V 形铁。	$\phi10$ 铣刀、游标卡尺。	5
4	钳工	攻 M10 螺纹。		钳工台、台虎钳。	M10 丝锥。	3
		攻 M4 螺纹。		钳工台、台虎钳。	M4 丝锥。	3

(续表)

序号	工序	工序内容	工 序 简 图	机床夹具	刀具量具	工时 (min)
5	修整			台虎钳。	锉刀。	8
6	检验			平板。	高度千分尺、游标卡尺、外径千分尺。	3

(2)成本分析报告

无碳小车的成本分析旨在批量化生产类型下计算出每台小车所需成本,包括毛坯、外购件、人工费和制造费用等。以某绕8小车为例,相关成本分析计算如下。

① 主要材料成本

生产每台小车材料毛坯的种类、规格、件数及费用,见表14-6。

表14-6 小车材料成本表

编号	材料	毛坯种类	毛坯规格	件数/毛坯	每台件数	费用(元)
1	导向轮	铝板	45mm×45mm×8mm	1/1	1	1.2
2	后轮	铝板	200mm×200mm×4mm	1/1	2	22.4
3	转向轴	铝棒	ϕ20mm×100mm	1/1	1	3
4	驱动轴	铝棒	ϕ20mm×250mm	1/1	1	7.5
5	支架	不锈钢管	ϕ10mm×60mm	1/1	1	5
6	导线轮	铝棒	ϕ40mm×50mm	1/1	1	5
7	齿轮	铝板	90mm×90mm×4mm	1/1	1	2.4
8	车身	铝板	250mm×250mm×4mm	1/1	1	18.2
9	转向杆	钢棒	ϕ6mm×150mm	1/1	1	7
10	支撑座	铝板	100mm×100mm×4mm	1/1	8	23.3
合计						95

② 主要的人工成本和制造成本

根据市场一般情况,各加工方法的主要费用为:线切割人工费约12元/小时,线切割机床使用费约15元/小时;钳工人工费约18元/小时,钻床使用费约12元/小时;数控铣削人工费约11元/小时,数控铣床使用费约80元/小时;普车/铣人工费约12元/小时,普车/铣使用费约24元/小时。相关人工费和制造费分析见表14-7。

表 14-7 小车人工成本和制造成本表

编号	零件名称	工艺内容	工时(min)		
			机动时间	辅助时间	终准时间
1	导向轮	(1)线切割 (2)钳工	20	5	25
工艺成本计算与分析			线切割费用:$(12+15)\times20/60=9.0$(元) 钳工费:$(18+12)\times5/60=2.5$(元) 总计 11.5 元		
2	后轮	(1)数控铣 (2)钳工	30	15	75
工艺成本计算与分析			铣削费用:$(11+80)\times30/60=45.5$(元) 钳工费用:$18\times15/60=4.5$(元) 总计 50 元		
3	导向轴	(1)普车 (2)普铣 (3)钳工	10 12	2 3	12 15
工艺成本计算与分析			普车/铣费用:$(12+24)\times(10+12)/60=13.2$(元) 钳工费用:$18\times5/60=1.5$(元) 总计 14.7 元		
4	驱动轴	普车	30	0	30
工艺成本计算与分析			普车费用:$(24+12)\times30/60=18$(元) 总计 18 元		
5	导线轮	普车	15	0	15
工艺成本计算与分析			普车费用:$(12+24)\times15/60=9$(元) 总计 9 元		
6	齿轮	数控铣	45	0	45
工艺成本计算与分析			数控铣费用:$(80+12)\times45/60=69$(元) 总计 69 元		
7	车身	数控铣	40	0	40
工艺成本计算与分析			数控铣费用:$(80+12)\times40/60=61.3$(元) 总计 61.3 元		
8	支撑座	数控铣	30	0	30
工艺成本计算与分析			数控铣费用:$(80+12)\times30/60=46$(元) 总计 46 元		

③ 总成本

无碳小车在设计时充分考虑到环保和降低成本的要求,在材料及加工设备的选择、零件的工艺安排和加工精度、生产过程组织等各个环节,力求把小车的总成本控制到最合理。总成本主要包含以下几部分:

主要零件的材料费:95 元/台;

主要零件的人工费和制造费:11.5＋50＋14.7＋18＋9＋69＋61.3＋46＝279.5(元/台);

外购零件费:按 50 元/台;

总成本＝95＋279.5＋50＝424.5(元/台)。

(3)工程管理报告

工程管理的目标为按期供货、保证质量、降低成本、提高经济效益,主要内容为生产过程组织、人力与设备资源配置、生产进度计划与控制和质量管理等。根据生产纲领要求,无碳小车的生产计划为 500 台/年,属于小批量生产。分析生产纲领和现有设备资源,根据小车设计时的加工工艺卡片分配加工所需的设备并决定生产形式,无碳小车的生产应选用组成布置原则中的多机组成布置原则。

①生产过程组织

生产过程空间组织:针对无碳小车的小批量生产方式,从生产组织既要保持较好的连续性,又要有一定的柔性考虑,空间组织的设施布置选择为成组流水线。

生产过程时间组织设计:根据无碳小车的主要零件的工艺特点,结合生产空间的布置原则,生产过程的时间组织选择顺序移动的方式。

②人力资源与主要设备配置

确定生产节拍:无碳小车月产 42 台,按照一个月工作 22 天,每天一班工作 8h,时间利用率设为 90%,计算该零件的生产节拍为:

$$r=F_e/N=(F_0 \times g)/N=22 \times 8 \times 90\% \times 60/42=226(\text{min/台})$$

式中:r 为节拍;F_e 为计划期有效工作时间;N 为计划期制品产量;F_0 为制度工作时间;g 为时间有效利用系数。

确定设备数量:针对无碳小车的主要加工工作,由生产工艺过程卡片得知,普通车床 C6140E 加工工时 $T_1=74.3\text{min}$,普通铣床 X62W 加工工时 $T_2=70.5\text{min}$,数控铣床 XK713 加工工时 $T_3=25.5\text{min}$,钻床 Z3025 加工工时 $T_4=52.5\text{min}$,线切割 DK7732 机加工工时 $T_5=50\text{min}$,则需至少配备的生产设备数为:

$$H_{普车}=T_1/r=74.3/226=0.33(\text{台})$$

$$H_{普铣}=T_2/r=70.5/226=0.31(\text{台})$$

$$H_{数铣}=T_3/r=25.5/226=0.11(\text{台})$$

$$H_{钻}=T_4/r=52.5/226=0.23(\text{台})$$

$$H_{线切割}=T_5/r=50/226=0.22(\text{台})$$

因此,无碳小车零件加工主要设备需要 C6140E 普通车床、X62W 普通铣床、XK713 数控铣床和 Z3025 钻床、线切割 DK7732 各一台。

为使生产时间、工作量达到平衡,可以确定整个生产过程由 6 名工人完成:车工组 1 人、普通铣床操作组 1 人、线切割组 1 人、数控铣组 1 人、钳工组 1 人(含下料、加工与装配)、管理人员 1 人。

③ 生产进度计划与控制

生产的计划和控制主要包括 4 个方面:一是作业安排:根据每周需要生产的数量,安排出生产资源、资金以及准备工作,确定外购件和自制件的作业顺序以及加工开始和结束时间;二是测定偏差:生产的时间是一个月,可以选择每周为结点控制进度,按照预定的时间,检查计划的执行情况,掌握计划与实际之间的偏差;三是纠正偏差:根据偏差产生的原因和严重程度采取处理措施,包括:增加机器数量,增加工人的数量或延长工作时间;四是提出报告:查证生产过程中的相关情况,汇总成统计分析报告。

④ 质量管理

对无碳小车的质量管理是基于全面质量管理思想,结合 ISO9000 标准对产品质量进行管理。

制造前质量计划和质量条件检查:对原料按"原材料质量标准及检验标准"检验。

加工过程质量控制:按"在制品质量标准及检验规范"的规定对车、铣、钳等工序质量规范检验,严格执行质量检验制度,设置专职检验人员加强工序质量检查,未经检验的半成品,不准进行下道工序加工。

成品质量检验:依"成品质量标准及检验规范"的规定,按工艺工序卡片要求,对各零件的精度进行终检。如有异常,应提报"异常处理单",并立即向有关人员反应质量异常情况,使其能迅速采取措施,保证质量。

外协加工的质量主要为尺寸、形位和表面质量等,为确保外协厂商供应的产品符合要求,由专人负责跟踪产品的加工进度并及时检验质量。

⑤ 现场管理

采用 7S 现场管理方法,开展整理、整顿、清扫、清洁、素养、安全和节约为内容的活动,规范现场管理。

整理(Seiri):对生产现场的现实摆放和停滞的各种物品进行分类,坚决把现场不需要的东西清理掉,目的是增加作业面积,物流畅通、防止误用等。

整顿(Seiton):对生产现场需要留下的物品进行科学合理的布置和摆放,目的是工作场所整洁明了,一目了然,减少取放物品的时间,提高工作效率,保持井井有条的工作秩序区。

清扫(Seiso):把工作场所打扫干净,目的是使员工保持一个良好的工作情绪,并保证稳定产品的品质,最终达到企业生产零故障和零损耗。

清洁(Seike):对整理、整顿、清扫之后的工作成果要认真维护,使现场保持完美和最佳状态。

素养(Shitsuke):要努力提高人员的素养,养成严格遵守规章制度的习惯和作风,合理分工,加强协作,坚持质量至上,拒绝次品、废品的产生。

安全(Safety):就是要维护人身与财产不受侵害,以创造一个零故障,无意外事故发生的工作场所。在机械加工中,操作者应认真阅读相关加工安全手册、遵守规定与要求、熟练并正确地掌握加工方法,及时排查安全隐患同时做好相互监督,定时进行安全教育和培训。

节约(Saving):对时间、空间、能源等方面合理利用,创造一个高效率的、物尽其用的工作场所。

14.2.3　电控无碳小车项目

1. 命题

第五届工程训练大赛(合肥赛)的命题是"重力势能驱动的自控行走小车越障竞赛",要求设计一辆重力势能驱动的自主寻迹避障转向控制功能的小车,如图 14 - 13 所示,其行走的能量来源于给定重力势能 4J（质量为 1kg 的标准砝码，ϕ50mm×65mm，碳钢材料）来获得，可下降高度为 400±2mm，砝码始终由小车承载（不允许从小车上掉落）转换而得到，其转向是通过若干 5 号电池提供的能量驱动电控装置（单片机、检测元件、舵机、电路等自行设计）来实现。小车需要完成的赛道如图 14-14 所示，由两个直线赛道和两个半圆赛道构成的环形赛道，直线段赛道长度为 13m，宽度为 1.2m，半圆赛道的半径为 1.2m，

图 14-13 电控无碳小车示意图

赛道总长约为 15.4m，总宽约为 2.4m，中心线长度约为 30m，小车按照逆时针方向行驶，并在赛道上循环行驶。赛道上有若干个间距不等的障碍物，每个障碍物的高度为 80mm，每两个相邻的障碍物之间的距离不少于 1 米，障碍物的长度超过中线 10~15cm，即为 70~75cm。赛道上设有坡道元素，由上下坡和坡顶平道组成，坡顶高度约为 4cm，上坡的坡度约为 3°左右，下坡为 1.5°左右，坡顶长度为 25cm 左右。坡道的具体位置未定，但小车起始线不会位于上坡、下坡或者坡顶平道上，并且距离上坡起点大于 100cm，抽签决定起点以及坡道的具体位置。

图 14-14 电控无碳小车赛道示意图

2. 设计

(1)结构方案设计

小车的主要结构分为四个部分：车身、驱动机构、传动机构和差速机构。

车身是小车的骨架，其他零件都依附在车架上，主要包括底板和轴承座。小车底板采用了镂空的平板式，如图 14-15 所示，采用高强度的碳素纤维材料，不仅结构简单，容易加工（激光切割）、安装方便，而且结构强度大，精度高。小车优化轴承座的安装方式，将四个轴承座用适当的框架两两固定在一起，提高了轴孔的同轴度和两轴的平行度，并且减少了连接件的数量，结构简单，安装便捷，如图 14-16 所示。

图 14 - 15 电控无碳车底板

图 14 - 16 电控无碳车轴承座

小车驱动机构采用了带有控速机构的一级齿轮传动机构,如图 14 - 17 所示,设计的思路是:首先提供足够的转矩驱动小车向前行走。当小车速度过快时,使砝码悬停让小车向前滑行,当速度过慢时,使砝码下落让小车加速,从而将小车的速度控制一定区间内,可有效地在减少耗能的情况下提升小车的稳定性。这样可一方面适应赛道中的上下坡的命题,另一方面解决可能发生的赛道不平和摩擦力大的问题。驱动机构的工作原理:砝码 2 通过定滑轮 1 将砝码重力以力矩形式传动到大齿轮轴,大齿轮带动小齿轮转动从而带动小齿轮轴转动,此时单向轴承 8 与轴处于反向锁死状态,轴带动轮子 7 转动,从而小车可以向前运动,

图 14 - 17 电控无碳小车驱动机构原理图
1—定滑轮;2—砝码;3—绕线轴;4—停轴机构;
5—大齿轮;6—小齿轮;7—后轮;8—单向轴承

通过调节绕线轴的尺寸即可改变小车的驱动力。控速机构的工作过程:舵机转动部分连接摆动棒,当测速装置检测到小车速度大于上临界速度时,将摆动棒与固定在轴上的档棒相接触,两轴被同时锁紧,砝码悬停,小车依靠单项轴承的作用继续前进,在系统摩擦的作用下减速;当测速装置检测到小车速度小于下临界速度时,放开舵机上的摆动棒,让其与档棒不接触,两轴同时松开,砝码下落,小车加速前进。反复上述过程,使小车速度保持在一定的区间中,可以适应不同赛道,并且一定程度节省小车能量消耗。

小车的传动采用一级齿轮传动,如图 14 - 17 所示,传动比准确可靠、传动效率高。小车驱动力与砝码重力和绕线轴直径成正比,与齿轮传动比和后轮直径成反比。本方案选择后轮直径为 150mm,采用 1.2mm 不锈钢板制作;选择齿轮传动比为 6∶1,大齿轮齿数为 20,小齿轮齿数为 120,模数为 0.5;确定绕线轴直径为 6mm。

小车的差速机构采用单向轴承双轮驱动,结构如图 14 - 18 所示,该机构能较好地满足差速的

图 14 - 18 电控无碳小车差速机构示意图

要求,结构相对简单,由于单向轴承侧隙产生的误差造成的转向偏差可以通过电控装置予以补偿。

(2)电控方案设计

a. 硬件电路

主控芯片:STC15W4K56S;检测元件:在车身前方和左边、右边放置一个超声波测距模块(HC－SR04),左前方45°和右前方45°各放置一个红外测距模块,以及车上放置一个陀螺仪(6050)来检测车子前进时候的位置信息,光电传感器检测速度;执行装置:一个控制方向舵机(HSR－5990TG)安装在前方,一个控制减速舵机(ES08MAII);其他:显示屏(TFT18)、稳压模块及电阻、电容等件,绘制 PCB 板并完成制作及所有元器件的焊接。

b. 轨迹控制思路

小车一个周期运动轨迹如图 14－19所示。过程①－②:启动小车后,小车直线向前运行,当检测到前方距挡板 75cm时,到达位置②。过程②－③:控制前轮的舵机立即偏转 30°,小车前轮同步偏转,小车转向运行。以前轮和后轮中心的垂线的焦点(速度瞬心)为圆心点,以前轮转弯半径为28cm,进行转动。由于小车右前方的红外测距传感器是与水平方向呈45°布置,当右前方的红外测距传感器检测到距离信号时,即小车绕点转动了45°,到达位置③。过程③－④－⑤:控制前轮的舵机立即回到初始位置,小车沿着水平方向 45°角的直线前进,到达位置④,小车舵机偏转带动前轮左偏

图 14－19　电控无碳车避障轨迹

30°角开始使车身回正,前轮和后轮的速度瞬心为圆心点,进行转动,当右侧超声波距离传感器测的距离数据为 26cm 到达位置⑤,并且保证小车到达位置⑤时小车左侧距离障碍为5cm。过程⑤－⑥:控制前轮的舵机回正,小车沿着赛道直线向前运动直到下一个挡板距离为 75cm 时反方向重复小车前方距离过程②－③、③－④－⑤,完成一个周期的运动。

3. 设计结果

最终完成的小车结构爆炸图如图 14－20 所示,实物图如图 14－21 所示。

图 14-20　电控无碳小车结构爆炸图

1—轴承板；2—铜柱；3—舵机板；4—测速模块；5—螺钉；6—舵机；7—大齿轮；8—小齿轮；9—传动轴；10—法兰盘；
11—螺钉；12—后轮；13—滑轮；14—支撑杆；15—铜柱；16—舵机；17—底板；18—码盘；19—绕线轴套；20—紧钉轴套；
21—轴承；22—螺钉；23—电控元件(超声波和红外传感器)

14.2.4　智能物流机器人项目

智能物流机器人是工程训练综合能力竞赛的新赛项，于 2018 年 7 月发布的竞赛规则，2019 年 3 月调整了部分规则，本节以调整前的规则介绍小车的设计，并对调整后的规则进行探讨。

1. 命题

该命题要求学生自主设计一种符合要求的物料搬运小车，总体任务要求：小车由出发区穿过 A4 大小的门框，移动至二维码扫描区领取搬运任务，经路径规划移动至物料搬运区，根据任务要求顺次抓取相应颜色的物料至物料存放区，同时要求物料摆放的精度，任务完成后回归至出发点，并期望整个过程所用时间短，稳定性高。物料要求：形状为方形、圆柱、球及其组合等简单几何体，重量限制在 40～80g，尺寸限制在 30～80mm。

图 14-21　电控无碳小车实物图
(参赛学生：邓家宝，陶宇航，洪明峰；
指导教师：徐向荣，杨琦)

机械结构要求：自行设计小车的行走方式和抓取机构，要求小车须通过一个与 A 纸尺寸相当的门框，现场制作机械爪(仅限激光切割或 3D 打印加工，需在 2 小时内完成)。电控部分要求：不限制传感器和电机种类的选择，主控电路板需由学生自主设计并采用嵌入式方案，带有电机驱动电路，同时要求在比赛过程中实时显示任务信息，使用 12V 以下电池，并装在车上，不允更换。

竞赛场地如图 14-22 所示，尺寸为 2400mm×2400mm，四周设有 100mm 高的白色挡板，由中间位置的 20mm×20mm(高×宽)挡板隔开，机器人必须在各自的场地内移动，运行过程中不允许越界干扰对手。赛道所铺地面为合成革材质，底色为蓝色，黑色经纬线间隔

a）平面图

b）立体图

图 14 - 22　智能物流机器人竞赛场地

300mm，经线为单线，线宽 20mm；纬线为双线，线宽为 15mm＋10mm（间隔）＋15mm。物料提取区和物料存放区位置由三组同心圆组成。物料提取区 500mm×100mm，物料存放区 800mm×300mm，其中，物料提取区上放置一个高为 80mm 的木块，长和宽与物料提取区相同。二维码要求:二维码用于随机发放物料的搬运信息,包含物料的形状、颜色及摆放顺序,其大小为 100×100 像素。

2. 设计

(1)结构设计方案

机器人本体是完成竞赛要求的主体,其机械结构主要包括:机器人底盘,机械臂,机械手。机器人尺寸需满足能通过与 A4 纸等同大小的门框的条件,并可以实现稳定、快速的运行,在预计的适当位置展开机械臂,张开机械爪,准确抓住物块并精准放置到指定位置,其中机器人的运行速度,抓取和摆放速度及摆放的位置精度对比赛成绩产生重要影响。

机器人底盘是机器人的核心部件之一,设计时需要考虑整个车体的结构及尺寸、轮子的安装方式、机械臂的安装位置、电路板与各传感器的分布等。机械臂结构的合理性影响到物料抓取的稳定性和摆放的位置精度,同时也关系到整体抓取、摆放动作的程序设计,为实现速度上的占优,设计思路是机械臂展开臂长足够长,且承载能力足够大。机械爪是末端执行机构,它的结构由所需搬运物料的形状及大小决定,并且具有足够的摩擦力,确保可以稳定的抓牢物块,设计思路是通过电机控制齿轮的啮合实现机械爪的开闭。

为了适应场地,该小车采用可以全方位移动的麦克纳姆轮,安装在相互平行的轴上,在不转动车体的情况在场地上全方位移动。麦轮的安装方式主要分为四种(如图 14-23 所示):X-正方形安装、X-长方形安装、O-正方形安装、O-长方形安装。本作品采用 O-长方形安装方式。小车简化示意图如图 14-24 所示。可以推导出小车逆向运动学方程,给出车身速度,计算出每个车轮的转速,从而实现对小车运动控制。

X-正方形安装   X-长方形安装   O-正方形安装   O-长方形安装

图 14-23 麦克纳姆轮安装方式示意图

机械臂设计有四个自由度:底座的回转、大臂的回转、小臂的回转运动和手腕的回转运动。图 14-25 所示的是物流搬运机器人机械臂的结构简图和实物图,底座由固定部件与回转部件两部分组成,固定部件将机械臂固定在搬运车底盘上,旋转部件构成机械臂的一个自由度;大臂安装在回转支承部件上,此时,回转平面在一定程度上限制了大臂舵机的回转运动,大臂的回转运动帮助末端执行器在前后方向移动;小臂支承在大臂上,通过舵机的回转运动完成末端执行器上下方向的移动;腕部支承在小臂的前端

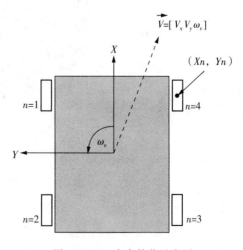

图 14-24 小车简化示意图

部分,通过舵机的回转运动实现腕部的转动,机械臂各部分协同合作,完成末端执行器位置的移动。机械臂工作空间的大小是描述其工作能力的一个重要运动学标准,根据实际运动空间的要求来确定机械臂的结构尺寸,抓取物块的轨迹规划等问题,都必须考虑机械臂的工作空间范围;也用来衡量机器人结构的可实施性。经过推导和计算可以得到机械臂的空间位姿方程,并采用 matlab 进行仿真,得到结果如图 14-26 所示,满足设计需求后,应用运动学模型进行控制程序的编制。

a) 结构简图   b) 实物图

图 14-25   物流搬运机器人机械臂的设计

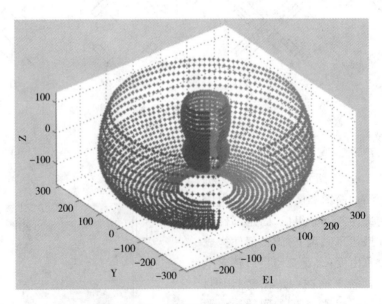

图 14-26   机器人工作空间三维图

(2)电控部分设计方案

颜色识别模块:竞赛命题中提出了对物料颜色进行识别的要求,要求识别的颜色分别为红色、蓝色和绿色,相应的 RGB 值为红(255,0,0)、绿(0,255,0)、蓝(0,0,255)。小车借助摄像头进行颜色识别,所使用的摄像头是 OV7725 模块,该模块上集成了有源晶振以及 FIFO (AL422B)先入先出数据缓存芯片,任意的 MCU 都可以通过该摄像头模块读取图像,降低了对于使用摄像头的 MCU 的性能要求。

寻线模块:为了准确到达场地上的位置点,在小车上安装了寻线模块,使得小车可以沿着赛场上的引导线行走,并准确的停止在既定位置。前边和后边各安装了三个寻线模块,左边、右边各安装了一个寻线模块。每个寻线模块由一个光敏二极管以及一个白光 LED 组合而成,白光提供光敏二极管所需要的光照条件,利用反射原理,LED 光照射在不同的颜色上的物体,物体会吸收一部分的光,导致反射回来的光信号不同,光敏二极管将光信号转化成电压予以识别。小车判断位置的方法是使用非运动方向的寻线模块进行数线操作,判断自己经过了多少个十字路口,从而判断实际的位置。

二维码识别模块:小车使用的二维码传感器是 MG65 条码识读模块,使用时读取二维码后,通过 UART 直接将信息输入到单片机中进行识别。

霍尔编码器:对于麦克纳姆轮的行走,通过在 4 个电机上安装的霍尔编码器,来实现对小车的速度信号进行采集,从而对速度进行闭环控制。

3. 设计结果

最终完成的小车如图 14 - 27 所示。

4. 场景设置与任务命题

智能物流机器人项目国赛提交的方案是"场景设置与任务命题"。

(1)场景设计思路

① 场景设置总体思路

a. 出发区设置在原料区附近,有利于节约路径,提高生产效率,符合生产实际需要。

b. 成品区安排在出仓口附近,有利于订单货物及时高效运输出仓库,且尽可能不与场内物流机器人发生干涉。

c. 根据现代仓储的经验,成品区一般并排放置,中间留有机器人移动区,故将 A、B 两区的成品区放至赛道的中间,以仓库出口为基准,对称摆放。

d. A、B 加工区相离较近,方便实际的集中生产管理。

e. 兼顾比赛的公平性,A/B 区域的各元素原则上对称设置。

② 场景设计具体方案

方案一:A 区、B 区机器人在各自的区域独立工作后,换区域工作,如图 14 - 28a 所示,完成任务一和任务二两项任务。

图 14 - 27　物流搬运机器人实物图
(参赛学生:张家熹、周子楠、何海燕、桑勇;
指导教师:杨琦、李丹)

任务一:智能物流机器人在 A 区或 B 区完成"取料→加工→仓储"的全过程,这种方式不会与对方机器人发生接触,重点考查机器人路径规划和搬运准确度。

任务二:将 A 区已放入成品区的物料,搬运到 B 区的加工区加工,然后放入 B 区的成品区,反之亦然,这个任务可以考察两机器人的协同能力,同时也能更好地体现上下游生产环节的物流搬运。

方案二:A 区、B 区机器人在整个流程中全区域协同工作,如图 14-28b 所示。

智能物流机器人全区域中完成"取料→加工→仓储"的全过程,不仅考查考查机器人路径规划和搬运准确度,同时考察两机器人的协同能力(如何避免碰撞、路径优化等)。具体的可以为 A/B 原料区交换、A/B 加工区交换、A/B 成品区交换,智能物流机器人在搬运的过程中会发生若干次"相遇",考验机器人的协同性;另外加大 A/B 相关区域的跨度,考验机器人的定位能力和续航能力。

方案三:在方案一或方案二的基础上,将成品区靠墙放置(沿赛道边缘),增加物流机器人的可活动范围,减少发生干涉的情况,降低一定的难度,示意图如图 14-28c 所示。

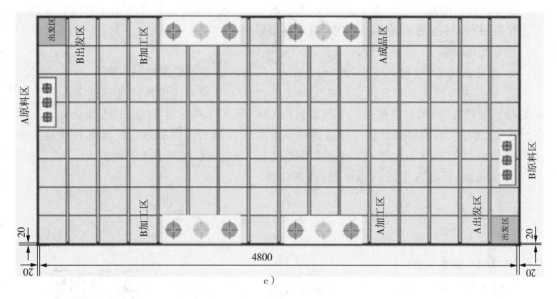

图 14 - 28 竞赛场景设置方案

③ 场景道具(物料)方案

除常用的圆柱、长方体外,可以使用诸如沙漏型、保龄球形等上下形状不一致的物料。

(2)竞赛过程说明

以方案一为目标任务,A 出发区出发的小车为例,设计竞赛过程如下,如图 14 - 29 所示。

图 14 - 29 A 出发区小车竞赛流程

任务一(原则上 4 分钟完成):

① 参赛队将其机器人放置在指定 A 处发车位置。

② 按统一指令启动小车,计时开始。注:指令发出 10 秒未发出视为任务失败。(清除出发区)

③ 机器人通过 WIFI 获得所需要搬运的三种颜色物料的顺序,并显示出接收的任务序号。

④ 机器人按照任务规定的顺序依次将 3 个物料从 A 原料区准确地搬运到 A 加工区对应的颜色区域内(一次只能搬运一个物料到加工区,不允许将物料存放在机器人上)。

⑤ 完成加工的物料按照任务规定的顺序依次从 A 加工区域准确地搬运到 A 成品区对应的颜色区域内(一次只能搬运一个物料到加工区,不允许将物料存放在机器人上)。

⑥ 完成后,机器人赶赴 B 车出发区(视为返回发车区)准备执行任务二。如机器人返回 A 发车区,视为任务完成,记录时间后,撤出赛道。

任务二(原则上 4 分钟完成):

① 机器人在 30 秒内 B 车出发区自动发车,不得用手动触摸或控制车辆。

② 机器人按照任务规定的顺序依次将 3 个物料从 B 原料区准确地搬运到 B 加工区对应的颜色区域内(一次只能搬运一个物料到加工区,不允许将物料存放在机器人上)。

③ 完成加工的物料按照任务规定的顺序依次从 B 加工区域准确地搬运到 B 成品区对应的颜色区域内(一次只能搬运一个物料到加工区,不允许将物料存放在机器人上)。

④ 完成后,机器人返回 A 发车区,任务完成。

14.3　机械创新设计大赛

14.3.1　竞赛简介

全国大学生机械创新设计大赛主要目的:引导高等学校在教学中注重培养大学生的创新设计能力、综合设计能力与团队协作精神;加强学生动手能力的培养和工程实践的训练,提高学生针对实际需求进行创新思维、机械设计和制作等实际工作能力;吸引、鼓励广大学生踊跃参加课外科技活动,为优秀人才脱颖而出创造条件。大赛由全国大学生机械创新设计大赛组织委员会和教育部高等学校机械基础课程教学指导分委员会

机械创新设计大赛
官方网站

主办,全国机械原理教学研究会、全国机械设计教学研究会、各省市金工研究会联合著名高校和社会力量共同承办。该大赛自 2004 年首次举办以来,每两年举办一次,每届比赛结合社会的热点问题自主命题(表 14-8 所示的是机械创新设计大赛历年主题和主要内容),形成了"校级选拔赛、各分赛区预赛、全国决赛"三级比赛制度。图 14-30 所示为机械创新设计大赛历年参赛学校及作品数。

表 14-8　机械创新设计大赛主题和主要内容

	主　题	主要内容
第一届	自选题目	仿生机器人、一般机器人、工业机械、民用产品
第二届	健康与爱心	助残、康复、健身、运动训练四类机械
第三届	绿色与环境	环保、环卫、厨卫三类机械
第四届	珍爱生命、奉献社会	在突发灾难中,用于救援、破障、逃生、避难的机械
第五届	幸福生活——今天和明天	休闲娱乐机械和家庭用机械
第六届	幻·梦课堂	教室用设备和教具
第七届	服务社会——高效、便利、个性化	钱币的分类、清点、整理;商品的包装机械;商品载运及助力
第八届	关注民生、美好家园	家庭用车停车机械装置;辅助人工采摘机械或工具
第九届	智慧家居、幸福家庭	助老机械;智慧家居机械

图 14-30   机械创新设计大赛参赛学校及作品数

14.3.2   竞赛优秀作品简介

1. 家庭用车停车机械装置

(1)空中驿站——基于梳齿开合原理的行道上方空间停车系统

针对目前国内车辆保有量与已有车位量存在的巨大矛盾,传统的停车场对于空间地利用并不充分,以及市场上存在新型停车系统不解决自动化与智能化程度和成本之间的矛盾,该作品(如图 14-31 所示)着眼于小区行道上方空间,在此基础上设计一种可靠性较高、易于维护、成本相对较低的智能化停车系统,进一步为现有的已规划并建设完全的小区增加停车位数量。该作品是一种道路上方车位可扩展式全自动立体停车系统,包括立体停车位的支撑框架、行道旁的停取车台、抬升机构、堆垛机、同步带导轨、RGV、控制系统、APP 用户端等。该作品所述的停取车台与抬升机构共同完成车辆抬升工作;所述的停取车台和堆垛机上面有相互配合的梳齿机构,以完成车辆的交接;所述的 RGV 上装有剪式升降机构,其上带有梳齿板,RGV 可以通过剪式升降来完成与堆垛机或车位上梳齿的配合,以完成车辆交接。

图 14-31   基于梳齿开合原理的行道上方空间停车系统

(单位:西安交通大学;作者:胥浩天,王锦阁,霍子瑶,仝茹,周文兴;指导教师:赵卫军,张俊)

(2)太阳能旋转升降双层停车库

为解决家庭私家车停车位不足问题,故设计此款太阳能旋转升降双层停车库(如图 14-

32 所示)。该作品巧妙地利用四边形联动杆机构、链轮链条等机构实现一车位双层停车,保证两辆车停取时互不干扰,同时利用环保新能源,配备太阳能发电板及蓄电系统为该作品供电。该作品具有安全、方便、快捷、机械化程度高、环保节能价格低廉等优点。通过遥控装置启动停车库;二层托车板通过导杆机构实现水平外伸和竖直下降过程联动;下降至地面后,利用螺旋槽旋转升降机构旋转至与车头方向平行,二层板的空间四杆合页机构打开,方便车辆上下车位;车入位后,二层板旋转复位;解决了用户倒车入库的烦恼,实现车头方向的自动调转,节省停车时间。而后二层板带动车辆通过竖直上升和水平伸缩归位,完成停车过程。该作品还应用红外传感器、压力开关、电子安全锁,提高了产品安全性。

图 14 - 32   太阳能旋转升降双层停车库

(单位:天津科技大学;作者:黄根,董林源,韩松桦,陈杨,苗新祎;指导教师:刘卉,吕少军)

(2)魔方式立体停车库

针对现有立体停车库存在驱动控制系统复杂、避让存取效率低、空间利用率小、维护困难等问题。该作品借鉴魔方的转换方式,设计了模块化圆柱坐标结构的魔方式立体停车库(如图 14 - 33 所示),该项技术在国内外立体停车库中尚无应用,已申请国家专利 6 项。立体停车库由立体机架、水平回转平台和垂直升降系统三部分组成,仅用两套小型动力源。水平回转平台为开环模块化结构,共 3 层可放置 9 个侧悬挂式活动停车位,采用自适应摩擦传动方式保证活动停车位水平回转的稳定性,侧悬挂式活动停车位为模块化的双层三维支撑结构,承载强度高,便于维护;垂直升降系统设置在立体机架侧面,采用链传动带动 1 个活动

图 14 - 33   魔方式立体停车库

(单位:湖北文理学院;作者:靳财,曹煜晖,吴坤,张天宇,钱伟;指导教师:秦涛,王为)

停车位升降与各层水平回转平台对接形成闭环;通过开环和闭环的变换实现活动停车位无避让的垂直升降与水平回转。该种车库可建造于道路边,升降活动停车位不存车时停放在第二层,不影响道路的使用,存车时下降至路面,便于车辆直进直出,自动按最优规划路径实现车辆的存取。

（4）自动调头可充电式电动车停车装置

自动调头可充电式多车型电动车停放装置（如图 14 - 34 所示）是一款适用于当前绝大多数小区的电动自行车停放装置,便于直接在现有小区内设置安装,为小区户主提供了一个安全、可靠、便捷的停车之处。随着电动自行车的使用越来越广泛,小区内供电动自行车停放的区域满足不了需求,出现了停车难、充电难、停车乱等现象,部分居民还将车停到楼道里及楼房旁,从室内接出插线板进行充电,因而产生消防隐患。该装置可解决小区内电动自行车停放引起的上述种种问题,同时可充分利用空间,留出一层用于通车通人。每幢楼配置该小型停车装置,不仅便于居民存车、取车,而且还提升了小区的整体形象。该作品可分为两大主要模块:抬升模块和旋转模块。抬升模块用于电瓶车在地面与停车层以及各停车层之间的转移,并通过齿轮齿条、棘轮等辅助机构联动完成电动自行车在抬升时的掉头动作。旋转模块位于二层、三层,主要功能为完成电动自行车在该停车层内的旋转,并由槽轮、齿轮等机构实现精准分度。

图 14 - 34　自动调头可充电式多车型电动车停放装置
（单位:浙江工业大学;作者:王丙佳,吴少东,方涛,王瑞权,徐骏;指导教师:应申舜）

（5）小型柔性助力立式自行车停车装置

该作品（如图 14 - 35 所示）为一种小型柔性助力立式自行车停车装置。其主要结构包括:前轮弹性限位机构、后轮弹性限位机构、牵引机构、用于调节牵引滑台初始高度的弹性插销机构、用于安全防盗的机械锁止机构、用于安全缓冲的弹性阻尼机构。直立支撑板与水平支撑板通过三角支架呈相互垂直式连接,形成整套装置的支撑主体。直立支撑板正反面各安装有两套滑块导轨,正面导轨上安装有牵引滑台,其上安装有前轮弹性限位机构、弹性插销机构以及机械锁止机构;反面导轨上安装有配重牵引装置,配重和牵引滑台通过钢丝绳连接。水平支撑板上安装有后轮弹性限位机构,其主要作用在于防止自行车立式停放时出现后轮倒退现象。阻尼弹簧绕制在四根导轨底端,用于防止意外情况导致的滑台和配重下降速度过快。该作品既可单体使用,亦可由多个单体组合使用。单体占地面积小,可用于空间狭小的巷道地域内,多个组合可适用于空间较为宽敞的户外公共场所。该作品还可适用不同车轮直径的自行车停放,具有操作简单、安全可靠的特点。

图 14-35　小型柔性助力立式自行车停车装置
（单位：吉林大学；作者：金宝，高强，姚姝琬，王志远，张开淦；指导教师：吴文征，孙琳琳）

2. 辅助人工采摘机械

（1）落地式苹果采摘机

苹果在我国种植面积广大，其采摘主要依靠人工，作业范围广且劳动强度大。对于贴着树枝生长的短果梗苹果，现有工具无法采摘；对于高处苹果，果农需爬梯子采摘，危险性大。为解决上述问题，故设计落地式苹果采摘机（如图 14-36 所示）。该作品由采摘前端、伸缩杆和折叠架三个部分组成。采摘前端装在伸缩杆的前端，伸缩杆用铰支在折叠架上。第一，采摘前端先用电机驱动蜗轮蜗杆、圆柱齿轮等机构，带动软质机械手抓住苹果，再利用另一组电机驱动空间差动锥齿轮系使采摘手与果梗产生相对转动从而摘下苹果，该动作实现"边拧边掰"的空间运动。手爪在摘下苹果后松开，放入传送布袋。第二，伸缩杆采用三节杆，利用丝杠螺母和齿轮齿条实现两级伸缩。将杆缩至最短可便携。在伸缩杆外搭设有传送布袋，运送并保护苹果。第三，折叠架为不锈钢制的连杆机构，前端上方架设了一个铰支座以支撑采摘杆，并使采摘杆能够俯仰和左右转动。操作者可坐于折叠架后部操控伸缩杆及相关电气按钮完成采摘。整个支架可折叠，便于携带。

图 14-36　落地式苹果采摘机
（单位：北京理工大学；作者：杨梓弘，郑俊辉，赵俊媛，周俊研，田顺；指导教师：王冬晓，张丽君）

（2）单手人机协同柑橘采摘装置

随着农业技术的发展，我国柑橘产量逐年增高，但与之不匹配的是，我国柑橘采摘仍以人工采摘为主。在采摘过程中,为了防止橘皮被撕破,果农采用双手剪的方式进行采摘,效率不高。对此,设计了一种新型的单手人机协同柑橘采摘装置(如图 14 - 36 所示),降低果农采摘劳动强度,提高果农的采摘效率。该作品通过导杆机构、多杆增力机构与摆杆滑块机构的组合,将手腕的转动转变为剪刀的剪切动作,实现单手采摘柑橘的功能;通过调整剪刀架的相对位置,比较快速地实现左右手互换,方便不同用手习惯的操作者使用及双手同时采摘;通过人机分析及设计,降低采摘过程中的肌体疲劳,使采摘工作更加舒适安全高效。

图 14 - 36　单手人机协同柑橘采摘装置

(单位:武汉理工大学;作者:王振华,李广民,欧香念,刘嘉,赵俊博;指导教师:常建娥,张峰)

(3)便携高效水果采摘机

　　该水果采摘机(如图 14 - 38 所示)主要由三部分组成:水果采摘系统、伸缩杆以及水果收集网。水果采摘系统是整个采摘机的核心。该作品采取一种不需要手控开关、自动触发装置启动的方式,当工作时触发杆启动开关进行切割,当不工作时整个装置处于断电状态,避免了烦琐的手控开关以及长时间耗电问题,可高效地完成工作任务。其主体结构设计为定位式切割机构,切割部位由单片机控制舵机。舵机带动凸轮及开锋的钢质滑杆的方式进行切割,在装置结构的设计上也最大化的增加输出的剪切力。定位板可以准确固定切割方位,内部安装针孔探头,可观察水果方位以及成熟程度,有效将切割系统定位于需要切割的部位,防止出现切不到、切偏、切错等问题;伸缩杆最大范在围内可固定任意长度,方便针对不同高度的水果进行采摘,方便不工作时携带;水果收集网一次可以收集 4~6 个水果。

图 14 - 38　便携高效水果采摘机

(单位:安徽工业大学;作者:王琼,桑勇,朱战胜,邓家宝,陈启运;指导教师:杨琦,王孝义)

实习报告

一、简答题

1. 简述创造的定义。

2. 简述创新包含的五个方面。

3. 简述一般创造过程包括哪些阶段。

4. 简述创新精神的内涵。

5. 结合工程训练综合能力竞赛,谈谈你对机械设计制造的认识。

6. 查阅最新的机械创新设计大赛主题,提出你的设计想法。

二、第二课堂实践项目

1. 申请大学生创新创业计划项目。

2. 参加机械创新设计大赛、工程训练综合能力竞赛等学科科技竞赛。

参 考 文 献

[1] 柳秉毅．金工实习（上册）[M]．北京：机械工业出版社，2015.

[2] 黄明宇．金工实习（下册）[M]．北京：机械工业出版社，2016.

[3] 王先逵．机械加工工艺手册[M]．北京：机械工业出版社，2014.

[4] 白基成．特种加工[M]．北京：机械工业出版社，2014.

[5] 王先逵．机械制造工艺学[M]．北京：机械工业出版社，2015.

[6] 张定华．数控加工手册[M]．北京：化学工业出版社，2013.

[7] 文西芹，张海涛．工程训练[M]．北京：高等教育出版社，2012.

[8] 朱华炳，田杰．制造技术工程训练[M]．北京：机械工业出版社，2014.

[9] 李舒连．机械制造基础工程训练[M]．合肥：合肥工业大学出版社，2008.

[10] 李舒连，杨琦．机械制造基础工程训练报告[M]．合肥：合肥工业大学出版社，2009.

[11] 杨琦，李舒连．工程训练及实习报告[M]．合肥：合肥工业大学出版社，2016.

[12] 杨琦，糜娜，曹晶．3D打印技术基础及实践[M]．合肥：合肥工业大学出版社，2018.

[13] 郭艳玲等．数控高速走丝电火花线切割加工实训教程[M]．北京：机械工业出版社，2013.

[14] 张定华．数控加工手册[M]．北京：化学工业出版社，2013.

[15] 章继涛．数控技能训练[M]．北京：人民邮电出版社，2014.

[16] 杨振贤．3D打印：从全面了解到亲手制作[M]．北京：化学工业出版社，2015.

[17] 劳动和社会保障部中国就业培训技术中心．机械加工通用基础知识[M]．北京：中国劳动保障
    出版社，2003.

[18] 钱珊．CAD/CAM软件应用技术基础——基于CAXA[M]．北京：北京航空航天大学出版
    社，2007.

[19] 杨刚．工程训练与创新[M]．北京：科学出版社，2015.

[20] 赵超越，董世知，李莉．工程训练（第二版）[M]．北京：机械工业出版社，2015.

[21] 刘元义．工程训练[M]．北京：科学出版社，2016.

[22] 郭永环，姜银方．工程训练（第4版）[M]．北京：北京大学出版社，2017.

[23] 曹其新，张培艳．机械制造基础实习教程[M]．北京：科学出版社，2015.

[24] 刘文静，朱世欣．工程基础训练教程[M]．北京：科学出版社，2016.

[25] 孙康宁，林建平．工程材料与机械制造基础课程体系和能力要求[M]．北京：科学出版社，2016.

[26] 孙康宁，梁延德，罗阳．"工程材料与机械制造基础"与"工程训练"的协同发展[M]．北京：高等教
    育出版社，2017.

[27] 付平，李镇江，吴俊飞．工程训练基础[M]．西安：西安电子科技大学出版社，2016.

[28] 胡庆夕，张海光，徐新成．机械制造实践教程[M]．北京：科学出版社，2017.

[29] 张学政，李家枢．金属工艺学实习教材（第四版）[M]．北京：高等教育出版社，2011.

[30] 江龙，洪超．工程基础训练（附实习报告）[M]．南京：东南大学出版社，2018

[31] 谷春瑞,韩广利,曹文杰. 机械制造工程实践[M]. 天津:天津大学出版社,2004.

[32] 孙以安,鞠鲁粤. 金工实习[M]. 上海:上海交通大学出版社,2005.

[33] 王世刚. 工程训练与创新实践(第二版)[M]. 北京:机械工业出版社,2017.

[34] 叶建斌,戴春祥. 激光切割技术[M]. 上海:上海科学技术出版社,2012.

[35] (德)奥利菲·博尔克纳,等. 机械切削加工技术[M]. 杨祖群,译. 长沙:湖南科学技术出版社,2014.

[36] 人力资源和社会保障部教材办公室. 机械制造工艺基础(第5版)[M]. 北京:中国劳动与社会保障出版社,2007.

[37] 曾海泉,刘建春. 工程训练与创新实践[M]. 北京:清华大学出版社,2017.

[38] 赖周艺,朱明强,郭峤. 3D打印项目教程[M]. 重庆:重庆大学出版社,2015.

[39] 孙万龙,宋红. 边做边学——CAXA2013制造工程师立体化实例教程[M]. 北京:人民邮电出版社,2016.

[40] 王志海,舒敬萍,马晋. 机械制造工程实训及创新教育[M]. 北京:清华大学出版社,2014.

[41] 舒敬萍,尹光明. 机械制造工程实训及创新教育实训报告[M]. 北京:清华大学出版社,2014.

[42] 天津理工大学工程训练中心. 工程训练报告[M]. 天津:天津大学出版社,2018.

[43] 夏绪辉. 工程基础与训练实习报告(机械类)(第二版)[M]. 武汉:华中科技大学出版社,2018.

[44] 刘仲林. 中西会通创造学:两大文化生新命[M]. 天津:天津人民出版社,2017.

[45] 李嘉曾. 创造学与创造力开发训练[M]. 南京:江苏人民出版社,2002.

[46] 裴晓敏. 创造方法学[M]. 西安:西安交通大学出版社,2015.

[47] 杨琦. 基于Art CAM的浮雕设计与数控雕铣加工[J]. 金属加工. 2010(2)71—72.

[48] 杨琦,晏群,李舒连. 数控加工仿真在工程训练教学中的应用[A]/谢志余,刘培友.华东高校工程训练教学学会第九届学术年会论文集[C]. 北京:国防工业出版社,2011.

[49] 何海燕. 一种智能物料搬运机器人的设计与制作[D],安徽工业大学,2019.

[50] 邓家宝. 电控无碳小车的设计与分析[D]. 安徽工业大学,2018.

[51] 中国高等教育学会"高校竞赛评估与管理体系研究"专家工作组. 全国普通高校大学生竞赛白皮书(2014—2018)[M]. 杭州:浙江大学出版社. 2019.

[52] 孙亮波,黄美发. 机械创新设计与实践[M]. 西安:西安电子科技大学出版社. 2020.

工程训练实习总结报告

学号：	姓名：	班级：	学期：
实习组别：	实习时间：		选课教师：

一、请你对本次工程训练课程做简要总结，谈谈你的整体印象，并结合其中若干印象比较深刻的内容，说说你的收获、体会等。（字数不少于 200 字）

二、结合工匠精神，谈谈你对未来学习和工作的想法。（字数不少于 100 字）

三、你对本课程有何意见或建议？

注：如篇幅不足，请附页。

附表 2：

工程训练实习过程记录表

序号	实习日期	实习主要内容	指导教师	备注
1				
2				
3				
4				
5				
6				
7				
8				
9				
10				

注:按照实习模块的顺序填写。